现代物理基础丛书　61

B介子物理学

肖振军　著

国家自然科学基金项目(11235005)
江苏省物理一级学科建设项目
联合资助

科学出版社
北京

内 容 简 介

本书首先对标准模型理论和 B 介子物理学的基本理论框架做了系统的介绍，特别着重于 B 介子衰变和混合机制，低能有效哈密顿量方法，强子矩阵元计算，pQCD 因子化方法的综述和介绍。全书共 8 章，还有 4 个附录。第 1、第 2 章系统介绍 B 介子物理学基本理论知识。第 3、第 4 和第 5 章在幺正规范下分别对 $b \to sg$, $b \to s\gamma$ 和 $b \to sZ$ 衰变过程的单圈费曼图做了解析计算，给出了详细的解析计算结果。第 6 章对 B 介子的混合与衰变过程、实验测量等做了细致研究。第 7 章对 pQCD 因子化方法、强子波函数等做了细致的研究和分析。第 8 章以 $B^- \to K^-\eta$ 衰变为例，给出了在领头阶的详细解析计算结果。四个附录给出了许多有用的基本定义、公式和关系式。

本书可作为理论物理和粒子物理专业研究生教材，亦可供理论物理工作者参考。

图书在版编目(CIP)数据

B 介子物理学/肖振军著. —北京：科学出版社, 2013.11
(现代物理基础丛书；61)
ISBN 978-7-03-038916-9
Ⅰ. ①B… Ⅱ. ①肖… Ⅲ. ①B 介子-物理学 Ⅳ. ①O572.33
中国版本图书馆 CIP 数据核字(2013) 第 247548 号

责任编辑：于盼盼 黄 海／责任校对：郑金红
责任印制：赵 博／封面设计：许 瑞

科 学 出 版 社 出版
北京东黄城根北街 16 号
邮政编码：100717
http://www.sciencep.com
北京凌奇印刷有限责任公司印刷
科学出版社发行 各地新华书店经销
*
2013 年 11 月第 一 版 开本: 720 × 1000 1/16
2024 年 7 月第五次印刷 印张: 16 1/2
字数: 330 000
定价: 98.00 元
(如有印装质量问题，我社负责调换)

前　言

1999~2011 年，美国和日本的两个 B 介子工厂实验取得了巨大的成功。BaBar 和 Belle 两个实验组发现了 B 介子系统的 CP 破坏，对几百个衰变道做了实验测量；在标准模型精确检验、CKM 矩阵和幺正三角形相角实验测量等方面均取得了重要成果，直接导致 Kobayashi 和 Maskawa 两位理论物理学家获得 2008 年诺贝尔物理学奖。目前，高能物理实验和理论研究已经进入“LHC 时代”。LHCb 实验、北京的 BEPC-II 实验和未来的 Super-B 实验，将为 B 介子物理和其他重味物理研究提供海量的实验数据，推动重味物理研究进入新的黄金发展时期。本书紧密结合重味物理理论研究和实验分析，为从事粒子物理理论和实验研究工作的研究生提供标准模型理论和 B 介子物理的系统知识，帮助他们掌握 QCD 和电弱圈图解析计算的方法，尽快进入工作前沿。本书同时也可以作为其他理论物理研究人员的参考书。

本书首先对标准模型理论和 B 介子物理的基本理论框架做了综述，然后在幺正规范下计算 $b \to sV(V = g, \gamma, Z^*)$ 圈图衰变过程，给出详细的解析推导过程和解析计算结果。最后，对 B 介子的混合与衰变过程和 pQCD 因子化方法做了细致的研究和分析，给出了计算实例。

在第 1 章，作者对 B 介子物理的理论研究和实验测量的历史发展和最新进展做了评述。在第 2 章，对标准模型的规范群、粒子谱和拉氏量，有效哈密顿量、Wilson 系数、因子化方法，B 介子的混合与衰变过程、CKM 混合矩阵、CP 破坏和幺正三角形相角的定义和抽取等重要内容做了全面的介绍。在第 3、第 4 和第 5 章，作者在幺正规范下分别对 $b \to sg$，$b \to s\gamma$ 和 $b \to sZ^* \to sl^+l^-$ 衰变过程的单圈自能图和企鹅图做了解析计算，给出了详细的解析推导和解析结果，进而通过“匹配”抽取了 Wilson 系数 $C_{7\gamma}$ 和 C_{8g}。作者发现并修正了已有文献中的错误，给出了正确的解析结果。在第 6 章，作者对 B 介子的混合与衰变过程做了全面、深入的分析，讨论了 B 介子工厂实验中对时间相关的 CP 破坏的实验测量方法。在第 7 章，作者对 pQCD 因子化方法做了系统的介绍和分析，对各类重、轻介子波函数做了分类和整理。在第 8 章，作者以 $B^- \to K^-\eta$ 衰变为例，给出了在领头阶的 pQCD 完整解析计算。书后四个附录中收集了许多有用的基本定义、公式和关系式。主要参考书和参考文献见引文目录。

作者曾以本书的初稿为教材，于 2005~2012 年在南京师范大学物理科学与技术学院为理论物理和粒子物理专业的博士和硕士研究生讲授“B 介子物理学”课程。在授课、讨论以及课题研究过程中，邹文娟、吕林霞、李营、刘新、王文飞、樊莹莹、程山、王辉生、武鲁森、邹芝田、周锐、刘静、翟燕、冯青、王坤、徐书生、刘敏和白玮等研究生对本书所涉及的部分解析计算的推导和检验作出了贡献。

作者感谢赵光达教授、戴元本研究员、邝宇平教授、杜东升研究员、黄涛研究员、张肇西研究员、李重生教授、薛晓舟教授、鲁公儒教授、丁一兵教授、李学潜教授等多年来的指导和帮助。在 B 介子物理研究中，作者和中国科学院高能物理研究所吕才典研究员已合作近 20 年，受益匪浅。中国台湾“中央研究院”物理所李湘楠教授多次应邀来南京师范大学系统讲授 pQCD 因子化方案，对我们研究团队的研究工作给予了热心的指导和帮助。作者就 B 介子物理的许多问题，和杨金民研究员、高原宁教授、乔从丰教授、罗民兴教授、赵强研究员、郭立波教授、平加伦教授、杨亚东教授、杨茂志教授、杨德山副教授、沈月龙副教授、王琦副教授等许多朋友和同事做过多次有益的讨论，在此一并表示衷心的感谢。

由于作者水平有限，书中的解析推导、讨论和分析难免有错误和不妥之处，请读者随时来信指正 (E-mail: xiaozhenjun@njnu.edu.cn)，以便改正。

肖振军

2013 年 2 月

于南京师范大学仙林行健楼

目　　录

前言

第 1 章　绪论 ······ 1

思考题 ······ 5

第 2 章　标准模型理论与 B 介子衰变 ······ 6

§2.1　标准模型简介 ······ 6

§2.2　低能有效哈密顿量与 Wilson 系数 ······ 13

§2.2.1　算符乘积展开：基本思想 ······ 14

§2.2.2　由完整理论到有效理论的匹配：Wilson 系数 ······ 16

§2.2.3　算符乘积展开：有效哈密顿量 ······ 19

§2.3　强子矩阵元计算，因子化方法 ······ 23

§2.3.1　简单因子化方案、推广的因子化方案 ······ 23

§2.3.2　Color-Transparency：色透明机制 ······ 25

§2.3.3　BBNS QCD 因子化方案 ······ 27

§2.3.4　pQCD 因子化方法 ······ 28

§2.3.5　SCET：软-共线有效理论 ······ 30

§2.4　B 介子的衰变与混合 ······ 31

§2.4.1　衰变分支比 ······ 32

§2.4.2　$B_q^0-\bar{B}_q^0$ 混合 ······ 32

§2.5　B 介子系统 CP 破坏 ······ 36

§2.5.1　三种类型的 CP 破坏 ······ 36

§2.5.2　$\mathcal{A}_{\rm CP}$：荷电 $B_u^{\pm}$ 介子非粲衰变 ······ 40

§2.5.3　$\mathcal{A}_{\rm CP}$：中性 B 介子非粲衰变 ······ 42

§2.6　CKM 相角 α,β,γ 的抽取 ······ 43

§2.7　整体拟合 ······ 48

思考题 ······ 50

第 3 章　幺正规范下 $b\to sg$ 衰变过程的解析计算 ······ 51

§3.1　自能图的解析计算 ······ 51

§3.2　标准模型下 $b\to sg$ 企鹅图的解析计算 ······ 57

§3.3　Wilson 系数 C_{8g} 的抽取 ······ 75

§3.3.1　有效企鹅图顶点 ······ 75

§3.3.2 Wilson 系数 $C_{8g}(M_W)$ 的抽取 ……77
第 4 章 幺正规范下 $b \to s\gamma$ 衰变过程的解析计算 ……79
§4.1 解析计算 ……79
§4.2 顶角函数 $V_\mu(p,k)$ 的重正化 ……93
§4.3 关于 S. P. Chia 论文结果的讨论 ……98
第 5 章 幺正规范下 $\bar{s}Zb$ 顶角的解析计算 ……101
§5.1 $\bar{s}\gamma b$ 有效耦合 ……101
§5.2 $\bar{s}Zb$ 有效耦合 ……108
第 6 章 B 介子混合与衰变过程分析 ……112
§6.1 中性 B 介子的混合 ……112
§6.1.1 味本征态, 质量本征态和 CP 本征态 ……112
§6.1.2 ΔM 和 $\Delta\Gamma$ ……115
§6.1.3 时间演化 ……115
§6.1.4 中性 B 介子混合 ……119
§6.1.5 B 介子混合的大小和概率 ……121
§6.1.6 对 $(P^0, \bar{P}^0) \to f$ 类衰变的讨论 ……122
§6.2 含时 CP 破坏的实验测量 ……123
§6.3 黄金衰变道: $B_d^0 \to J/\psi K_S^0$ ……129
第 7 章 pQCD 因子化方法 ……130
§7.1 基本理论框架 ……130
§7.1.1 因子化定理 ……132
§7.1.2 横动量 k_T 与 k_T 因子化 ……133
§7.1.3 k_T 重求和: Sudakov factor ……134
§7.1.4 阈值重求和 ……136
§7.2 强子波函数 ……137
§7.2.1 重赝标介子与矢量介子波函数 ……137
§7.2.2 轻赝标介子波函数: π 和 K 介子 ……140
§7.2.3 轻赝标介子波函数: η 和 η' 介子 ……142
§7.2.4 可能的 η-η'-G 混合的影响 ……144
§7.2.5 矢量介子波函数 ……147
§7.3 $B \to M_2M_3$ 衰变的因子化公式 ……148
§7.4 $B_d^0 \to J/\psi\eta$ 衰变过程的计算 ……151
§7.4.1 基本理论框架 ……152
§7.4.2 费恩曼图的解析计算 ……153

第 8 章　$B^- \to K^-\eta$ 衰变的 pQCD 领头阶解析计算……165
§8.1　一般情况: $B(\bar{q}b) \to M_2M_3$ 衰变……165
§8.2　$B^- \to K^-\eta$ 衰变过程的 pQCD 解析计算……179
§8.3　关于 pQCD 次领头阶修正的讨论……197
附录 A　S 矩阵，度规与 Dirac 矩阵……200
§A.1　衰变过程与微分截面……200
§A.2　度规，Dirac 代数与矩阵……201
§A.3　Fiertz 重排……206
§A.4　Dirac 方程与旋量波函数……207
§A.5　费恩曼参数化与圈图动量积分公式……209
附录 B　费恩曼规则与特殊函数……211
§B.1　标准模型理论的费恩曼规则……211
§B.2　$SU(3)_c$ 色规范群……215
§B.3　Γ 函数，无穷级数，双对数函数，Bessel 函数……218
§B.4　光锥坐标系，主值定理……226
§B.5　$1 \to n$ 衰变的相空间因子……227
附录 C　流矩阵元的计算……228
附录 D　费恩曼积分公式……231
§D.1　维数正规化积分公式……231
§D.2　标准函数：A, B, C, D……237
§D.2.1　费恩曼积分函数: $A_0(m)$ 函数……238
§D.2.2　费恩曼积分函数: B_0, B_μ 和 $B_{\mu\nu}$……238
§D.2.3　三点费恩曼积分函数: $C_0, \tilde{C}_0, C_\mu, C_{\mu\nu}$ 和 $C_{\mu\nu\sigma}$……239
§D.2.4　内线重质量极限……243
§D.2.5　四点费恩曼积分函数: D_0, D_μ 和 $D_{\mu\nu}$……245
参考文献……247
《现代物理基础丛书》已出版书目……252

第1章　绪　论

在过去的 40 年中，描述强、弱和电磁相互作用的标准模型理论[1, 2] 取得了巨大的成功[3, 4]。1979 年发现了标准模型所预言的中性流过程。1983 年在欧洲核子研究中心 (CERN)，从事质子-反质子对撞实验的 UA1 和 UA2 两个实验组发现了 $W^{\pm}$ 和 Z^0 规范矢量玻色子。1989~2000 年，在 LEP 正负电子对撞机上工作的 4 个实验组 (ALEPH, DELPHI, L3, OPAL) 观察到了约 10^7 个 Z^0 衰变事例，在 10^{-3} 水平上对标准模型理论进行了精确检验。1995 年美国费米实验室发现了标准模型所预言的很重的 top 夸克。

2008 年 9 月，欧洲核子研究中心的 LHC 超高能强子对撞机开始第一轮质子循环时，两块超导磁铁的连接处发生毁灭性的故障。接下来，物理学家们花了 14 个月的时间处理事故，并在 2009 年 11 月重新投入运行[5]。开始对撞时，质子束的能量为 3.5TeV+3.5TeV。2012 年 4 月，每个质子束的能量已经升到 4TeV，亮度也有大提升。

LHC 实验的主要物理目标有三个：① 寻找标准模型中非常重要的 Higgs 粒子；② 寻找超对称理论或者其他超出标准模型的新物理理论预言的新粒子；③ 标准模型精确检验与重味物理 (主要包含“b 物理”和粲物理) 研究。2012 年 7 月，在 LHC 上工作的 ATLAS 和 CMS 国际合作组宣布：他们发现了一个质量约为 126GeV 的“Higgs-like”粒子[6, 7]。尽管还需要更大的数据量才能通过分波分析来确认该“共振态”粒子的自旋，以最后确认其“身份”，但多数物理学家已经乐观地认为：人类已经发现了标准模型理论所预言的“上帝粒子”——Higgs 玻色子。

尽管标准模型的最后一个“粒子”被“发现了”，但是标准模型理论仍然有 19 个自由参数，无法解释代结构和费米子质量来源，无法解释 3 代夸克质量的巨大差别，无法解决精细调节等许多问题。因此，人们普遍相信，标准模型是在费米能标 ($v \approx 246$ GeV) 附近的有效理论，在更高的能标应当存在更基本的新物理理论，例如超对称模型，超维模型等。

众所周知，发现 B 介子系统的 CP 破坏、验证标准模型理论并测量其参数、发现新物理存在的迹象或证据是 B 介子物理实验探测和理论研究的三个主要目标[8]。近年来，在 K 介子、D 介子、J/Ψ 和 B 介子系统的实验探测和理论研究工作取得了一系列重要成果[3, 4]：

(1) 1964 年，K 介子系统的间接 CP 破坏被发现。1999 年，E731 和 NA48 实

验组发现了 K 介子系统的直接 CP 破坏，ϵ'/ϵ 的实验测量值与标准模型理论预言值基本符合。

(2) 20 世纪 70 年代以来，c (charm，粲) 夸克和 b(beauty，美) 夸克先后被发现，人们对 D 介子和 B 介子的产生和主要衰变过程进行了细致的研究。在 80 年代，通过对 B^0-$\bar{B}^0$ 混合的研究发现了 top 夸克具有重质量的第一个间接证据。

(3) CLEO 实验组收集了约 10^7 个 B 介子衰变事例，测量了大小为 $10^{-4} \sim 10^{-5}$ 量级的 $b \to s\gamma$ 稀有衰变分支比和 $B \to K\pi, K\eta'$ 等一系列 B 介子两体非粲强子衰变分支比，给出了 $b \to s$ gluon 分支比的实验上限。

(4) 美国和日本的两个 B 介子工厂在 1999 年投入运行, 到 2011 年日本的 B 介子工厂最后停止运行，BaBar 和 Belle 两个实验组合计收集到大约 1.7×10^9 个 B 介子对产生和衰变事例。他们测量了一系列 B 介子稀有衰变道的分支比，发现了 B 介子系统的 CP 破坏。两个 B 介子工厂的实验取得了巨大的成功，这直接导致两位日本物理学家 M. Kobayashi 和 T. Maskawa 由于提出三代下夸克之间的混合矩阵 (CKM 矩阵) 而获得 2008 年的诺贝尔物理学奖。

(5) 目前，由 BaBar 和 Belle 实验组给出的 sin(2β) 的实验测量值 (根据 $b \to c\bar{c}s$ 含粲衰变过程) 为[3, 4]

$$\sin(2\beta) = 0.679 \pm 0.020 \tag{1.1}$$

对 β 角的限制为

$$\beta = (21.4 \pm 0.8)^\circ \bigvee (68.6 \pm 0.8)^\circ , \tag{1.2}$$

并且关于 $\cos(2\beta)$ 的实验测量支持 $\beta \approx 21.4^\circ$。关于 $\sin(2\beta)$ 的实验测量结果，证实了 B 介子系统存在由于 B^0-$\bar{B}^0$ 混合引起的间接 CP 破坏。

(6) 另一方面，B 介子工厂实验已经发现了 B 介子系统和 B_s 介子系统的直接 CP 破坏。最新的实验测量结果为[4]

$$\begin{aligned} \mathcal{A}_{\rm CP}^{\rm Dir}(B \to K^+\pi^-) &= -0.097 \pm 0.012, \\ \mathcal{A}_{\rm CP}^{\rm Dir}(B_s \to K^-\pi^+) &= 0.39 \pm 0.17, \quad \text{LHCb} \end{aligned} \tag{1.3}$$

(7) 关于 $B \to X_s\gamma$ 衰变分支比的实验测量结果是

$$\mathcal{B}(B \to X_s\gamma) = (3.54^{+0.30}_{-0.28}) \times 10^{-4} \tag{1.4}$$

在次领头阶水平的标准模型理论预言值为

$$\mathcal{B}(B \to X_s\gamma) = (3.70 \pm 0.30) \times 10^{-4} \tag{1.5}$$

人们已经对 $B \to X_s\gamma$ 衰变过程做了全面、细致的研究分析。显然，实验测量结果和标准模型理论预言符合得很好，留给新物理的空间已经很小。

(8) 对 $B \to \pi^+\pi^-$ 衰变道直接 CP 破坏的测量，如表 1.1 所示。BaBar 和 Belle 两个实验组的结果仍然不一致[4]。LHCb 的最新数据倾向于支持 BaBar 的结果[9]，但要确认，尚需更高的数据量。

表 1.1　$B \to \pi^+\pi^-$ 衰变中的 CP 破坏

	BaBar	Belle	HFAG	LHCb
$S_{\pi\pi}$	$-0.68 \pm 0.10 \pm 0.03$	$-0.61 \pm 0.10 \pm 0.04$	-0.65 ± 0.07	$-0.56 \pm 0.17 \pm 0.03$
$\mathcal{A}_{\rm CP}^{\rm Dir}$	$0.25 \pm 0.08 \pm 0.02$	$0.55 \pm 0.08 \pm 0.05$	0.38 ± 0.06	$0.11 \pm 0.21 \pm 0.03$

(9) 在两个 B 介子工厂实验中，还意外地发现了许多新的共振态粒子：X, Y, Z 粒子。例如：

$$X(3872),\quad X(3940),\quad Y(4260),\quad Z(3930),\cdots \tag{1.6}$$

这些粒子的性质仍然有待确定，给出合理的理论解释是一个重要任务。

(10) 对 $\rm B_d$ 和 $\rm B_s$ 介子混合参数的测量已经达到很高的精度[3, 4]：

$$\begin{gathered}\Delta m_{\rm B_d^0} = (0.507 \pm 0.004){\rm ps}^{-1},\quad \Delta m_{\rm B_s^0} = (17.69 \pm 0.09){\rm ps}^{-1},\\ \Delta\Gamma_d/\Gamma_d \sim 0,\quad \Delta\Gamma_s/\Gamma_s \sim 10\%.\end{gathered} \tag{1.7}$$

(11) 2009 年 11 月，LHC 超高能强子对撞机实验在事故后重新投入运行。通过两年多的正常运行，已经采集了大量实验数据。除了发现标准模型理论预言的“Higgs”玻色子以外 (当然这一点还需要进一步的实验验证)，还得到了大量的“b 介子”实验测量结果[10]。

(12) 在 LHC 实验中，除了专门用于 b 物理实验的探测器 LHCb 以外，通用探测器 ATLAS 和 CMS 也可以对 b 物理实验探测做出重要贡献。在 LHCb 实验中，b 介子对的产生截面很高：

$$\sigma({\rm pp} \to {\rm b\bar{b}X})|_{\rm LHCb} = (284 \pm 20 \pm 49)\mu{\rm b}\quad {\rm at}\quad 7{\rm TeV} \tag{1.8}$$

在 LHC 实验中，各种 B 介子和含 b 重子，例如 $\rm B_u, B_d^0, B_s^0, B_c, B_q^*$, Λ_b, $\Sigma_b, \cdots$，均可以产生。因此，我们有时用“b 介子物理”或者“b 物理”来表示范围更大的对含“b”介子或者重子的研究。 我们知道，在 e^+e^- 对撞机和在强子对撞机上的 B 物理实验是互补的。e^+e^- 对撞机实验的信噪比高，但事例数较少；强子对撞机实验的信噪比低，但事例数较多。

目前，LHCb 实验成为 b 物理研究的最重要的实验。日本和意大利的两个 Super-B 工厂计划在 2016 年前后投入运行，将与 LHC 实验上的重味物理相关实验形成互补关系。所谓“Super-B 工厂”是指其设计年积分亮度比已经停止运行的两个 B 介子工厂提高 100 倍。日本的 Super-B 介子工厂 (Belle-II) 已经开始建造，预期在 2015 年投入物理运行。意大利的 Super-B 工厂也已经获得政府的批准和拨款，预期 2016 年投入运行。

在今后 10 年的 b 物理实验中，将观察到约 $10^{12} \sim 10^{14}$ 个 b 介子衰变事例，将能够对分支比为 $\mathbf{10^{-6} \sim 10^{-7}}$ 量级的 b 介子稀有衰变道给出具有较好统计性的实验结果，将能够对主要的新物理模型的参数空间加以严格的限制，并有可能通过对 b 介子稀有衰变道的系统研究首先发现某些反常现象，进而发现新物理存在的证据。在 b 物理相关实验中发现的任何新物理迹象对于在 LHC 超高能强子对撞机上直接寻找、发现新粒子具有重要的学术价值。

对 b 介子系统，由于新物理能标比较高 ($\Lambda \geqslant 1\text{TeV}$)，新粒子树图过程将被强烈压低。新物理对可观测物理量的修正将主要通过由新粒子产生的新的 Penguin 图、Box 图等圈图过程，或通过与标准模型相关过程的干涉来改变标准模型的理论预言。主要表现方式如下：

(1) 标准模型所预言的稀有衰变道，被发现有较大的衰变分支比。

(2) B 介子衰变道的 CP 破坏不对称性或末态动力学分布的实验测量值，与标准模型理论预言值有明显的偏离。

(3) 由 CKM 矩阵幺正性导出的幺正三角形的三个角之和不等于 180°，即：$\alpha + \beta + \gamma \neq \pi$。或者幺正三角形边长的实验测量值与对应的 α, β, γ 角不符合。

众所周知，QCD 圈图和电弱圈图的解析和数值计算是 B 物理理论研究的基础。1980 年以来，Inami, Buras, Hurth, Fleischer, Chekyakin, Chia, Deshpande 等 [11–18] 对 $b \to sV$ 等重要过程做了非常漂亮的解析计算。但在他们发表的论文中，许多细节是没有的。为了帮助研究生学习标准模型理论，掌握 B 物理研究的基本理论框架，掌握单圈图解析计算技巧，以上述论文为蓝本，我们在这里对 $B \to sV(V = \gamma, g, Z)$ 衰变过程给出详细的解析计算。我们将首先在标准模型理论框架下，分别采用幺正规范和特荷夫特-费恩曼规范作解析计算，还将把相关计算推广到双 Higgs 模型和超对称模型。

作为粒子理论方向的研究生，必须学会做圈图计算。

对基本粒子的性质与相关的可观测物理量的实验测量数据，可以参看每两年更新一次的基本粒子表[3]。对于与 b 介子 (含 $\mathrm{B_{u,d}}, \mathrm{B_s}, \mathrm{B_c}$) 物理相关的物理观测量的世界平均值，可以看 HFAG Group 的最新文献[4]。

关于量子场论、标准模型理论、量子色动力学和 CP 破坏与 B 介子物理，T. P. Chen, R. D. Field, M. E. Peskin, S. Winberg, W. Greiner, I. Bigi 等许多物理

学家写了很多很好的参考书，详见文献 [1, 2, 19–33]。

思 考 题

1. 对日本和美国两个 B 介子工厂实验的特点、运行过程、主要实验结果及其对理论物理发展的影响给出简要综述。

2. 对 LHCb 实验的特点、已有实验结果、未来实验测量结果的预期、与两个 B 介子工厂的区别等给出简要综述。

3. 对日本和意大利两个 Super-B 工厂的设计、主要物理目标给出简要综述。

4. 对 b 介子物理的研究对象、研究目标、研究现状给出简要综述。

第 2 章　标准模型理论与 B 介子衰变

在本章，我们将对标准模型和 B 介子衰变的基本理论框架进行简要的综述，给出相关理论公式。

§2.1　标准模型简介

现在一般把 $SU(2)_L \times U(1)_Y$ 电弱统一模型和 $SU(3)_c$ 量子色动力学 (QCD) 统称为标准模型理论。它是迄今为止公认的描述弱、电、强三种相互作用的理论。标准模型理论建立和发展的简史如下：

(1) 1954 年，杨振宁和 Mills 在量子场论中首次引入定域 $SU(2)$ 规范不变的概念。

(2) 1956 年，李政道和杨振宁提出弱相互作用过程宇称不守恒的假设和实验检验建议, 并很快被吴健雄等的实验所证实，因此获得 1957 年诺贝尔物理学奖。

(3) 1961 年，Salam 和 Ward 提出以规范原理作为构造基本相互作用场的量子场论的基础。Glashaw 首先提出了 $SU(2) \times U(1)$ 电弱统一模型，首次引入中性中间矢量玻色子 Z^0。

(4) 1964 年，Higgs 等提出了一个具有对称性自发破缺的场论模型，其中包含无质量的 Goldstone 玻色子和有质量的矢量玻色子。

1964 年，Christenson，Cronin，Fitch 等首次在实验上发现 K^0 介子系统中的 CP 破坏证据。同年，Salam 和 Ward 提出电弱相互作用统一描写的拉氏量，并估计了 W 玻色子的质量；Gell-Mann 和 Zweig 首次将夸克作为一个基本的层次结构来构造强子。

(5) 1967 年，Kibble 把 Higgs 机制推广到非阿贝尔规范场论，Weinberg 提出对电弱相互作用统一描写的拉氏量，并估计了 W 和 Z^0 玻色子的质量。

1967 年和 1968 年，Weinberg 和 Salam 把弱相互作用理论建立在 Yang-Mills 规范场的基础上，并引入了 Higgs 电弱对称性自发破缺机制，使该理论成为一个自洽、完整的理论。

(6) 1970 年，Glashaw 等提出了 GIM 机制, 解决了夸克混合与中性流压低的问题。

(7) 1971~1972 年，'t Hooft 和 Veltman 证明了标准模型是可重正化的理论。

(8) 1973 年，Kobayashi 和 Maskawa 又把 Cabibbo 的两代夸克的混合推广到了三代夸克的情形，给出了 CKM 混合矩阵[34]。$SU(2)_L \times U(1)_Y$ 电弱统一模型也最后建立起来。

在高能标 ($\mu > \Lambda_F = v \approx 246\text{GeV}$)，标准模型的规范群为

$$SU(3)_c \times SU(2)_L \times U(1)_Y, \tag{2.1}$$

包含规范场、费米子场和 Higgs 场三个部分。

1. **规范场部分**

自旋为 1 的规范玻色子属于规范群 (2.1) 的伴随表示。规范玻色子 $\mathrm{W}^i_\mu (i = 1, 2, 3)$ 和 B_μ 分别属于 $SU(2)$ 场和 $U(1)$ 场。$\mathrm{G}^a_\mu (a = 1, \cdots, 8)$ 属于 $SU(3)_c$ 强相互作用场。相对应的规范耦合常数分别为 g, g' 和 g_s。

2. **费米子场部分**

费米子是属于规范群 (2.1) 的基础表示的物质场，包含至少三代轻子和夸克。标准模型是左-右不对称的，左手和右手费米子有不同的量子数：

$$\begin{aligned} Q^\alpha_{iL} = \begin{pmatrix} U^\alpha_i \\ D^\alpha_i \end{pmatrix}_L = \begin{pmatrix} u_\alpha \\ d'_\alpha \end{pmatrix}_L, \begin{pmatrix} c_\alpha \\ s'_\alpha \end{pmatrix}_L, \begin{pmatrix} t_\alpha \\ b'_\alpha \end{pmatrix}_L, (3, 2, 1/3) \\ U^\alpha_{iR} = u_{\alpha R},\ c_{\alpha R},\ t_{\alpha R},\ (3^*, 1, 4/3) \\ D^\alpha_{iR} = d_{\alpha R},\ s_{\alpha R},\ b_{\alpha R},\ (3^*, 1, -2/3) \end{aligned} \tag{2.2}$$

$$\begin{aligned} L_{iL} = \begin{pmatrix} \nu_e \\ e \end{pmatrix}_L, \begin{pmatrix} \nu_\mu \\ \mu \end{pmatrix}_L, \begin{pmatrix} \nu_\tau \\ \tau \end{pmatrix}_L, (1, 2, -1) \\ E^\alpha_{iR} = e_R,\ \mu_R,\ \tau_R,\ (1, 1, -2) \end{aligned} \tag{2.3}$$

$$d'_i = \sum V_{ij} d_j, \tag{2.4}$$

其中 $i, j = 1, 2, 3$ 为代指标，$\alpha = 1, \cdots, 8$ 为色指标。上式中的 V_{ij} 即为 CKM 混合矩阵[34]

$$V_{\text{CKM}} = \begin{pmatrix} V_{ud} & V_{us} & V_{ub} \\ V_{cd} & V_{cs} & V_{cb} \\ V_{td} & V_{ts} & V_{tb} \end{pmatrix} \tag{2.5}$$

若采用 Wolfenstein 参数化方案, 在领头阶 (LO) 近似下 CKM 矩阵可以按照参数

$\lambda = |V_{us}|$ 展开为

$$V_{\text{CKM}} = \begin{pmatrix} 1-\dfrac{\lambda^2}{2} & \lambda & A\lambda^3(\rho - i\eta) \\ -\lambda & 1-\dfrac{\lambda^2}{2} & A\lambda^2 \\ A\lambda^3(1-\rho-i\eta) & -A\lambda^2 & 1 \end{pmatrix} + \mathcal{O}(\lambda^4)\,. \tag{2.6}$$

该表达式已经考虑了 CKM 矩阵的幺正性：$V^\dagger V = VV^\dagger = 1$。

由 CKM 矩阵的幺正性，得到矩阵元 V_{ij} 所满足的 12 个方程，其中的 6 个方程为

$$\begin{aligned} &V_{ui}V_{uj}^* + V_{ci}V_{cj}^* + V_{ti}V_{tj}^* \equiv 0\,, \\ &V_{kd}V_{ld}^* + V_{ks}V_{ls}^* + V_{kb}V_{lb}^* \equiv 0\,, \end{aligned} \tag{2.7}$$

其中 $(ij) = (ds, sb, bd)$，$(kl) = (uc, ct, tu)$。在几何上这 6 个方程对应 6 个复平面上的三角形。其中唯象上最感兴趣的幺正三角形 $(i = b, j = d)$ 就是如图 2.1 所示的在复平面 $(\bar\rho, \bar\eta)$ 上的三角形。我们使用 Wolfenstein 参数化方案，并按照惯例把底边归一化为 1。

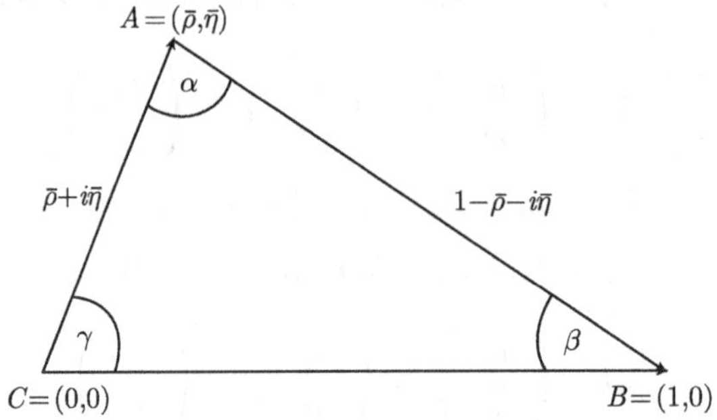

图 2.1　$(\bar\rho, \bar\eta)$ 复平面上的幺正三角形

该幺正三角形具有如下特点：

(1) 三个 CKM 相角 α，β 和 γ 的定义为

$$\alpha = \arg\left(-\frac{V_{td}V_{tb}^*}{V_{ud}V_{ub}^*}\right), \quad \beta = \arg\left(-\frac{V_{cd}V_{cb}^*}{V_{tb}V_{td}^*}\right), \quad \gamma = \arg\left(-\frac{V_{ud}V_{ub}^*}{V_{cd}V_{cb}^*}\right). \tag{2.8}$$

三个 CKM 相角满足约束条件

$$\alpha + \beta + \gamma = 180^\circ. \tag{2.9}$$

(2) 如果保留 V_{ub} 和 V_{td} 中的 λ^5 项，则有

$$V_{ub} = A\lambda^3(\bar\rho - i\bar\eta),\ \ V_{td} = A\lambda^3(1-\bar\rho-i\bar\eta)\,, \tag{2.10}$$

或者

$$V_{ub} \equiv |V_{ub}|e^{-i\gamma} = A\lambda^3 \sqrt{\bar\rho^2 + \bar\eta^2}\, e^{-i\gamma},$$
$$V_{td} \equiv |V_{td}|e^{-i\beta} = A\lambda^3 \sqrt{(1-\bar\rho)^2 + \bar\eta^2}\, e^{-i\beta}\ , \tag{2.11}$$

其中

$$\bar\rho = \rho\left(1 - \frac{\lambda^2}{2}\right),\ \ \bar\eta = \eta\left(1 - \frac{\lambda^2}{2}\right), \tag{2.12}$$

(3) 使用简单的三角几何学，可以把 α, β 和 γ 角表示成 $(\bar\rho, \bar\eta)$ 的函数

$$\sin(2\alpha) = \frac{2\eta(\bar\rho^2 - \bar\rho + \bar\eta^2)}{[(1-\bar\rho)^2 + \bar\eta^2](\bar\rho^2 + \bar\eta^2)},$$
$$\sin(2\beta) = \frac{2\bar\eta(1-\bar\rho)}{(1-\bar\rho)^2 + \bar\eta^2},$$
$$\sin(2\gamma) = \frac{2\bar\rho\bar\eta}{\bar\rho^2 + \bar\eta^2} = \frac{2\rho\eta}{\rho^2 + \eta^2}. \tag{2.13}$$

(4) 如图 2.1 所示，归一化的幺正三角形的两条边 CA 和 BA 的边长可以分别用 R_b 和 R_t 来表示，

$$R_b \equiv \frac{|V_{ud}V_{ub}^*|}{|V_{cd}V_{cb}^*|} = \sqrt{\bar\rho^2 + \bar\eta^2} = \left(1 - \frac{\lambda^2}{2}\right)\frac{1}{\lambda}\left|\frac{V_{ub}}{V_{cb}}\right|, \tag{2.14}$$

$$R_t \equiv \frac{|V_{td}V_{tb}^*|}{|V_{cd}V_{cb}^*|} = \sqrt{(1-\bar\rho)^2 + \bar\eta^2} = \frac{1}{\lambda}\left|\frac{V_{td}}{V_{cb}}\right|. \tag{2.15}$$

根据 $\mathrm{B_d^0}$-$\mathrm{\bar B_d^0}$ 混合和其他已有实验数据，R_b 和 R_t 满足关系式

$$1 - R_b < R_t < 1 + R_b\,. \tag{2.16}$$

因此，仅考虑 B 介子 CP 守恒的衰变过程，即可知参数 $\bar\eta \neq 0$。

在 LHCb 实验中，除了 $\mathbf{B_u}, \mathbf{B_d}$ 介子 (各约 40%) 以外，还将产生大量的 $\mathbf{B_s}(\sim 10\%)$，$\mathbf{B_c}$ 介子和 b 重子。 对 $\mathrm{B_s}$ 介子，一个重要的工作就是测量 β_{s}。对 $\mathrm{B_d^0}$-$\mathrm{\bar B_d^0}$ 系统，其混合相角为 $\phi_{\mathrm{d}}^{\mathrm{SM}} = 2\beta$；对 $\mathrm{B_s^0}$-$\mathrm{\bar B_s^0}$ 系统，其混合相角为 $\phi_{\mathrm{s}}^{\mathrm{SM}} = -2\chi = -2\beta_{\mathrm{s}}$。

由式 (2.6) 可知，在领头阶，V_{ts} 是实数，$\beta_s = 0$。到 λ^5 阶，CKM 矩阵可以写为

$$V = \begin{pmatrix} 1 - \frac{\lambda^2}{2} - \frac{\lambda^4}{8} & \lambda & A\lambda^3(\rho - i\eta) \\ -\lambda + A^2\lambda^5\left(\frac{1}{2} - \rho - i\eta\right) & 1 - \frac{\lambda^2}{2} - \lambda^4\left(\frac{1}{8} + \frac{A^2}{2}\right) & A\lambda^2 \\ A\lambda^3(1-\rho-i\eta) + A\lambda^5(\rho+i\eta) & -A\lambda^2 + A\lambda^4\left(\frac{1}{2} - \rho - i\eta\right) & 1 - \frac{A^2\lambda^4}{2} \end{pmatrix}, \tag{2.17}$$

β_s 的一般的定义为

$$V_{ts} = |V_{ts}|e^{i(\beta_s+\pi)} = -|V_{ts}|e^{i\beta_s}. \tag{2.18}$$

在标准模型下，$\phi_s = -2\beta_s = -\eta\lambda^2 \sim -0.037$，很小。经过 5 年的运行，LHCb 实验的预期精度是：$\sigma(\beta_s) \approx 0.013$。

在 λ^5 阶，与幺正性约束方程

$$V_{td}V_{ud}^* + V_{ts}V_{us}^* + V_{tb}V_{ub}^* = 0 \tag{2.19}$$

相对应的“幺正三角形”如图 2.2 所示，其中 $\chi = \beta_s$。从实验测量的角度，B 介子衰变涉及的 6 个“幺正三角形”中，只有 2 个是“有用的”。这 2 个“幺正三角形”如图 2.1 和图 2.2 所示。

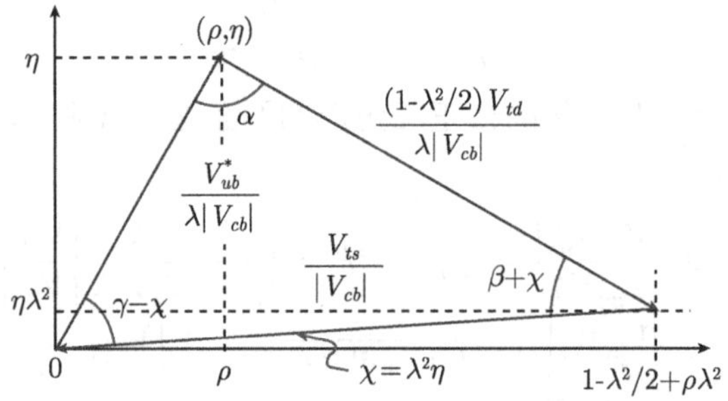

图 2.2　与 β_s 相关的 CKM 三角形

CKM 混合矩阵 $V_{\rm CKM}$ 自由度的证明：

在标准模型中，根据 Kobayashi 和 Maskawa 的理论[34]，费米子之间的混合只发生在 (左手) 下夸克质量本征态 $(d,s,b)_L$ 之间：

$$\begin{pmatrix} d' \\ s' \\ b' \end{pmatrix}_L = \begin{pmatrix} V_{ud} & V_{us} & V_{ub} \\ V_{cd} & V_{cs} & V_{cb} \\ V_{td} & V_{ts} & V_{tb} \end{pmatrix} \begin{pmatrix} d \\ s \\ b \end{pmatrix}_L . \tag{2.20}$$

一般的 3×3 复矩阵的自由度为 18, 9 个实参数 $|V_{ij}|$ 和 9 个相角 ϕ_{ij}：

$$\begin{pmatrix} V_{11}e^{i\phi_{11}} & V_{12}e^{i\phi_{12}} & V_{13}e^{i\phi_{13}} \\ V_{21}e^{i\phi_{21}} & V_{22}e^{i\phi_{22}} & V_{23}e^{i\phi_{23}} \\ V_{31}e^{i\phi_{31}} & V_{32}e^{i\phi_{32}} & V_{33}e^{i\phi_{33}} \end{pmatrix}. \tag{2.21}$$

通过重新定义夸克波函数 (例如，$|d'\rangle \to e^{i\phi_{11}}|d'\rangle$)，可以吸收掉 5 个复相角。例如，

这时可以把 CKM 矩阵写成

$$\begin{pmatrix} V_{11} & V_{12} & V_{13} \\ V_{21} & V_{22}e^{i\phi_{22}} & V_{23}e^{i\phi_{23}} \\ V_{31} & V_{32}e^{i\phi_{32}} & V_{33}e^{i\phi_{33}} \end{pmatrix}. \tag{2.22}$$

考虑 CKM 矩阵的幺正性，由 $V^\dagger V = I$ 和 $VV^\dagger = I$ 对角线上的“1”元素给出的 6 个约束方程为

$$|V_{ud}|^2 + |V_{cd}|^2 + |V_{td}|^2 = 1, \quad |V_{us}|^2 + |V_{cs}|^2 + |V_{ts}|^2 = 1, \tag{2.23}$$

$$|V_{ub}|^2 + |V_{cb}|^2 + |V_{tb}|^2 = 1, \quad |V_{ud}|^2 + |V_{us}|^2 + |V_{ub}|^2 = 1, \tag{2.24}$$

$$|V_{cd}|^2 + |V_{cs}|^2 + |V_{cb}|^2 = 1, \quad |V_{td}|^2 + |V_{ts}|^2 + |V_{tb}|^2 = 1. \tag{2.25}$$

这 6 个方程只有 3 个是独立的。由 $V^\dagger V = I$ 和 $VV^\dagger = I$ 非对角线上的零元素给出的 6 个独立的约束方程为

$$(bd): V_{ud}^* V_{ub} + V_{cd}^* V_{cb} + V_{td}^* V_{tb} = 0, \tag{2.26}$$

$$(bs): V_{us}^* V_{ub} + V_{cs}^* V_{cb} + V_{ts}^* V_{tb} = 0, \tag{2.27}$$

$$(ds): V_{ud}^* V_{us} + V_{cd}^* V_{cs} + V_{td}^* V_{ts} = 0, \tag{2.28}$$

$$(uc): V_{ud}^* V_{cd} + V_{us}^* V_{cs} + V_{ub}^* V_{cb} = 0, \tag{2.29}$$

$$(ut): V_{ud}^* V_{td} + V_{us}^* V_{ts} + V_{ub}^* V_{tb} = 0, \tag{2.30}$$

$$(ct): V_{cd}^* V_{td} + V_{cs}^* V_{ts} + V_{cb}^* V_{tb} = 0. \tag{2.31}$$

这 6 个由正交关系给出的约束方程也就是在复平面上的 6 个幺正三角形。与方程 (2.26) 所对应的幺正三角形就是我们研究最多的“幺正三角形”。它的三条边的模均正比于 λ^3，用 $|V_{cd}^* V_{cb}|$ 对方程 (2.26) 作归一化，就得到如图 2.1 所示的在 $(\bar{\rho}, \bar{\eta})$ 复平面上的幺正三角形。与方程 (2.30) 所对应的幺正三角形就是如图 2.2 所示的在 (ρ, η) 复平面上的幺正三角形。**至此，最后还剩下 4 个自由参数：3 个实参数和 1 个相角。在 Wolfenstein 参数化方案下，选用 4 个参数：A, λ, ρ, η，其中 η 决定相角。**

3. Higgs 场部分

为了使费米子和规范玻色子获得质量，引入 Higgs 标量场。Higgs 粒子是自旋为 0 的标量粒子。在最小标准模型中，只有一个复数 Higgs 二重态

$$\phi = \begin{pmatrix} \phi^+ \\ \phi^0 \end{pmatrix}_L, \ (1, 2, -1) \tag{2.32}$$

在量子场论的理论框架下，标准模型的拉氏量为

$$\begin{aligned}
\mathcal{L} &= \mathcal{L}_{\text{gauge}} + \mathcal{L}_{\text{Yukawa}} + \mathcal{L}_{\text{Higgs}}, &(2.33)\\
\mathcal{L}_{\text{gauge}} &= -\frac{1}{4}G^a_{\mu\nu}G^a_{\mu\nu} - \frac{1}{4}F^i_{\mu\nu}F^i_{\mu\nu} - \frac{1}{4}B_{\mu\nu}B_{\mu\nu} \\
&\quad + i\overline{Q}_\alpha\gamma^\mu D_\mu Q_\alpha + i\overline{U}_\alpha\gamma^\mu D_\mu U_\alpha + i\overline{D}_\alpha\gamma^\mu D_\mu D_\alpha \\
&\quad + i\overline{L}_\alpha\gamma^\mu D_\mu L_\alpha + i\overline{E}_\alpha\gamma^\mu D_\mu E_\alpha + (D_\mu\phi)^\dagger(D_\mu\phi), &(2.34)\\
\mathcal{L}_{\text{Yukawa}} &= y^U_{\alpha\beta}\overline{Q}_\alpha U_\beta\tilde{\phi} + y^D_{\alpha\beta}\overline{Q}_\alpha D_\beta\phi + y^L_{\alpha\beta}\overline{L}_\alpha E_\beta\phi + h.c.\,, &(2.35)\\
\mathcal{L}_{\text{Higgs}} &= -V = \mu^2\phi^\dagger\phi - \frac{\lambda}{2}(\phi^\dagger\phi), &(2.36)
\end{aligned}$$

其中各个规范场的场强张量以及费米场的协变微商项为

$$\begin{aligned}
G^a_{\mu\nu} &= \partial_\mu G^a_\nu - \partial_\nu G^a_\mu + g_s f^{abc}G^b_\mu G^c_\nu\,, \\
F^i_{\mu\nu} &= \partial_\mu W^i_\nu - \partial_\nu W^i_\mu + g\epsilon^{ijk}W^j_\mu W^k_\nu\,, \\
B_{\mu\nu} &= \partial_\mu B_\nu - \partial_\nu B_\mu\,, \\
D_\mu Q_\alpha &= \left(\partial_\mu - i\frac{g}{2}\tau^i W^i_\mu - i\frac{g'}{6}B_\mu - i\frac{g_s}{2}\lambda^a G^a_\mu\right)Q_\alpha\,, \\
D_\mu U_\alpha &= \left(\partial_\mu - i\frac{2g'}{3}B_\mu - i\frac{g_s}{2}\lambda^a G^a_\mu\right)U_\alpha\,, \\
D_\mu D_\alpha &= \left(\partial_\mu + i\frac{g'}{3}B_\mu - i\frac{g_s}{2}\lambda^a G^a_\mu\right)D_\alpha\,, \\
D_\mu L_\alpha &= \left(\partial_\mu - i\frac{g}{2}\tau^i W^i_\mu + i\frac{g'}{2}B_\mu\right)L_\alpha\,, \\
D_\mu E_\alpha &= (\partial_\mu + ig'B_\mu)E_\alpha\,, \\
\tilde{\phi} &= i\tau_2\phi^\dagger\,. &(2.37)
\end{aligned}$$

在方程 (2.35) 和 (2.36) 中，$\{y\}$ 是 Yukawa 耦合常数，λ 是 Higgs 耦合常数.

在标准模型中，Higgs 场的非零真空期待值 ($\langle\phi\rangle \neq 0$) 使电弱对称性发生自发破缺，进而使规范玻色子和费米子获得质量 (光子保持零质量性)。物理的规范玻色子 $W^\pm, Z, \gamma$ 表示为规范场的线性组合

$$\begin{aligned}
W^\pm_\mu &= \frac{1}{\sqrt{2}}\left(W^1_\mu \mp iW^2_\mu\right)\,, \\
Z_\mu &= -\sin\theta_W B_\mu + \cos\theta_W W^3_\mu, \\
\gamma_\mu &= \cos\theta_W B_\mu + \sin\theta_W W^3_\mu\,. &(2.38)
\end{aligned}$$

其中 $\tan\theta_W = g'/g$。在树图水平，$W^\pm$ 和 Z 规范玻色子的质量为：$M_W = gv/\sqrt{2}$，$M_Z = M_W/\cos\theta_W$。而物质场则获得与 Yukawa 耦合成正比的质量

$$M^u_{ij} = y^u_{ij}v,\quad M^d_{ij} = y^d_{ij}v,\quad M^l_{ij} = y^l_{ij}v,\quad M^l_{ij} = y^l_{ij}v, \tag{2.39}$$

因为明显的质量项破坏 $SU(2)_L$ 对称性，破坏标准模型的可重整性，所以标准模型拉氏量中不包含明显的质量项。

标准模型只有 1 个 Higgs 二重态，4 个独立分量。在 Higgs 机制下，在引起电弱对称性自发破缺以后，其 3 个分量被 W，Z 玻色子"吃掉"，变成它们的纵分量，使 W，Z 玻色子获得质量。还剩下 1 个自由度：物理的标量 Higgs 粒子 H^0。在标准模型中，m_H 是自由参数

$$m_{\rm H} = \sqrt{-2\mu^2} = \sqrt{2h}v \tag{2.40}$$

根据 LEP 实验对 m_H 给出的限制是

$$114{\rm GeV} < m_{\rm H} < 144{\rm GeV}, \quad (95\%{\rm C.L.}). \tag{2.41}$$

在 LHC 实验中，ATLAS 和 CMS 国际合作组测量了 Higgs 粒子的 5 个可能衰变道：$H \to b\bar{b}, \tau\tau, WW, ZZ, \gamma\gamma$，并在 2012 年 7 月宣布：他们发现了一个质量约为 126GeV 的"Higgs-like"共振态粒子[6]：

$$m_{\rm H} = 125.3 \pm 0.4({\rm stat}) \pm 0.5({\rm syst})\ \ {\rm GeV}, \quad {\rm at}\ \ 5\sigma\ \ {\rm level\ \ by\ \ CMS}, \tag{2.42}$$

$$m_{\rm H} = 126.5{\rm GeV}, \quad {\rm at}\ \ 5\sigma\ \ {\rm level\ \ by\ \ ATLAS}. \tag{2.43}$$

正如 R. Hawkings 在报告中所说："They found evidence for a new, narrow resonance at a mass of 126.5 GeV with a significance of 5.0σ"。当然，该"共振态"粒子的自旋量子数 ($s = 0$ 还是 $s = 2$) 还需要进一步确认。但多数物理学家已经乐观地认为：我们终于发现了标准模型理论所预言的"Higgs 玻色子"。关于 LHC 实验的最新结果和近期实验测量的计划，读者可以看 G. Tonelli 在 2013 年元月做的系列综述性报告[7]。

§2.2 低能有效哈密顿量与 Wilson 系数

对 B 介子混合与各种衰变过程的计算与分析，经过近 30 年的努力，人们已经建立了一套"低能有效哈密顿方法"。其核心是 Wilson 系数的计算与重正化群演化以及强子矩阵元的计算。其中有效 Wilson 系数 $C_i^{\rm eff}(\mu)$ 的导出可分为三个步骤[35]：

(1) **算符乘积展开与微扰计算**：利用算符乘积展开方法，把有效哈密顿量展开成定域四夸克算符和磁矩算符的线性叠加。在 M_W 标度按照五夸克有效理论和标准模型分别计算衰变振幅到所要求的阶并进行重正化，确定重正化常数。通过匹配 (matching) 得到 M_W 标度的 Wilson 系数。

(2) **重正化群演化**：利用重正化常数确定算符的反常量纲。求解 Wilson 系数所满足的重正化群方程，将 M_W 标度的 Wilson 系数演化到低能标 $\mu \sim m_b$。

(3) **有效 Wilson 系数**：在次领头阶 (NLO) 近似下，算符的矩阵元及相应的 Wilson 系数是重正化方案相关的, 必须消除这些相关性，导出物理的 C_i^{eff}。

§2.2.1 算符乘积展开：基本思想

人们在研究 β 衰变的四费米子相互作用时就已经开始使用低能有效哈密顿量的研究方法。在那里，人们将标准模型中的中间玻色子积分掉 (积掉重场) 进而得到有效的哈密顿量，使研究计算变得简单。同样，在 B 物理领域，也出现了很多的重场，例如 $W^{\pm}$、Z^0 以及顶夸克，而这些重的自由度均不出现在初末态中，并且这些重的场的能标 $\mathcal{O}(m_{W,Z})$ 远远大于 B 介子的质量能标 $\mathcal{O}(m_b)$。为了方便并且基本上不影响结果，我们便积分掉这些重场，用一些只含有 B 介子衰变初末态自由度的合适的定域低能有效相互作用来描述 B 介子衰变。

以粲夸克 $c \to su\bar{d}$ 树图跃迁为例 [8]。先不考虑 QCD 的强相互作用效应，由图 2.3 可以写出完整理论的树图级的振幅：

$$\begin{aligned}
\mathcal{A}_{\text{full}} &= \bar{s} \cdot \frac{ig}{2\sqrt{2}}\gamma_\mu(1-\gamma_5)V_{cs}^* \cdot c \cdot \frac{-ig_{\mu\nu}}{k^2 - M_W^2} \cdot \bar{u} \cdot \frac{ig}{2\sqrt{2}}\gamma_\nu(1-\gamma_5)V_{ud} \cdot d \\
&= i\frac{G_F}{\sqrt{2}}V_{ud}V_{cs}^* \frac{m_W^2}{k^2 - m_W^2}(\bar{s}c)_{V-A}(\bar{u}d)_{V-A} \\
&= -i\frac{G_F}{\sqrt{2}}V_{ud}V_{cs}^* \left(1 + \frac{k^2}{M_W^2} + \cdots\right)(\bar{s}c)_{V-A}(\bar{u}d)_{V-A} \\
&= -i\frac{G_F}{\sqrt{2}}V_{ud}V_{cs}^* (\bar{s}c)_{V-A}(\bar{u}d)_{V-A} + \mathcal{O}\left(\frac{k^2}{m_W^2}\right),
\end{aligned} \tag{2.44}$$

其中 $G_{\text{F}} = 1.16637 \times 10^{-5}\text{GeV}^{-2}$ 是费米耦合常数，$(\bar{s}c)_{V-A} \equiv \bar{s}\gamma_\mu(1-\gamma_5)c, G_{\text{F}}/\sqrt{2} = g^2/(8M_W^2)$。对于 D, B 介子衰变，由于通过 W 玻色子传递的动量比 m_W 要小很多，即 $k^2/m_W^2 \ll 1$，那么在领头阶，$\mathcal{O}(k^2/m_W^2)$ 量级的项可以安全地忽略掉。这样，低能有效的哈密顿量可以写为

$$\mathcal{H}_{\text{eff}} \equiv i\mathcal{A}_{\text{full}} = \frac{G_F}{\sqrt{2}}V_{ud}V_{cs}^*(\bar{s}c)_{V-A}(\bar{u}d)_{V-A} + \text{高量纲项} \tag{2.45}$$

式中的高量纲算符通常带有偏导数项，相应的项是 $\mathcal{O}\left(\frac{k^2}{m_W^2}\right)$ 压低的。在以后的计算中，只保留量纲为 5 或者是 6 的有效算符，更高量纲的算符都忽略。

通过这个例子我们可以知道，两个带电的流算符的乘积可以展开为一系列的定域算符之和，每一个算符的贡献的大小可以用有效的耦合常数 ——Wilson 系数来表征。量纲高的算符，相应的耦合常数通常会被一个大的质量幂次压低。以上是算符乘积展开的基本思想。

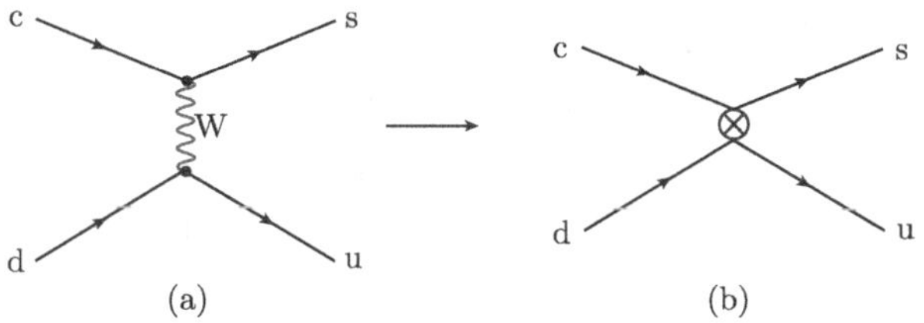

图 2.3 粲夸克衰变过程 $c \to su\bar{d}$ 的树图级费恩曼图

图 (a) 对应“完整理论”；图 (b) 对应“有效理论”

上面是只考虑树图的结果。如果考虑单圈 QCD 修正的影响，那么可以把 $\mathcal{H}_{\text{eff}}$ 改写为

$$\mathcal{H}_{\text{eff}} = \frac{G_F}{\sqrt{2}} V_{ud} V_{cs}^* \left[C_1(\mu) O_1 + C_2(\mu) O_2 \right], \tag{2.46}$$

其中

$$O_2 = (\bar{s}_\alpha c_\alpha)_{V-A} (\bar{u}_\beta d_\beta)_{V-A}, \tag{2.47}$$

$$O_1 = (\bar{s}_\alpha c_\beta)_{V-A} (\bar{u}_\beta d_\alpha)_{V-A}. \tag{2.48}$$

可以看出：

(1) 除了色单态的算符 O_2 以外，还有一个新的算符 O_1 出现。二者具有相同的味道形式，但是颜色结构不一样。如果考虑到两个色单态弱流之间的单胶子交换图 (见图 2.4)，即考虑 $SU(3)_c$ 群生成元矩阵 T_{ij}^a 所满足的恒等式：

$$T_{\alpha\beta}^a T_{\gamma\delta}^a = \frac{1}{2} \left(\delta_{\alpha\delta} \delta_{\gamma\beta} - \frac{1}{N_c} \delta_{\alpha\beta} \delta_{\gamma\delta} \right) \tag{2.49}$$

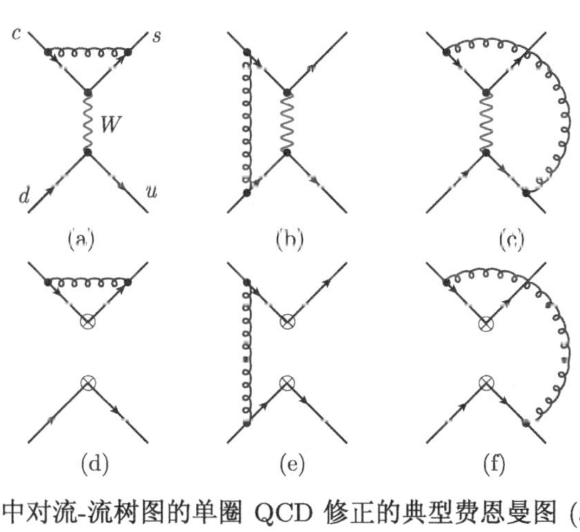

图 2.4 在完整理论中对流-流树图的单圈 QCD 修正的典型费恩曼图 (a,b,c) 与在有效理论中对应的费恩曼图 (d,e,f)

那么在两个色单态弱流之间就会产生“色混合”，导致算符 O_1 的出现。式 (2.49) 右端的第一项是“色允许”的项，第二项是“色压低”的项。**请注意：这里是按照 Buras 的约定[8] 来定义 O_2(色单态) 和 O_1。在有些文献中是反过来的。**

(2) Wilson 系数 C_1，C_2 相当于算符 O_1 和 O_2 各自相互作用的耦合常数，是 α_s、m_W 和重正化标度 μ 的函数。一般情况下，我们是利用完整的理论去计算得到“完整振幅 $\mathcal{A}_{\rm full}$”，然后去和使用有效理论得到的“有效振幅 $\mathcal{A}_{\rm eff}$”进行比较，通过“匹配”抽取 Wilson 系数。

(3) 如果忽略 QCD 的圈图效应，$C_1=0$，$C_2=1$，这样就回到了方程 (2.45)。

§2.2.2 由完整理论到有效理论的匹配：Wilson 系数

在本小节，我们通过文献 [8] 中给出的一个具体的例子：$c\to su\bar{d}$ 带电流过程，来解释如何做由完整理论到有效理论的匹配，进而导出 Wilson 系数。完整理论指的是所有粒子都以动力学自由度的形式出现，有效理论指的是将 W 等重粒子积分掉以后的结果。

根据前面的计算，我们知道，所谓匹配就是要求在次领头阶水平下式成立：

$$\mathcal{A}_{\rm full}\equiv\mathcal{A}_{\rm eff}=\frac{G_F}{\sqrt{2}}V_{cs}^*V_{ud}\left[C_1(\mu)\langle O_1\rangle+C_2(\mu)\langle O_2\rangle\right]. \tag{2.50}$$

“匹配”过程可以分为以下三步来完成。

第一步：在单圈图水平计算完整振幅 $\mathcal{A}_{\rm full}$。

对图 2.4 中第一行的 (a,b,c) 和与其同类 (在任意两条夸克线之间连一条胶子线，外线夸克均为轻夸克) 的 QCD 单圈费恩曼图做解析计算，得到在 $\mathcal{O}(\alpha_s)$ 阶的完整振幅 $\mathcal{A}_{\rm full}(m_i^2=0,p^2<0)$[8]：

$$\begin{aligned}\mathcal{A}_{\rm full}=&\frac{G_F}{\sqrt{2}}V_{cs}^*V_{ud}\left\{\left[1+2C_F\frac{\alpha_s}{4\pi}\left(\frac{1}{\epsilon}+\ln\frac{\mu^2}{-p^2}\right)\right]S_2+\frac{3}{N_c}\frac{\alpha_s}{4\pi}\ \ln\frac{m_W^2}{-p^2}\ S_2\right.\\&\left.-3\frac{\alpha_s}{4\pi}\ \ln\frac{m_W^2}{-p^2}\ S_1\right\},\end{aligned} \tag{2.51}$$

其中 $S_{1,2}\equiv\langle O_{1,2}\rangle_{\rm tree}=O_{1,2}$，是树图阶的矩阵元 $O_{1,2}$。

如果对夸克场做重正化

$$\Psi_q^{(0)}=\sqrt{Z_q}\Psi_q, \tag{2.52}$$

那么 $\mathcal{A}_{\rm full}$ 表达式中的发散部分将被抵消掉，即有

$$\begin{aligned}\mathcal{A}_{\rm full}=&\frac{G_F}{\sqrt{2}}V_{cs}^*V_{ud}\left\{\left[1+2C_F\frac{\alpha_s}{4\pi}\ \ln\frac{\mu^2}{-p^2}\right]S_2+\frac{3}{N_c}\frac{\alpha_s}{4\pi}\ \ln\frac{m_W^2}{-p^2}\ S_2\right.\\&\left.-3\frac{\alpha_s}{4\pi}\ \ln\frac{m_W^2}{-p^2}\ S_1\right\}.\end{aligned} \tag{2.53}$$

在计算中，我们使用了如下的约定和近似：

(1) 使用费恩曼规范 ($\xi = 1$)，取外线夸克零质量 ($m_i^2 = 0$), $p^2 < 0$;

(2) 采用“大对数近似”：即忽略那些正比于 α_s 的项，只保留 $\alpha_s \cdot \log$ 项。

第二步：在单圈图水平计算振幅 $\mathcal{A}_{\rm eff}$。

采用同样的约定和近似，对图 2.4 中第二行的费恩曼图和其他相关 QCD 单圈费恩曼图做解析计算，得到没有重正化的流-流算符 $O_{1,2}$ 的矩阵元 $\langle O_1\rangle^{(0)}$ 和 $\langle O_2\rangle^{(0)}$。考虑没有 QCD 修正的矩阵元 $S_{1,2}$，并且忽略外腿的自能修正，可以得到

$$\begin{aligned}\langle O_1\rangle^{(0)} = &\left[1 + 2C_F\frac{\alpha_s}{4\pi}\left(\frac{1}{\epsilon} + \ln\frac{\mu^2}{-p^2}\right)\right]S_1 + \frac{3}{N_c}\frac{\alpha_s}{4\pi}\left(\frac{1}{\epsilon} + \ln\frac{\mu^2}{-p^2}\right)S_1\\ &-3\frac{\alpha_s}{4\pi}\left(\frac{1}{\epsilon} + \ln\frac{\mu^2}{-p^2}\right)S_2,\end{aligned} \tag{2.54}$$

$$\begin{aligned}\langle O_2\rangle^{(0)} = &\left[1 + 2C_F\frac{\alpha_s}{4\pi}\left(\frac{1}{\epsilon} + \ln\frac{\mu^2}{-p^2}\right)\right]S_2 + \frac{3}{N_c}\frac{\alpha_s}{4\pi}\left(\frac{1}{\epsilon} + \ln\frac{\mu^2}{-p^2}\right)S_2\\ &-3\frac{\alpha_s}{4\pi}\left(\frac{1}{\epsilon} + \ln\frac{\mu^2}{-p^2}\right)S_1.\end{aligned} \tag{2.55}$$

在式 (2.54)、(2.55) 第一项中的发散项 ($1/\epsilon$ 项) 同样可以通过夸克场的重正化去掉。但与式 (2.51) 的 $\mathcal{A}_{\rm full}$ 不同，式 (2.54)、(2.55) 中第二和第三项的发散部分，即使做了夸克场的重正化也消不掉。

为了消除这些发散，我们需要引入算符的重正化：

$$O_i^{(0)} = Z_{ij}O_j, \quad i,j = (1,2). \tag{2.56}$$

显然，这里的重正化常数 Z 是一个 2×2 的矩阵。这样，没有重正化的截腿 Green 函数 $\langle O_{1,2}\rangle^{(0)}$ 和重正化的截腿 Green 函数 $\langle O_{1,2}\rangle$ 之间的关系是

$$\langle O_i\rangle^{(0)} = Z_q^{-2}Z_{ij}\langle O_j\rangle. \tag{2.57}$$

这样，我们用 Z_q^{-2} 抵消掉式 (2.54)、(2.55) 中第一项的发散项 ($1/\epsilon$ 项)，用 Z_{ij} 抵消掉剩余的发散项。那么，在 $\overline{MS}$ 方案下，有

$$\hat{Z} = 1 + \frac{\alpha_s}{4\pi}\cdot\frac{1}{\epsilon}\begin{pmatrix} 3/N & -3\\ -3 & 3/N\end{pmatrix}. \tag{2.58}$$

因此，重正化的矩阵元为

$$\langle O_1\rangle = \left(1 + 2C_F\frac{\alpha_s}{4\pi}\ln\frac{\mu^2}{-p^2}\right)S_1 + \frac{3}{N}\frac{\alpha_s}{4\pi}\ln\frac{\mu^2}{-p^2}S_1 - 3\frac{\alpha_s}{4\pi}\ln\frac{\mu^2}{-p^2}S_2, \tag{2.59}$$

$$\langle O_2\rangle = \left(1 + 2C_F\frac{\alpha_s}{4\pi}\ln\frac{\mu^2}{-p^2}\right)S_2 + \frac{3}{N}\frac{\alpha_s}{4\pi}\ln\frac{\mu^2}{-p^2}S_2 - 3\frac{\alpha_s}{4\pi}\ln\frac{\mu^2}{-p^2}S_1. \tag{2.60}$$

第三步：通过"matching"，抽出 Wilson 系数 $C_i(\mu)$。

将重正化的 $< O_i >$ 表达式带入式 (2.50)，并和式 (2.53) 比较，就可以抽出 Wilson 系数 $C_{1,2}$：

$$C_1(\mu) = -3\frac{\alpha_s}{4\pi}\ \ln\frac{m_W^2}{\mu^2}, \quad C_2(\mu) = 1 + \frac{3}{N}\frac{\alpha_s}{4\pi}\ \ln\frac{m_W^2}{\mu^2}. \tag{2.61}$$

可以看出，在做矩阵元的重正化时导致原始算符 O_1 和 O_2 之间的混合。为了研究算符系统 (O_1, O_2) 的重正化群性质，我们定义一组新基底 $O_\pm$：

$$O_\pm = \frac{O_2 \pm O_1}{2}, \quad C_\pm = C_2 \pm C_1. \tag{2.62}$$

此时，O_+ 和 O_- 在重正化时是相互独立的，没有混合：

$$O_\pm^{(0)} = Z_\pm O_\pm, \tag{2.63}$$

其中

$$Z_\pm = 1 + \frac{\alpha_s}{4\pi}\frac{1}{\epsilon}\left(\mp 3\frac{N \mp 1}{N}\right). \tag{2.64}$$

在新的算符基底 (O_+, O_-) 下，振幅表达式为

$$\mathcal{A} \equiv \mathcal{A}_+ + \mathcal{A}_- = \frac{G_F}{\sqrt{2}} V_{cs}^* V_{ud}\left[C_+(\mu)\langle O_+(\mu)\rangle + C_-(\mu)\langle O_-(\mu)\rangle\right], \tag{2.65}$$

其中

$$C_\pm(\mu) = 1 + \left(\frac{3}{N} \mp 3\right)\frac{\alpha_s}{4\pi}\ln\frac{m_W^2}{\mu^2}, \tag{2.66}$$

$$\langle O_\pm(\mu)\rangle = \left(1 + 2C_F\frac{\alpha_s}{4\pi}\ln\frac{\mu^2}{-p^2}\right)S_\pm + \left(\frac{3}{N} \mp 3\right)\frac{\alpha_s}{4\pi}\ \ln\frac{\mu^2}{-p^2}\ S_\pm. \tag{2.67}$$

由上面两式可以看出：

(1) 采用算符乘积展开的方法，可以把短程贡献 [Wilson 系数 $C_i(\mu)$] 与长程贡献 [算符矩阵元 $\langle O_\pm(\mu)\rangle$] 分离开来，此即"因子化"(factorization)。直观来看，因子化呈现出下面的结构：

$$\left(1 + \alpha_s G\ \ln\frac{m_W^2}{-p^2}\right) \doteq \left(1 + \alpha_s G\ \ln\frac{m_W^2}{\mu^2}\right)\cdot\left(1 + \alpha_s G\ \ln\frac{\mu^2}{-p^2}\right) \tag{2.68}$$

其中 $-p^2 < \mu^2 \ll m_W^2$。当然，在"微扰区"和"非微扰区"之间并没有明确的界限。一般认为在 $\mu > 1\text{GeV}$ 的区域，"微扰贡献"起主要作用，Wilson 系数的重正化群演化是可信的。

(2) Wilson 系数 $C_\pm(\mu)$ 是定义在高能标"可微扰"区间 $[\mu, m_W]$；更低能区 $[-p^2, \mu]$ 的贡献则被分离到矩阵元 $\langle O_\pm(\mu)\rangle$ 中。重正化能标 μ 扮演的是因子化能标的角色。

§2.2.3 算符乘积展开：有效哈密顿量

除了上面讨论的带电流树图作用外，圈图级的味道改变中性流过程，例如企鹅图过程也是非常重要的。在考虑了树图和单圈图 QCD 和电弱贡献以后，对夸克水平的三体衰变 $b \to sV^* \to sq'\bar{q}'(q' \in \{u,d,s\})$，其有效哈密顿 $\mathcal{H}_{\rm eff}$[8] 可以写为

$$\mathcal{H}_{\rm eff} = \frac{G_F}{\sqrt{2}}\left\{\sum_{i=1}^{2} C_i(\mu)\left[V_{ub}V_{us}^* O_i^u(\mu) + V_{cb}V_{cs}^* O_i^c(\mu)\right] - V_{tb}V_{ts}^* \sum_{j=3}^{10} C_j(\mu)O_j(\mu)\right.$$
$$\left. -V_{tb}V_{ts}^*\left[C_{7\gamma}(\mu)O_{7\gamma}(\mu) + C_{8g}(\mu)O_{8g}(\mu)\right]\right\}. \tag{2.69}$$

式中的算符 O 可以分为四类①。

(1) 由图 2.5(a) 产生的流-流算符

$$O_1^u = (\bar{s}_\alpha u_\beta)_{V-A}(\bar{u}_\beta b_\alpha)_{V-A}, \quad O_2^u = (\bar{s}u)_{V-A}(\bar{u}b)_{V-A},$$
$$O_1^c = (\bar{s}_\alpha c_\beta)_{V-A}(\bar{c}_\beta b_\alpha)_{V-A}, \quad O_2^c = (\bar{s}c)_{V-A}(\bar{c}b)_{V-A}, \tag{2.70}$$

其中 α, β 是 $SU(3)_c$ 色指标。

(2) 由图 2.5(b) 产生的 QCD 企鹅算符

$$O_3 = (\bar{s}b)_{V-A}\sum_q(\bar{q}q)_{V-A}, \quad O_4 = (\bar{s}_\alpha b_\beta)_{V-A}\sum_q(\bar{q}_\beta q_\alpha)_{V-A}, \tag{2.71}$$

$$O_5 = (\bar{s}b)_{V-A}\sum_q(\bar{q}q)_{V+A}, \quad O_6 = (\bar{s}_\alpha b_\beta)_{V-A}\sum_q(\bar{q}_\beta q_\alpha)_{V+A}, \tag{2.72}$$

其中 $q \in \{u,d,s,c,b\}$。算符的前半部分来自于图 2.5(b) 的上半部分，因为仅出现 W 玻色子和夸克的耦合，因而是纯 $V-A$ 形式的耦合。算符的后半部分来自于图 2.5(b) 的下半部分，即胶子和夸克的耦合，是纯 V 形式的耦合，可以分解为 $V-A$ 和 $V+A$ 两部分，因而出现 $O_3 \sim O_6$ 算符。

(3) 由图 2.5(c) 产生的 QED 企鹅算符

$$O_7 = \frac{3}{2}(\bar{s}b)_{V-A}\sum_q e_q(\bar{q}q)_{V+A}, \quad O_8 = \frac{3}{2}(\bar{s}_\alpha b_\beta)_{V-A}\sum_q e_q(\bar{q}_\beta q_\alpha)_{V+A}, \tag{2.73}$$

$$O_9 = \frac{3}{2}(\bar{s}b)_{V-A}\sum_q e_q(\bar{q}q)_{V-A}, \quad O_{10} = \frac{3}{2}(\bar{s}_\alpha b_\beta)_{V-A}\sum_q e_q(\bar{q}_\beta q_\alpha)_{V-A}, \tag{2.74}$$

其中 e_q 是夸克 q 的电荷 $(q \in \{u,d,s,c,b\})$。算符的前半部分与 QCD 算符相同。算符的后半部分来自于图 2.5(c) 的下半部分，即纯 V 形式的 $\gamma q\bar{q}$ 耦合，$Zq\bar{q}$ 耦合是 $V-A$ 和 $V+A$ 耦合的混合型耦合，总体可以分解为 $V-A$ 和 $V+A$ 两部分。

① 这里我们给出 $b \to s$ 跃迁算符 O 的表达式。对 $b \to d$ 跃迁，把表达式中的 s 换成 d 即可。

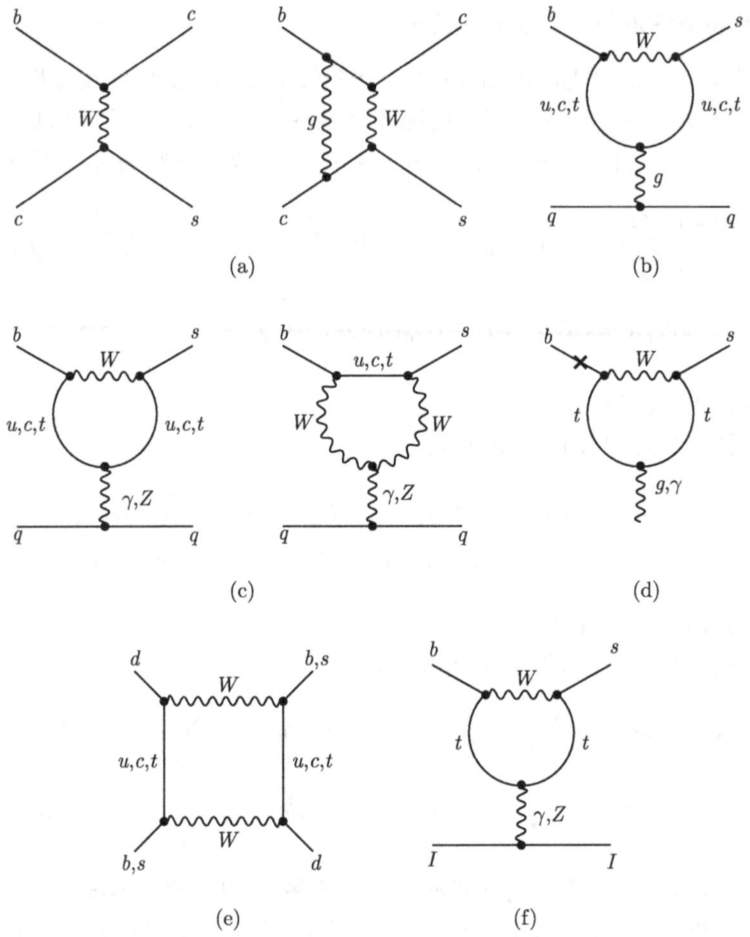

图 2.5 与算符 O_i 相对应的典型费恩曼图

其中图 (d) 的"×"号表示质量插入，亦即保留与 m_b 成正比的项

(4) 由图 2.5(d) 产生的电磁偶算符和色磁偶算符

$$O_{7\gamma} = \frac{e}{4\pi^2} m_b \bar{s}_\alpha \, \sigma^{\mu\nu} \, R \, b_\alpha F_{\mu\nu}, \tag{2.75}$$

$$O_{8g} = \frac{g_s}{4\pi^2} m_b \bar{s}_\alpha \, \sigma^{\mu\nu} \, R \, T^a_{\alpha\beta} b_\beta G^a_{\mu\nu}. \tag{2.76}$$

另外两类常见的箱图算符和半轻子衰变算符为[8]

(1) 由图 2.5(e) 产生的 $\Delta S = 2, \Delta B = 2$ 箱图算符

$$O(\Delta S = 2) = (\bar{s}d)_{V-A}(\bar{s}d)_{V-A}, \;\; O(\Delta B = 2) = (\bar{b}d)_{V-A}(\bar{b}d)_{V-A}. \tag{2.77}$$

(2) 由图 2.5(f) 产生的半轻子衰变算符

$$O_{9V}=(\bar{s}b)_{V-A}(\bar{\mu}\mu)_V,\quad O_{10A}=(\bar{b}s)_{V-A}(\bar{\mu}\mu)_A,$$
$$O_{\nu\bar{\nu}}=(\bar{s}b)_{V-A}(\bar{\nu}\nu)_{V-A},\quad O_{\bar{\mu}\mu}=(\bar{s}b)_{V-A}(\bar{\mu}\mu)_{V-A}. \tag{2.78}$$

在标准模型下，在 M_W 能标，在简单维数正规化方案 (NDR) 和 NLO 近似下的 Wilson 系数 $C_i(M_W)$ 的表达式为

$$\begin{aligned}
C_1(M_W)&=\frac{11}{2}\,\frac{\alpha_s(M_W)}{4\pi},\\
C_2(M_W)&=1-\frac{11}{6}\,\frac{\alpha_s(M_W)}{4\pi}-\frac{35}{18}\,\frac{\alpha_{em}}{4\pi},\\
C_3(M_W)&=-\frac{\alpha_s(M_W)}{24\pi}\left[E_0(x_t)-\frac{2}{3}\right]+\frac{\alpha_{em}}{6\pi}\frac{1}{\sin^2\theta_W}\left[2B_0(x_t)+C_0(x_t)\right],\\
C_4(M_W)&=\frac{\alpha_s(M_W)}{8\pi}\left[E_0(x_t)-\frac{2}{3}\right],\\
C_5(M_W)&=-\frac{\alpha_s(M_W)}{24\pi}\left[E_0(x_t)-\frac{2}{3}\right],\\
C_6(M_W)&=\frac{\alpha_s(M_W)}{8\pi}\left[E_0(x_t)-\frac{2}{3}\right],\\
C_7(M_W)&=\frac{\alpha_{em}}{6\pi}\left[4C_0(x_t)+D_0(x_t)-\frac{4}{9}\right],\\
C_8(M_W)&=0,\\
C_9(M_W)&=\frac{\alpha_{em}}{6\pi}\left[4C_0(x_t)+D_0(x_t)-\frac{4}{9}+\frac{1}{\sin^2\theta_W}(10B_0(x_t)-4C_0(x_t))\right],\\
C_{10}(M_W)&=0\,.
\end{aligned} \tag{2.79}$$

其中 $x_t=m_t^2/M_W^2$。在 LO 近似下，Wilson 系数 $C_{7\gamma}(M_W)$ 和 $C_{8g}(M_W)$ 的表达式为

$$C_{7\gamma}(M_W)=-\frac{D_0'(x_t)}{2}=\frac{-7x+5x^2+8x^3}{24(1-x)^3}-\frac{2x^2-3x^3}{4(1-x)^4}\ln x, \tag{2.80}$$

$$C_{8g}(M_W)=-\frac{E_0'(x_t)}{2}=\frac{-2x-5x^2+x^3}{8(1-x)^3}-\frac{3x^2}{4(1-x)^4}\log x. \tag{2.81}$$

在特霍夫特-费恩曼 (HF) 规范下，Wilson 系数中相关的 Inami-Lim 函数[11] 的表达式为

$$B_0(x)=\frac{x}{4(1-x)}+\frac{x\ln x}{4(1-x)^2}, \tag{2.82}$$

$$C_0(x)=\frac{6x-x^2}{8(1-x)}+\frac{3x^2+2x}{8(1-x)^2}\ln x, \tag{2.83}$$

$$D_0(x)=\frac{-25x^2+19x^3}{36(1-x)^3}-\frac{8-32x+54x^2-30x^3+3x^4}{18(1-x)^4}\ln x\,, \tag{2.84}$$

$$D_0'(x)=\frac{7x-5x^2-8x^3}{12(1-x)^3}+\frac{2x^2-3x^3}{2(1-x)^4}\ln x\,, \tag{2.85}$$

$$E_0(x)=\frac{18x-11x^2-x^3}{12(1-x)^3}-\frac{4-16x+9x^2}{6(1-x)^4}\ln x, \tag{2.86}$$

$$E_0'(x)=\frac{2x+5x^2-x^3}{4(1-x)^3}+\frac{3x^2}{2(1-x)^4}\log[x], \tag{2.87}$$

$$S_0(x_t)=\frac{4x_t-11x_t^2+x_t^3}{4(1-x_t)^2}-\frac{3x_t^3\ln x_t}{2(1-x_t)^3}. \tag{2.88}$$

其中函数 $B_0(x)$ 来自于箱图 (图 3.4)，$C_0(x)$ 来自于 Z^0 企鹅图，$D_0(x)$ 和 $D_0'(x)$ 来自于光子企鹅图，$E_0(x)$ 和 $E_0'(x)$ 来自于胶子企鹅图。

在 α_s 和 α_{em} 的 NLO 近似下，由 M_W 标度到 m_b 标度的重正化群演化已经完成，10×10 的反常量纲矩阵也已给出，在文献 [8] 中有非常详细的计算和讨论。在此我们只给出相关的理论公式。对 $C_i(i=1,\cdots,10)$，有 NLO 近似下的演化矩阵 $U(\mu,M_W)$。对 $C_{7\gamma}$ 和 C_{8g}，这里给出 LO 近似下的演化，对其在 NLO 近似下的演化可查文献 [8]。在 LO 近似下，Wilson 系数 $C_{7\gamma}$ 和 C_{8g} 的演化为

$$\boldsymbol{C}(\mu)=U(\mu,M_W)\boldsymbol{C}(M_W), \tag{2.89}$$

$$C_{7\gamma}(\mu)=\eta^{\frac{16}{23}}C_{7\gamma}(M_W)+\frac{8}{3}\left(\eta^{\frac{14}{23}}-\eta^{\frac{16}{23}}\right)C_{8g}(M_W)+\sum_{i=1}^{8}h_i\eta^{a_i}, \tag{2.90}$$

$$C_{8g}(\mu)=\eta^{14/23}C_{8g}(M_W)+\sum_{i=1}^{8}\bar{h}_i\eta^{a_i}, \tag{2.91}$$

其中 $\boldsymbol{C}(M_W)=(C_1(M_W),\ldots,C_{10}(M_W))^T$, $U(\mu,M_W)$ 是在 NLO 近似下的 5 夸克 10×10 演化矩阵 (参看文献 [35] 及其引文)，常数 $h_i,\bar{h}_i$ 和 a_i 为

$$\begin{aligned}
a_i&=(14/23,16/23,6/23,-12/23,0.4086,-0.4230,-0.8994,0.1456)\,,\\
h_i&=(2.2996,-1.0880,-3/7,-1/14,-0.6494,-0.0380,-0.0185,-0.0057)\,,\\
\bar{h}_i&=(0.8623,0,0,0,-0.9135,0.0873,-0.0571,0.0209).
\end{aligned} \tag{2.92}$$

在 NLO 近似下，方程 (2.89) 中的 Wilson 系数 $C(\mu)$ 是重正化方案 (RS) 相关的。根据较早的研究可知，尽管 Wilson 系数和单圈算符矩阵元均与重正化方案相关，但是它们的乘积却是与重正化方案无关的。这样就消除了在 NLO 近似下的重正化方案的相关性。

§2.3 强子矩阵元计算，因子化方法

在标准模型理论的框架下，B 介子的两体弱作用强子衰变振幅可以写成：

$$\mathcal{A}(B \to M_1M_2) = \langle M_1M_2|\mathcal{H}_{\text{eff}}|B\rangle = \frac{G_F}{\sqrt{2}}\sum_i V_i\, C_i(\mu)\langle M_1M_2|O_i(\mu)|B\rangle \tag{2.93}$$

其中 V_i 是与具体衰变过程相对应的 CKM 矩阵元，$M_{1,2}$ 是两个末态强子，$C_i(\mu)$ 是 Wilson 系数，它们的表达式 (在 NLO 阶) 是已知的。这样，$B \to M_1M_2$ 衰变过程的衰变振幅的计算就可以归结为哈密顿量中有效算符强子矩阵元 $\langle M_1M_2|O_i(\mu)|B\rangle$ 的计算。对 B 介子衰变过程, 能标 $\mu_b \approx m_b$ 处在微扰和非微扰的交叉地带，给 B 物理的研究带来很大的困难。到目前为止，我们仍然没有找到一种完全自洽的方法，从 QCD 第一原理出发去计算强子矩阵元 $\langle M_1M_2|O_i(\mu)|B\rangle$。其内在原因是 QCD 的色禁闭-强子化过程是非微扰的。

对 B 介子两体非轻子衰变，有以下三类处理方法：

(1) **唯象方法**。例如简单因子化方案 (NFA) 和推广的因子化方案 (GFA)。在这些方法中通常引入一组参数来刻画重要的非因子化贡献，而不是从基本理论出发来计算这些参数。

(2) **基于 QCD 的动力学方法**。基于 QCD 基本理论 (单胶子交换，QCD 单圈修正计算等)，采用一些可以控制的近似来做计算或者估算。例如重夸克近似，大 N_c 展开方法，格点场论方法，QCD 求和规则和光锥求和规则，QCD 因子化方法，pQCD 因子化方法和 SCET(软共线有效理论) 方法等。

(3) **基于 $SU(3)_F$ 等味对称性的方法**。在这类方法中，一个衰变过程的衰变振幅根据相关费恩曼图的不同特性分成不同的子振幅：树图“T”，色压低的树图“C”，QCD 企鹅图“P”，电弱企鹅图“$\mathrm{P_{EW}}$”，各类湮没图 ($\mathrm{E, A}, \cdots$)。通过“Isospin”,“U-spin”和“V-spin”等味道对称性把不同衰变过程的子振幅联系起来，把这些子振幅作为唯象上的参数，通过拟合已有实验数据 (即那些已经被精确测量的相关衰变道) 来确定其大小和相位，然后再计算新的衰变道的分支比、CP 破坏等，给出理论预言。

在这里，我们按照历史发展顺序，选择 4 种有重要影响的因子化方法分别给出简单介绍。

§2.3.1 简单因子化方案、推广的因子化方案

简单 (朴素) 因子化方案 (naive factorization approach, NFA)[36] 的基础是因子化假设，其物理基础是“色透明机制”[37]，它是唯象上处理 B 介子两体衰变最简单的模型。在简单因子化方法中[36]，衰变振幅 $\langle M_1M_2|\mathcal{H}_{\text{eff}}|B\rangle$ 可以直接写成两个

流矩阵元的乘积：

$$\langle M_1M_2|\mathcal{H}_{\rm eff}|B\rangle \propto \langle M_1M_2|O_i|B\rangle \approx \langle M_2|J_1^{\mu}|0\rangle\langle M_1|J_{2\mu}|B\rangle. \tag{2.94}$$

其中 $J_{1,2}$ 是色单态的强子流，强子 M_1 吸收了 B 介子中的旁观者夸克。

对于 B 到两个赝标介子的衰变过程，相应的流矩阵元可以用末态介子的衰变常数 (f_X, g_X)，形状因子 $A_{0,1,2}(k^2)$ 和 $F_{0,1}(k^2)$ 来表示[36]：

$$\langle 0|A_\mu|P(k)\rangle = if_Pk_\mu, \quad \langle 0|V_\mu|P(k)\rangle = 0, \tag{2.95}$$

$$\langle 0|A_\mu|V(p,\epsilon)\rangle = 0, \quad \langle 0|V_\mu|V(p,\epsilon)\rangle = f_VM_V\epsilon_\mu, \tag{2.96}$$

$$\begin{aligned}\langle P(p)|V_\mu|B(p_B)\rangle =& \left[p_{B\mu}+p_\mu-\frac{M_B^2-M_p^2}{k^2}k_\mu\right]F_1^{B\to P}(k^2)\\ &+\frac{M_M^2-M_P^2}{k^2}k_\mu F_0^{B\to P}(k^2),\end{aligned} \tag{2.97}$$

$$\langle V(p,\epsilon)|V_\mu|B(p_B)\rangle = \frac{2}{M_B+M_V}\epsilon_{\mu\nu\rho\sigma}\epsilon^{*\nu}p_B^\rho p^\sigma V^{B\to V}(k^2) \tag{2.98}$$

$$\begin{aligned}\langle V(p,\epsilon)|A_\mu|B(p_B)\rangle =& i\left[(M_B+M_V)\epsilon_\mu^* A_1(k^2)-\frac{\epsilon^*\cdot p_B}{M_B+M_V}(p_B+p)_\mu A_2(k^2)\right.\\ &\left.-2M_V\frac{\epsilon^*\cdot p_B}{k^2}k_\mu\left(A_3(k^2)-A_0(k^2)\right)\right],\end{aligned} \tag{2.99}$$

其中 f_P 和 f_V 是赝标介子 (P) 和矢量介子 (V) 的衰变常数，ϵ_μ 是矢量介子的极化矢量，$k=p_B-p$，$F_1(0)=F_0(0)$, $A_3(0)=A_0(0)$,

$$A_3(k^2)=\frac{M_B+M_V}{2M_V}A_1(k^2)-\frac{M_B-M_V}{2M_V}A_2(k^2). \tag{2.100}$$

在关于 B 介子衰变过程的衰变分支比和 $\mathcal{A}_{\rm CP}$ 的计算中，形状因子的大小起着重要的作用，但这些形状因子是模型相关的。尽管人们已经做了很多努力，但目前对这些形状因子的估算值仍然有较大的不确定性，给相关理论计算带来了较大的误差。

简单因子化方法的一个主要困难就是所谓的重正化标度 μ 的依赖性。由于采用简单因子化方法时，矢量流和轴矢流部分守恒要求因子化矩阵元 $\langle O\rangle_{\rm fact}$ 与 μ 无关，Wilson 系数 $C(\mu)$ 的 μ 依赖性便无法由算符矩阵元的 μ 依赖性来抵消。该问题的一个可能的解决办法就是把 $\langle O(\mu)\rangle$ 中的 μ 依赖性抽出来，与 $C(\mu)$ 的 μ 依赖性相互抵消，得到重正化方案、重正化标度均无关的有效 Wilson 系数 $C_i^{\rm eff}$。进而对树图水平的算符矩阵元 $\langle O\rangle_{\rm tree}$ 来做因子化近似。这就是所谓的“推广的因子化方法”(generalized FA)[38, 39]。

在朴素因子化的基础上，Ali 等[38, 39] 提出了推广的因子化方案。他们研究了有效 Wilson 系数的规范依赖性和红外不确定性问题，并找到了解决办法。可以把

衰变振幅形式上写成[39]

$$C(\mu) < O(\mu) >= C(\mu)g(\mu) < O >_{\text{tree}} \equiv C^{\text{eff}} < XY|O|B >_{\text{tree}} . \tag{2.101}$$

在式中 $C^{\text{eff}} = C(\mu)g(\mu)$ 和 $< XY|O|B >_{\text{tree}}$ 都是重正化方案、重正化标度无关的，但我们不知道如何由第一原理出发计算函数 $g(\mu)$。根据文献 [39] 的证明，我们知道：可以取 on-mass-shell 外夸克来消除有效 Wilson 系数 C_i^{eff} 规范依赖性。对红外 (IR) 截断问题，可以把红外极点 (IR-pole) 吸收到普适的非微扰末态强子波函数 (Ψ_X, Ψ_Y) 中。这样就可以得到有效 Wilson 系数，不但是重正化方案和重正化标度无关的，而且具有规范不变性和红外有限性：

$$C_i^{\text{eff}} = \left[1 + \frac{\alpha_s(\mu)}{4\pi}\hat{m}_s^T(\mu) + \frac{\alpha_{em}}{4\pi}\hat{m}_e^T(\mu)\right]_{ij} C_j(\mu) \ , \tag{2.102}$$

其中 $\hat{m}_s(\mu)$ 和 $\hat{m}_c(\mu)$ 分别表示对算符矩阵元的 QCD 和电弱修正。

这样，B 介子两体非粲强子衰变的单圈矩阵元就可以写成如下形式[38]

$$\langle sq'\bar{q}'|\mathcal{H}_{\text{eff}}|b\rangle = \sum_{i,j} C_i^{\text{eff}}(\mu)\langle sq'\bar{q}'|Q_j|b\rangle^{\text{tree}}. \tag{2.103}$$

其中 $C_i^{\text{eff}}(\mu)(i = 1, \cdots, 10)$ 是有效 Wilson 系数，$\langle sq'\bar{q}'|O_j|b\rangle^{\text{tree}}$ 是树图算符矩阵元。在 NDR 方案下，并取 $SU(3)_c$ 强相互作用，有效 Wilson 系数 C_i^{eff} 的具体表达式为[38]

$$\begin{aligned} C_i^{\text{eff}} = & \left[1 + \frac{\alpha_s}{4\pi}\left(\gamma^{(0)T}\log\frac{m_b}{\mu} + \hat{r}^T\right)\right]_{ij} C_j \\ & + \frac{\alpha_s}{24\pi} A_i'\left(C_t + C_p + C_g\right) + \frac{\alpha_{em}}{8\pi} B_i' C_e \ , \end{aligned} \tag{2.104}$$

其中 $A_i' = (0, 0, -1, 3, -1, 3, 0, 0, 0, 0)^{\text{T}}$，$B_i' = (0, 0, 0, 0, 0, 0, 1, 0, 1, 0)^{\text{T}}$，矩阵 $\hat{r}$ 和 $\gamma^{(0)}$ 描写顶角图过程无关的贡献[35]。式 (2.104) 中的函数 C_t，C_p 和 C_g 分别表示对流-流算符 $O_{1,2}$，QCD-penguin 算符 $O_{3,\cdots,6}$ 和算符 O_g 树图的类企鹅修正。函数 C_t，C_p 和 C_g 的具体表达式可见 [38]。对于 B 介子的两体单举 (exclusive) 衰变，有关 k^2 的信息在因子化过程中全部丢失。因此，在数值计算中我们实际上不知道 k^2 应当取何值。在文献中，一般取 $k^2 = m_b^2/2$，这是一个重要的误差来源。

§2.3.2 Color-Transparency：色透明机制

在文献 [37] 中，Bjorken 讨论了所谓的“色透明机制”(color-transparency)，以解释为什么在 B 介子到两个轻介子的衰变过程中末态相互作用比较小，解释因子化假设的合理性。

Bjorken 的原文如下[37]：“The argument is based on the space-time evolution of the decay products. At the quark level the decay $b \to u + \pi^-$ begins as a nearly collinear configuration of $b \to u + (\bar{u}d)^-$. The color singlet $\bar{u}d$ pair recoils in the direction opposite to the u. In order that it has good overlap with the final-state pion it has low virtual mass relative to its momentum, of order 2.5 GeV. It follows that the formation time of the pion will be long because of the relativistic time-dilation. By the time the pion is formed it is several fermis away from the color fields existing in the neighborhood of the original B_d or Λ_b. **And during the time the $\bar{u}d$ system is within those color fields, it is a small color dipole, originating from the point-like, color-singlet weak interaction, and growing only slowly because of the long formation time.** It is therefore arguable that this small dipole will not significantly interact with the spectator system.”

Bjorken 的“色透明机制”的含义是[37,40−43]：在 B 介子到两个轻介子的衰变过程中，高速飞行的两个末态轻强子很快脱离“母 B 介子”色场的作用范围。所以，在两个高速飞行的末态轻强子之间以及轻强子与“母 B 介子”之间的软胶子交换都比较弱。

以 $B^- \to \pi^-\pi^0$ 衰变为例。在夸克层次的衰变是 $b \to u + W^- \to u + (\bar{u}d)$，其中的 $(\bar{u}d)$ 系统强子化为 π^-，b 夸克衰变产生的 u 夸克与 B^- 介子的旁观者夸克“$\bar{u}$”强子化为另外一个末态强子 π^0。

如图 2.6 所示，由于 b 夸克很重，由 b 夸克经带电弱作用顶点“buW^-”产生的色单态“$\bar{u}d$”系统相对于另外一个衰变产物“u”夸克反向高速飞行，来不及和周围的软胶子发生作用就强子化为一个色单态 π 介子 (一个色单态、类点的 $\bar{u}d$ 束缚态，point-like-configuration, PLC)。由于色单态“$\bar{u}d$”携带的能量约为 2.5GeV(约为 B 介子能量的一半)，$p^2 \gg m_\pi^2$，所以高速飞行。由于相对论的“时钟变慢”效应，高速 π 介子的形成时间变长。当高速 π 介子形成 (由类点的色单态经过 Expansion 演化成为正常大小的 π 介子) 时，它已经离开“母 B 介子”周围的色场几个费米的距离了，基本感受不到该色场的软胶子的影响了。

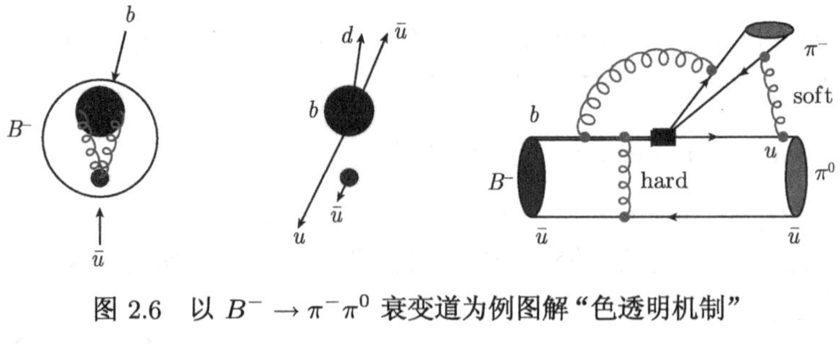

图 2.6　以 $B^- \to \pi^-\pi^0$ 衰变道为例图解“色透明机制”

即使在 π 介子形成过程中，当"$\bar{u}d$"系统处于 B 介子色场的范围内时，其实际上是一个很小的"色偶极子"，与 B 介子周围色场 (半径 $1f$ 左右) 的作用也很弱。原因在于"$\bar{u}d$"系统产生于一个很重的、类点、色单态的虚 W 玻色子，并且由于相对论效应以较慢的速度强子化为一个色单态 π 介子。

从多极展开的观点来看，一对构成色单态强子的正反夸克和周围软胶子的领头阶相互作用是色偶极相互作用，是被 $\Lambda_{\rm QCD}/m_b$ 压低的 (即"power suppressed")。

在最新的 2012 年 8 月的相关文献 [40] 中，G. A. Miller 对"色透明机制"的实验检验做了介绍，他给出的结论是："Color transparency is an expected, but not certain, consequence of QCD. It has been observed at high energies at FermiLab. Evidence at medium energy is piling up. It seems that PLC formation is an important part of (single) meson production at large values of Q^2, but has not yet been observed for the nucleon."

关于"Color-Transparency"更多的细节，读者可以参看文献 [41] 的第十一章和综述性论文 [42]。

§2.3.3 BBNS QCD 因子化方案

在强子矩阵元计算的因子化方法研究中，近年来取得了一些重要进展。应用最广泛的三种因子化方法分别为：

(1) Beneke 等的 QCD 因子化方法[44−48]；

(2) 李湘楠等的 PQCD 方法[49−57]；

(3) Bauer 等的 SCET(Soft-collinear-Effective-Theory) 方法[58, 59] 和 Beneke 等的 SCET 方法[60−66]。

1999 年，M. Beneke 与合作者认为：在 B 介子的两体非轻衰变中，B 到末态强子跃迁的形状因子是非微扰区域的贡献为主；同时强子矩阵元中的非因子化效应是硬胶子交换为主的。他们从微扰 QCD 的基本原理出发，考虑各种贡献相对于 m_b 的幂次大小，提出了一种计算强子矩阵元的新方法 ——QCD 因子化方法[44]。

在 QCD 因子化方案下，非微扰的效应包含在普适的介子光锥分布振幅和形状因子中。形状因子 $F_j^{B\to M_1}$ 是一个物理的量，可以从 B 的半轻衰变实验中确定，或者由 QCD 格点理论，QCD 求和规则等方法获得；介子的光锥分布振幅也可以从其他硬的遍举过程中提取。衰变振幅的领头阶就是朴素因子化的贡献。原则上，在重夸克极限下，忽略 $1/m_b$ 的幂次修正时，可以将领头阶的辐射修正计算到 α_s 的所有阶。

Beneke 等在重夸克近似下计算了 $B\to\pi\pi$ 衰变过程[44]。在重夸克近似 ($\Lambda_{\rm QCD} \ll m_b\to\infty$) 下，把强子矩阵元 (以 $B\to\pi\pi$ 衰变为例) $\langle\pi\pi|Q|B\rangle$ 写为

$$\langle\pi\pi|Q|B\rangle = \langle\pi|j_1|B\rangle\langle\pi|j_2|0\rangle\cdot[1+\Sigma r_n\alpha_s^n+\mathcal{O}(\Lambda_{\rm QCD}/m_b)], \tag{2.105}$$

其中 Q 是 $\mathcal{H}_{\rm eff}$ 中的定域 4 夸克算符。当忽略式 (2.105) 方括号中的后两项时，回到简单因子化方法。当包含正比于 α_s 的辐射修正时，简单因子化方法“broken”，但我们可以采用微扰 QCD 方法对高阶辐射修正做系统的计算。

在重夸克近似下，$B\to M_1M_2$ 过程的衰变振幅可以表示成硬散射核 $T^{I,II}$ 和强子波函数 $\varPhi_i$ 的卷积。对 $B\to\pi\pi$ 衰变，“因子化公式”为

$$\langle\pi(p')\pi(q)|Q_i|B(p)\rangle = F^{B\pi}(q^2)\int_0^1 \mathrm{d}x T_i^I(x)\varPhi_\pi(x) + \int_0^1 \mathrm{d}\xi\mathrm{d}x\mathrm{d}y T^{II}(\xi,x,y)\varPhi_B(\xi)\varPhi_\pi(x)\varPhi_\pi(y). \quad (2.106)$$

其中 $F^{B\pi}(q^2)$ 是形状因子。图 2.7 就是上式的一个图解 ($M_{1,2}=K,\pi$)。当采用 BBNS(Beneke, Buchalla, Neubert and Sacrajida)QCD 因子化方法时，形状因子和强子波函数是输入量，能够对非因子化贡献做系统的计算，但湮没图贡献和末态相互作用 (FSI) 均被忽略。由式 (2.105) 可知，当忽略 $\alpha_s, 1/m_b$ 阶和其他高阶修正时，我们回到 GFA 方法的结果。

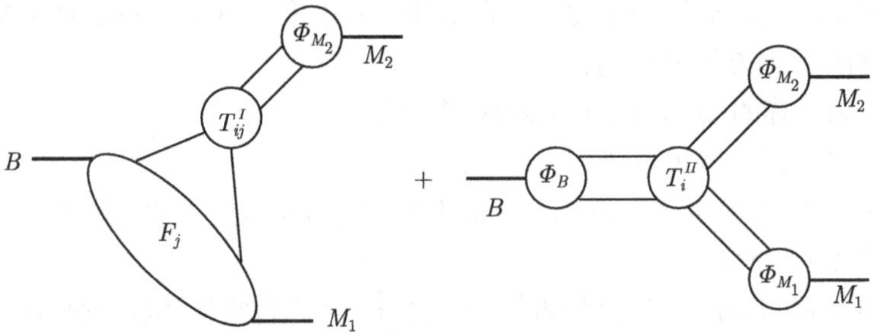

图 2.7 重夸克近似下对 $B\to M_1M_2$ 衰变过程的 QCD 因子化

QCD 因子化方法因为简洁的特点得到广泛应用。但是，在这个方法中，对一些问题的处理仍有漏洞。例如说对湮没图的处理的问题上，认为贡献很小，可以忽略。但是实验上已经看到了湮没图的效果。另外，由于存在端点发散，与不可因子化的旁观者散射图和湮没图，QCDF 方法无法做可靠地计算，只能采用参数化方法来处理 (如果不是直接忽略掉)，导致大的理论误差。

当然，近年来 QCDF 方法得到了不断地发展，主要表现在三个方面: 旁观者散射的因子化，辐射修正和幂次修正，详见论文 [56] 和其引文。总的趋势是向 SCET 方法靠拢[61, 62]。

§2.3.4 pQCD 因子化方法

微扰 QCD(pQCD) 因子化方法是李湘楠等在计算 $B\to\pi$ 形状因子的基础上，

将微扰 QCD 的方法应用到 B 介子的两体衰变中得到的[49]。与 BBNS 方法不同，李湘楠与合作者认为 $B \to M$ 跃迁形状因子涉及的 QCD 过程也是硬的，因此也是微扰可算的。他们在计算的过程中考虑到了端点的发散问题，引入 Sudakov 因子，改变了介子的光锥分布振幅，修正了端点的行为，从而避免了红外发散的现象。

对 B 介子的非轻衰变过程，pQCD 因子化方法就是把一个 QCD 过程的“硬”(hard) 部分分离出来的方法。对分离出来的 QCD 硬过程部分，可以做 QCD 微扰计算。把非微扰的软 QCD 部分吸收到强子波函数中去，而强子波函数则根据实验数据来确定。对 $B \to \pi\pi$ 衰变，硬部分涉及 6 个在壳外夸克。因为非微扰部分已经吸收到普适的 B 和 π 强子波函数中，我们可以直接计算 6 夸克振幅费恩曼图。因子化部分和非因子化部分的贡献，以及湮没图的贡献均已包含在内。

BBNS 方法包含了 pQCD 方法的一些内容，例如二者均对硬 QCD 部分做微扰 QCD 计算。它们的主要区别之一在于对软旁观者贡献的处理，pQCD 方案认为该项贡献可以忽略。另外，在 GFA 和 BBNS 方法中，强相位是通过 Bander-Silverman-Soni (BSS) 机制①产生的[67]。在 PQCD 方法中，强相位是由湮没图和不可因子化效应产生的。在表 2.1 中，我们对三种方法进行了比较[50]。

表 2.1 推广的因子化方法 (GFA)，QCD 因子化方法 (BBNS) 和微扰 QCD 方法 (pQCD) 的比较

	GFA	BBNS	pQCD
可计算		重 → 轻衰变的 不可因子化贡献	形状因子 不可因子化贡献 湮没图贡献
不可计算	形状因子 不可因子化贡献 末态相互作用	形状因子 末态相互作用	末态相互作用
忽略部分	湮没图贡献 末态相互作用	湮没图贡献 末态相互作用	末态相互作用
输入参数	形状因子	形状因子 波函数	波函数
强相位产生机制	BSS	BSS 非因子化相应	湮没图 非因子化效应

对 $B \to \pi^+\pi^-$ 衰变道的分支比，三种方法计算结果的差别很小。但对该过程的 CP 破坏不对称量 $\mathcal{A}_{\rm CP}$，三种方法计算结果的差别却很大[50, 52]：

$$|\mathcal{A}_{\rm CP}(B \to \pi^+\pi^-)| \leqslant 10\% \,, \qquad ({\rm GFA \quad or \quad BBNS})\,, \tag{2.107}$$

$$|\mathcal{A}_{\rm CP}(B \to \pi^+\pi^-)| = 0 \sim 50\% \,, \qquad ({\rm PQCD})\,. \tag{2.108}$$

① 当胶子企鹅图的内线 u 夸克和 c 夸克在壳，即 $q^2 > 4m_i^2$ 时，圈图积分就产生一个强相位。

对该道的 $\mathcal{A}_{\mathrm{CP}}$ 的精确实验测量将能够判断哪种方法好。目前的实验测量数据为[3, 4]：

$$S_{\mathrm{CP}}(B \to \pi^+\pi^-) = -0.65 \pm 0.07; \quad \mathcal{A}_{\mathrm{CP}}(B \to \pi^+\pi^-) = 0.38 \pm 0.06. \tag{2.109}$$

与 pQCD 理论预言符合得很好。

另外，关于纯湮没图过程 $B_s^0 \to \pi^+\pi^-$ 的衰变分支比，最新的 CDF 和 LHCb 实验测量值比较大[68, 69]：$\sim 7 \times 10^{-7}$，证实了我们在 2004 年给出的 pQCD 理论预言[53]。对于纯湮没图过程 $B^0 \to K^+K^-$，我们同样可以在 pQCD 框架下解释最新的 CDF 和 LHCb 实验结果[70]。关于 pQCD 因子化细节的更多讨论，将在第 7 章给出。

§2.3.5 SCET：软-共线有效理论

SCET 是 Bauer 等在 2001 年提出来的基于共线因子化的计算强子矩阵元的一种方法[58, 59]。后来，Beneke 等也使用 SCET 方法做了大量的计算和唯象分析工作[61]。当然，这两组学者在某些方面，例如 charm-penguin 贡献的计算方面有不同的观点[61, 62]。

以图 2.8 中简单的 $B \to \pi$ 跃迁形状因子为例，由于受软动力学支配，B 介子中的软旁观者携带动量 $r \sim \mathcal{O}(\Lambda_{\mathrm{QCD}})$。如果高能的 π 介子中旁观者携带动量 $p_2 \sim \mathcal{O}(m_b)$，那么图 2.8 中的虚胶子是离壳的，且动量为 $p_g^2 = (p_2 - r)^2 = -2p_2 \cdot r \sim \mathcal{O}(m_b\Lambda_{\mathrm{QCD}})$。图 2.8(a) 中的虚夸克也是离壳的，其动量为 $(m_b v + k + p_g)^2 - m_b^2 \sim \mathcal{O}(m_b^2)$。这里，$v$ 是 b 夸克的速度，$k \sim \mathcal{O}(\Lambda_{\mathrm{QCD}})$。因此，B 介子衰变含有三个低于 m_W 的标度：m_b、$\sqrt{m_b\Lambda_{\mathrm{QCD}}}$ 和 Λ_{QCD}。

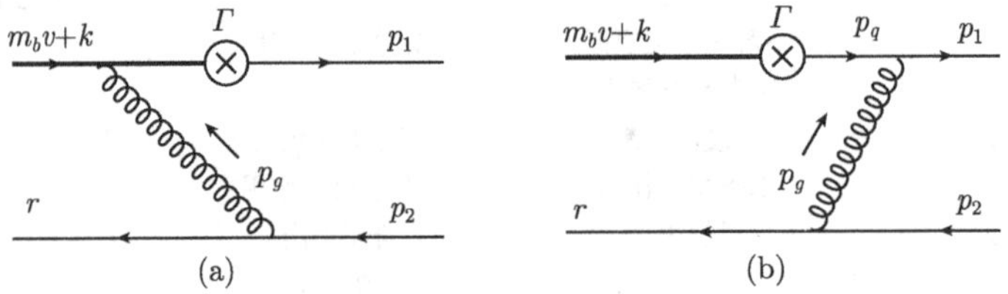

图 2.8 QCD 中 $B \to \pi$ 形状因子费恩曼图

下面对两个能标 m_b 和 $\sqrt{m_b\Lambda_{\mathrm{QCD}}}$ 处的独立匹配做简单讨论[59]。第一步是将 QCD 中的离壳夸克线用 m_b^2 积出，所得到的有效理论称为 $\mathrm{SCET_I}$。然后从 $b \to u$ 弱顶角导出零阶有效流 $J^{(0)}$，并且通过收缩图 2.8(a) 中的虚 b 夸克线导出一阶有效流 $J^{(1)}$。第二步是将 $\mathrm{SCET_I}$ 中的离壳线用 $m_b\Lambda_{\mathrm{QCD}}$ 积出，于是就得到了 $\mathrm{SCET_{II}}$。作为匹配出发点的相关图形如图 2.9 所示。用 $m_b\Lambda_{\mathrm{QCD}}$ 收缩所有离壳线就可以得到相应的 Wilson 系数 (喷注函数) 和 4- 费米有效算符。4- 费米算符插入 B 介子初态和 π 介子末态之间就生成 B 介子和 π 介子的分布振幅，$B \to \pi$ 跃迁形状因子从而可以因子化如图 2.10(a) 所示。B 介子两体强子衰变的因子化则以相似的方式构造，其结果如图 2.10(b) 所示。

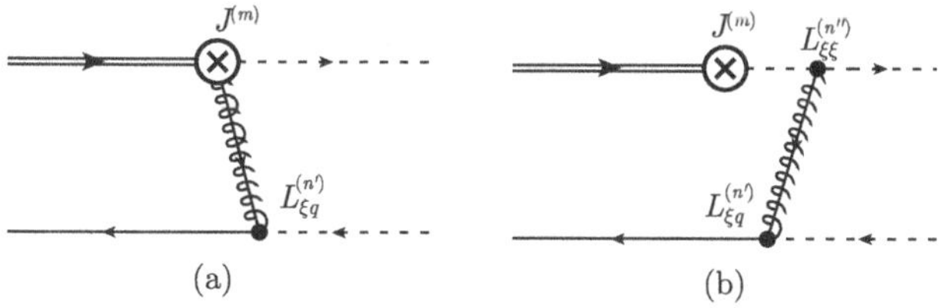

图 2.9　$\mathrm{SCET_I}$ 中 $B \to \pi$ 形状因子费恩曼图

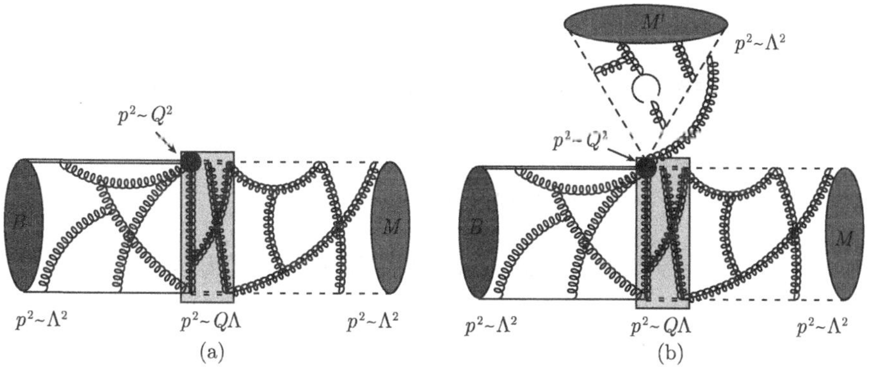

图 2.10　SCET 中 $B \to M$ 形状因子和 $B \to MM'$ 衰变的因子化

在 $1/m_b$ 展开的领头阶幂次，SCET 没有大的强相位来源 (湮没图贡献是参数化地幂次压低)。为了获得强相位，文献 [59] 的作者假设粲 ($c\bar{c}$) 企鹅图可以给出领头阶幂次的长程效应。不过，这一贡献是非微扰的，故而它必须参数化为一个任意振幅 $A^{c\bar{c}}$。计入粲企鹅贡献之后，SCET 已经作为一个 QCD 改进的参数化方法使用，$A^{c\bar{c}}$ 和其他的强子输入参数一起由实验数据拟合而定。值得提及的是，根据 QCDF、pQCD 和光锥 QCD 求和规则的观点，长程粲企鹅贡献是幂次压低的。

关于 SCET 方法更多的细节，读者可以阅读相关的论文和众多的综述性报告[63]。

§2.4　B 介子的衰变与混合

在本节，我们将给出标准模型中计算 B 介子衰变分支比和 CP 不对称性 $\mathcal{A}_{\rm CP}$ 的理论公式。

§2.4.1 衰变分支比

在 B 介子静止系，B 介子两体衰变分支比的定义如下。对 $B \to PP$ 和 $B \to PV$ 衰变过程，分别有

$$\mathcal{B}(B \to PP) = \tau_B \frac{|p_c|}{8\pi M_B^2} |M(B \to PP)|^2 , \tag{2.110}$$

$$\mathcal{B}(B \to PV) = \tau_B \frac{|p_c|^3}{8\pi M_V^2} |M(B \to PV)/(\epsilon \cdot p_B)|^2 \tag{2.111}$$

其中 τ_B 是 B (B_u, B_d 或 B_s) 介子的寿命，$|p_c|$ 是在 B 介子静止系中两个末态强子的动量的模

$$|p_c| = \frac{1}{2M_B}\sqrt{[M_B^2 - (M_X + M_Y)^2][M_B^2 - (M_X - M_Y)^2]}. \tag{2.112}$$

对 $B \to VV$ 衰变过程，情况较为复杂，需要计算相关衰变过程的螺旋度 (helicity) 矩阵元

$$H_\lambda = \langle V_1(\lambda) V_2(\lambda) | H_{eff} | B) \rangle \tag{2.113}$$

其中 $\lambda = 0, \pm 1$。用 H_λ 来表示，$B \to V_1 V_2$ 两体衰变分支比为

$$\mathcal{B}(B \to V_1 V_2) = \tau_B \frac{|p_c|}{8\pi M_B^2} \left[|H_0|^2 + |H_{+1}|^2 + |H_{-1}|^2 \right] . \tag{2.114}$$

三个独立的螺旋度振幅 H_0, H_{+1} 和 H_{-1} 可以用三个独立 Lorentz 不变量 a, b, c 来表示。a, b, c 由下式定义：

$$H_\lambda = i\epsilon^\mu(\lambda)\eta^\nu(\lambda)\left[a g_{\mu\nu} + \frac{b}{M_1 M_2} p_\mu p_\nu + \frac{ic}{M_1 M_2} \epsilon_{\mu\nu\alpha\beta} p_1^\alpha p^\beta \right] \tag{2.115}$$

其中 $p_{1,2}$ 和 $M_{1,2}$ 分别是 $V_{1,2}$ 的 4- 动量和质量，$p = p_1 + p_2$ 是 B 介子的 4- 动量。H_0 和 $H_{\pm 1}$ 的表达式为

$$H_{\pm 1} = a \pm c\sqrt{x^2 - 1}, \qquad H_0 = -ax - b\left(x^2 - 1\right) , \tag{2.116}$$

$$x = \frac{M_B^2 - M_1^2 - M_2^2}{2 M_1 M_2}. \tag{2.117}$$

§2.4.2 $B_q^0 - \bar{B}_q^0$ 混合

对于中性赝标介子 $F^0(F^0 = K^0, D^0, B_d^0, B_s^0)$，它们可以与其反粒子混合：$F^0$-$\bar{F}^0$。对于这些中性粒子，可以定义三组本征态：味道本征态，质量本征态和 CP 本征态。

对 B_d^0 和 B_s^0 介子，其味道本征态为 [3]

$$B_d^0 = (\bar{b}d), \qquad \bar{B}_d^0 = (b\bar{d}), \qquad B_s^0 = (\bar{b}s), \qquad \bar{B}_s^0 = (b\bar{s}). \tag{2.118}$$

它们通过箱图混合。在下面的讨论中，当不明确写出下标时，通常是指包含 B_d^0 和 B_s^0 两种情况。

我们以 B_d^0-$\bar{B}_d^0$ 为例，讨论中性介子的混合。在时刻 t，用一个任意的态 $\psi(t)$ 来表示味道本征态 B^0 和 $\bar{B}^0$ 的混合，

$$\psi(t) = a(t)|B^0\rangle + b(t)|\bar{B}^0\rangle\,. \tag{2.119}$$

态 $\psi(t)$ 满足含时 Schrödinger 方程：

$$i\frac{d}{dt}\begin{pmatrix} a \\ b \end{pmatrix} = \widehat{\boldsymbol{H}}\begin{pmatrix} a \\ b \end{pmatrix} \equiv (\widehat{\boldsymbol{M}} - \frac{i}{2}\widehat{\boldsymbol{\Gamma}})\begin{pmatrix} a \\ b \end{pmatrix} \tag{2.120}$$

其中 $\widehat{\boldsymbol{M}}$ 和 $\widehat{\boldsymbol{\Gamma}}$ 是 2×2 的厄米矩阵，分别确定 B 介子的混合与衰变部分。CPT 不变性要求 $M_{11} = M_{22} = m$, $M_{21} = M_{12}^*$, $\Gamma_{11} = \Gamma_{22} = \Gamma$，$\Gamma_{21} = \Gamma_{12}^*$。那么，系统的哈密顿量为

$$H = \begin{pmatrix} m & M_{12} \\ M_{12}^* & m \end{pmatrix} - \frac{i}{2}\begin{pmatrix} \Gamma & \Gamma_{12} \\ \Gamma_{12}^* & \Gamma \end{pmatrix} \tag{2.121}$$

非对角的 M_{12} 和 Γ_{12} 可以是复数。M_{12} 的相角表示混合相角。Γ_{12} 描写粒子的衰变。

将 H 对角化，得到 H 的本征值方程，本征值和对应的质量本征态①：

$$\begin{aligned} H|B_\pm\rangle &= \lambda_\pm|B_\pm\rangle, \\ |B_\pm\rangle &= p|B^0\rangle \pm q|\bar{B}^0\rangle, \\ \lambda_\pm &= H_{11} \pm \sqrt{H_{12}H_{21}} = M_\pm - \frac{i}{2}\Gamma_\pm. \end{aligned} \tag{2.122}$$

其中系数 p, q 满足归一化关系 $|p|^2 + |q|^2 = 1$，其比值为

$$\frac{q}{p} = \sqrt{\frac{H_{21}}{H_{12}}} = \sqrt{\frac{M_{12}^* - \dfrac{i}{2}\Gamma_{12}^*}{M_{12} - \dfrac{i}{2}\Gamma_{12}}} \tag{2.123}$$

---

① 在本书中，我们使用 Buras 等关于 q 的符号约定。在有些文献中所定义的 q 与这里的 q 差一个“$-$”号。

我们习惯上取：$|B_+\rangle = |B_H\rangle$, $|B_-\rangle = |B_L\rangle$。这里，“$H$”和“$L$”分别表示“重”和“轻”。

$$M_{H,L} = m \pm \mathrm{Re}[\sqrt{H_{12}H_{21}}] \approx m \pm |M_{12}| \left(1 - \frac{1}{8}\frac{|\Gamma_{12}|^2}{|M_{12}|^2}\right), \tag{2.124}$$

$$\Gamma_{H,L} = \Gamma \mp 2\mathrm{Im}[\sqrt{H_{12}H_{21}}] \approx \Gamma \pm \frac{\mathrm{Re}[M_{12}\Gamma_{12}^*]}{|M_{12}|}. \tag{2.125}$$

$B_{d,s}^0$-$\bar{B}_{d,s}^0$ 混合的强度用质量差来描写

$$\Delta M_{d,s} = M_H^{d,s} - M_L^{d,s} . \tag{2.126}$$

与 ΔM_K 不同，对 B 介子系统，长距离贡献很小，由相关箱图的贡献确定的 $\Delta M_{d,s}$ 就是一个很好的近似。另外，由于 $m_{u,c} \ll m_t$，对 $B_{d,s}^0$-$\bar{B}_{d,s}^0$ 混合，top 夸克部分的贡献起最主要的作用，charm 部分以及 top-charm 混合部分的贡献很小，可以忽略。

$\Delta M_{d,s}$ 的表达式为

$$\Delta M_q = 2|M_{12}^{(q)}|, \qquad q = d, s. \tag{2.127}$$

该式与 K 介子系统的 $\Delta M_K = 2\mathrm{Re}(M_{12})$ 不同。原因是在 B 系统，有 $\Gamma_{12} \ll M_{12}$。我们还有

$$\Delta\Gamma = \Gamma_H - \Gamma_L = 2\frac{\mathrm{Re}(M_{12}\Gamma_{12}^*)}{|M_{12}|} \tag{2.128}$$

和

$$\frac{q}{p} = \frac{2M_{12}^* - i\Gamma_{12}^*}{\Delta M - i\frac{1}{2}\Delta\Gamma} = \frac{M_{12}^*}{|M_{12}|}\left[1 - \frac{1}{2}\mathrm{Im}\left(\frac{\Gamma_{12}}{M_{12}}\right)\right] \tag{2.129}$$

$$|\frac{q}{p}| - 1 = \frac{1}{2}\mathrm{Im}\left(\frac{\Gamma_{12}}{M_{12}}\right) \sim 10^{-3} \tag{2.130}$$

其中小量 Γ_{12}/M_{12} 的高阶小项已被忽略。

由于 $\mathrm{Im}(\Gamma_{12}/M_{12}) < \mathcal{O}(10^{-3})$ 很小，因此在非常好的近似下可以认为比值 q/p 是一个纯位相。对箱图进行计算，得到

$$(M_{12}^*)_d \propto (V_{td}V_{tb}^*)^2 , \qquad (M_{12}^*)_s \propto (V_{ts}V_{tb}^*)^2 . \tag{2.131}$$

对 CKM 矩阵元，我们有 $V_{td} = |V_{td}|\, e^{-i\beta}$, $V_{ts} = -|V_{ts}|\, e^{-i\beta_s}$[其中 $\beta_s = \mathcal{O}(10^{-2})$]。所以，在非常好的近似下有

$$\left(\frac{q}{p}\right)_{d,s} = e^{i2\phi_M^{d,s}}, \qquad \phi_M^d = -\beta, \qquad \phi_M^s = -\beta_s, \tag{2.132}$$

其中 $\phi_M^{d,s}$ 完全由 CKM 矩阵元的弱相位确定。

在文献 [8] 中，作者已给出 $\Delta M_{d,s}$ 的表达式。

$$2m_{B_q}|M_{12}^{(q)}| = |<\bar{B}_q^0|\mathcal{H}_{\text{eff}}(\Delta B=2)|B_q^0>|, \tag{2.133}$$

其中

$$\begin{aligned}\mathcal{H}_{\text{eff}}^{\Delta B=2} = &\frac{G_{\text{F}}^2}{16\pi^2}M_W^2\left(V_{tb}^*V_{tq}\right)^2\eta_B S_0(x_t)\\ &\times\left[\alpha_s^{(5)}(\mu_b)\right]^{-6/23}\left[1+\frac{\alpha_s^{(5)}(\mu_b)}{4\pi}J_5\right]Q(\Delta B=2)+h.c.\end{aligned} \tag{2.134}$$

这里，$q=d,s$，$\mu_b=\mathcal{O}(m_b)$，$J_5=1.627$，$\eta_B=0.55\pm0.01$，$Q=(\bar{b}d)_{V-A}(\bar{b}d)_{V-A}$。

定义重正化群不变的参数 $\hat{B}_q$，ΔM_q 可以写为

$$\Delta M_q = \frac{G_{\text{F}}^2}{6\pi^2}\eta_B m_{B_q}(\hat{B}_{B_q}F_{B_q}^2)M_W^2 S_0(x_t)|V_{tq}|^2, \tag{2.135}$$

其中 F_{B_q} 是 B_q 介子的衰变常数。

对于 B_d^0 系统，两个本征态的宽度几乎相等。理论预言为 $y=\Delta\Gamma/(2\Gamma)\leqslant 10^{-2}$。实验上尚未观测到 B 介子寿命差的效应，所以人们通常取近似 $y_d=\Delta\Gamma/(2\Gamma)=0$。B 介子衰变的另一个重要参数是 $x=\Delta M_d/\Gamma_d$。对 B_d 系统，x_d 的实验测量值为[3, 4]

$$x_d = 0.770\pm0.008. \tag{2.136}$$

在历史上，人们起初估计 x_d 很小。当 1987 年 ARGUS 实验组发现大的 x_d 时，杜东生和赵志泳推断 top 夸克应当很重：$\geqslant 80$ GeV。这是 top 夸克具有重质量的第一个实验信号。

对中性的 B^0 和 B_s^0 系统，由 PDG-2012 和 HFAG 合作组给出的最新实验测量平均值分别为[3, 4]：

$$\begin{aligned}&m_{B^0}=5279.58\pm0.17\text{MeV};\quad m_{B^0}-m_{B^\pm}=0.32\pm0.06\text{MeV};\\ &\tau_{B^0}=1.519\pm0.07\text{ps};\quad \frac{\tau_{B^+}}{\tau_{B^0}}=1.079\pm0.007\text{ps};\\ &\Delta m_{B^0}=0.507\pm0.004;\quad x_d=\frac{\Delta m_{B^0}}{\Gamma_{B^0}}=0.770\pm0.008;\\ &\chi=0.1862\pm0.0023.\end{aligned} \tag{2.137}$$

$$\begin{aligned}
m_{B_s} &= 5366.77 \pm 0.24\text{MeV}; \quad \tau_{B_s} = 1.497 \pm 0.015\text{ps}; \\
\Gamma_s &= \frac{\Gamma_H + \Gamma_L}{2} = 0.6580 \pm 0.0054 \pm 0.0066\ \text{ps}^{-1}, \quad \Delta M_s = 17.69 \pm 0.08, \\
\Delta\Gamma_s &= (0.095 \pm 0.014)\ \text{ps}^{-1}, \quad \phi_s = -0.044^{+0.090}_{-0.085}, \quad \text{HFAG}, \\
x_s &= \frac{\Delta M_s}{\Gamma_s} = 26.74 \pm 0.22; \quad \chi_s = 0.499305 \pm 0.000011, \\
y_s &= \frac{\Delta\Gamma_s}{2\Gamma_s} = 0.088 \pm 0.014, \quad \frac{\Delta M_d}{\Delta M_s} = 0.02861 \pm 0.00026.
\end{aligned} \tag{2.138}$$

§2.5 B 介子系统 CP 破坏

对 B 介子系统，存在三种类型的 CP 破坏：

(1) B 介子衰变中的 CP 破坏 —— 直接 (direct)CP 破坏；

(2) 中性 B 介子混合中的 CP 破坏 —— 间接 (indirect)CP 破坏；

(3) 由混合与衰变的干涉引起的 CP 破坏 —— 混合 (mixing) 型 CP 破坏。

§2.5.1 三种类型的 CP 破坏

下面，我们分别讨论这三种类型的 CP 破坏。

1. B 介子衰变中的直接 CP 破坏

1999 年，中性 K 介子系统的直接 CP 破坏已被发现：$\epsilon' \sim 10^{-6}$，是一个非常小的效应。K 介子只有几个主要的衰变道，但 B 介子有很多衰变道。由此所带来的好处是有许多道可供选择，不利因素是大多数道特别是物理上感兴趣的道的衰变分支比很小。为了研究 B 介子系统的 CP 破坏，人们建造并运行了两个高亮度的 B 介子工厂 (1999~2011)。LHCb 实验也在 2009 年投入运行，开始提供大量的 b 物理实验数据。另外，日本和意大利的两个 Super-B 工厂也正在建造之中。

由于荷电 B 介子衰变过程中没有混合发生，可以通过对荷电 B 介子衰变过程的研究来很好地分离第一类 CP 破坏。当然，第一类 CP 破坏也可以通过对中性 B 介子衰变过程来测量。相关的不对称性定义为

$$a_{\text{CP}}^{\text{decay}} = \frac{\Gamma(B \to f) - \Gamma(\bar{B} \to \bar{f})}{\Gamma(B \to f) + \Gamma(\bar{B} \to \bar{f})} = \frac{1 - |\bar{A}/A|^2}{1 + |\bar{A}/A|^2} \tag{2.139}$$

其中

$$A = \langle f|\mathcal{H}^{\text{weak}}|B\rangle, \qquad \bar{A} = \langle \bar{f}|\mathcal{H}^{\text{weak}}|\bar{B}\rangle\ . \tag{2.140}$$

即

$$\left|\frac{\bar{A}}{A}\right| \neq 1 \ \Rightarrow \text{direct} \quad \text{CP} \quad \text{violation}. \tag{2.141}$$

如果假设衰变振幅 $A = A_1 + A_2$, 那么 A 和 CP 共轭 $\bar{A}$ 可以写为

$$A = \sum_{i=1,2} A_i e^{i(\delta_i + \phi_i)}, \qquad \bar{A} = \sum_{i=1,2} A_i e^{i(\delta_i - \phi_i)}, \tag{2.142}$$

其中 A_i 是实的，δ_i 是强相角，ϕ_i 是弱相角，那么我们有

$$a_{\rm CP}^{\rm decay} = \frac{-2A_1A_2\sin(\delta_1-\delta_2)\sin(\phi_1-\phi_2)}{A_1^2+A_2^2+2A_1A_2\cos(\delta_1-\delta_2)\cos(\phi_1-\phi_2)}. \tag{2.143}$$

由于强相互作用中 CP 是守恒的，弱相互作用中 CP 是破坏的，所以对 A 和 $\bar{A}$，强位相 δ_i 不改变符号，但弱相位 ϕ_i 改变符号。要得到非零的 $a_{\rm CP}^{\rm decay}$，至少应存在两种具有不同弱相位 (ϕ_i) 和强相位 (δ_i) 的贡献，二者缺一不可。比如说有两个树图，两个企鹅图，或一个树图与一个企鹅图。对于 B 介子的纯轻子衰变和半轻子衰变，衰变振幅主要由一个图决定，直接 CP 破坏一般很小，很难观测到。像 $B \to K\pi$ 等非轻衰变道，它通常包含树图和企鹅图的贡献，有两个不同的弱相位，通过夸克或强子的再散射、末态相互作用或湮没图可产生强相位差。但由于我们不知道如何模型无关地计算 A_i 中的强子矩阵元，不知道如何可靠地计算由末态相互作用产生的强相位，所以从实验数据中抽取 ϕ_i 就变得比较复杂。

2. 中性 B 介子混合中的 CP 破坏

对 B_d 系统，由于其质量本征态的寿命基本相等，实验上不能分离出 B_L 和 B_H，人们只能通过特定的衰变末态来标定 B_0 和 $\bar{B}_0$ 介子。所以不能像 K 介子系统那样，通过研究质量本征态 $K_S \to 2\pi$ 和 $K_L \to 3\pi$ 衰变道来测量混合中的 CP 破坏，而只能通过对中性 B 介子的半轻或双轻子衰变过程的研究来分离第二类 CP 破坏。这时，CP 不对称性 $a_{SL}(B)$ 定义为 [我们省略下指标 (d,s)]

$$\begin{aligned} a_{SL}(B) &= \frac{\Gamma(\bar{B}^0(t)\to l^+\nu X) - \Gamma(B^0(t)\to l^-\bar{\nu} X)}{\Gamma(\bar{B}^0(t)\to l^+\nu X) + \Gamma(B^0(t)\to l^-\bar{\nu} X)} \\ &= \frac{1-|q/p|^4}{1+|q/p|^4} \approx 2\left(1-|\frac{q}{p}|\right) \end{aligned} \tag{2.144}$$

其中 $\bar{B}^0(0)=\bar{B}^0$，$B^0(0)=B^0$。参数 $a_{SL}(B)$ 描写 Γ_{12} 和 M_{12} 的相位差。虽然描写 $B^0-\bar{B}^0$ 混合的参数 q/p 依赖于相位的约定，但其模 $|q/p|$ 却是物理可观测量，

$$|\frac{q}{p}| \neq 1 \Rightarrow \text{ 非直接 CP 破坏}. \tag{2.145}$$

在 B 介子系统中，由于 M_{12} 尤其是 Γ_{12} 有较大的强子矩阵元不确定性，不可能由该类 CP 破坏中精确地抽出 CP 破坏相因子。另外， 对 B_d^0 混合，在标准模型下

$\Delta\Gamma/\Gamma \ll 1$，可以忽略。这时 $q/p \sim \sqrt{M_{12}^*/M_{12}}$， 基本上是一个纯相因子，参数 $a_{SL}(B)$ 很小，需要很高的实验测量精度。但如果考虑新物理贡献，参数 $a_{SL}(B)$ 可能比较大，有可能被观测到。

3. 由混合与衰变的干涉引起的 CP 破坏

最后，我们通过对中性 B 介子衰变过程的研究来测量第三类 CP 破坏：由混合与衰变的干涉引起的 CP 破坏。在下面的讨论中，取近似 $\Delta\Gamma = 0$ 并略去下标 d, s。

求解薛定谔方程 (2.120)，得到 $t = 0$ 时的一个初态纯 $|B^0\rangle$ 介子 (对应 $a(0) = 1, b(0) = 0$) 随时间 t 的演化：

$$B(t) = f_+(t)|B^0\rangle + \frac{q}{p}f_-(t)|\bar{B}^0\rangle, \tag{2.146}$$

其中 $f_\pm(t) = (e^{-i\lambda_+ t} \pm e^{-i\lambda_- t})$。

同理，$t = 0$ 时的一个初态纯 $|\bar{B}^0\rangle$ 介子 (对应 $a(0) = 0, b(0) = 1$) 随时间 t 的演化为

$$\bar{B}(t) = \frac{p}{q}f_-(t)|B^0\rangle + f_+(t)|\bar{B}^0\rangle. \tag{2.147}$$

取近似 $\Gamma_+ \approx \Gamma_- = \Gamma$, $M_\pm = M \pm \dfrac{\Delta M}{2}$，那么有

$$f_+(t) = e^{-\frac{\Gamma}{2}t} \cdot e^{-iMt} \cdot \cos\frac{\Delta M t}{2}, \tag{2.148}$$

$$f_-(t) = i\, e^{-\frac{\Gamma}{2}t} \cdot e^{-iMt} \cdot \sin\frac{\Delta M t}{2}. \tag{2.149}$$

进而导出

$$B(t) = e^{-\frac{\Gamma}{2}t} \cdot e^{-iMt}\left(\cos\frac{\Delta M t}{2}|B^0\rangle + i\frac{q}{p}\sin\frac{\Delta M t}{2}\,|\bar{B}^0\rangle\right), \tag{2.150}$$

$$\bar{B}(t) = e^{-\frac{\Gamma}{2}t} \cdot e^{-iMt}\left(i\frac{p}{q}\sin\frac{\Delta M t}{2}|B^0\rangle + \cos\frac{\Delta M t}{2}\,|\bar{B}^0\rangle\right). \tag{2.151}$$

最有意思的衰变是末态为 CP 本征态的衰变道: 对这种类型的衰变，其 CP 破坏通常比较大，可以通过对这些道的研究抽取幺正三角形的相角。由于存在 B^0 和 $\bar{B}^0$ 的混合，初始 $(t = 0)$ 时纯的 B^0 介子可以通过两个不同的过程衰变到末态 f

$$\begin{aligned} &B^0(0) \longrightarrow B^0(t) \longrightarrow f, \\ &B^0(0) \longrightarrow \bar{B}^0(t) \longrightarrow f \\ &\mathrm{CP}|f\rangle = \eta_{\mathrm{CP}}|f\rangle, \quad \eta_{\mathrm{CP}} = \pm 1. \end{aligned} \tag{2.152}$$

这两个衰变过程发生干涉，产生第三类 CP 破坏。这时，时间相关的衰变振幅为

$$\langle f|H|B(t)\rangle = e^{-\frac{\Gamma}{2}t}\, e^{-iMt}\, A_f \left(\cos\frac{\Delta Mt}{2} + i\frac{q}{p}\frac{\bar{A}_f}{A_f}\, \sin\frac{\Delta Mt}{2}\right), \tag{2.153}$$

$$\langle f|H|\bar{B}(t)\rangle = e^{-\frac{\Gamma}{2}t}\, e^{-iMt}\, iA_f\frac{p}{q} \left(\sin\frac{\Delta Mt}{2} - i\frac{q}{p}\frac{\bar{A}_f}{A_f}\, \cos\frac{\Delta Mt}{2}\right), \tag{2.154}$$

其中 $A_f = \langle f|H|B^0\rangle$，$\bar{A}_f = \langle f|H|\bar{B}^0\rangle$。所以，一个初态的纯 B^0 介子在时刻 t 衰变到末态 f 的概率为

$$\begin{aligned}|\langle f|H|B(t)\rangle|^2 = e^{-\Gamma t}|A_f|^2\ &\left\{\frac{1+|\lambda|^2}{2}\right.\\ &\left.+\frac{1-|\lambda|^2}{2}\cos\Delta Mt - \mathrm{Im}[\lambda]\sin\Delta Mt\right\},\end{aligned} \tag{2.155}$$

其中我们已经定义

$$\lambda = \frac{q}{p}\cdot\frac{\bar{A}_f}{A_f}. \tag{2.156}$$

同理, 一个初态的纯 $\bar{B}^0$ 介子在时刻 t 衰变到末态 f 的概率为

$$\begin{aligned}\left|\langle f|H|\bar{B}(t)\rangle\right|^2 = e^{-\Gamma t}|A_f|^2\ \left|\frac{p}{q}\right|^2 &\left\{\frac{1+|\lambda|^2}{2}\right.\\ &\left.\frac{1-|\lambda|^2}{2}\cos\Delta Mt + \mathrm{Im}[\lambda]\sin\Delta Mt\right\},\end{aligned} \tag{2.157}$$

根据式 (2.155)、(2.157)，时间相关的 CP 不对称性 $a_{\mathrm{CP}}(t,f)$ 被定义为[3]

$$\begin{aligned}a_{\mathrm{CP}}(t,f) &= \frac{\Gamma(\bar{B}^0(t)\to f) - \Gamma(B^0(t)\to f)}{\Gamma(\bar{B}^0(t)\to f) + \Gamma(B^0(t)\to f)}\\ &= S_f\sin(\Delta Mt) - C_f\cos(\Delta Mt)\end{aligned} \tag{2.158}$$

其中

$$C_f = \frac{1-|\lambda_f|^2}{1+|\lambda_f|^2},\quad S_f = \frac{2\mathrm{Im}\lambda_f}{1+|\lambda_f|^2},\quad \lambda_f = \frac{q}{p}\frac{\bar{A}}{A}. \tag{2.159}$$

在上式中，C_f 和 S_f 分别表示直接 CP 破坏和混合引起的 CP 破坏。**注意：这里我们使用了"粒子数据组" (Particle Data Group) 所使用的定义[3]。有些文献中使用的定义和这里使用的差一个"−"号。**

参数 λ_f 包含了计算式 (2.159) 的不对称性所需的所有信息，λ_f 为

$$\lambda_f = \frac{q}{p}\frac{A(\bar{B}^0\to f)}{A(B^0\to f)} = \exp(i2\phi_M)\frac{A(\bar{B}^0\to f)}{A(B^0\to f)} \tag{2.160}$$

其中相位 ϕ_M 已在式 (2.132) 中定义，它表示在 B^0-$\bar{B}^0$ 混合中的弱相位。

一般地说，对一个衰变过程的振幅 $A(B \to f)$，将有多个部分同时给出贡献。这些不同的部分可以是树图、QCD 企鹅图或电弱企鹅图，它们一般具有不同的强和弱相位。如果对于给定的一个衰变振幅，这些部分的贡献的大小差不多，那么由于强子矩阵元的不确定性，我们就难于抽出 CP 破坏相因子。

§2.5.2　$\mathcal{A}_{\rm CP}$：荷电 $B_u^{\pm}$ 介子非粲衰变

如图 2.11 所示，对 $B \to M_1 M_2$ 两体非粲强子衰变过程起主要作用的费恩曼图包含：

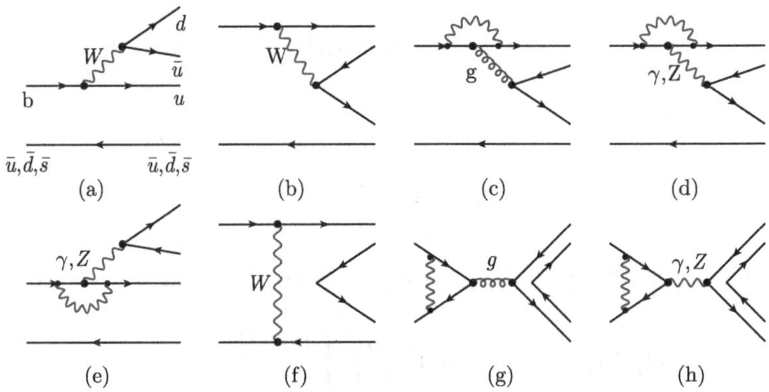

图 2.11　$B \to M_1 M_2$ 衰变的典型费恩曼图

(a)“T”；(b)“C”；(c)“P”；(d)“$\mathrm{P}_{\mathrm{EW}}^{C}$”；(e)“$\mathrm{P}_{\mathrm{EW}}$”；(f)“E”；(g)“PA”；(h)“$\mathrm{PA}_{\mathrm{EW}}$”

(1) (a)“T”：树图，外 W 发射图；(b)“C”：色压低的树图；(c)“P”：QCD 胶子企鹅图；(d)“$\mathrm{P}_{\mathrm{EW}}^{\mathrm{C}}$”：色压低的电弱企鹅图；(e)“$\mathrm{P}_{\mathrm{EW}}$”：电弱企鹅图。

(2) (f)“E”：W- 交换图；(g)“PA”：QCD 湮没图；(h)“$\mathrm{PA}_{\mathrm{EW}}$”：电弱湮没图。最后三种 (f,g,h) 一般统称为“湮没图”。对一个给定的过程，一般有几个图同时给出贡献。不同图之间的干涉对 CP 破坏起着重要的作用。

在本节和下一节，我们将对荷电和中性 B 介子衰变过程中的 CP 破坏不对称量 $\mathcal{A}_{\rm CP}$ 做一个较为详细的讨论，详见文献 [38, 71, 35]。

$B_u^{\pm}$ 介子的衰变过程是自标记 (self-tagging) 过程，衰变分支比的 CP 破坏不对称量 $\mathcal{A}_{\rm CP}$ 定义为

$$\mathcal{A}_{\rm CP} = \frac{\Gamma(B^+ \to f^+) - \Gamma(B^- \to f^-)}{\Gamma(B^+ \to f^+) + \Gamma(B^- \to f^-)}. \tag{2.161}$$

当同时存在强相位差和弱相位差时，$\mathcal{A}_{\rm CP} \neq 0$。

对 $b \to s$ 和电荷共轭 $\bar{b} \to \bar{s}$ 跃迁，相应的衰变振幅 $\mathcal{M}$ 和 $\overline{\mathcal{M}}$ 可以一般地表示为[38]

$$\begin{aligned}\mathcal{M} &= T\xi_u - P_t\xi_t e^{i\delta_t} - P_c\xi_c e^{i\delta_c} - P_u\xi_u e^{i\delta_u},\\ \overline{\mathcal{M}} &= T\xi_u^* - P_t\xi_t^* e^{i\delta_t} - P_c\xi_c^* e^{i\delta_c} - P_u\xi_u^* e^{i\delta_u},\end{aligned} \tag{2.162}$$

其中 $\xi_i = V_{ib}V_{is}^*$。这里 T 表示与 a_1 或 a_2 相关的流-流算符的贡献，P_t、P_c 和 P_u 表示与 ξ_t、ξ_c 和 ξ_u 相关的企鹅算符的贡献，其相对应的强相位分别用 δ_t、δ_c 和 δ_u 来表示。这里的 $a_{1,2}$ 是 Wilson 系数 $C_{1,2}$ 的组合：$a_1 = C_2 + \dfrac{C_1}{3} \approx C_2$，$a_2 = C_1 + \dfrac{C_2}{3} \approx 0.1 \sim 0.2$。$a_1 \gg a_2$。

在标准模型中，可以用幺正关系 $\xi_u + \xi_c + \xi_t = 0$ 对式 (2.162) 进行化简

$$\begin{aligned}\mathcal{M} &= T\xi_u - P_{tc}\xi_t e^{i\delta_{tc}} - P_{uc}\xi_u e^{i\delta_{uc}},\\ \overline{\mathcal{M}} &= T\xi_u^* - P_{tc}\xi_t^* e^{i\delta_{tc}} - P_{uc}\xi_u^* e^{i\delta_{uc}},\end{aligned} \tag{2.163}$$

其中定义

$$\begin{aligned}P_{tc}e^{i\delta_{tc}} &= P_t e^{i\delta_t} - P_c e^{i\delta_c},\\ P_{uc}e^{i\delta_{uc}} &= P_u e^{i\delta_u} - P_c e^{i\delta_c}.\end{aligned} \tag{2.164}$$

所以，直接 CP 破坏为

$$\mathcal{A}_{\rm CP} \equiv a_{\epsilon'} = \frac{A^-}{A^+}, \tag{2.165}$$

其中

$$\begin{aligned}A^- &= \frac{1}{2}\left(|\overline{\mathcal{M}}|^2 - |\mathcal{M}|^2\right)\\ &= 2TP_{tc}|\xi_u^*\xi_t|\sin\gamma\sin\delta_{tc} + 2P_{tc}P_{uc}|\xi_u^*\xi_t|\sin\gamma\sin(\delta_{uc}-\delta_{tc}),\end{aligned} \tag{2.166}$$

$$\begin{aligned}A^+ &= \frac{1}{2}\left(|\mathcal{M}|^2 + |\overline{\mathcal{M}}|^2\right)\\ &= (T^2 + P_{uc}^2)|\xi_u|^2 + P_{tc}^2|\xi_t|^2 - 2P_{tc}P_{uc}|\xi_u^*\xi_t|\cos\gamma\cos(\delta_{uc}-\delta_{tc})\\ &\quad -2TP_{uc}|\xi_u|^2\cos\delta_{uc} + 2TP_{tc}|\xi_u^*\xi_t|\cos\gamma\cos\delta_{tc}.\end{aligned} \tag{2.167}$$

对 $b \to s$ 跃迁，A^- 的整体弱相位是 γ。但由于存在几个难于计算的强相位，$\mathcal{A}_{\rm CP}$ 的计算相当复杂。对某些衰变道，有些小量可以忽略，$\mathcal{A}_{\rm CP}$ 的表达式可以化简。对 $B^+ \to K^+\pi^0$，$K^{*+}\pi^0$, $K^{*+}\rho^0$，$B^0 \to K^+\pi^-$，$K^{*+}\pi^-$，$K^{*+}\rho^-$ 衰变道，取近似 $|P_{uc}/T| \ll 1$，则有

$$\mathcal{A}_{\rm CP} \simeq \frac{2z_{12}\sin\delta_{tc}\sin\gamma}{1 + 2z_{12}\cos\delta_{tc}\cos\gamma + z_{12}^2}, \tag{2.168}$$

其中 $z_{12} = |\xi_u/\xi_t| \times T/P_{tc}$.

对 $B^+ \to \pi^+ K_S^0$，$\pi^+ K^{*0}$，$\rho^+ K^{*0}$ 衰变道，由于 $T = 0$，$|\xi_u| \ll |\xi_t|$，所以有

$$\mathcal{A}_{\mathrm{CP}} \simeq 2\frac{P_{uc}}{P_{tc}}\left|\frac{\xi_u}{\xi_t}\right|\sin(\delta_{uc}-\delta_{tc})\sin\gamma. \tag{2.169}$$

由于没有 T 贡献，这些道的 $\mathcal{A}_{\mathrm{CP}}$ 都很小，为 1% ~ 2%[38]。

对 $b \to d$ 跃迁，同理有

$$\begin{aligned}\mathcal{M} &= T\zeta_u - P_t\zeta_t e^{i\delta_t} - P_c\zeta_c e^{i\delta_c} - P_u\zeta_u e^{i\delta_u},\\ \overline{\mathcal{M}} &= T\zeta_u^* - P_t\zeta_t^* e^{i\delta_t} - P_c\zeta_c^* e^{i\delta_c} - P_u\zeta_u^* e^{i\delta_u},\end{aligned} \tag{2.170}$$

其中 $\zeta_i = V_{ib}V_{id}^*$。再次使用幺正关系 $\zeta_c = -\zeta_t - \zeta_u$，有

$$\begin{aligned}\mathcal{M} &= T\zeta_u - P_{tc}\zeta_t e^{i\delta_{tc}} - P_{uc}\zeta_u e^{i\delta_{uc}},\\ \overline{\mathcal{M}} &= T\zeta_u^* - P_{tc}\zeta_t^* e^{i\delta_{tc}} - P_{uc}\zeta_u^* e^{i\delta_{uc}},\\ A^- &= -2TP_{tc}|\zeta_u^*\zeta_t|\sin\alpha\sin\delta_{tc} - 2P_{tc}P_{uc}|\zeta_u^*\zeta_t|\sin\alpha\sin(\delta_{uc}-\delta_{tc}),\\ A^+ &= (T^2+P_{uc}^2)|\zeta_u|^2 + P_{tc}^2|\zeta_t|^2 - 2P_{tc}P_{uc}|\zeta_u^*\zeta_t|\cos\alpha\cos(\delta_{uc}-\delta_{tc})\\ &\quad -2TP_{uc}|\zeta_u|^2\cos\delta_{uc} + 2TP_{tc}|\zeta_u^*\zeta_t|\cos\alpha\cos\delta_{tc}.\end{aligned} \tag{2.171}$$

对树图为主的 $B^+ \to \pi^+\eta^{(\prime)}$，$\rho^+\eta^{(\prime)}$，$\rho^+\omega$ 衰变道，$P_{uc} < P_{tc} \ll T$ 成立。$\mathcal{A}_{\mathrm{CP}}$ 的表达式可以化简为

$$\mathcal{A}_{\mathrm{CP}} \simeq \frac{-2z_1\sin\delta_{tc}\sin\alpha}{1+2z_1\cos\delta_{tc}\cos\alpha}, \tag{2.172}$$

其中 $z_1 = |\zeta_t/\zeta_u| \times TP_{tc}/T'^2$，$T'^2 \equiv T^2 - P_{uc}\cos\delta_{uc}$。对这些道，$\mathcal{A}_{\mathrm{CP}}$ 与 $\sin\alpha$ 成正比，$\mathcal{A}_{\mathrm{CP}} \approx 10\% \sim 20\%$。

对 $T = 0$ 的衰变道 $B^+ \to K^+K_S^0$，$K^+\bar{K}^{*0}$，$K^{*+}\bar{K}^{*0}$，则有

$$\mathcal{A}_{\mathrm{CP}} = \frac{-2z_3\sin(\delta_{uc}-\delta_{tc})\sin\alpha}{1-2z_3\cos(\delta_{uc}-\delta_{tc})\cos\alpha+z_3^2}, \tag{2.173}$$

其中 $z_3 = |\zeta_u/\zeta_t| \times P_{uc}/P_{tc}$。对这些道，$\mathcal{A}_{\mathrm{CP}} \approx 10\% \sim 20\%$。

§2.5.3　$\mathcal{A}_{\mathrm{CP}}$：中性 B 介子非粲衰变

由于存在 B^0 - $\bar{B}^0$ 的混合，中性 $B^0(\bar{B}^0)$ 衰变的 $\mathcal{A}_{\mathrm{CP}}$ 的计算比较复杂，需要做时间相关测量。含时的 $\mathcal{A}_{\mathrm{CP}}(t)$ 定义为

$$\mathcal{A}_{\mathrm{CP}}(t) = \frac{\Gamma(B^0(t)\to f) - \Gamma(\overline{B}^0(t)\to \bar{f})}{\Gamma(B^0(t)\to f) + \Gamma(\overline{B}^0(t)\to \bar{f})}, \tag{2.174}$$

有四类中性 $B^0(\bar{B}^0)$ 衰变[38]：

(1) Case-I：$B^0\to f$，$\bar{B}^0\to\bar{f}$，但 f 或 $\bar{f}$ 不是 B^0 和 $\bar{B}^0$ 的共同末态，例如 $B^0\to K^+\pi^-$ 衰变道。

(2) Case-II：$B^0\to(f=\bar{f})\leftarrow\bar{B}^0$，$f^{\rm CP}=\pm f$ 是 CP 本征态，例如 $\bar{B}^0(B^0)\to\pi^+\pi^-,\pi^0\pi^0,K_S^0\pi^0$ 等衰变道。

(3) Case-III：$B^0\to(f=\bar{f})\leftarrow\bar{B}^0$，但 f 不是 CP 本征态。例如 $B^0\to(VV)^0$ 衰变道。

(4) Case-IV：$B^0\to(f\&\bar{f})\leftarrow\bar{B}^0$，$f$ 和 $\bar{f}$ 是 B^0 和 $\bar{B}^0$ 的共同末态，但不是 CP 本征态。例如衰变道 $B^0\to\rho^+\pi^-$, $\rho^-\pi^+$ 等。

第一种情况与荷电 B 介子衰变类似，其 $\mathcal{A}_{\rm CP}$ 与时间无关。第一种情况与荷电 B 介子衰变统称为第一类 CP 破坏情况。对第二、三种情况，可以取近似 $|\Delta\Gamma|\ll|\Delta m|$ 和 $|\Delta\Gamma/\Gamma|\ll 1$，$\mathcal{A}_{\rm CP}(t)$ 已经在式 (2.158) 中定义，其中的参数 λ_f 已经在式 (2.159) 中定义。对 B_d^0 介子衰变情况，有

$$\lambda_f=\frac{V_{tb}^*V_{td}}{V_{tb}V_{td}^*}\frac{\langle f|H_{\rm eff}|\bar{B}^0\rangle}{\langle f|H_{\rm eff}|B^0\rangle}. \tag{2.175}$$

对 B_s 介子衰变，需要把上式中的 d 换成 s。

对第二、三种情况，为了测量 $\mathcal{A}_{\rm CP}(t)$, 必须分离 $\sin(\Delta mt)$ 和 $\cos(\Delta mt)$ 项。对时间积分以后，有

$$\mathcal{A}_{\rm CP}=-\frac{1}{1+x^2}C_f+\frac{x}{1+x^2}S_f, \tag{2.176}$$

其中 $x=\Delta m/\Gamma$, C_f 和 S_f 已经在式 (2.159) 中定义。第四种情况相当复杂，这里不再赘述。

§2.6 CKM 相角 α,β,γ 的抽取

对于如何由 B 介子衰变过程抽取 α,β,γ 相角，已有大量的研究。例如，在 BaBar 实验组的“Physics Book”中[71]，他们对如何抽取 α,β,γ 相角进行了全面、详细的讨论。这里只介绍一些主要的方法，对于更多的细节，可参看文献 [71]。

我们知道，当只有一种 B 介子衰变机制起主要作用，或者不同的部分具有相同的弱相位时，强子矩阵元和强相位就不出现在振幅比值中，这时

$$\frac{A(\bar{B}^0\to f)}{A(B^0\to f)}=-\eta_f e^{-i2\phi_D} \tag{2.177}$$

是一个纯相位，ϕ_D 就是衰变振幅的弱相位，$\eta_f = \pm 1$ 是末态 f 的 CP 宇称。所以，CP 破坏仅由式 (2.159) 中的第二项确定，

$$\lambda = -\eta_f \exp(i2\phi_M)\exp(-i2\phi_D), \qquad |\lambda|^2 = 1. \tag{2.178}$$

在这个特例中，$C_f(B \to f) \approx 0$，CP 不对称性由弱相位 ϕ_M 和 ϕ_D 完全确定：

$$a_{\mathrm{CP}}(t,f) = \mathrm{Im}\lambda \sin(\Delta M t) = \eta_f \sin(2\phi_D - 2\phi_M)\sin(\Delta M t)\ . \tag{2.179}$$

所以，强子矩阵元就不再出现，弱相位的确定就不受强相互作用不确定性的影响。

当只有一个树图起主要作用时，因子 $\sin(2\phi_D - 2\phi_M)$ 中的 ϕ_D 是衰变振幅的弱相位，ϕ_M 对应 β 角，

$$\phi_D = \begin{cases} \gamma & b \to u \\ 0 & b \to c \end{cases} \qquad \phi_M = \begin{cases} -\beta & B_d^0 \\ -\beta_s & B_s^0 \end{cases} \tag{2.180}$$

β_s 的理论预言值是 $\beta_s = \mathcal{O}(10^{-2})$.

当内线夸克为 top 夸克的企鹅图起主要作用时，我们有

$$\phi_D = \begin{cases} -\beta & b \to d \\ 0 & b \to s \end{cases} \qquad \phi_M = \begin{cases} -\beta & B_d^0 \\ -\beta_s & B_s^0\ . \end{cases} \tag{2.181}$$

下面我们对如何抽取三个相角做一个简单的讨论，相关的细节可参看文献 [71] 及其所引文献。

1. α 角的抽取

到目前为止，人们已经通过对 $B \to \pi\pi, \rho\pi$ 和 $\rho\rho$ 衰变道的研究来测量相角 α。如图 2.12 所示，$B_d \to \pi^+\pi^-$ 衰变包含树图和企鹅图的贡献。首先，如果 $B_d \to \pi^+\pi^-$ 仅有 $b \to u$ 树图决定，那么由式 (2.179) 可得

$$a_{\mathrm{CP}}(t,\pi^+\pi^-) = -\sin(2\alpha)\sin(\Delta M_d t). \tag{2.182}$$

我们可以精确地抽取 α 角。但是，由于 $B_d \to \pi^+\pi^-$ 衰变中有树图和企鹅图，企鹅图会产生直接的 CP 破坏，从而使得 $\bar{A}/A$ 不是纯相位，这时，含时的 CP 不对称量为

$$a_{\mathrm{CP}}(t,\pi^+\pi^-) = -C_f\cos(\Delta M_d t) + \sqrt{1-C_f^2}\sin(2\alpha+\theta_P)\sin(\Delta M_d t). \tag{2.183}$$

其中 $-C_f \sim 2\dfrac{P}{T}\sin(\delta)$，$\theta_P \sim \dfrac{P}{T}\cos(\delta)$；$P$ 和 T 分别表示树图和企鹅图的振幅大小，δ 为强相位。对 $B \to \pi^+\pi^-$ 衰变道，$P/T \sim 20\%$，企鹅图的贡献不能忽略。在 m_B 能标，尽管直接的 CP 破坏很小，$C_f \sim 10^{-2}$，实验上测不到，但企鹅图产生的 θ_P 并不小。因此，如何压低企鹅图带来的污染是抽取 α 角的关键。

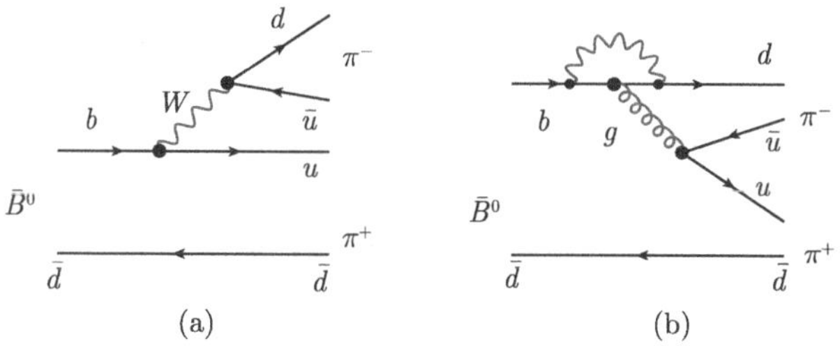

图 2.12 $B_d^0 \to \pi^+\pi^-$ 过程的费恩曼图

(a) 树图；(b) QCD 企鹅图

Gronau 和 London 提出利用同位旋对称性[72] 来消除企鹅图污染。这是一个模型无关的方法。应用同位旋分析，衰变 $B_d^0 \to \pi^+\pi^-, \pi^0\pi^0$ 和 $B_u^+ \to \pi^+\pi^0$ 的衰变振幅分别为

$$A^{+-}(B \to \pi^+\pi^-) = \sqrt{2}(A_2 - A_0)\,, A^{00} = 2A_2 + A_0\,, A^{+0} = 3A_2\,, \tag{2.184}$$

其中 A_0，A_2 表示同位旋 $I = 0, 2$ 的衰变振幅。借助于上述同位旋关系和对 $B \to \pi\pi$ 道的实验测量值，可以提取 α 角。在文献 [73] 中，Buras 和 Fleischer 对如何使用 Gronau-London 方法抽取 α 角，如何控制企鹅图污染做了详细的讨论。

抽取 α 角的另一种理论上干净的方法是 Quinn-Synder 达立兹图方法[74]。该方法是测量 3 体衰变过程 $B \to \rho\pi \to \pi^+\pi^-\pi^0$ 的 CP 破坏效应，做 Dalitz 图分析，同时确定 $\sin(2\alpha)$ 和 $\cos(2\alpha)$，并通过测量 $B \to \pi^+\pi^-$ 衰变道和引入一个理论假设来消除 α 的最后一个分立不定性：$\mathrm{Sign}(\sin(2\alpha))$。根据 Snyder 和 Quinn 的计算，当 $B \to \rho^+\pi^\mp$ 的事例数达到 2000 时，即可很好地测量 α 角。

目前对相角 α 的实验限制主要来自于对 $B \to \pi\pi, \rho\rho, \rho\pi$ 衰变道的实验测量和理论分析。由 PDG2012 给出的限制为[3, 4]

$$\alpha = \left(89.0^{+4.4}_{-4.2}\right)^\circ. \tag{2.185}$$

2. β 角的抽取

众所周知，$B_d \to J/\psi K_s$ 衰变道是抽取 β 角的“黄金道”。该衰变过程的费恩曼图如图 2.13 所示。对该衰变道，树图过程起主要作用，同时由于企鹅图和树图的弱相角 ϕ_D 几乎完全相同 ($\phi_D = 0$)，由式 (2.179) 可得

$$a_{\rm CP}(t, J/\psi K_s) = -\sin(2\beta)\sin(\Delta M_d t), \tag{2.186}$$

该道的理论不确定性很小，可以忽略。由于对 $B_d \to J/\psi K_s$ 衰变的强作用的污染最小，CP 破坏的效应也大，所以这个道被称之为“黄金道”。在实验上，可通过

$J/\psi \to l^+l^-$ 和 $K_s \to \pi^+\pi^-$ 得到清楚的末态信号。从实验的角度，要测量 $a_{\rm CP}(t)$，需要知道 B 介子衰变的时间，这就需要产生的 B 介子是运动的，这就是 B 介子工厂设计中采用具有不同能量的 e^+ 和 e^- 束流的原因。

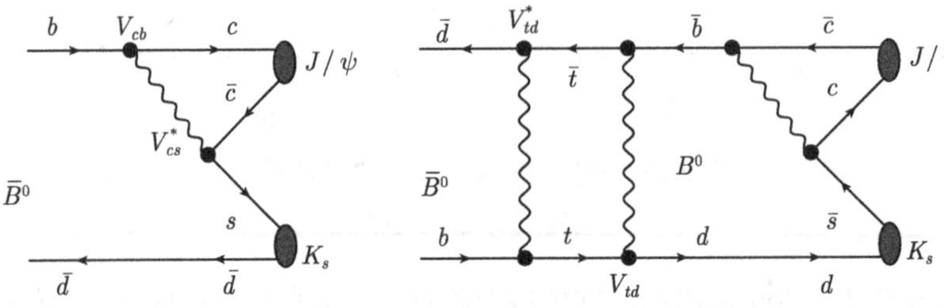

(a) $\bar{B}^0 \to f$　　(b) $\bar{B}^0 \to B^0 \to f$

图 2.13　$B \to J/\Psi K_s$ 衰变过程的费恩曼图

(a) $\bar{B}^0 \to J/\Psi K_s$ 衰变道; (b) $\bar{B}^0 \to B^0 \to J/\Psi K_s$ 衰变道

纯企鹅图衰变道 $B_d \to \phi K_s$ 是另一个测量 β 角的好道。对该道，内线夸克为 t 的企鹅图起主要作用，内线夸克为 u 和 c 的企鹅图导致的污染比较小，因此该道是一个好道，只是对 β 的测量精度要稍低一些。

$B_s \to \psi\phi$ 道是与 $B_d \to J/\psi K_s$ 相对应的 B_s 介子衰变道，其 CP 破坏不对称量为

$$a_{\rm CP}(t, \psi\phi) = 2\lambda^2\eta \sin(\Delta M_s t)\,, \tag{2.187}$$

其中 λ 和 η 是 Wolfenstein 参数。在标准模型下，$\lambda^2\eta \sim 10^{-2}$，$a_{\rm CP}(t,\psi\phi)$ 被强烈压低。因此，该衰变道是发现超出标准模型的新 CP 破坏源的好道。

还可以通过 $B_d \to D^+D^-$ 衰变道来测量 β 角。在 $B_d \to D^+D^-$ 衰变道中，

$$a_{\rm CP}(t, D^+D^-) = -\sin 2\beta \sin(\Delta M t)\,. \tag{2.188}$$

但企鹅图会带来大约 5% 的污染。通过对该道的研究，可以检验由 $B \to J/\psi K_s$ 道测量 β 的自洽性。

目前，通过含粲衰变过程 $b \to c\bar{c}s$ 得到的关于 $\sin(2\beta)$ 的世界平均值为[4]

$$\sin(2\beta) = 0.679 \pm 0.020, \tag{2.189}$$

对应的 β 角的测量值为

$$\beta = (21.4 \pm 0.8)^\circ, \quad 或 \quad (68.6 \pm 0.8)^\circ, \tag{2.190}$$

关于 $\cos(2\beta)$ 的实验测量结果表明 $\beta = (21.4 \pm 0.8)^\circ$。所以，我们可以肯定地说，已经在 B 系统发现了第三类 CP 破坏：由衰变和混合的干涉引起的 CP 破坏。

根据标准模型, 通过树图为主的 $B \to J/\Psi K_s$ 衰变道 (夸克层次的衰变为 $b \to c\bar{c}s$) 和企鹅图为主的 $B \to \phi K_s$ 衰变道 (夸克层次的衰变为 $b \to ss\bar{s}$) 测得的 $\sin(2\beta)$ 应当是一样的。在 2005 年，这两者之间的偏差曾经达到 3.5σ，但 2012 年的 HFAG 平均值已经降低为一个标准偏差。

3. γ 角的抽取

与 α 角相比，γ 角则比较容易抽出。关于如何抽取 γ 角，人们已提出很多方案。这里只介绍 5 种有代表性的方法。

(1) **Gronau-Wyler 方法**[75]：该方法是模型无关的，只要求测量 6 个 $B \to \overset{(-)}{D}{}^0 K^{\pm}$ 衰变道分支比的差。其基本思想是通过独立的测量几个相关衰变过程的振幅的大小，并根据这几个振幅之间的关系来确定 γ 角。该方法的困难在于色压低的 $B^+ \to D^0 K^+$ 衰变道的分支比很小，由几个振幅构成的三角形很扁，给 γ 的测量带来很大的困难。这种方法只需测量相关衰变道的分支比，在对称和非对称环上均可进行。2012 年夏天的结果是[3]

$$\gamma = (68^{+11}_{-10})^{\circ}, \tag{2.191}$$

显然，现在的误差仍然比较大。

(2) B_s **介子衰变道**：首先，可通过对 $\overset{(-)}{B}_s \to D_s^{\pm} K^{\mp}$ 衰变过程的时间相关分析来抽出 γ 角，这是一个模型无关的方法。另外，对 $B_s \to \rho^0 K_s$ 衰变道，若忽略直接 CP 破坏，则有

$$\mathrm{Im}\lambda \, \sin(\Delta M_{B_s} t) = \sin(2\gamma) \, \sin(x_s \Gamma_{B_s} t) \tag{2.192}$$

可以通过时间相关测量来抽出 γ。但是，由于 B_s 介子的混合参数太大，$x_s \approx 18$，B_s^0 和 $\bar{B}_s^0$ 之间的振荡太快，对 B_s 介子混合的实验测量极其困难。

(3) $B_d \to K\pi$ **衰变道**：该方法使用 4 个 $B \to K\pi$ 衰变道衰变分支比之比来抽出或限制 γ 角，是模型相关的[76]。

(4) **U-spin 方法 1**[77]：如图 2.14 所示，通过 U-spin 对称性可以把 $B_d \to \pi^+\pi^-$ 和 $B_s \to K^+K^-$ 联系起来，同时抽取 β 和 γ。该方法不受企鹅图污染和末态相互作用的影响，其精度仅依赖于 U-spin 对称性破坏的大小。LHC 上的 LHCb 实验将研究这个道。

(5) **U-spin 方法 2**[78]：与前一种方法类似，如图 2.15 所示，我们可以通过 U-spin 对称性把 $B_{s,(d)} \to J/\psi K_s$ 和 $B_{d,(s)} \to D^+_{d,(s)} D^-_{d,(s)}$ 衰变道联系起来。由于流-流和企鹅图过程的干涉，可以通过 $B_s \to J/\psi K_s$ 道的物理可观测量来测量 γ 角。使用 U-spin 对称性，可以用 $B_d \to J/\psi K_s$ 道的分支比来对 $B_s \to J/\psi K_s$ 道的

分支比进行归一化，提供了测量 γ 的一种新方法。该方法不受末态相互作用的影响，其精度仅依赖于 U-spin 对称性破坏的大小。

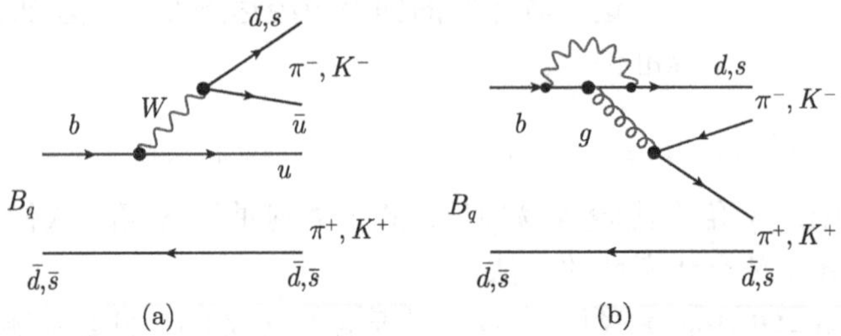

图 2.14　$B_d \to \pi^+\pi^-$ 和 $B_s \to K^+K^-$ 衰变过程费恩曼图

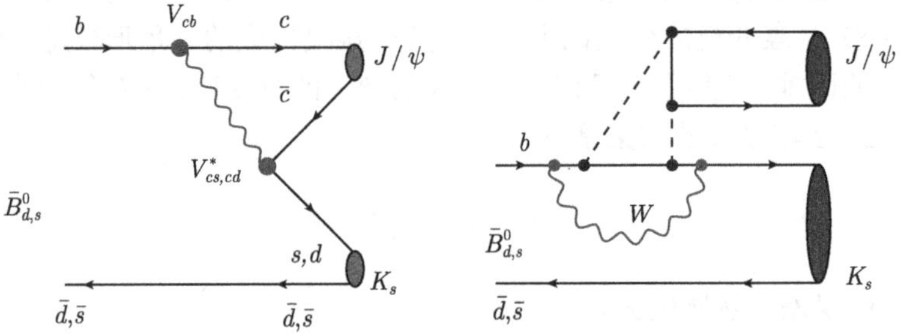

图 2.15　$B_{d(s)} \to J/\psi\, K_s$ 衰变的费恩曼图

企鹅图中的虚线表示色单态交换

类似的，如果可以用 $B_s \to D_s^+ D_s^-$ 道的分支比来对 $B_d \to D^+D^-$ 道的分支比进行归一化，同样可以很好地抽出 γ 角。

§2.7　整 体 拟 合

做幺正三角形整体拟合 (global fit)，要实现的目标有两个：

(1) 通过比较实验测量数据和理论预言，判断我们在标准模型框架下对味物理的理解程度；

(2) 根据目前的实验数据，寻找新物理存在的迹象或信号，对新物理模型的自由参数给出限制。

目前做幺正三角形整体拟合工作的主要合作组有两个：

(1) CKMfitter Group, J.Charles *et al.*[79]，其网站地址为：http://www.slac.stanford.edu/xorg/ckmfitter。拟合程序、最新的论文和会议报告可以在该网站找到、下载。

(2) M. Bona *et al.*, UTfit Collaboration[80]，其网站地址为: http://www.utfit.org。拟合程序、最新的论文和会议报告可以在该网站找到、下载。

最新的 PDG-2012 给出的拟合结果考虑了 5 个实验测量值: $|V_{ub}/V_{cb}|, \Delta m_d, \Delta m_s, \epsilon_k$ 和 $\sin(2\beta)$；通过做拟合得到的对 $\bar{\rho}, \bar{\eta}$ 和 CKM 相角 α, β 和 γ 的限制。由图 2.16，可以看出以下各点:

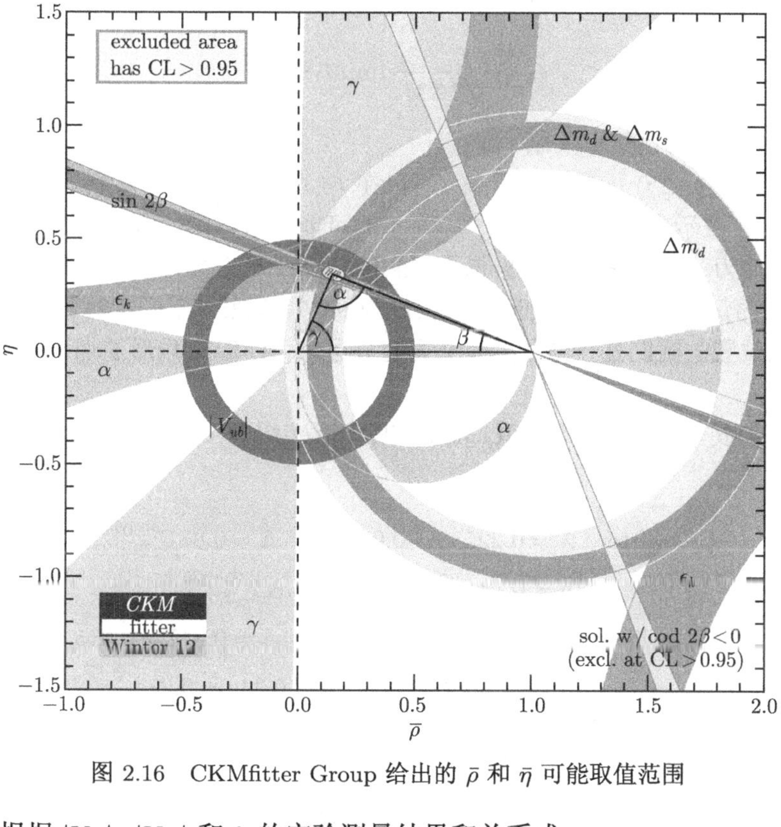

图 2.16 CKMfitter Group 给出的 $\bar{\rho}$ 和 $\bar{\eta}$ 可能取值范围

(1) 根据 $|V_{cb}|$、$|V_{ub}|$ 和 λ 的实验测量结果和关系式

$$R_b = \frac{|V_{ud}V_{ub}^*|}{|V_{cd}V_{cb}^*|} = \sqrt{\bar{\rho}^2 + \bar{\eta}^2} = \left(1 - \frac{\lambda^2}{2}\right)\frac{1}{\lambda}\left|\frac{V_{ub}}{V_{cb}}\right|, \tag{2.193}$$

可以在 $(\bar{\rho}, \bar{\eta})$ 平面上得到一个中心在 $(0, 0)$ 点的同心圆环，圆环内区域为实验数据允许的幺正三角形顶点 $A = (\bar{\rho}, \bar{\eta})$ 所在的区域。

(2) $\Delta m_{B_d^0}$ 与 $V_{td}V_{tb}^*$ 有直接依赖关系，根据 $\Delta m_{B_d^0}$ 的实验测量结果和关系式

$$|V_{td}V_{tb}^*| = A\lambda^2\sqrt{(1-\bar{\rho})^2 + \bar{\eta}^2}, \tag{2.194}$$

可以在 $(\bar{\rho}, \bar{\eta})$ 平面上得到一个中心在 $(1, 0)$ 点的同心圆环，圆环内区域为实验数据

允许的幺正三角形顶点 $A = (\bar{\rho}, \bar{\eta})$ 所在的区域。

(3) 根据 $\Delta m_{B_s^0}$ 的实验测量结果和关系式

$$|V_{td}/V_{ts}| = \lambda\sqrt{(1-\bar{\rho})^2 + \bar{\eta}^2}, \tag{2.195}$$

可以得到与 $\Delta m_{B_d^0}$ 类似的更严格的限制。

(4) 根据 ϵ_k 的实验测量结果和关系式

$$\epsilon_k = \frac{e^{i\pi/4}}{\sqrt{2}\Delta M_k}\mathrm{Im}[M_{12}], \tag{2.196}$$

在 $(\bar{\rho}, \bar{\eta})$ 平面上可以给出限制。

(5) 根据 $\sin(2\beta)$ 的实验测量值，可以在 $(\bar{\rho}, \bar{\eta})$ 平面上给出限制。

图 2.16 表示在 $\bar{\rho}$-$\bar{\eta}$ 复平面上 $\bar{\rho}$ 和 $\bar{\eta}$ 的可能取值范围。这里考虑的 5 个实验测量数据均为 $\bar{\rho}, \bar{\eta}$ 的函数。根据拟合得到的包围 UT 三角形顶点的闭合等值线内区域是 $(\bar{\rho}, \bar{\eta})$ 的允许区域，对应的可信度为 95%。**显然，不同实验数据对 UT 三角形顶点位置的限制是一致的，有共同允许区域：UT 三角形顶点 $(\bar{\rho}, \bar{\eta})$ 在第一象限。**

关于参数 $(\lambda, A, \bar{\rho}, \bar{\eta})$ 的取值，使用 CKMfitter 组和 UTfit 组的拟合方法，得到的结果分别为

$$\begin{aligned} \text{CKMfitter}: \lambda &= 0.22535 \pm 0.00065, \quad A = 0.811^{+0.022}_{-0.012}, \\ \bar{\rho} &= 0.131^{+0.026}_{-0.013}, \quad \bar{\eta} = 0.345^{+0.013}_{-0.014}, \end{aligned} \tag{2.197}$$

$$\begin{aligned} \text{UTfit}: \lambda &= 0.22535 \pm 0.00065, \quad A = 0.817 \pm 0.015, \\ \bar{\rho} &= 0.136 \pm 0.018, \quad \bar{\eta} = 0.349 \pm 0.014. \end{aligned} \tag{2.198}$$

显然，这两个组的拟合结果是高度符合的。

思　考　题

1. 使用你自己的物理语言，举例说明“色透明机制”。
2. 求解 Schrödinger 方程 (2.120)，导出式 (2.124), (2.125)。
3. 当忽略小量 $\mathrm{Im}(\Gamma_{12}/M_{12})$ 时，导出式 (2.132)。
4. 请给出式 (2.143) 的详细推导。
5. 对中性 B 介子混合过程，由式 (2.146), (2.147) 出发，导出式 (2.158)。请给出详细推导。
6. 对 $B^+ \to K^+\pi^0$ 衰变道，导出式 (2.168)。
7. 对 $B^+ \to \pi^+ K_s^0$ 衰变道，导出式 (2.169)。

第 3 章　幺正规范下 $b \to sg$ 衰变过程的解析计算

在本章，我们将给出具体的 B 介子物理中单圈图计算的例子。在文献 [12] 中，作者在幺正规范下计算了 $\bar{d}sg$ 顶角。我们把该计算推广到 $b \to sg$ 情况, 在幺正规范下计算 $b \to sg$ 过程的自能图和企鹅图，我们将给出详细的解析计算过程。

§3.1　自能图的解析计算

在标准模型和幺正规范下，$b \to sg$ 过程的自能图和企鹅图如图 3.1 所示。

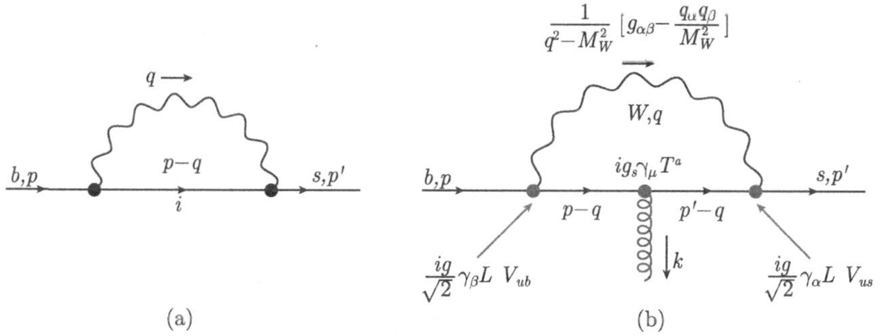

图 3.1　幺正规范下 $b \to sg$ 衰变过程的自能图和企鹅图

对 $b \to s\gamma$ 衰变，对耦合做一个简单变换 $ig_s\gamma_\mu T^a \to ieQ_u\gamma_\mu$ 即可

这里所用的 $f\bar{f}\gamma$ 和 $f\bar{f}g$ 顶角费恩曼规则和文献 [1] 中一样,

$$
\begin{aligned}
&f\bar{f}\gamma: \quad ieQ_f\gamma_\mu,\\
&f\bar{f}g: \quad ig_sT^a\gamma_\mu,
\end{aligned} \tag{3.1}
$$

与文献 [25] 中对应顶角的费恩曼规则差一个负号.

如图 3.1(a) 所示 (采用幺正规范)，$b \to sg$ 过程的自能图不变振幅可以写为

$$
\begin{aligned}
\mathcal{M}_a =& i\bar{u}_s(p)\,\Sigma(p)\,u_b(p)\\
=& \bar{u}_s(p)\left\{\int\frac{\mathrm{d}^4q}{(2\pi)^4}\sum_{i=u,c,t}\left[\frac{ig}{\sqrt{2}}V_{is}^*\gamma_\alpha L\right]\frac{i\,[\not p-\not q+m_i]}{(p-q)^2-m_i^2}\left[\frac{ig}{\sqrt{2}}V_{ib}\gamma_\beta L\right]\right.\\
&\left.\cdot\frac{-i}{q^2-M_W^2}\left[g^{\alpha\beta}-\frac{q_\alpha q_\beta}{M_W^2}\right]\right\}u_b(p).
\end{aligned} \tag{3.2}
$$

即有

$$\Sigma(p) = -i\frac{g^2}{2}\sum_{i=u,c,t} V_{is}^* V_{ib} \int \frac{\mathrm{d}^4 q}{(2\pi)^4} \frac{\eta}{(q^2 - M_W^2)\left[(p-q)^2 - m_i^2\right]}, \tag{3.3}$$

其中分子为

$$\begin{aligned}\eta &= -\gamma_\alpha L \left[\not p - \not q + m_i\right] \gamma_\beta L \left(g^{\alpha\beta} - \frac{q_\alpha q_\beta}{M_W^2}\right) \\ &= \left[\underbrace{(D-2)\not p}_{(1)} + \underbrace{\gamma_\alpha \not q \gamma^\alpha}_{(2)} + \underbrace{\not q \not p \not q / M_W^2}_{(3)} \underbrace{- \not q \not q \not q / M_W^2}_{(4)}\right] \cdot L.\end{aligned} \tag{3.4}$$

对式 (3.3) 中的分母部分有几种形式上不同 (但实质上等价) 的处理方法:

(1) 使用文献 [25] 中所给的费恩曼积分公式 (附录 C.2), 我们可以把上式中的分母变形为

$$\begin{aligned}\frac{1}{(q^2 - M_W^2)\left[(p-q)^2 - m_i^2\right]} &= \int_0^1 \mathrm{d}x \left\{(q^2 - M_W^2)x + \left[(p-q)^2 - m_i^2\right](1-x)\right\}^{-2} \\ &= \int_0^1 \mathrm{d}x \frac{1}{(K^2 - C)^2}\end{aligned} \tag{3.5}$$

其中

$$\begin{aligned}K &= q - (1-x)p, \\ C &= xM_W^2 + (1-x)m_i^2 + x(1-x)p^2\end{aligned} \tag{3.6}$$

然后直接给出积分结果。

(2) 使用费恩曼参数化公式对式 (3.3) 中的分母作处理，和标准表达式作比较，给出积分结果。要用到附录 D 中的公式 [约定: $D = 4 - 2\epsilon$, $\mathcal{D} = \Delta + p^2$)]。

(3) 我们还可以直接把积分写成两点函数 B_0, B_μ 和三点函数 $C_0, C_{\mu\nu}$ 的形式，直接给出积分结果。

在这里，我们使用第二种方法来做解析计算，给出详细的解析结果。利用费恩曼参数化公式

$$\frac{1}{ab} = \int_0^1 \mathrm{d}x \frac{1}{\left[ax + b(1-x)\right]^2} \tag{3.7}$$

对式 (3.3) 中的分母作处理，

$$\begin{aligned}\frac{1}{(q^2 - M_W^2)\left[(p-q)^2 - m_i^2\right]} &= \int_0^1 \mathrm{d}x \left\{(q^2 - M_W^2)x + \left[(p-q)^2 - m_i^2\right](1-x)\right\}^{-2} \\ &= \int_0^1 \mathrm{d}x \frac{1}{\left[q^2 - 2(1-x)p \cdot q - \Delta\right]^2}\end{aligned} \tag{3.8}$$

其中

$$\Delta = xM_W^2 + (1-x)m_i^2 - (1-x)p^2 \tag{3.9}$$

与公式中标准形式 $q^2 - 2p\cdot q - \Delta$ 相比，可知

$$\begin{aligned} p &\longrightarrow (1-x)p, \\ \mathcal{D} &= \Delta + (1-x)^2p^2 = xM_W^2 + (1-x)m_i^2 - x(1-x)p^2. \end{aligned} \tag{3.10}$$

自能函数可以写为

$$\Sigma(p) = -i\frac{g^2}{2}\sum_{i=u,c,t} V_{is}^* V_{ib} \int_0^1 \mathrm{d}x \int \frac{\mathrm{d}^4 q}{(2\pi)^4} \frac{\eta_1+\eta_2+\eta_3+\eta_4}{[q^2 - 2(1-x)p\cdot q - \Delta]^2}, \tag{3.11}$$

其中 η_i 分别对应式 (3.4) 中的四项. 下面分别计算对内动量 q 的积分。采用维数正规化，做代换

$$g^2 \longrightarrow g_r^2\mu^{2\epsilon}, \qquad \int \frac{\mathrm{d}^4 q}{(2\pi)^4} \longrightarrow \int \frac{\mathrm{d}^D q}{(2\pi)^D}, \tag{3.12}$$

并使用附录 D 中的两点函数积分公式。

第一项：

$$\mu^{2\epsilon}\int \frac{\mathrm{d}^D q}{(2\pi)^D} \frac{-\gamma_\mu \not{p}\gamma^\mu \cdot L}{[q^2 - 2(1-x)p\cdot q - \Delta]^2} = i\frac{\pi^{D/2}\mu^{2\epsilon}}{(2\pi)^D}\Gamma(\epsilon)\cdot(D-2)\cdot\not{p}L\cdot\mathcal{D}^{-\epsilon}. \tag{3.13}$$

第二项：

$$\mu^{2\epsilon}\int \frac{\mathrm{d}^D q}{(2\pi)^D} \frac{\gamma_\mu \not{q}\gamma^\mu\cdot L}{[\cdots]^2} = i\frac{\pi^{D/2}\mu^{2\epsilon}}{(2\pi)^D}\Gamma(\epsilon)\cdot(2-D)(1-x)\cdot\not{p}L\cdot\mathcal{D}^{-\epsilon}. \tag{3.14}$$

第三项：

$$\begin{aligned} \mu^{2\epsilon}\int \frac{\mathrm{d}^D q}{(2\pi)^D} \frac{\not{q}\not{p}\not{q}/M_W^2\cdot L}{[\cdots]^2} &= \mu^{2\epsilon}\int \frac{\mathrm{d}^D q}{(2\pi)^D} \frac{q_\mu q_\nu p_\rho \gamma_\mu\gamma_\rho\gamma_\nu/M_W^2}{[\cdots]^2}\cdot L \\ &\quad -i\frac{\pi^{D/2}\mu^{2\epsilon}}{(2\pi)^D}\frac{1}{M_W^2}\bigg\{-\frac{1}{2}\Gamma(-1+\epsilon)\gamma_\mu\not{p}\gamma^\mu\mathcal{D} \\ &\quad +\Gamma(\epsilon)\,(1-x)^2p^2\not{p}\bigg\}\mathcal{D}^{-\epsilon}\cdot L \\ &= i\frac{(4\pi\mu^2)^\epsilon}{16\pi^2M_W^2}\{-\Gamma(\epsilon)\mathcal{D} + \Gamma(\epsilon)\,(1-x)^2p^2\}\cdot\mathcal{D}^{-\epsilon}\not{p}L, \end{aligned} \tag{3.15}$$

在计算中已经使用关系式：$\gamma_\mu\not{p}\gamma^\mu = (2-D)\not{p}$ 和 $\Gamma(-1+\epsilon)(2-D) = -2\Gamma(\epsilon)$.

第四项：

$$
\begin{aligned}
\mu^{2\epsilon}\int\frac{\mathrm{d}^D q}{(2\pi)^D}\frac{\not{q}\not{q}\not{q}/M_W^2\cdot L}{[\cdots]^2} &= -\mu^{2\epsilon}\int\frac{\mathrm{d}^D q}{(2\pi)^D}\frac{q^2\not{q}/M_W^2}{[\cdots]^2}\cdot L\\
&= -i\frac{(4\pi\mu^2)^\epsilon}{16\pi^2 M_W^2}\cdot\bigg\{-\frac{1}{2}\Gamma(-1+\epsilon)(D+2)\,(1-x)\,\mathcal{D}\\
&\quad +\Gamma(\epsilon)\,(1-x)^3 p^2\bigg\}\cdot\mathcal{D}^{-\epsilon}\,\not{p}L\\
&= -i\frac{(4\pi\mu^2)^\epsilon}{16\pi^2 M_W^2}\cdot\{[3\Gamma(\epsilon)+2]\,(1-x)\,\mathcal{D}\\
&\quad +\Gamma(\epsilon)\,(1-x)^3 p^2\}\cdot\mathcal{D}^{-\epsilon}\,\not{p}L,
\end{aligned}
\tag{3.16}
$$

在计算中已经使用关系式：$-\Gamma(-1+\epsilon)(2+D)/2=3\Gamma(\epsilon)+2$.

由式 (3.13)~(3.16)，可以得到自能函数的表达式

$$
\begin{aligned}
\Sigma(p) &= -i\frac{g_r^2}{2}\sum_i V_{is}^* V_{ib}\int_0^1\mathrm{d}x\,\{four\quad terms\}\\
&= -\frac{1}{16\pi^2}\frac{g_r^2}{2}\sum_i V_{is}^* V_{ib}\int_0^1\mathrm{d}x\,\bigg\{\Gamma(\epsilon)(2-D)x+\big[\Gamma(\epsilon)\mathcal{D}-\Gamma(\epsilon)(1-x)^2p^2\big]\cdot\frac{1}{M_W^2}\\
&\quad +\big[[3\Gamma(\epsilon)+2](1-x)\mathcal{D}+\Gamma(\epsilon)(1-x)^3p^2\big]\,\frac{1}{M_W^2}\bigg\}(4\pi\mu^2)^\epsilon\cdot\mathcal{D}^{-\epsilon}\cdot\not{p}L\,.
\end{aligned}
\tag{3.17}
$$

若令

$$
\Sigma(p)=f(p^2)\cdot\not{p}L,
\tag{3.18}
$$

则由式 (3.17) 可以导出

$$
\begin{aligned}
f(p^2) &= -\frac{g^2}{32\pi^2}\sum_i V_{is}^* V_{ib}\cdot(4\pi\mu^2)^\epsilon\int_0^1\mathrm{d}x\,\bigg\{\Gamma(\epsilon)\bigg[(2-D)x-x(1-x)^2\frac{p^2}{M_W^2}\bigg]\\
&\quad +\big[\,\Gamma(\epsilon)\mathcal{D}+[3\Gamma(\epsilon)+2]\,(1-x)\,\big]\cdot\frac{\mathcal{D}}{M_W^2}\bigg\}\cdot\mathcal{D}^{-\epsilon},
\end{aligned}
\tag{3.19}
$$

其中 $g^2=g_r^2$，并且有

$$
\begin{aligned}
\mathcal{D} &= xM_W^2+(1-x)m_i^2-x(1-x)p^2,\\
\mathcal{D}_0 \equiv \mathcal{D}/M_W^2 &= x+(1-x)\frac{m_i^2}{M_W^2}-x(1-x)\frac{p^2}{M_W^2},
\end{aligned}
\tag{3.20}
$$

$$
(4\pi\mu^2)^\epsilon = 1+\epsilon\,\ln[4\pi\mu^2],
\tag{3.21}
$$

$$
(\mathcal{D})^{-\epsilon} = 1-\epsilon\ln[\mathcal{D}] = 1-\epsilon\,\ln[M_W^2\cdot\mathcal{D}_0].
\tag{3.22}
$$

做进一步处理，可得

$$
\begin{aligned}
f(p^2)=&\frac{g^2}{32\pi^2}\sum_i V_{is}^*V_{ib}\int_0^1 \mathrm{d}x\ \left[1+\epsilon\ln(4\pi\mu^2)\right]\cdot[1-\epsilon\ln[\mathcal{D}]]\\
&+\left\{-2x+\left(\frac{1}{\epsilon}-\gamma_E\right)\left[2x+x(1-x)^2p^2/M_W^2\right]\right.\\
&\left.+\left[-\frac{4}{\epsilon}+4\gamma_E-2+\left(\frac{3}{\epsilon}-3\gamma_E+2\right)x\right]\mathcal{D}_0\right\}\\
=&\frac{g^2}{32\pi^2}\sum_i V_{is}^*V_{ib}\int_0^1 \mathrm{d}x\left\{-2x+\left[\frac{1}{\epsilon}-\gamma_E+\ln\left(\frac{4\pi\mu^2}{\mathcal{D}}\right)\right]\cdot\left[2x+x(1-x)\frac{p^2}{M_W^2}\right]\right.\\
&+\left\{-\frac{4}{\epsilon}+4\gamma_E-2-4\ln\left(\frac{4\pi\mu^2}{\mathcal{D}}\right)\right.\\
&\left.\left.+\left[\frac{3}{\epsilon}-3\gamma_E+2+3\ln\left(\frac{4\pi\mu^2}{\mathcal{D}}\right)\right]x\right\}\cdot\mathcal{D}_0\right\}. \qquad (3.23)
\end{aligned}
$$

利用 GIM 机制

$$
\sum_i V_{is}^*V_{ib}\cdot\mathrm{Constant}\equiv 0, \qquad (3.24)
$$

可以把上式中与 m_i 无关的常数项都去掉。得到

$$
\begin{aligned}
f(p^2)=&\frac{g^2}{32\pi^2}\sum_i V_{is}^*V_{ib}\int_0^1 \mathrm{d}x\ \left\{-\left[2x+x(1-x)^2\frac{p^2}{M_W^2}\right]\cdot\ln\mathcal{D}_0\right.\\
&+\left[\left(-\frac{4}{\epsilon}+4\gamma_E-2\right)(1-x)+\left(\frac{3}{\epsilon}-3\gamma_E+2\right)x(1-x)\right]\frac{m_i^2}{M_W^2}\\
&\left.-(4-3x)\left[\ln\left(\frac{4\pi\mu^2}{M_W^2}\right)-\ln\mathcal{D}_0\right]\cdot\mathcal{D}_0\right\}. \qquad (3.25)
\end{aligned}
$$

把含 $\ln\mathcal{D}_0$ 的项与其他项分开，然后积分可得

$$
f(p^2)=\frac{g^2}{32\pi^2}\sum_i V_{is}^*V_{ib}\left\{\left[\frac{-3}{2\epsilon}+\frac{3}{2}\gamma_E+\frac{3}{2}\ln\frac{M_W^2}{4\pi\mu^2}-\frac{2}{3}\right]\cdot\frac{m_i^2}{M_W^2}+F(p^2)\right\}, \qquad (3.26)
$$

其中

$$
F(p^2)=\int_0^1 \mathrm{d}x\left[x(2-3x)+(1-x)(4-3x)\frac{m_i^2}{M_W^2}-x(1-x)(5-4x)\frac{p^2}{M_W^2}\right]\cdot\ln\mathcal{D}_0\ . \qquad (3.27)
$$

把 $f(p^2)$ 代入自能表达式中可得

$$
\Sigma(p)=\frac{g^2}{32\pi^2}\sum_i V_{is}^*V_{ib}\left\{\left[\frac{-3}{2\epsilon}+\frac{3}{2}\gamma_E+\frac{3}{2}\ln\frac{M_W^2}{4\pi\mu^2}-\frac{2}{3}\right]\cdot\frac{m_i^2}{M_W^2}+F(p^2)\right\}\cdot\not{p}L. \qquad (3.28)
$$

注意：这里的自能函数与 S. P. Chia 文章[12] 中差一个 1/2 因子。比较我们所写出的振幅 $\mathcal{M}$ 和 S. P. Chia 文章中的振幅，可以发现他所用的 $\bar{u}dW^-$ 耦合顶角的费恩曼规则是 $ig_2\gamma_\mu V_{ud}L$，而我们现在所用的费恩曼规则是 $i(g_2/\sqrt{2})\gamma_\mu V_{ud}L$，所以在振幅那里就差了一个 1/2 因子。考虑到该 1/2 因子的影响，我们的结果就和 S. P. Chia 的表达式完全相同。

对自能函数 $\Sigma(p)$ 采用质壳重正化：要求当一条外腿在壳时，$\Sigma_R(p) \equiv 0$。所以，根据前面求得的自能函数的形式，令

$$\Sigma_R(p) = \left[f(p^2) - A\right] \not{p}L + B\left[-\not{p}R + m_sR + m_bL\right]. \tag{3.29}$$

下面确定待定系数 A, B。对 b，s 夸克外腿，运动方程分别为

$$\begin{aligned}\not{p}u_b(p) &= m_bu_b(p), \quad \bar{u}_s(p)\not{p} = m_s\bar{u}_s(p),\\ p^2 &= m_s^2 \text{ 或 } m_b^2.\end{aligned} \tag{3.30}$$

(1) 当 b 夸克在壳时，由重正化条件

$$\begin{aligned}\bar{u}_s(p)\Sigma_R(p)u_b(p) &= \bar{u}_s(p)\left\{\left[f(p^2) - A\right] \not{p}L + B\left[-\not{p}R + m_sR + m_bL\right]\right\} u_b(p)\\ &= 0,\end{aligned} \tag{3.31}$$

导出关系式

$$\left[f(m_b^2) - A\right] m_b + m_sB = 0. \tag{3.32}$$

(2) 当 s 夸克在壳时，由重正化条件式 (3.31) 导出关系式

$$\left[f(m_s^2) - A\right] m_s + m_bB = 0. \tag{3.33}$$

联立求解方程 (3.32) 和 (3.33)，可得待定系数 A, B 的表达式：

$$A = \frac{1}{m_b^2 - m_s^2}\left[m_b^2f(m_b^2) - m_s^2f(m_s^2)\right], \tag{3.34}$$

$$B = \frac{m_sm_b}{m_b^2 - m_s^2}\left[f(m_b^2) - f(m_s^2)\right]. \tag{3.35}$$

把 A, B 和 $f(p^2)$ 表达式代入式 (3.29)，即可得到重正化的自能函数 $\Sigma_R(p)$ 的最后表达式

$$\begin{aligned}\Sigma_R(p) = &\left\{f(p^2) - \frac{1}{m_b^2 - m_s^2}\left[m_b^2f(m_b^2) - m_s^2f(m_s^2)\right]\right\} \not{p}L\\ &+ \frac{m_sm_b}{m_b^2 - m_s^2}\left[f(m_b^2) - f(m_s^2)\right]\left[-\not{p}R + m_sR + m_bL\right],\end{aligned} \tag{3.36}$$

或者

$$\Sigma_R(p)=\frac{g^2}{32\pi^2}\sum_i V_{is}^*V_{ib}\left\{\left[F(p^2)-\frac{m_b^2F(m_b^2)-m_s^2F(m_s^2)}{m_b^2-m_s^2}\right]\not{p}L\right.$$
$$\left.+\frac{m_sm_b\left[F(m_b^2)-F(m_s^2)\right]}{m_b^2-m_s^2}\left[-\not{p}R+m_sR+m_bL\right]\right\}. \tag{3.37}$$

§3.2 标准模型下 $b\to sg$ 企鹅图的解析计算

我们现在计算企鹅图 3.1(b)(采用幺正规范)。把顶角函数 $\Gamma_\mu(p,k)$ 定义为

$$\mathcal{M}_b=i\bar{u}_s(p-k)\,\Gamma_\mu(p,k)\,u_b(p)\,\epsilon^\mu(k). \tag{3.38}$$

那么，$b\to sg$ 企鹅图的不变振幅可以写为

$$\begin{aligned}\mathcal{M}&=i\bar{u}_s(p')\,\Gamma_\mu(p,k)\,u_b(p)\,\epsilon^\mu(k)\\&=\bar{u}_s(p')\sum_{i=u,c,t}\left[\frac{ig}{\sqrt{2}}\gamma_\alpha L\,V_{is}^*\right]\int\frac{\mathrm{d}^4q}{(2\pi)^4}\,\frac{i\,[\not{p}'-\not{q}+m_i]}{(p'-q)^2-m_i^2}\,[ig_s\gamma_\mu T^a]\,\frac{i\,[\not{p}-\not{q}+m_i]}{(p-q)^2-m_i^2}\\&\quad\cdot\left[\frac{ig}{\sqrt{2}}\gamma_\beta L\,V_{ib}\right]\,\frac{-i\left[g^{\alpha\beta}-\dfrac{q_\alpha q_\beta}{M_W^2}\right]}{q^2-M_W^2}\cdot u_b(p)\,\epsilon^\mu(k).\end{aligned} \tag{3.39}$$

上式中的顶角函数 $\Gamma_\mu(p,k)$ 可以写为

$$\begin{aligned}\Gamma_\mu(p,k)&=i\sum_i\frac{g^2}{2}V_{is}^*V_{ib}\,(g_sT^a)\\&\quad\cdot\int\frac{\mathrm{d}^4q}{(2\pi)^4}\,\frac{N}{[q^2-M_W^2]\,[(p-q)^2-m_i^2]\,[(p'-q)^2-m_i^2]},\end{aligned} \tag{3.40}$$

其中 $p'=p-k$，$L=(1-\gamma_5)/2$ 和 $R=(1+\gamma_5)/2$ 是手征投影算符。对 $b\to dg$ 衰变，把末态波函数 $\bar{s}(p')$ 换成 $\bar{d}(p')$ 即可。

上式的分子部分为

$$\begin{aligned}N&=-\gamma_\alpha\,L\,[\not{p}'-\not{q}+m_i]\,\gamma_\mu\,[\not{p}-\not{q}+m_i]\,\gamma_\beta L\left[g^{\alpha\beta}-\frac{q_\alpha q_\beta}{M_W^2}\right]\\&=-\{\gamma_\alpha\,L\,[\not{p}'-\not{q}+m_i]\,\gamma_\mu\,[\not{p}-\not{q}+m_i]\,\gamma^\alpha L\}\\&\quad+\{\gamma_\alpha\,L\,[\not{p}'-\not{q}+m_i]\,\gamma_\mu\,[\not{p}-\not{q}+m_i]\,\gamma_\beta\,L\,q_\alpha q_\beta\}\,/M_W^2.\end{aligned} \tag{3.41}$$

考虑到关系式 $LL=L,RR=R,LR=RL=0$, $L\gamma_\mu=\gamma_\mu R$, 并取空间维数 $D=4-2\epsilon$，那么有

$$N=(N_1+N_2+N_3+N_4+N_5+N_6)\cdot L, \tag{3.42}$$

$$
\begin{aligned}
N_1 &= m_i^2(D-2)\gamma_\mu + (D-2)\not{p}\gamma_\mu\not{p} - 2\not{p}\gamma_\mu\not{k} + 2\epsilon\not{k}\gamma_\mu\not{p},\\
N_2 &= \not{q}[-(D-2)\gamma_\mu\not{p} + 2\gamma_\mu\not{k}],\\
N_3 &= [-(D-2)\not{p}\gamma_\mu - 2\epsilon\not{k}\gamma_\mu]\not{q},\\
N_4 &= \left\{q^2\not{q}[\not{k}\gamma_\mu - \not{p}\gamma_\mu] - q^2\gamma_\mu\not{p}\not{q}\right\}\frac{1}{M_W^2},\\
N_5 &= \not{q}\left[(D-2)\gamma_\mu + \gamma_\mu\frac{m_i^2}{M_W^2} + \not{p}\gamma_\mu\not{p}/M_W^2 - \not{k}\gamma_\mu\not{p}/M_W^2\right]\not{q},\\
N_6 &= q^4\gamma_\mu/M_W^2.
\end{aligned}
\tag{3.43}
$$

对式 (3.40) 的分母进行处理。由费恩曼参数化公式

$$
\frac{1}{a_1a_2a_3} = \Gamma(3)\int_0^1 \mathrm{d}x\int_0^{1-x}\mathrm{d}y\frac{1}{[a_1x + a_2y + a_3(1-x-y)]^3}. \tag{3.44}
$$

若取

$$
\begin{aligned}
a_1 &= q^2 - M_W^2,\\
a_2 &= (p'-q)^2 - m_i^2 = (p-q-k)^2 - m_i^2,\\
a_3 &= (p-q)^2 - m_i^2,
\end{aligned}
\tag{3.45}
$$

那么有

$$
\begin{aligned}
a_1x + a_2y + a_3(1-x-y) &= q^2 - 2q\cdot[(1-x)p - yk]\\
&\quad - \left[xM_W^2 + (1-x)m_i^2 + (1-x-y)p^2 + y(p-k)^2\right]\\
&= q^2 - 2q\cdot F - \Delta.
\end{aligned}
\tag{3.46}
$$

其中

$$
\begin{aligned}
F &= (1-x)p - yk, \quad F^2 = (1-x)^2p^2 + y^2k^2 - 2(1-x)yp\cdot k,\\
\Delta &= xM_W^2 + (1-x)m_i^2 + (1-x-y)p^2 + y(p-k)^2,\\
\mathcal{D} &= \Delta + F^2 = xM_W^2 + (1-x)m_i^2 - x(1-x)p^2 - y(1-y)k^2 + 2xyp\cdot k.
\end{aligned}
\tag{3.47}
$$

所以顶角函数可以写为

$$
\Gamma_\mu(p,k) = i\frac{g^2}{2}(g_sT^a)\,2\sum_i V_{is}^*V_{ib}\int_0^1\mathrm{d}x\int_0^{1-x}\mathrm{d}y\int\frac{\mathrm{d}^4q}{(2\pi)^4}\frac{\sum_{i=1}^{6}N_i}{[q^2-2F\cdot q-\Delta]^3}\cdot L. \tag{3.48}
$$

在计算式 (3.48) 时，要注意到：

(1) GIM 机制 (3.24)，即与内线夸克质量 m_i 无关的常数项可以直接去掉。

(2) 把正比于 $\epsilon^n (n \geqslant 1)$ 的项去掉。

(3) 使用维数正规化方法，做代换

$$g^2 \int \frac{d^4 q}{(2\pi)^4} \longrightarrow g_r^2 \mu^{2\epsilon} \int \frac{d^D q}{(2\pi)^D}, \tag{3.49}$$

其中 $D = 4 - 2\epsilon$，同时在式中仍然把 g_r^2 记为 g^2。

在做了这些处理以后，我们得到

$$\Gamma_\mu(p,k) = \mathcal{C} \cdot \int_0^1 \mathrm{d}x \int_0^{1-x} \mathrm{d}y \left(\sum_{j=1}^{6} I_j \right) \cdot L. \tag{3.50}$$

对 $b \to sg$ 衰变，常数项为

$$\mathcal{C} = ig^2 (g_s T^a) \sum_i V_{is}^* V_{ib}. \tag{3.51}$$

对与 $b \to s\gamma$ 对应的衰变, 常数项为

$$\mathcal{C} = ig^2 (eQ_i) \sum_i V_{is}^* V_{ib}. \tag{3.52}$$

积分 I_j 的表达式为

$$I_j = \mu^{2\epsilon} \int \frac{\mathrm{d}^D q}{(2\pi)^D} \frac{N_i}{[q^2 - 2F \cdot q - \Delta]^3}. \tag{3.53}$$

对三点函数积分情况，相关公式可以在附录 D 中找到。下面分别计算各个 $I_i (i = 1\text{–}6)$。每一个 I_i 均包含一个公共因子 η:

$$\eta = -i \frac{\pi^{D/2} \mu^{2\epsilon}}{(2\pi)^D} = \frac{-i}{16\pi^2} \left(4\pi\mu^2\right)^\epsilon = \frac{-i}{16\pi^2} \left[1 + \epsilon \ln(4\pi\mu^2)\right]. \tag{3.54}$$

$$\begin{aligned} I_1 &= \mu^{2\epsilon} \int \frac{\mathrm{d}^D q}{(2\pi)^D} \frac{N_1}{[q^2 - 2F \cdot q - \Delta]^3} \\ &= \eta \frac{\Gamma(1+\epsilon)}{2} \left[2(1-\epsilon) m_i^2 \gamma_\mu + 2(1-\epsilon) \not{p} \gamma_\mu \not{p} - 2\not{p} \gamma_\mu \not{k} + 2\epsilon \not{k} \gamma_\mu \not{p}\right] \cdot \mathcal{D}^{-1-\epsilon} \\ &\xrightarrow{\epsilon \to 0} \eta \left[\gamma_\mu m_i^2 + \not{p} \gamma_\mu \not{p} - \not{p} \gamma_\mu \not{k}\right] \cdot \mathcal{D}^{-1}. \end{aligned} \tag{3.55}$$

$$\begin{aligned} I_2 &= \mu^{2\epsilon} \int \frac{\mathrm{d}^D q}{(2\pi)^D} \frac{N_2}{[q^2 - 2F \cdot q - \Delta]^3} \\ &= \eta \frac{\Gamma(1+\epsilon)}{2} \not{F} [-2\gamma_\mu \not{p} + 2\gamma_\mu \not{k}] \cdot \mathcal{D}^{-1-\epsilon} \\ &\xrightarrow{\epsilon \to 0} \eta [\not{F} \gamma_\mu \not{k} - \not{F} \gamma_\mu \not{p}] \cdot \mathcal{D}^{-1} \\ &= \eta [(1-x) \not{p} \gamma_\mu \not{k} - y \not{k} \gamma_\mu \not{k} - (1-x) \not{p} \gamma_\mu \not{p} + y \not{k} \gamma_\mu \not{p}] \cdot \mathcal{D}^{-1}. \end{aligned} \tag{3.56}$$

$$
\begin{aligned}
I_3 &= \mu^{2\epsilon}\int\frac{\mathrm{d}^Dq}{(2\pi)^D}\frac{N_3}{[q^2-2F\cdot q-\Delta]^3}\\
&= \eta\frac{\Gamma(1+\epsilon)}{2}\left[-2\not p\gamma_\mu+2\epsilon\not p\gamma_\mu-2\epsilon\not k\gamma_\mu\right]\cdot\not F\mathcal{D}^{-1-\epsilon}\\
&\xrightarrow{\epsilon\to 0}\eta\left[-(1-x)\not p\gamma_\mu\not p+y\not p\gamma_\mu\not k\right]\cdot\mathcal{D}^{-1}.
\end{aligned}
\tag{3.57}
$$

$$
\begin{aligned}
I_4 =& \mu^{2\epsilon}\int\frac{\mathrm{d}^Dq}{(2\pi)^D}\frac{N_4}{[q^2-2F\cdot q-\Delta]^3}\\
=& \eta\left[\not F\not k\gamma_\mu-\not F\not p\gamma_\mu-\gamma_\mu\not p\not F\right]\cdot\left[\frac{F^2}{2\mathcal{D}M_W^2}+\frac{3\ln\mathcal{D}}{2M_W^2}\right]\\
=& \eta\left\{(1-x-y)\not p\not k\gamma_\mu-\left[2(1-x)p^2+yk^2-4yp\cdot k\right]\gamma_\mu-y\gamma_\mu\not k\not p\right\}\\
&\cdot\left[\frac{F^2}{2\mathcal{D}M_W^2}+\frac{3\ln\mathcal{D}}{2M_W^2}\right],
\end{aligned}
\tag{3.58}
$$

其中

$$
F^2=\left[(1-x)p-yk\right]^2=(1-x)^2p^2+y^2k^2-2(1-x)yp\cdot k. \tag{3.59}
$$

$$
\begin{aligned}
I_5 &= \mu^{2\epsilon}\int\frac{\mathrm{d}^Dq}{(2\pi)^D}\frac{N_5}{[q^2-2F\cdot q-\Delta]^3}\\
&= \eta\gamma_\alpha\left[2(1-\epsilon)\gamma_\mu+\frac{m_i^2}{M_W^2}\gamma_\mu+\not p\gamma_\mu\not p\frac{1}{M_W^2}-\not k\gamma_\mu\not p\frac{1}{M_W^2}\right]\gamma_\beta\\
&\quad\cdot\left[-\frac{1}{4}\Gamma(\epsilon)g^{\alpha\beta}+\frac{1}{2}\Gamma(1+\epsilon)F^\alpha F^\beta\mathcal{D}^{-1}\right]\cdot\mathcal{D}^{-\epsilon}\\
&\xrightarrow{\epsilon\to 0}\eta\left\{\frac{1}{2}\left[\frac{1}{\epsilon}-\gamma_E-1\right]x_i\gamma_\mu\right.\\
&\quad-\frac{1}{2}\ln\mathcal{D}\left[(2+x_i)\gamma_\mu+\left(\not p\gamma_\mu\not p-\not p\gamma_\mu\not k\right)/M_W^2\right]\\
&\quad\left.\frac{1}{2\mathcal{D}}\not F\left[2\gamma_\mu+x_i\gamma_\mu+\left(\not p\gamma_\mu\not p-\not k\gamma_\mu\not p\right)/M_W^2\right]\cdot\not F\right\},
\end{aligned}
\tag{3.60}
$$

其中 $x_i=m_i^2/M_W^2$，且有

$$
\begin{aligned}
\not F[\cdots]\not F=&\left[(1-x)^2p^4+(1-x)yk^2p^2-4(1-x)yp^2p\cdot k\right.\\
&\left.-2y^2k^2p\cdot k+4y^2(p\cdot k)^2\right]\frac{\gamma_\mu}{M_W^2}\\
&+(1-x)^2(2+x_i)\not p\gamma_\mu\not p+y^2(2+x_i)\not k\gamma_\mu\not k\\
&-(1-x)y(2+x_i)\left[\not p\gamma_\mu\not k+\not k\gamma_\mu\not p\right]
\end{aligned}
$$

$$
\begin{aligned}
&+\left[-(1-x)^2p^2+(1-x)yp^2+(1-x)y2p\cdot k-y^2 2p\cdot k\right]\not{p}\not{k}\gamma_\mu/M_W^2\\
&+\left[(1-x)yp^2-y^2 2p\cdot k+y^2k^2\right]\gamma_\mu\not{k}\not{p}/M_W^2\\
&+\left[y^2-(1-x)y\right]\not{p}\not{k}\gamma_\mu\not{k}\not{p}/M_W^2.
\end{aligned}
\tag{3.61}
$$

$$
\begin{aligned}
I_6=&\mu^{2\epsilon}\int\frac{\mathrm{d}^Dq}{(2\pi)^D}\frac{N_6}{\left[q^2-2F\cdot q-\Delta\right]^3}\\
=&\eta\left\{\left[-\frac{3}{\epsilon}+3\gamma_E-\frac{1}{2}\right]\cdot\mathcal{D}+3\mathcal{D}\ln\mathcal{D}+3F^2\ln\mathcal{D}+\frac{F^4}{2}\mathcal{D}^{-1}\right\}\frac{\gamma_\mu}{M_W^2}\\
=&\eta\left\{\left[-\frac{3}{\epsilon}+3\gamma_E-\frac{1}{2}\right](1-x)m_i^2+3\mathcal{D}\ln\mathcal{D}+3F^2\ln\mathcal{D}+\frac{F^4}{2}\mathcal{D}^{-1}\right\}\frac{\gamma_\mu}{M_W^2}.
\end{aligned}
\tag{3.62}
$$

如果把式 (3.54) 中的因子 $-i/(16\pi^2)$ 提出来乘到式 (3.51) 所定义的 $\mathcal{C}$ 因子中，那么对 $b\to sg$ 衰变过程，我们得到

$$
\mathcal{C}'=\frac{g^2}{16\pi^2}(g_sT^a)\sum_i V_{is}^*V_{ib}.
\tag{3.63}
$$

对与 $b\to s\gamma$ 衰变过程对应的企鹅图，有类似的结果。

把所有 6 项积分结果加在一起，可得

$$
\begin{aligned}
&16i\pi^2\sum_{i=1}^{6}I_i\\
=&\left[\gamma_\mu m_i^2+\not{p}\gamma_\mu\not{p}-\not{p}\gamma_\mu\not{k}\right]\mathcal{D}^{-1}\\
&+\left[(1-\boldsymbol{x})\not{\boldsymbol{p}}\gamma_\mu\not{\boldsymbol{k}}-\boldsymbol{y}\not{\boldsymbol{k}}\gamma_\mu\not{\boldsymbol{k}}-(1-\boldsymbol{x})\not{\boldsymbol{p}}\gamma_\mu\not{\boldsymbol{p}}+\boldsymbol{y}\not{\boldsymbol{k}}\gamma_\mu\not{\boldsymbol{p}}\right]\cdot\mathcal{D}^{-1}\\
&+\left[-(1-x)\not{p}\gamma_\mu\not{p}+y\not{p}\gamma_\mu\not{k}\right]\cdot\mathcal{D}^{-1}\\
&+\left\{(1-\boldsymbol{x}-\boldsymbol{y})\not{\boldsymbol{p}}\not{\boldsymbol{k}}\gamma_\mu-\left[2(1-\boldsymbol{x})\boldsymbol{p}^2+\boldsymbol{y}\boldsymbol{k}^2-4\boldsymbol{y}\boldsymbol{p}\cdot\boldsymbol{k}\right]\gamma_\mu-\boldsymbol{y}\gamma_\mu\not{\boldsymbol{k}}\not{\boldsymbol{p}}\right\}\\
&\cdot\left[\frac{\boldsymbol{F}^2}{2\mathcal{D}\boldsymbol{M_W}^2}+\frac{3\ln\mathcal{D}}{2\boldsymbol{M_W}^2}\right]\\
&+\frac{1}{2}\left[\frac{1}{\epsilon}-\gamma_E-1+\ln\left(4\pi\mu^2\right)\right]x_i\gamma_\mu\\
&-\frac{1}{2}\ln\mathcal{D}\left[(2+x_i)\gamma_\mu+\left(\not{p}\gamma_\mu\not{p}-\not{p}\gamma_\mu\not{k}\right)/M_W^2\right]\\
&+\frac{1}{2\mathcal{D}}\left\{\left[(1-x)^2p^4+(1-x)yk^2p^2-4(1-x)yp^2p\cdot k-2y^2k^2p\cdot k+4y^2(p\cdot k)^2\right]\frac{\gamma_\mu}{M_W^2}\right.\\
&+(1-x)^2(2+x_i)\not{p}\gamma_\mu\not{p}\\
&+y^2(2+x_i)\not{k}\gamma_\mu\not{k}
\end{aligned}
$$

$$
\begin{aligned}
&-(1-x)y(2+x_i)\left[\not{p}\gamma_\mu\not{k}+\not{k}\gamma_\mu\not{p}\right] \\
&+\left[-(1-x)^2p^2+(1-x)yp^2+(1-x)y2p\cdot k-y^2 2p\cdot k\right]\not{p}\not{k}\gamma_\mu/M_W^2 \\
&+\left[(1-x)yp^2-y^2 2p\cdot k+y^2k^2\right]\gamma_\mu\not{k}\not{p}/M_W^2 \\
&+\left[y^2-(1-x)y\right]\not{p}\not{k}\gamma_\mu\not{k}\not{p}/M_W^2\} \\
&-3(1-\boldsymbol{x})\ln\left(4\pi\mu^2\right)\boldsymbol{x}_i\gamma_\mu \\
&+\left\{\left[-\frac{3}{\epsilon}+3\gamma_E-\frac{1}{2}\right](1-\boldsymbol{x})\boldsymbol{m}_i^2+3\mathcal{D}\ln\mathcal{D}+3\boldsymbol{F}^2\ln\mathcal{D}+\frac{\boldsymbol{F}^4}{2}\mathcal{D}^{-1}\right\}\frac{\gamma_\mu}{M_W^2}. \qquad (3.64)
\end{aligned}
$$

对上式中的同类项进行合并，并对 x,y 作积分得到：

(1) **正比于** $1/\epsilon$ **项**：

$$
\mathcal{C}_1=\frac{1}{\epsilon}\left[\frac{1}{2}-3(1-x)\right]x_i\cdot\gamma_\mu,
$$

$$
\int_0^1 \mathrm{d}x\int_0^{1-x}\mathrm{d}y\,\mathcal{C}_1=-\frac{3}{4}x_i\gamma_\mu\frac{1}{\epsilon}. \qquad (3.65)
$$

(2) **正比于** γ_E **项**：

$$
\mathcal{C}_2=-\left[\frac{1}{2}-3(1-x)\right]x_i\cdot\gamma_\mu\,\gamma_E,
$$

$$
\int_0^1 \mathrm{d}x\int_0^{1-x}\mathrm{d}y\,\mathcal{C}_2=\frac{3}{4}x_i\gamma_\mu\,\gamma_E. \qquad (3.66)
$$

(3) **与** $\mathcal{D}$ **无关的常数项**：

$$
\mathcal{C}_3=-\left[\frac{1}{2}+\frac{1}{2}(1-x)\right]x_i\cdot\gamma_\mu,
$$

$$
\int_0^1 \mathrm{d}x\int_0^{1-x}\mathrm{d}y\,\mathcal{C}_3=-\frac{5}{12}x_i\gamma_\mu. \qquad (3.67)
$$

(4) $\ln\left(4\pi\mu^2\right)$ **项**：

$$
\mathcal{C}_4=\left[\frac{1}{2}-3(1-x)\right]\ln\left(4\pi\mu^2\right)\ln x_i\cdot\gamma_\mu,
$$

$$
\int_0^1 \mathrm{d}x\int_0^{1-x}\mathrm{d}y\,\mathcal{C}_4=\frac{3}{4}\ln\left(4\pi\mu^2\right)x_i\gamma_\mu. \qquad (3.68)
$$

(5) $\ln M_W^2$ **项**：考虑到

$$
\ln\mathcal{D}=\ln(M_W^2\mathcal{D}_0)=\ln M_W^2+\ln\mathcal{D}_0, \qquad (3.69)
$$

$$
\mathcal{D}_0=x+(1-x)x_i-x(1-x)\frac{p^2}{M_W^2}-y(1-y)\frac{k^2}{M_W^2}+2xy\frac{p\cdot k}{M_W^2}, \qquad (3.70)
$$

所以有

$$-\frac{1}{2}\ln\mathcal{D}+3\mathcal{D}\ln\mathcal{D}\gamma_\mu/M_W^2\xrightarrow{\text{GIM}}\left[-\frac{1}{2}+3(1-x)\right]\ln M_W^2\cdot x_i\cdot\gamma_\mu$$
$$+\left[-\frac{1}{2}\ln\mathcal{D}_0+3\mathcal{D}_0\ln\mathcal{D}_0\right]\cdot\gamma_\mu. \tag{3.71}$$

该式的第二部分保留下来，对第一部分积分得

$$\mathcal{C}_5=\left[-\frac{1}{2}+3(1-x)\right]\ln M_W^2\cdot x_i\cdot\gamma_\mu$$
$$\int_0^1\mathrm{d}x\int_0^{1-x}\mathrm{d}y\,\mathcal{C}_5=\frac{3}{4}\ln M_W^2\cdot x_i\cdot\gamma_\mu. \tag{3.72}$$

所以，在对式 (3.64) 中的常数项进行积分以后得到顶角函数的常数部分为

$$\Gamma_\mu^{\text{Const.}}(p,k)=\frac{g^2}{32\pi^2}(g_sT^a)\sum_i V_{is}^*V_{ib}$$
$$\cdot\left\{-\frac{3}{4-D}+\frac{3}{2}\gamma_E+\frac{3}{2}\ln\left(\frac{M_W^2}{4\pi\mu^2}\right)-\frac{5}{6}\right\}\cdot x_i\,\gamma_\mu\,L. \tag{3.73}$$

现在对式 (3.64) 中的剩余项进行积分。

1) **式 (3.64) 中正比于 γ_μ 的项** H_1:

$$\begin{aligned}H_1=&\frac{1}{\mathcal{D}M_W^2}\left\{2m_i^2M_W^2-\left[2(1-x)p^2+yk^2-4yp\cdot k\right]F^2+F^4\right.\\&\left.+\left[(1-x)^2p^4+(1-x)yk^2p^2-4(1-x)yp^2p\cdot k+2yk^2p\cdot k+4y^2(p\cdot k)^2\right]\right\}\cdot\gamma_\mu\\&+2\left[-M_W^2-\frac{1}{2}m_i^2+3(\mathcal{D}+F^2)\right]\cdot\frac{\ln\mathcal{D}_0}{M_W^2}\cdot\gamma_\mu\\&+3\ln\mathcal{D}_0\left[-2(1-x)p^2-yk^2+4yp\cdot k\right]\cdot\frac{1}{M_W^2}\cdot\gamma_\mu\\=&\frac{1}{M_W^2\mathcal{D}}\left\{2m_i^2M_W^2+\left[x(1-x)p^2+y(1-y)k^2-2xyp\cdot k\right]\right.\\&\left.\times\left[x(1-x)p^2+y^2k^2-2xyp\cdot k\right]\right\}\cdot\gamma_\mu\\&-\left[2(1-3x)M_W^2-(5-6x)m_i^2\right]\frac{\ln\mathcal{D}_0}{M_W^2}\cdot\gamma_\mu\\&-\left[12x(1-x)p^2+3(3-4y)yk^2-24xyp\cdot k\right]\frac{\ln\mathcal{D}_0}{M_W^2}\cdot\gamma_\mu.\end{aligned} \tag{3.74}$$

2) **式 (3.64) 中 $\not{p}\gamma_\mu\not{p}/M_W^2$ 项的系数** H_2:

$$\begin{aligned}H_2&=\left[1-2(1-x)+\frac{1}{2}(1-x)^2(2+x_i)\right]\frac{2M_W^2}{\mathcal{D}}-\ln\mathcal{D}_0\\&=\left[2x^2+(1-x)^2x_i\right]\frac{1}{\mathcal{D}_0}-\ln\mathcal{D}_0.\end{aligned} \tag{3.75}$$

3) **式 (3.64) 中** $\not{k}\gamma_\mu\not{k}/M_W^2$ **项的系数** H_3:

$$H_3 = \left[-1 + \frac{1}{2}y(2+x_i)\right]\frac{2y}{\mathcal{D}_0} = \left[-2y(1-y) + y^2 x_i\right]\frac{1}{\mathcal{D}_0}. \tag{3.76}$$

4) **式 (3.64) 中** $\not{p}\gamma_\mu\not{k}/M_W^2$ **项的系数** H_4:

$$H_4 = -\left[2x(1-y) + (1-x)yx_i\right]\frac{1}{\mathcal{D}_0} + \ln\mathcal{D}_0. \tag{3.77}$$

5) **式 (3.64) 中** $\not{k}\gamma_\mu\not{p}/M_W^2$ **项的系数** H_5:

$$H_5 = \left[2xy - (1-x)yx_i\right]\frac{1}{\mathcal{D}_0}. \tag{3.78}$$

6) **式 (3.64) 中** $\not{p}\not{k}\gamma_\mu/M_W^2$ **项的系数** H_6:

$$H_6 = -(1-x-y)\left\{\left[x(1-x)p^2 - y^2k^2 - 2xyp\cdot k\right]\frac{1}{\mathcal{D}} - 3\ln\mathcal{D}_0\right\}. \tag{3.79}$$

7) **式 (3.64) 中** $\gamma_\mu\not{k}\not{p}/M_W^2$ **项的系数** H_7:

$$H_7 = y\left\{\left[x(1-x)p^2 + y(1-y)k^2 - 2xyp\cdot k\right]\frac{1}{\mathcal{D}} - 3\ln\mathcal{D}_0\right\}. \tag{3.80}$$

8) **式 (3.64) 中** $\not{p}\not{k}\gamma_\mu\not{k}\not{p}/M_W^4$ **项的系数** H_8:

$$H_8 = -y(1-x-y)\frac{1}{\mathcal{D}_0}. \tag{3.81}$$

若定义

$$E_i(p,k) = \int_0^1 \mathrm{d}x \int_0^{1-x} \mathrm{d}y\, H_i \tag{3.82}$$

则可以得到没有重正化的顶角函数为

$$\begin{aligned}\Gamma_\mu(p,k) = {} & \frac{g^2}{32\pi^2}(g_sT^a)\sum_i V_{is}^* V_{ib} \\ & \cdot\left\{\left[-\frac{3}{4-D} + \frac{3}{2}\gamma_E + \frac{3}{2}\ln\left(\frac{M_W^2}{4\pi\mu^2}\right) - \frac{5}{6}\right]\cdot x_i\,\gamma_\mu L + E_1\gamma_\mu L\right. \\ & + \left[E_2\not{p}\gamma_\mu\not{p} + E_3\not{k}\gamma_\mu\not{k} + E_4\not{p}\gamma_\mu\not{k} + E_5\not{k}\gamma_\mu\not{p} + E_6\not{p}\not{k}\gamma_\mu + E_7\gamma_\mu\not{k}\not{p}\right]\frac{L}{M_W^2} \\ & \left. + E_8\not{p}\not{k}\gamma_\mu\not{k}\not{p}\frac{1}{M_W^4}\cdot L\right\}.\end{aligned} \tag{3.83}$$

其中各个 E_i 由式 (3.82) 定义，各个 H_i 前面已给出。上式与 S. P. Chia 的结果同样差一个 1/2 因子，原因同样是 $\bar{u}bW^-$ 顶角耦合定义的差别。

根据 Bjorken-Drell 的约定，W-T 恒等式可以写为

$$(p' - p)\,\Lambda_\mu(p', p) = \Sigma(p') - \Sigma(p) \tag{3.84}$$

这里，$p' = p - k$。由于在 Bjorken-Drell 书中自能函数定义为 $-i\Sigma(p)$，而我们这里按照现在多数人的习惯定义为 $i\Sigma(p)$，所以这里的 W-T 恒等式的右端与 Bjorken-Drell 书中式 (19.17) 差一个负号，但两个式子实质上是完全等价的。

对于 $b \to sg$ 和 $b \to s\gamma$ 企鹅图，还分别有因子 $g_s T^a$, eQ_i，所以分别有

$$g_s T^a \left[\Sigma(p) - \Sigma(p')\right] = k^\mu \Gamma_\mu(p, k), \tag{3.85}$$

$$eQ_f \left[\Sigma(p) - \Sigma(p')\right] = k^\mu \Gamma_\mu(p, k). \tag{3.86}$$

为了重正化 $\bar{s}bg(\bar{s}b\gamma)$ 顶点，我们要求对重正化的顶角 W-T 恒等式仍然成立，即有

$$g_s T^a \left[\Sigma_R(p) - \Sigma_R(p-k)\right] = k^\mu \Gamma_{\mu,R}(p, k). \tag{3.87}$$

显然，当两条外腿均在质壳时，有 $\Sigma_R(p) = 0$, $\Sigma_R(p-k) = 0$，所以有

$$k^\mu \Gamma_\mu(p, k) = 0. \tag{3.88}$$

可以证明，重正化的顶角为 (和 S. P. Chia 文中相同)

$$\Gamma_{\mu,R}(p, k) = \Gamma_\mu(p, k) - g_s T^a \left[A\gamma_\mu L + B\gamma_\mu R\right], \tag{3.89}$$

其中 A 和 B 已经在式 (3.34)、(3.35) 中定义：

$$A = \frac{1}{m_b^2 - m_s^2}\left[m_b^2 f(m_b^2) - m_s^2 f(m_s^2)\right], \tag{3.90}$$

$$B = \frac{m_s m_b}{m_b^2 - m_s^2}\left[f(m_b^2) - f(m_s^2)\right]. \tag{3.91}$$

现在证明式 (3.89) 满足 W-T 恒等式 (3.87)。用 k^μ 乘以式 (3.89) 可得

$$\begin{aligned} k^\mu \Gamma_{\mu,R}(p, k) &= k^\mu \Gamma_\mu(p, k) - g_s T^a \left[A\not{k}L + B\not{k}R\right] \\ &\xrightarrow{W-T} g_s T^a \left[\Sigma(p) - \Sigma(p-k)\right] - g_s T^a \left[A\not{k}L + B\not{k}R\right] \\ &= g_s T^a \left\{f(p^2)\not{p}L - f((p-k)^2)(\not{p} - \not{k})L - A\not{k}L - B\not{k}R\right\}. \end{aligned} \tag{3.92}$$

此即 W-T 恒等式 (3.85) 的右端。

同理，W-T 恒等式 (3.85) 的左端可以写为

$$
\begin{aligned}
g_sT^a\left[\Sigma_R(p)-\Sigma_R(p-k)\right]=&g_sT^a\left\{\left[f(p^2)-A\right]\not{p}L+B\left(-\not{p}R+m_sR+m_bL\right)\right.\\
&-\left[f((p-k)^2)-A\right](\not{p}-\not{k})L\\
&\left.-B\left(-\not{p}R+\not{k}R+m_sR+m_bL\right)\right\}\\
=&g_sT^a\left\{f(p^2)\not{p}L-f((p-k)^2)(\not{p}-\not{k})L\right.\\
&\left.-A\not{k}L-B\not{k}R\right\}.
\end{aligned}
\tag{3.93}
$$

即 W-T 恒等式成立。

把 $f(m_s^2)$ 和 $f(m_b^2)$ 代入 A,B 的表达式中，可得

$$
A=\frac{g^2}{32\pi^2}\sum_i V_{is}^*V_{ib}\left\{\left[\Delta-\frac{2}{3}\right]x_i+\frac{m_b^2F(m_b^2)-m_s^2F(m_s^2)}{m_b^2-m_s^2}\right\} \tag{3.94}
$$

$$
B=\frac{g^2}{32\pi^2}\sum_i V_{is}^*V_{ib}\cdot\frac{m_sm_b\left[F(m_b^2)-F(m_s^2)\right]}{m_b^2-m_s^2}, \tag{3.95}
$$

其中

$$
\Delta=\frac{-3}{4-D}+\frac{3}{2}\ln\left(\frac{M_W^2e^{\gamma}}{4\pi\mu^2}\right). \tag{3.96}
$$

式 (3.94) 的证明：由 $f(p^2)$ 的表达式 (3.26) 可以看出，$f(p^2)$ 由两部分组成，只有第二部分 $F(p^2)$ 和 p^2 有关，即我们可以把 $f(p^2)$ 写成

$$
f(p^2)=f_c+F(p^2), \tag{3.97}
$$

那么有

$$
\begin{aligned}
A=&\frac{m_b^2\left[f_c+F(m_b^2)\right]-m_s^2\left[f_c+F(m_s^2)\right]}{m_b^2-m_s^2}\\
=&f_c+\frac{m_b^2F(m_b^2)-m_s^2F(m_s^2)}{m_b^2-m_s^2},
\end{aligned}
\tag{3.98}
$$

即有式 (3.94) 成立。

这样，由式 (3.89) 可以给出重正化的顶角函数：

$$
\begin{aligned}
\Gamma_{\mu,R}(p,k)=&\frac{g^2}{32\pi^2}(g_sT^a)\sum_i V_{is}^*V_{ib}\cdot\left\{-\frac{1}{6}x_i\gamma_\mu L\right.\\
&-\frac{m_b^2F(m_b^2)-m_s^2F(m_s^2)}{m_b^2-m_s^2}\gamma_\mu L-\frac{m_sm_b\left[F(m_b^2)-F(m_s^2)\right]}{m_b^2-m_s^2}\gamma_\mu R
\end{aligned}
$$

$$
\begin{aligned}
&+E_1\gamma_\mu L \\
&+[E_2\not{p}\gamma_\mu\not{p}+E_3\not{k}\gamma_\mu\not{k}+E_4\not{p}\gamma_\mu\not{k}+E_5\not{k}\gamma_\mu\not{p}+E_6\not{p}\not{k}\gamma_\mu+E_7\gamma_\mu\not{k}\not{p}]\frac{L}{M_W^2} \\
&+E_8\not{p}\not{k}\gamma_\mu\not{k}\not{p}\frac{1}{M_W^4}\cdot L\Big\}. \qquad (3.99)
\end{aligned}
$$

对 $b \to s\gamma$ 衰变过程，作一个简单的代换：$g_sT^a \longrightarrow eQ_f$，就得到同样的结果。实际上，在推导中我们经常用 on-shell 条件

$$
\begin{aligned}
&\not{p}u_b(p)=m_bu_b(p), \quad p^2=m_b^2; \\
&\bar{u}_s(p-k)(\not{p}-\not{k})=m_s\bar{u}_s(p-k), \quad p'^2=(p-k)^2=m_s^2. \qquad (3.100)
\end{aligned}
$$

由于顶角函数是夹在波函数 $\bar{u}_s(p')$ 和 $u_b(p)$ 之间的，在 on-shell 条件下，重正化的顶角函数可以写为

$$
\begin{aligned}
\Gamma^{OS}_{\mu,R}=&\frac{G_F}{4\sqrt{2}\pi^2}(g_sT^a)\sum_i V_{is}^*V_{ib}\cdot\left\{\left(k_\mu\not{k}-k^2\gamma_\mu\right)\left(A_i^L\cdot L+A_i^R\cdot R\right)\right. \\
&\left.+i\sigma_{\mu\nu}k^\nu\left(m_sB_i^L\cdot L+m_bB_i^R\cdot R\right)\right\}. \qquad (3.101)
\end{aligned}
$$

这样定义的顶角函数自动满足流守恒。其中我们使用通常的定义 $\sigma_{\mu\nu}=\frac{i}{2}[\gamma_\mu,\gamma_\nu]$①。另外这里所使用的

$$
G_F=\frac{g^2}{4\sqrt{2}M_W^2}. \qquad (3.102)
$$

就是我们通常定义的费米耦合常数：$G_f=1.16637(1)\times10^{-5}\mathrm{GeV}^{-2}$。对 $b \to s\gamma$ 过程，把 g_sT^a 换成 eQ_f 即可。

我们对式 (3.99) 和 (3.101) 做进一步的讨论：

(1) 式 (3.101) 的第一部分表示四费米相互作用，QCD 企鹅图修正 $Q_{3,4,5,6}$；第二部分是电磁偶 ($b \to s\gamma$) 和色磁偶 ($b \to sg$) 贡献：分别对应算符 $O_{7\gamma}$ 和 O_{8g}，后者起主要作用。

(2) 比较式 (3.99) 和 (3.101) 两式，可以得到系数 $A_i^{L,R}$, $B_i^{L,R}$ 的具体表达式。

式 (3.101) 中系数 $A_i^{L,R}$，$B_i^{L,R}$ 的表达式的导出。我们先直接计算式 (3.99)，把 $\not{p}$ 移到最右边，把 $\not{p}'=\not{p}-\not{k}$ 移到最左边。具体步骤是：

(1) 先直接计算式 (3.99)，以 $(p_\mu L, k_\mu L, \gamma_\mu L, p_\mu R, k_\mu R, \gamma_\mu R)$ 为基底做展开，得到

$$
\begin{aligned}
\Gamma_{\mu,R}(p,k)|_{\text{on-shell}}=&\frac{G_F}{4\sqrt{2}\pi^2}(g_sT^a)\sum_i V_{is}^*V_{ib} \\
&\cdot\{[ap_\mu+bk_\mu+c\gamma_\mu]\cdot L+[dp_\mu+ek_\mu+f\gamma_\mu]\cdot R\}. \qquad (3.103)
\end{aligned}
$$

① 在 S. P. Chia 的文章中，使用了 $\sigma_{\mu\nu}=-\frac{i}{2}[\gamma_\mu,\gamma_\nu]$。

导出系数 $a, \cdots, f$ 的表达式.

(2) 把式 (3.101) 也以 $(p_\mu L, k_\mu L, \gamma_\mu L, p_\mu R, k_\mu R, \gamma_\mu R)$ 为基底做展开，得到

$$\begin{aligned}\Gamma^{OS}_{\mu,R} = & \frac{G_F}{4\sqrt{2}\pi^2}(g_s T^a)\sum_i V^*_{is}V_{ib} \\ & \cdot\{[a_0 p_\mu + b_0 k_\mu + c_0\gamma_\mu]\cdot L + [d_0 p_\mu + e_0 k_\mu + f_0\gamma_\mu]\cdot R\}.\end{aligned} \tag{3.104}$$

得到系数 $a_0, \cdots, f_0$ 的表达式。令 $a = a_0, \cdots, f = f_0$，可得

$$\begin{aligned} a_0 &= 2m_s B^L_i, \qquad b_0 = -m_s A^L_i + m_b A^R_i - m_s B^L_i, \\ c_0 &= -k^2 A^L_i - m_b^2 B^R_i - m_s^2 B^L_i, \qquad d_0 = 2m_b B^R_i, \\ e_0 &= m_b A^L_i - m_s A^R_i - m_b B^R_i, \quad f_0 = -k^2 A^R_i - m_s m_b\left(B^L_i + B^R_i\right), \end{aligned} \tag{3.105}$$

由该式可以导出系数 $A^{L,R}_i$，$B^{L,R}_i$ 的表达式：

$$A^L_i(k^2) = \frac{1}{2(m_b^2 - m_s^2)}\left[(a_0 + 2b_0)m_s + (d_0 + 2e_0)m_b\right], \tag{3.106}$$

$$A^R_i(k^2) = \frac{1}{2(m_b^2 - m_s^2)}\left[(a_0 + 2b_0)m_b + (d_0 + 2e_0)m_s\right], \tag{3.107}$$

$$B^L_i(k^2) = \frac{a_0}{2m_s}, \tag{3.108}$$

$$B^R_i(k^2) = \frac{d_0}{2m_b}. \tag{3.109}$$

由 Dirac 运动方程，可以导出在计算中要用到的关系式：

$$\begin{aligned} \not{p}\gamma_\mu\not{p}' L &= 2m_s p_\mu L + 2m_b(p_\mu - k_\mu)R + (k^2 - m_b^2 - m_s^2)\gamma_\mu L - m_s m_b\gamma_\mu R, \\ \not{p}\gamma_\mu\not{p} L &= 2m_b p_\mu R - m_b^2\gamma_\mu L, \\ \not{p}\gamma_\mu\not{k} L &= -2m_s p_\mu L + 2m_b k_\mu R + (m_s^2 - k^2)\gamma_\mu L + m_s m_b\gamma_\mu R, \\ \not{k}\gamma_\mu\not{p} L &= 2m_b p_\mu R - m_b^2\gamma_\mu L - m_s m_b\gamma_\mu R, \\ \gamma_\mu\not{p}' L &= 2(p_\mu - k_\mu)L - m_s\gamma_\mu L, \\ \not{p}\gamma_\mu &= 2p_\mu - \gamma_\mu\not{p}, \end{aligned} \tag{3.110}$$

$$\begin{aligned} \not{k}\gamma_\mu L &= 2p_\mu L - m_b\gamma_\mu R - m_s\gamma_\mu L, \\ \not{k}\gamma_\mu R &= 2p_\mu R - m_b\gamma_\mu L - m_s\gamma_\mu R, \\ \gamma_\mu\not{k} L &= m_b\gamma_\mu R + m_s\gamma_\mu L + 2(k_\mu - p_\mu)L, \\ \gamma_\mu\not{k} R &= m_b\gamma_\mu L + m_s\gamma_\mu R + 2(k_\mu - p_\mu)R, \\ k_\mu\not{k} L &= m_b k_\mu R - m_s k_\mu L, \\ k_\mu\not{k} R &= m_b k_\mu L - m_s k_\mu R. \end{aligned} \tag{3.111}$$

这些关系式很容易证明。

下面对式 (3.99) 中的 $\Gamma_{\mu,R}(p,k)$ 表达式中的各项进行化简，目的是变成式 (3.103) 的形式，得到系数 a,b,c,d 的表达式。

可以证明

$$E_2 \not{p}\gamma_\mu \not{p} L \longrightarrow E_2 \bar{u}_s \not{p}\gamma_\mu \not{p} L u_b = E_2\left[2m_b p_\mu R - m_b^2 \gamma_\mu L\right]; \tag{3.112}$$

$$E_3 \not{k}\gamma_\mu \not{k} L = E_3\left[2k_\mu (m_b R - m_s L) - k^2 \gamma_\mu L\right]; \tag{3.113}$$

$$\begin{aligned} E_4 \not{p}\gamma_\mu \not{k} L = {} & E_4\left[-2m_s p_\mu L + 2m_b k_\mu R + (m_s^2 - k^2)\gamma_\mu L\right. \\ & \left. + m_s m_b \gamma_\mu R\right]; \end{aligned} \tag{3.114}$$

$$E_5 \not{k}\gamma_\mu \not{p} L = E_5\left[2m_b p_\mu R - m_b^2 \gamma_\mu L - m_s m_b \gamma_\mu R\right]; \tag{3.115}$$

$$E_6 \not{k}\not{k}\gamma_\mu L = E_6\left[2m_s p_\mu L + \left(k^2 - m_s^2\right)\gamma_\mu L - m_s m_b \gamma_\mu R\right]; \tag{3.116}$$

$$E_7 \gamma_\mu \not{k}\not{p} L = E_7\left[2m_b\left(k_\mu - p_\mu\right) R + m_b^2 \gamma_\mu L + m_s m_b \gamma_\mu R\right]; \tag{3.117}$$

$$\begin{aligned} E_8 \not{p}\not{k}\gamma_\mu \not{k}\not{p} L = {} & E_8\left[2m_s m_b^2 k_\mu L - 2\left(m_s^2 m_b k_\mu - m_b k^2 (k_\mu - p_\mu)\right) R\right. \\ & \left. + m_b^2 k^2 \gamma_\mu L\right]. \end{aligned} \tag{3.118}$$

代入式 (3.99) 可得

$$\begin{aligned} \Gamma_{\mu,R}^{OS}(p,k) = {} & \frac{G_F}{4\sqrt{2}\pi^2}\left(g_s T^a\right)\sum_i V_{is}^* V_{ib} \cdot \left\{\mathcal{X}\gamma_\mu L + \mathcal{Y}\gamma_\mu R\right. \\ & + E_2\left[2m_b p_\mu R - m_b^2 \gamma_\mu L\right] \\ & + E_3\left[2k_\mu (m_b R - m_s L) - k^2 \gamma_\mu L\right] \\ & + E_4\left[-2m_s p_\mu L + 2m_b k_\mu R + (m_s^2 - k^2)\gamma_\mu L + m_s m_b \gamma_\mu R\right] \\ & + E_5\left[2m_b p_\mu R - m_b^2 \gamma_\mu L - m_s m_b \gamma_\mu R\right] \\ & + E_6\left[2m_s p_\mu L + \left(k^2 - m_s^2\right)\gamma_\mu L - m_b \gamma_\mu R\right] \\ & + E_7\left[2m_b\left(k_\mu - p_\mu\right) R + m_b^2 \gamma_\mu L + m_s m_b \gamma_\mu R\right] \\ & \left. + E_8\left[2m_s m_b^2 k_\mu L - 2\left(m_s^2 m_b k_\mu - m_b k^2 (k_\mu - p_\mu)\right) R + m_b^2 k^2 \gamma_\mu L\right]\frac{1}{M_W^2}\right\} \\ = {} & \frac{G_F}{4\sqrt{2}\pi^2}\left(g_s T^a\right)\sum_i V_{is}^* V_{ib} \cdot \left\{\left[a p_\mu + b k_\mu + c\gamma_\mu\right] \cdot L\right. \\ & \left. + \left[d p_\mu + e k_\mu + f\gamma_\mu\right] \cdot R\right\}. \end{aligned} \tag{3.119}$$

其中 $\mathcal{X}, \mathcal{Y}$ 因子为

$$\mathcal{X} = \left[-\frac{1}{6}x_i - \frac{m_b^2 F(m_b^2) - m_s^2 F(m_s^2)}{m_b^2 - m_s^2} + E_1\right] \cdot M_W^2, \tag{3.120}$$

$$\mathcal{Y} = -\frac{m_s m_b\left[F(m_b^2) - F(m_s^2)\right]}{m_b^2 - m_s^2} \cdot M_W^2. \tag{3.121}$$

同时有

$$a = 2m_s\left(-E_4 + E_6\right), \tag{3.122}$$

$$b = 2m_s\left(-E_3 + E_8\frac{m_b^2}{M_W^2}\right), \tag{3.123}$$

$$\begin{aligned} c = {} & \mathcal{X} - m_b^2\left(E_2 + E_5 - E_7 - \frac{k^2}{M_W^2}E_8\right) \\ & + m_s^2\left(E_4 - E_6\right) - k^2\left(E_2 + E_4 - E_6\right), \end{aligned} \tag{3.124}$$

$$d = 2m_b\left(E_2 + E_5 - E_7 - \frac{k^2}{M_W^2}E_8\right), \tag{3.125}$$

$$e = 2m_b\left(E_3 + E_4 + E_7 + \frac{k^2 - m_s^2}{M_W^2}E_8\right), \tag{3.126}$$

$$f = \mathcal{Y} + m_s m_b\left(E_4 - E_5\right) - m_s m_b\left(E_6 - E_7\right). \tag{3.127}$$

令 $a = a_0, \cdots, d = d_0$**，由式 (3.106)~(3.109) 可得到系数** $A_i^{L,R}$ **和** $B_i^{L,R}$ **的表达式：**

$$B_i^L = -E_4 + E_6, \tag{3.128}$$

$$B_i^R = E_2 + E_5 - E_7 - \frac{k^2}{M_W^2}E_8, \tag{3.129}$$

$$\begin{aligned} A_i^L = {} & 2\left(E_3 + E_4\right) + \frac{m_s^2}{m_b^2 - m_s^2}\left(E_4 + E_6\right) \\ & + \frac{m_b^2}{m_b^2 - m_s^2}\left(E_2 + E_5 + E_7\right) + \frac{m_b^2}{m_b^2 - m_s^2}\frac{k^2}{M_W^2}E_8, \end{aligned} \tag{3.130}$$

$$A_i^R = \frac{m_s m_b}{m_b^2 - m_s^2}\left[E_2 + E_4 + E_5 + E_6 + E_7 + \frac{2m_b^2 - 2m_s^2 + k^2}{M_W^2}E_8\right]. \tag{3.131}$$

下面计算各个 E_i**，进而算出系数** $A_i^{L,R}, B_i^{L,R}$ **的具体数值。**由于 $p^2 = m_b^2, (p-k)^2 = m_s^2$，而 $p^2, k^2, m_b^2, m_s^2 \ll M_W^2$，我们在积分计算中可以忽略 $\mathcal{D}$ 函数中的这些小量，只保留内线上夸克质量项 m_i^2：

$$\begin{aligned} \mathcal{D} & = xM_W^2 + (1-x)m_i^2 - x(1-x)p^2 - y(1-y)k^2 + 2xyp\cdot k \\ & \approx xM_W^2 + (1-x)m_i^2, \\ \mathcal{D}_0 & = x + (1-x)x_i - x(1-x)p^2/M_W^2 \approx x + (1-x)x_i, \end{aligned} \tag{3.132}$$

其中 $x_i = m_i^2/M_W^2$。

但有一点需要注意：当忽略 m_s^2 时，有

$$p^2 + k^2 = 2p\cdot k, \tag{3.133}$$

$$\mathcal{D}_0 = x + (1-x)x_i - (1-x-y)\left[xm_b^2 + yk^2\right]/M_W^2. \tag{3.134}$$

当 $m_i^2 \gg m_b^2, k^2, p\cdot k$ (例如 top 夸克内线)，第三项可以忽略；但当 $m_i^2 < p^2$ 时，再直接忽略上式中的第三项已不合适。**因此，上述近似只对 $m_i = m_t$，即 top 夸克内线情况有效。**

考虑到：

$$\begin{aligned} E_2 + E_4 + E_5 &= \int_0^1 \mathrm{d}x \int_0^{1-x} \mathrm{d}y\,(H_2 + H_4 + H_5) = 0, (\text{exactly}) \\ E_6 + E_7 &= \int_0^1 \mathrm{d}x \int_0^{1-x} \mathrm{d}y\,(H_6 + H_7) \approx 0, \\ E_8 &= \int_0^1 \mathrm{d}x \int_0^{1-x} \mathrm{d}y\, H_8 = \frac{11 - 7x_i + 2x_i^2}{36(1-x_i)^3} + \frac{\ln x_i}{6(1-x_i)^4}, \end{aligned} \tag{3.135}$$

由此可得

$$\begin{aligned} A_i^R &= \frac{m_s}{m_b}\left(E_2 + E_4 + E_5 + E_6 + E_7 + \frac{2m_b^2}{M_W^2}E_8\right) \\ &\xrightarrow{m_s \to 0} 0. \end{aligned} \tag{3.136}$$

由式 (3.130) 可得

$$\begin{aligned} A_i^L(x_i) &\xrightarrow{m_s \to 0} 2E_3 + 2E_4 + E_2 + E_5 + E_7 = 2E_3 + E_4 - E_6 \\ &= \int_0^1 \mathrm{d}x \int_0^{1-x} \mathrm{d}y\ (2H_3 + H_4 - H_6) \\ &= \frac{2 - 60x_i + 39x_i^2 + x_i^3}{36(1-x_i)^3} + \frac{4 - 16x_i + 9x_i^2}{6(1-x_i)^4}\ln(x_i). \end{aligned} \tag{3.137}$$

作代换

$$x_i \longrightarrow a_i/(1+a_i), \tag{3.138}$$

可得

$$\begin{aligned} A_i^L(a_i) &- \frac{1}{18} - \frac{3}{2}a_i\left(1 + \frac{25}{18}a_i + \frac{1}{3}a_i^2\right) \\ &+ \frac{2}{3}(1+a_i)\left(1 - a_i - \frac{11}{4}a_i^2 - \frac{3}{4}a_i^3\right)\ln[x_i]. \end{aligned} \tag{3.139}$$

该式和 S. P. Chia 的结果 (文献 [12] 中 (30) 式) 完全一样。注意：$A_i^L(x_i)$ 与 $A_i^L(a_i)$ 之间差一个常数 1/18。考虑到 GIM 机制，二者是等价的。如果把 $A_i^L(x_i)$ 中的常

数 1/18 直接去掉 (考虑到 GIM 机制)，则得

$$\begin{aligned}A_i^L(x_i) &= \frac{2-60x_i+39x_i^2+x_i^3}{36(1-x_i)^3} - \frac{1}{18} + \frac{4-16x_i+9x_i^2}{6(1-x_i)^4}\ln(x_i) \\ &= -\frac{18x_i-11x_i^2-x_i^3}{12(1-x_i)^3} + \frac{4-16x_i+9x_i^2}{6(1-x_i)^4}\ln(x_i) \\ &= -E_0(x_i). \end{aligned} \tag{3.140}$$

其中的 $E_0(x_i)$ 函数就是我们熟悉的 Inami 函数[11]。

同理可得

$$B_i^{L,R}(x_i) = \frac{2-8x_i+x_i^2-x_i^3}{4(1-x_i)^3} - \frac{3x_i^2}{2(1-x_i)^4}\ln[x_i], \tag{3.141}$$

$$B_i^{L,R}(a_i) = \frac{1}{2} - \frac{1}{4}a_i\left(2+9a_i+6a_i^2\right) - \frac{3}{2}a_i^2\left(1+a_i\right)^2\ln[x_i]. \tag{3.142}$$

注意：$B_i^{L,R}(x_i)$ 和 $B_i^{L,R}(a_i)$ 之间差一个常数 1/2。考虑到 GIM 机制，二者是等价的。 如果把 $B_i^{L,R}(x_i)$ 中的常数 1/2 直接去掉 (考虑到 GIM 机制)，则得

$$\begin{aligned}B_i^L(x_i) = B_i^R(x_i) &= \frac{2-8x_i+x_i^2-x_i^3}{4(1-x_i)^3} - \frac{1}{2} - \frac{3x_i^2}{2(1-x_i)^4}\ln[x_i] \\ &= -\frac{2x_i+5x_i^2-x_i^3}{4(1-x_i)^3} - \frac{3x_i^2}{2(1-x_i)^4}\ln[x_i] \\ &= -E_0'(x_i). \end{aligned} \tag{3.143}$$

函数 $E_0'(x_i)$ 也是 Inami 函数之一。**注意：由于 S. P. Chia[12] 使用 $\sigma_{\mu\nu} = -(i/2)[\gamma_\mu, \gamma_\nu]$，而我们使用通常的定义 $\sigma_{\mu\nu} = (i/2)[\gamma_\mu, \gamma_\nu]$，所以式 (3.143) 和文献 [12] 中的 $B_i^L(x_i)$ 差一个负号。**

由于 m_u 和 m_c 远远小于 M_W，我们可以把很重的 top 夸克的贡献分离出来。我们可以把重正化的顶角函数 $\Gamma_{\mu,R}^{OS}$ 写成如下形式：

$$\begin{aligned}\Gamma_{\mu,R}^{OS}(p,k) = &\frac{G_F}{4\sqrt{2}\pi^2}\left(g_s T^a\right)\left\{G_A\left(k_\mu \not{k} - k^2\gamma_\mu\right)\cdot L\right. \\ &\left.+iG_B\sigma_{\mu\nu}k^\nu\left(m_s L + m_b R\right)\right\}. \end{aligned} \tag{3.144}$$

与原式 (3.101) 相比

$$G_A = \sum_i V_{is}^* V_{ib} A_i^L, \tag{3.145}$$

$$G_B = \sum_i V_{is}^* V_{ib} B_i^L = \sum_i V_{is}^* V_{ib} B_i^R. \tag{3.146}$$

由于内线夸克包含 u, c, t 夸克, 对 u, c 夸克, 只需要保留最低阶结果①，即

$$A_u^L = \frac{2}{3}\ln(x_u), \qquad A_c^L = \frac{2}{3}\ln(x_c), \tag{3.147}$$

其中 $x_u = m_u^2/M_W^2$, $x_c = m_c^2/M_W^2$.

利用 CKM 矩阵的幺正性 (GIM 机制)

$$\lambda_u + \lambda_c + \lambda_t = V_{us}^* V_{ub} + V_{cs}^* V_{cb} + V_{ts}^* V_{tb}. \tag{3.148}$$

可得

$$\begin{aligned} G_A &= \lambda_u \left(A_u^L - A_c^L\right) + \lambda_t \left(A_t^L - A_c^L\right) \\ &= \frac{2}{3} A\lambda^4 R_b e^{-i\gamma} \ln\left(\frac{m_u^2}{m_c^2}\right) - A\lambda^2 \left[A_t^L - \frac{2}{3}\ln\left(\frac{m_c^2}{M_W^2}\right)\right]. \end{aligned} \tag{3.149}$$

同理，对 G_B 有

$$\begin{aligned} &B_u^L \approx \frac{1}{2} x_u, \quad B_c^L \approx \frac{1}{2} x_c, \\ &G_B \approx \lambda_u \frac{m_u^2 - m_c^2}{2M_W^2} + \lambda_t \left[B_t^L - \frac{m_c^2}{2M_W^2}\right]. \end{aligned} \tag{3.150}$$

即

$$G_B \approx A\lambda^4 R_b e^{-i\gamma} \cdot \frac{m_u^2 - m_c^2}{2M_W^2} - A\lambda^2 \left[B_t^L - \frac{m_c^2}{2M_W^2}\right]. \tag{3.151}$$

比较式 (3.149) 和 (3.151)，如果不考虑 G_A 和 G_B 的第二项的贡献，那么因为

$$\left|\frac{2}{3}\frac{m_u^2}{m_c^2}\right| \gg \left|\frac{m_c^2}{2M_W^2}\right|, \tag{3.152}$$

所以

$$\left|G_A^{(1)}\right| \gg \left|G_B^{(1)}\right|. \tag{3.153}$$

这时有

$$\Gamma_{\mu,R}^{OS} = \begin{cases} \dfrac{G_F}{4\sqrt{2}\pi^2} (g_s T^a) G_A^{(1)} \left(k_\mu \not{k} - k^2 \gamma_\mu\right) L & (b \to sg) \\ \dfrac{G_F}{4\sqrt{2}\pi^2} (eQ_f) G_A^{(1)} \left(k_\mu \not{k} - k^2 \gamma_\mu\right) L & (b \to s\gamma) \end{cases}. \tag{3.154}$$

---

① 我们将在后面讨论这样取近似是否合理。

如图 3.2 所示，对 $b \to sg^* \to sq\bar{q}$ 过程，式 (3.154) 仍然成立。在幺正规范下，胶子传播子为 $-ig_{\mu\nu}\delta_{ab}/k^2$。这时有效哈密顿量为

$$\begin{aligned}\mathcal{H}_{\text{eff}} &= \frac{G_F}{4\sqrt{2}\pi^2}\bar{u}_s(p-k)\left[g_s T^a G_A^{(1)}\left(k_\mu \not{k} - k^2\gamma_\mu\right) L\right] u_b(p) \cdot \sum_q \frac{-i}{k^2}\bar{q}\left(ig_s\gamma^\mu T^a\right) q \\ &= \frac{\alpha_s G_F}{\sqrt{2}\pi} G_A^{(1)}\left(T^a T^a\right)\bar{s}(p-k)\left[\left(k_\mu \not{k} - k^2\gamma_\mu\right) L\right] b(p)\frac{1}{k^2}\sum_q \bar{q}\left(\gamma^\mu\right) q.\end{aligned} \tag{3.155}$$

但对非粲衰变过程，外腿轻夸克的质量 $m_q(\ q = u, d, s)$ 可以忽略，

$$\bar{q}\not{k}q = \bar{q}(p_1)(\not{p}_1 + \not{p}_2)q(p_2) = 0. \tag{3.156}$$

这时有

$$\mathcal{H}_{\text{eff}} = -\frac{\alpha_s G_F}{\sqrt{2}\pi} G_A^{(1)}\left(T^a T^a\right)\left[\bar{s}\gamma_\mu L b\right]\sum_{q=u,d,s}\left[\bar{q}\gamma^\mu q\right]. \tag{3.157}$$

这正是包含了 bsg 顶角和胶子交换的企鹅图有效哈密顿量 (见 S. P. Chia 文章[12] (35) 式)。

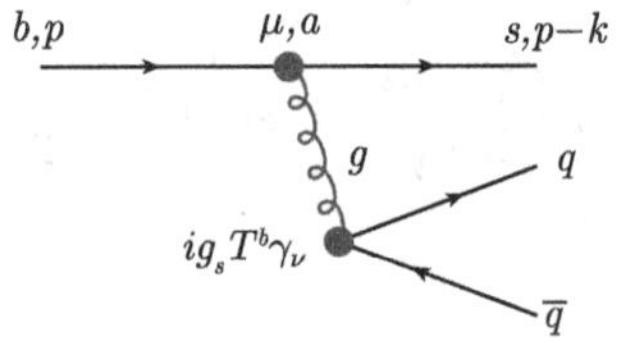

图 3.2 在幺正规范下，$b \to sg^* \to sq\bar{q}(q^2 \neq 0)$ 三体衰变的费恩曼图

在这一节的最后，我们有必要对内线夸克为轻夸克 u, c 时的情况作一个简单讨论：

(1) 在文献 [12] 发表时，人们不知道 top 夸克比 W 玻色子还要重。实际上，在式 (3.132) 中所取的近似只对 top 夸克情况成立。也就是说，前面得到的 A, B 函数实际上只对 $i = t$ 成立。我们不能通过取极限 $x_i \to 0$ 而得到 $i = u, c$ 情况时的 A, B 函数。但是，在当时人们还没有认识到这一点。

(2) 当 x_i 很小时，$E_0(x_i)$ 和 $E_0'(x_i)$ 函数的渐进形式为

$$E_0(x_i) \approx -\frac{2}{3}\ln x_i, \qquad E_0'(x_i) \approx -\frac{1}{2}x_i. \tag{3.158}$$

显然，当 $x_i \to 0$ 时，$E_0(x_i)$ 发散。

(3) 当内线夸克为 u, c 夸克时，积分结果为[18]

$$A_i^L(x_i, k^2) = \frac{10}{9} - \frac{2}{3}\ln x_i + \frac{2}{3z_i} - \frac{2(1+2z_i)}{z_i}g(z_i), \tag{3.159}$$

$$B_i^{L,R}(x_i, k^2) = -x_i(\ln x_i + 2g(z_i)), \tag{3.160}$$

其中 $x_i = m_i^2/M_W^2$，$z_i = k^2/(4m_i^2)$, 函数 $g(z)$ 的表达式为

$$
g(z) = \begin{cases} \sqrt{\dfrac{1-z}{z}} \arctan\left(\sqrt{\dfrac{z}{1-z}}\right), & z < 1, \\[2ex] \dfrac{1}{2}\sqrt{\dfrac{z-1}{z}}\left[\ln\left(\dfrac{\sqrt{z}+\sqrt{z-1}}{\sqrt{z}-\sqrt{z-1}}\right) - i\pi\right], & z > 1. \end{cases} \tag{3.161}
$$

当 $k^2 > 4m_i^2$ 时，胶子 (光子) 企鹅图的内线 u 夸克或者 c 夸克在质壳上，A, B 函数出现一个虚部：吸收部分，也就是强相位。这就是 B 介子衰变过程中产生 CP 破坏的 Bander-Silverman-Soni(BSS) 机制[67]。我们现在知道的另一种强相位产生机制是：在 pQCD 因子化方案中，通过湮没图可以给出强相位。

§3.3 Wilson 系数 C_{8g} 的抽取

在本节，我们将重点讨论如何抽出与 $b \to sg$ 衰变相对应的 Wilson 系数 $C_{8g}(M_W)$。

§3.3.1 有效企鹅图顶点

如图 3.3 所示，计算各个相关企鹅图可以得到 $b \to sV$ $(V = \gamma, Z^0, g)$ 有效企鹅顶角。在特霍夫特-费恩曼 (HF) 规范下，有效企鹅顶角可以写为[8]

$$
\bar{s}\gamma' b = i\, V_{is}^* V_{ib} \frac{G_{\rm F}}{\sqrt{2}} \frac{e}{8\pi^2}\, D_0'(x_i)\, \bar{s}\left\{i\sigma_{\mu\lambda}k^\lambda \left[m_b\,(1+\gamma_5)\right]\right\} b, \tag{3.162}
$$

$$
\bar{s}G'^a b = i\, V_{is}^* V_{ib} \frac{G_{\rm F}}{\sqrt{2}} \frac{g_s}{8\pi^2}\, E_0'(x_i)\, \bar{s}_\alpha [i\sigma_{\mu\lambda}k^\lambda [m_b(1+\gamma_5)]] T_{\alpha\beta}^a b_\beta\,, \tag{3.163}
$$

其中 k 是出射的胶子或者光子的四动量。其他常见的“有效顶角”为[8]

$$
\begin{aligned}
\text{Box}(\Delta B = 2) &= [V_{id}^* V_{ib}]^2\, \frac{G_{\rm F}^2}{16\pi^2} M_W^2\, S_0(x_i)\, (\bar{d}b)_{V-A}(\bar{d}b)_{V-A}, \\
\text{Box}\left(T_3 = -\frac{1}{2}\right) &= V_{is}^* V_{id}\, \frac{G_{\rm F}}{\sqrt{2}} \frac{\alpha}{2\pi\sin^2\theta_W}\, B_0(x_i)\, (\bar{s}b)_{V-A}(\bar{\mu}\mu)_{V-A}, \\
\text{Box}\left(T_3 = \frac{1}{2}\right) &= V_{is}^* V_{id}\, \frac{G_{\rm F}}{\sqrt{2}} \frac{\alpha}{2\pi\sin^2\theta_W} [-4B_0(x_i)] (\bar{s}b)_{V-A}(\bar{\nu}\nu)_{V-A},
\end{aligned} \tag{3.164}
$$

以及

$$
\begin{aligned}
\bar{s}Zb &= iV_{is}^* V_{ib}\, \frac{G_{\rm F}}{\sqrt{2}} \frac{e}{2\pi^2} M_Z^2 \frac{\cos\theta_W}{\sin\theta_W}\, \boldsymbol{C}_0(\boldsymbol{x}_i)\, \bar{s}\gamma_\mu(1-\gamma_5)b, \\
\bar{s}\gamma b &= -iV_{is}^* V_{ib}\, \frac{G_{\rm F}}{\sqrt{2}} \frac{e}{8\pi^2}\, D_0(x_i)\, \bar{s}(k^2\gamma_\mu - k_\mu \not{k})(1-\gamma_5)b, \\
\bar{s}G^a b &= -iV_{is}^* V_{ib}\, \frac{G_{\rm F}}{\sqrt{2}} \frac{g_s}{8\pi^2}\, E_0(x_i)\, \bar{s}_\alpha\, \left(k^2\gamma_\mu - k_\mu \not{k}\right)(1-\gamma_5)\, T_{\alpha\beta}^a\, b_\beta,
\end{aligned} \tag{3.165}
$$

其中 k 是出射 (outgoing) 胶子或者光子的四动量，且有 $k^2 > 0$ (time-like)。T_3 量子数的取值依赖于离开箱图的轻子对是 $\nu\bar{\nu}$ 或者是 l^+l^- 而定。

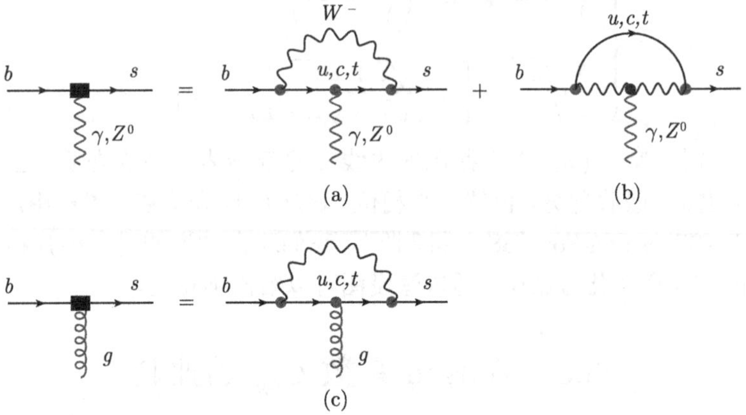

图 3.3　在单圈图水平的色磁偶企鹅图和电 (弱) 磁偶企鹅图

相关的 Inami-Lim 函数[11] $B_0(x), C_0(x), D_0(x), D'_0(x), E_0(x), E'_0(x)$ 和 $S_0(x_t)$ 的表达式可以在文献 [8] 中找到。其中函数 $B_0(x)$ 来自于箱图 (图 3.4)，$C_0(x)$ 来自于 Z^0 企鹅图，$D_0(x)$ 和 $D'_0(x)$ 来自于光子企鹅图，$E_0(x)$ 和 $E'_0(x)$ 来自于胶子企鹅图，$S_0(x)$ 来自于含一对末态轻子的箱图 (图 3.4)。

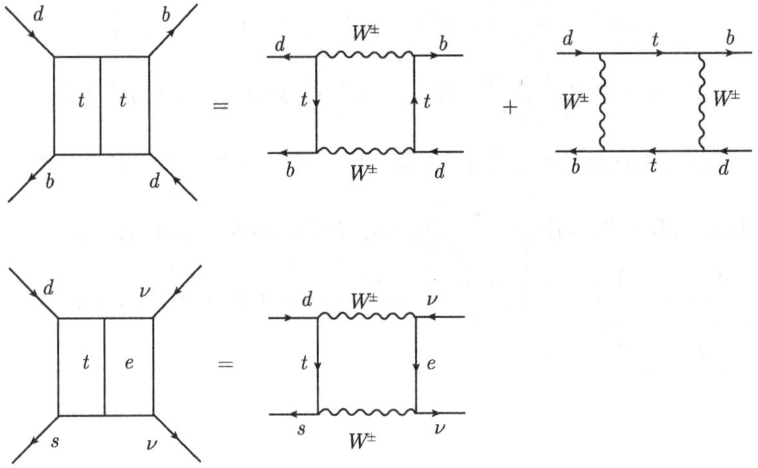

图 3.4　用基本相互作用顶点表示的箱图顶点

(1) 对于企鹅图过程，可以用有效企鹅图顶角直接写出振幅，然后乘以“i”即给出相应的有效哈密顿量 $\mathcal{H}_{\rm eff}$。

(2) 对于箱图过程，用有效箱图顶角直接写出振幅，就得到相应的有效哈密顿

量 $\mathcal{H}_{\rm eff}$。

§3.3.2 Wilson 系数 $C_{8g}(M_W)$ 的抽取

根据前面的计算，重正化的 $b\bar{s}g$ 顶角函数由式 (3.101) 给出，相对应的有效哈密顿可以写为

$$\begin{aligned}\mathcal{H}_{\rm eff}(b\to sg)=&i\mathcal{M}(b\to sg)=i\ \left[i\bar{u}_s(p_s)\,\Gamma^{os}_\mu(p,k)\,u_b(p)\,\epsilon^\mu(k)\right]\\=&-\frac{g_s}{4\pi^2}\frac{G_F}{\sqrt{2}}\bar{u}_s(p_s)\,T^a\sum_i V^*_{is}V_{ib}\cdot\left\{\left(k_\mu \not k-k^2\gamma_\mu\right)\left(A^L_i\cdot L+A^R_i\cdot R\right)\right.\\&\left.+i\sigma_{\mu\nu}k^\nu\left(m_sB^L_i\cdot L+m_bB^R_i\cdot R\right)\right\}u_b(p)\,\epsilon^\mu(k)\\=&-\frac{g_s}{4\pi^2}\frac{G_F}{\sqrt{2}}\bar{u}_s(p_s)\left\{\left(k^2\gamma_\mu-k_\mu\not k\right)\ G_A\ \cdot L\right.\\&\left.+i\,G_B\ m_b\sigma_{\mu\nu}k^\nu\left(\frac{m_s}{m_b}\ L+R\right)\right\}T^a\,u_b(p)\,\epsilon^\mu(k).\end{aligned}\tag{3.166}$$

其中 G_A 和 G_B 已经在式 (3.149),(3.151) 定义过：

$$G_A=\sum_{i=u,c,t}\lambda_i\left(-A^L_i\right)=-\left\{\lambda_u\left(A^L_u-A^L_c\right)+\lambda_t\left(A^L_t-\frac{2}{3}\ln\frac{m_c^2}{M_W^2}\right)\right\},\tag{3.167}$$

$$G_B=\sum_{i=u,c,t}\lambda_iB^L_i=\sum_{i=u,c,t}\lambda_iB^R_i=\lambda_u\cdot\frac{m_u^2-m_c^2}{2M_W^2}+\lambda_t\left[B^L_t-\frac{m_c^2}{2M_W^2}\right].\tag{3.168}$$

注意，这里的 G_A 与式 (3.149) 中的 G_A 差一个负号。

对于在壳的光子和胶子 ($k^2=0$, light-like)，式 (3.166) 中的第一项不贡献。同时考虑到 $m_c^2/M_W^2\approx 3\times 10^{-3}$, $|\lambda_u/\lambda_t|\approx 0.02$ 均可以忽略，有效哈密顿可以写为

$$\begin{aligned}\mathcal{H}_{\rm eff}(b\to sg)=&-\frac{g_s}{4\pi^2}\frac{G_F}{\sqrt{2}}G_Bm_b\bar{u}_s(p_s)\,(i\sigma_{\mu\nu})\,k^\nu\left(\frac{m_s}{m_b}\,L+R\right)T^a\,u_b(p)\,\epsilon^\mu(k)\\=&-\frac{G_F}{\sqrt{2}}\lambda_t\left\{\frac{m_s}{m_b}B^L_t\cdot\left[\frac{g_s}{4\pi^2}m_b\bar{u}_s(p_s)\,(i\sigma_{\mu\nu})\,k^\nu\cdot L\,T^a\,u_b(p)\,\epsilon^\mu(k)\right]\right.\\&\left.+B^R_t\cdot\left[\frac{g_s}{4\pi^2}m_b\bar{u}_s(p_s)\,(i\sigma_{\mu\nu})\,k^\nu\cdot R\,T^a\,u_b(p)\,\epsilon^\mu(k)\right]\right\}\\=&-\frac{G_F}{\sqrt{2}}\lambda_t\left[-\frac{m_s}{m_b}\frac{E_0'(x_t)}{2}\right]\cdot\left[\frac{g_s}{4\pi^2}m_b\bar{u}_s(p_s)\sigma_{\mu\nu}\cdot L\,T^a\,u_b(p)\,G^a_{\mu\nu}\right]\\&-\frac{G_F}{\sqrt{2}}\lambda_t\cdot\left[-\frac{E_0'(x_t)}{2}\right]\cdot\left[\frac{g_s}{4\pi^2}m_b\bar{u}_s(p_s)\sigma_{\mu\nu}\cdot R\,T^a\,u_b(p)\,G^a_{\mu\nu}\right]\\=&-\frac{G_F}{\sqrt{2}}\lambda_t\cdot\left\{C^L_{8g}(M_W)\,O^L_{8g}+C^R_{8g}(M_W)\,O^R_{8g}\right\},\end{aligned}\tag{3.169}$$

其中的 $O^{L,R}_{8g}$ 算符就是我们通常定义的左手和右手色磁偶算符

$$O^{L,R}_{8g}=\frac{g_s}{8\pi^2}m_b\bar{s}_\alpha\sigma^{\mu\nu}\left(1\mp\gamma_5\right)T^a_{\alpha\beta}\,b_\beta\,G^a_{\mu\nu}.\tag{3.170}$$

相对应的 Wilson 系数为

$$C_{8g}^{L}(M_W) = -\frac{m_s}{m_b}\frac{E_0'(x_t)}{2}, \tag{3.171}$$

$$C_{8g}^{R}(M_W) = -\frac{E_0'(x_t)}{2} = \left[\frac{-2x_t - 5x_t^2 + x_t^3}{8(1-x_t)^3} - \frac{3x_t^2}{2(1-x_t)^4}\log[x_t]\right], \tag{3.172}$$

其中 $x_t = m_t^2/M_W^2$。这里的 $C_{8g}^{R}(M_W)$ 就是我们非常熟悉的 Wilson 系数 $C_{8g}(M_W)$。相对于右手部分，左手部分受到 $m_s/m_b \approx 0.02$ 的压低，通常被忽略。**注意：在推导中已经用到关系式**

$$2i\sigma_{\mu\nu}k^{\nu}\epsilon_g^{\mu} = -\sigma_{\mu\nu}G_{\mu\nu}. \tag{3.173}$$

对 $b \to s\gamma$，类似的关系式为

$$2i\sigma_{\mu\nu}k^{\nu}\epsilon_{\gamma}^{\mu} = -\sigma_{\mu\nu}F_{\mu\nu}, \tag{3.174}$$

其中 $F_{\mu\nu}$ 和 $G_{\mu\nu}$ 分别为光子场和胶子场的场强张量。

第 4 章　幺正规范下 $b \to s\gamma$ 衰变过程的解析计算

如图 4.1 所示，在幺正规范下味改变的 $\bar{s}b\gamma$ 顶角包含两个企鹅图。第一个图 [图 4.1(a)] 涉及 $\bar{q}q\gamma$ 耦合，已经在第 3 章中做了严格的解析计算。①

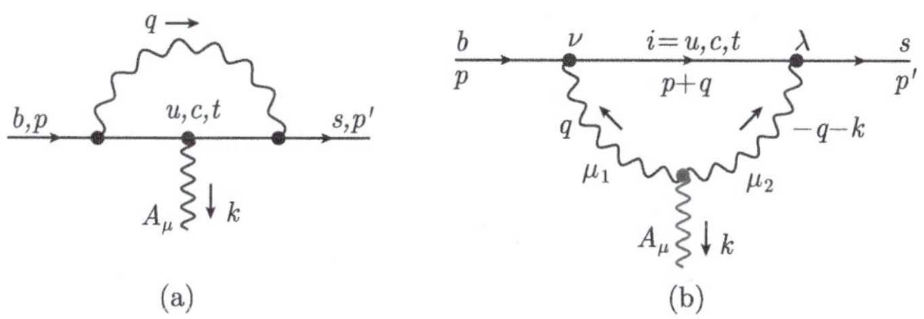

图 4.1　在幺正规范下，与 $b \to s\gamma$ 衰变相关的两个三点费恩曼图

对 $b \to s\gamma$ 过程，要得到对应的 Wilson 系数 $C_{7\gamma}$，还需要计算第二个企鹅图 —— 图 4.1(b)。该图涉及三规范玻色子耦合顶角 γW^+W^-。在文献 [15] 中，作者已经在特霍夫特-费恩曼规范下计算了一般的 $q_i \to q_j\gamma$ 过程 ($b \to s\gamma$ 是其中的一个特例)，得到了解析结果。在本章，我们将在幺正规范下计算 $b \to s\gamma$ 企鹅图，给出解析结果。

§4.1　解 析 计 算

在文献 [12, 13] 中，S. P. Chia 在幺正规范下分别计算了图 4.1(a) 和 4.1(b)，得到了严格的解析结果，但他对第二个图的计算结果有错误。在本章中，我们将给出对第二个图的详细解析计算。

如图 4.1(b) 所示，对 γW^+W^- 顶角，如果取动量向外流出为止，那么该顶角的耦合可以写为

$$-ieF_{\mu\nu\lambda}(p_1,p_2,p_3) = -ie\left[g_{\mu\nu}(p_1-p_2)_\lambda + g_{\nu\lambda}(p_2-p_3)_\mu + g_{\lambda\mu}(p_3-p_1)_\nu\right] \tag{4.1}$$

其中 Lorentz 指标 μ,ν,λ 和动量 p_1,p_2,p_3 一一对应。其他顶角和传播子的费恩曼规则和文献 [1] 相同。

---

① 在第 3 章中我们已经明确指出，做一个简单代换 $g_sT_a \longrightarrow eQ_u$，就可以把 $b \to sg$ 企鹅图 (图 3.1) 的计算结果直接推广到对应的 $b \to s\gamma$ 企鹅图 [图 4.1(a)]。

这样，图 4.1(b) 的振幅可以写为

$$\begin{aligned}\mathcal{M}(b\to s\gamma)=&\sum_i\int\frac{\mathrm{d}^Dq}{(2\pi)^D}\bar{s}(p')\left(\frac{ig}{\sqrt{2}}\gamma_\lambda LV_{is}^*\right)\cdot\frac{i\,(\not{p}+\not{q}+m_i)}{(p+q)^2-m_i^2}\cdot\left(\frac{ig}{\sqrt{2}}\gamma_\nu LV_{ib}\right)\\&\cdot\frac{-i}{q^2-M_W^2}\left(g_{\mu_1\nu}-\frac{q_{\mu_1}q_\nu}{M_W^2}\right)\cdot[-ieF_{\mu\mu_1\mu_2}(k,q,-(q+k))]\\&\cdot\frac{-i}{(q+k)^2-M_W^2}\cdot\left(g_{\mu_2\lambda}-\frac{(q+k)_{\mu_2}(q+k)_\lambda}{M_W^2}\right)\cdot b(p)A^\mu(k)\\=&i\bar{s}(p')\,V_\mu(p,k)\,b(p)\,A^\mu(k),\end{aligned}\tag{4.2}$$

其中的顶角函数 $V_\mu(p,k)$ 为

$$V_\mu(p,k)=-ie\frac{g^2}{2}\sum_i\lambda_i\int\frac{\mathrm{d}^Dq}{(2\pi)^D}\frac{N}{(q^2-M_W^2)\,((q+k)^2-M_W^2)\,((p+q)^2-m_i^2)},\tag{4.3}$$

其中 $\lambda_i=V_{ib}V_{is}^*$，求和是对内线夸克 u,c,t 的求和。下面首先对分子作处理。

式 (4.3) 的分子部分可以写为

$$\begin{aligned}N=&\gamma_\lambda(\not{p}+\not{q})\gamma_\nu L\cdot\left(g_{\mu_1\nu}-\frac{q_{\mu_1}q_\nu}{M_W^2}\right)\cdot F_{\mu\mu_1\mu_2}\cdot\left(g_{\mu_2\lambda}-\frac{(q+k)_{\mu_2}(q+k)_\lambda}{M_W^2}\right)\\=&\gamma_\lambda(\not{p}+\not{q})\gamma_\nu\cdot g_{\mu_1\nu}\cdot F_{\mu\mu_1\mu_2}(k,q,-(q+k))\cdot g_{\mu_2\lambda}\cdot L\\&-\frac{1}{M_W^2}\gamma_\lambda(\not{p}+\not{q})\gamma_\nu\cdot g_{\mu_1\nu}\cdot F_{\mu\mu_1\mu_2}(k,q,-(q+k))\cdot(q+k)_{\mu_2}(q+k)_\lambda\cdot L\\&-\frac{1}{M_W^2}\gamma_\lambda(\not{p}+\not{q})\gamma_\nu\cdot g_{\mu_2\nu}\cdot q_{\mu_1}q_\nu\cdot F_{\mu\mu_1\mu_2}(k,q,-(q+k))\cdot L\\&+\frac{1}{M_W^4}\gamma_\lambda(\not{p}+\not{q})\gamma_\nu\cdot q_{\mu_1}q_\nu\cdot F_{\mu\mu_1\mu_2}(k,q,-(q+k))\cdot(q+k)_{\mu_2}(q+k)_\lambda\cdot L,\end{aligned}\tag{4.4}$$

其中

$$F_{\mu\mu_1\mu_2}(k,q,-(q+k))=g_{\mu\mu_1}(k-q)_{\mu_2}+g_{\mu_1\mu_2}(2q+k)_\mu+g_{\mu_2\mu}(-q-2k)_{\mu_1}.\tag{4.5}$$

对式 (4.4) 中的项分别处理：

(1) **第一项：**

$$\begin{aligned}T1=&\left[(\not{k}-\not{q})(\not{p}+\not{q})\gamma_\mu+\gamma_\lambda(\not{p}+\not{q})\gamma^\lambda(2q+k)_\mu-\gamma_\mu(\not{p}+\not{q})(\not{q}+2\not{k})\right]\cdot L\\=&\left[\not{k}\not{p}\gamma_\mu+\not{k}\not{q}\gamma_\mu-\not{q}\not{p}\gamma_\mu-q^2\gamma_\mu+(2-D)\,(\not{p}k_\mu+2\not{p}q_\mu+\not{q}k_\mu+2\not{q}q_\mu)\right.\\&\left.-2\gamma_\mu\not{p}\not{k}-\gamma_\mu\not{p}\not{q}-2\gamma_\mu\not{q}\not{k}-q^2\gamma_\mu\right]\cdot L\,.\end{aligned}\tag{4.6}$$

(2) **正比于** $1/M_W^2$ **的项:**

$$
\begin{aligned}
T2 = &-\frac{1}{M_W^2}\left[(\not q+\not k)(\not p+\not q)\gamma_\mu(k-q)\cdot(k+q)+(\not q+\not k)(\not p+\not q)(\not q+\not k)(2q+k)_\mu\right.\\
&\left.-(\not q+\not k)(\not p+\not q)(\not q+2\not k)(q+k)_\mu\right]\cdot L\\
&-\frac{1}{M_W^2}\left[(\not k-\not q)(\not p+\not q)\not q q_\mu+\not q(\not p+\not q)\not q(2q+k)_\mu-\gamma_\mu(\not p+\not q)\not q q\cdot(q+2k)\right]\cdot L\\
=&-\frac{1}{M_W^2}\left\{k^2\not q\not p\gamma_\mu+k^2q^2\gamma_\mu+k^2\not k\not p\gamma_\mu+k^2\not k\not q\gamma_\mu-q^2\not q\not p\gamma_\mu-q^4\gamma_\mu\right.\\
&-q^2\not k\not p\gamma_\mu-q^2\not k\not q\gamma_\mu+\not q\not p\not q q_\mu+q^2\not q q_\mu+\not k\not p\not q q_\mu+q^2\not k q_\mu\\
&+\not q\not p\not k q_\mu+q^2\not k q_\mu+\not k\not p\not k q_\mu+\not k\not q\not k q_\mu-\not q\not p\not k q_\mu-q^2\not k q_\mu\\
&-\not k\not p\not k q_\mu-\not k\not q\not k q_\mu-\not q\not p\not k k_\mu-q^2\not k k_\mu-\not k\not p\not k k_\mu-\not k\not q\not k k_\mu\\
&+\not k\not p\not q q_\mu+q^2\not k q_\mu+\not q\not p\not q q_\mu+\not q\not p\not q k_\mu+q^2\not q q_\mu+q^2\not q k_\mu\\
&\left.-q^2\gamma_\mu\not p\not q-q^4\gamma_\mu-2q\cdot k\gamma_\mu\not p\not q-2q\cdot kq^2\gamma_\mu\right\}\cdot L\,.
\end{aligned}
\tag{4.7}
$$

(3) **正比于** $1/M_W^4$ **的项:**

$$
\begin{aligned}
T3 = &\frac{1}{M_W^4}\left[(\not q+\not k)(\not p+\not q)\not q q_\mu(k-q)\cdot(k+q)+(\not q+\not k)(\not p+\not q)\not q q\cdot(q+k)(2q+k)_\mu\right.\\
&\left.-(\not q+\not k)(\not p+\not q)\not q(q+k)_\mu q\cdot(q+2k)\right]\cdot L\\
=&\frac{1}{M_W^4}(\not q+\not k)(\not p+\not q)\not q\left[k^2q_\mu-q\cdot k\,k_\mu\right]\cdot L\\
=&\frac{1}{M_W^4}\left[k^2q_\mu\not q\not p\not q+k^2q^2q_\mu\not q+k^2q_\mu\not k\not p\not q+k^2q^2q_\mu\not k-q\cdot kk_\mu\not q\not p\not q\right.\\
&\left.-q^2q\cdot kk_\mu\not q-q\cdot kk_\mu\not k\not p\not q-q^2q\cdot kk_\mu\not k\right]\cdot L\,.
\end{aligned}
\tag{4.8}
$$

如果我们把分子按照内线动量 q 的幂次展开,

$$
N=[N_0+N_1+N_2+N_3+N_4]\cdot L\,,
\tag{4.9}
$$

那么由式 (4.6)~(4.8) 可得

$$
\begin{aligned}
N_0 =&\not k\not p\gamma_\mu+(2-D)\not p k_\mu-2\gamma_\mu\not p\not k+\frac{1}{M_W^2}\left(\not k\not p\not k k_\mu-k^2\not k\not p\gamma_\mu\right)\\
=&\left(1-\frac{k^2}{M_W^2}\right)\not k\not p\gamma_\mu+(2-D)\not p k_\mu-2\gamma_\mu\not p\not k+\frac{1}{M_W^2}\not k\not p\not k k_\mu.
\end{aligned}
\tag{4.10}
$$

$$
\begin{aligned}
N_1 =&\not k\not q\gamma_\mu-\not q\not p\gamma_\mu+2(2-D)\not p q_\mu+(2-D)\not q k_\mu-\gamma_\mu\not p\not q-2\gamma_\mu\not q\not k\\
&+\frac{1}{M_W^2}\left[\not q\not p\not k k_\mu+\not k\not q\not k k_\mu-k^2\not q\not p\gamma_\mu-k^2\not k\not q\gamma_\mu\right]
\end{aligned}
$$

$$
\begin{aligned}
&= \left(1 - \frac{k^2}{M_W^2}\right) \not{k}\not{q}\gamma_\mu - \left(1 + \frac{k^2}{M_W^2}\right) \not{q}\not{p}\gamma_\mu + 2(2-D)\not{p}q_\mu + (2-D)\not{q}k_\mu \\
&\quad -\gamma_\mu\not{p}\not{q} - 2\gamma_\mu\not{q}\not{k} + \frac{1}{M_W^2}\left(\not{q}\not{p}\not{k}k_\mu + \not{k}\not{q}\not{k}k_\mu\right).
\end{aligned}
\tag{4.11}
$$

$$
\begin{aligned}
N_2 =& -2q^2\gamma_\mu + 2(2-D)\not{q}q_\mu \\
&+ \frac{1}{M_W^2}\left[q^2\not{k}\not{p}\gamma_\mu + q^2\not{k}k_\mu - k^2q^2\gamma_\mu - 2\not{k}\not{p}\not{q}q_\mu - \not{q}\not{p}\not{q}k_\mu + 2q\cdot k\gamma_\mu\not{p}\not{q}\right] \\
&+ \frac{1}{M_W^4}\left[\not{k}\not{p}\not{q}\left(k^2q_\mu - k\cdot q\, k_\mu\right)\right] \\
=& -\left(2 + \frac{k^2}{M_W^2}\right)q^2\gamma_\mu + 2(2-D)\not{q}q_\mu \\
&+ \frac{1}{M_W^2}\left[q^2\not{k}\not{p}\gamma_\mu + q^2\not{k}k_\mu - 2q_\mu\not{k}\not{p}\not{q} - \not{q}\not{p}\not{q}k_\mu + 2(q\cdot k)\gamma_\mu\not{p}\not{q}\right] \\
&+ \frac{1}{M_W^4}\left[\left(k^2q_\mu - k\cdot q\, k_\mu\right)\ \not{k}\not{p}\not{q}\right].
\end{aligned}
\tag{4.12}
$$

$$
\begin{aligned}
N_3 =& \quad \frac{2q^2q\cdot k}{M_W^2}\gamma_\mu + \frac{q^2\not{q}\not{p}\gamma_\mu + q^2\not{k}\not{q}\gamma_\mu - 2\not{q}\not{p}\not{q}q_\mu - 2q^2\not{k}q_\mu - q^2\not{q}k_\mu + q^2\gamma_\mu\not{p}\not{q}}{M_W^2} \\
&+ \frac{1}{M_W^4}\cdot\left(\not{q}\not{p}\not{q} + q^2\not{k}\right)\left(k^2q_\mu - k\cdot q\, k_\mu\right).
\end{aligned}
\tag{4.13}
$$

$$
N_4 = \frac{1}{M_W^2}\left[2q^4\gamma_\mu - 2q^2\not{q}q_\mu\right] + \frac{1}{M_W^4}\cdot q^2\cdot\not{q}\left(k^2q_\mu - k\cdot q\, k_\mu\right). \tag{4.14}
$$

现在对式 (4.3) 中的分母做费恩曼参数化：由公式

$$
\frac{1}{a_1a_2a_3} = \Gamma(3)\int_0^1 \mathrm{d}x \int_0^{1-x} \mathrm{d}y \frac{1}{\left[a_1x + a_2y + a_3(1-x-y)\right]^3} \tag{4.15}
$$

若取

$$
\begin{aligned}
a_1 &= (p+q)^2 - m_i^2, \\
a_2 &= (q+k)^2 - M_W^2, \\
a_3 &= q^2 - M_W^2,
\end{aligned}
\tag{4.16}
$$

那么有

$$
a_1x + a_2y + a_3(1-x-y) \quad = \quad q^2 - 2q\cdot F - \Delta. \tag{4.17}
$$

其中

$$F = -(px + ky), \qquad F^2 = p^2x^2 + k^2y^2 + 2xyp \cdot k, \tag{4.18}$$

$$\Delta = (1-x)M_W^2 + xm_i^2 - xp^2 - yk^2, \tag{4.19}$$

$$\mathcal{D} = \Delta + F^2 = (1-x)M_W^2 + xm_i^2 - x(1-x)p^2 - y(1-y)k^2 + 2xyp \cdot k. \tag{4.20}$$

所以，顶角函数可以写为

$$V_\mu(p,k) = -ieg^2 \sum_i \lambda_i \int_0^1 \mathrm{d}x \int_0^{1-x} \mathrm{d}y \int \frac{\mathrm{d}^D q}{(2\pi)^D} \frac{\sum_{i=0}^{4} N_i}{[q^2 - 2q \cdot F - \Delta]^3} \cdot L. \tag{4.21}$$

采用维数正规化，并做代换 $g^2 \int \frac{\mathrm{d}^4 q}{(2\pi)^4} \longrightarrow g_r^2 \mu^{2\epsilon} \int \frac{\mathrm{d}^D q}{(2\pi)^D}$。为了简洁，仍把 g_r^2 记作 g^2，则式 (4.21) 写为

$$\begin{aligned} V_\mu(p,k) &= -ieg^2 \sum_i \lambda_i \int_0^1 \mathrm{d}x \int_0^{1-x} \mathrm{d}y \mu^{2\epsilon} \int \frac{\mathrm{d}^D q}{(2\pi)^D} \frac{\sum_{i=0}^{4} N_i}{[q^2 - 2q \cdot F - \Delta]^3} \cdot L \\ &= -ieg^2 \sum_i \lambda_i \int_0^1 \mathrm{d}x \int_0^{1-x} \mathrm{d}y \left(\sum_{i=0}^{4} I_i \right) \cdot L, \end{aligned} \tag{4.22}$$

其中积分 I_i 为

$$I_i = \mu^{2\epsilon} \int \frac{\mathrm{d}^D q}{(2\pi)^D} \frac{N_i}{[q^2 - 2q \cdot F - \Delta]^3}. \tag{4.23}$$

首先，N_0 与 q 无关，

$$\begin{aligned} I_0 &= \mu^{2\epsilon} \int \frac{\mathrm{d}^D q}{(2\pi)^D} \frac{N_0}{[q^2 - 2q \cdot F - \Delta]^3} \\ &= -\frac{i}{32\pi^2} \left\{ \left(1 - \frac{k^2}{M_W^2}\right) \not{k}\not{p}\gamma_\mu - 2\not{p}k_\mu - 2\gamma_\mu \not{p}\not{k} + \frac{k_\mu}{M_W^2} \left(2p \cdot k\not{k} - k^2 \not{p}\right) \right\} \cdot \mathcal{D}^{-1} \\ &= -\frac{i}{32\pi^2 \mathcal{D}} \left\{ -\left(2 + \frac{k^2}{M_W^2}\right) \not{p}k_\mu + \frac{2p \cdot k}{M_W^2} \not{k}k_\mu \right. \\ &\quad \left. + \left(1 - \frac{k^2}{M_W^2}\right) \not{k}\not{p}\gamma_\mu - 2\gamma_\mu \not{p}\not{k} \right\}. \end{aligned} \tag{4.24}$$

N_1 项正比于 q，对 q 积分后可得：

$$
\begin{aligned}
I_1 =& \mu^{2\epsilon}\int\frac{\mathrm{d}^Dq}{(2\pi)^D}\frac{N_1}{[q^2-2q\cdot F-\Delta]^3}\\
=& -\frac{i}{32\pi^2}\left\{\left(1-\frac{k^2}{M_W^2}\right)\not{k}\not{F}\gamma_\mu-\left(1+\frac{k^2}{M_W^2}\right)\not{F}\not{p}\gamma_\mu-4\not{p}F_\mu-2\not{F}k_\mu\right.\\
&\left.-\gamma_\mu\not{p}\not{F}-2\gamma_\mu\not{F}\not{k}+\frac{1}{M_W^2}\left(\not{F}\not{p}\not{k}k_\mu+\not{k}\not{F}\not{k}k_\mu\right)\right\}\cdot\mathcal{D}^{-1}\\
=& -\frac{i}{32\pi^2}\left\{\left[\left(2+\frac{k^2}{M_W^2}\right)xp^2+\left(1+\frac{k^2}{M_W^2}\right)yk^2\right]\gamma_\mu\right.\\
&+\left[4xp_\mu+2(x+2y)k_\mu+\frac{k^2k_\mu}{M_W^2}(x+y)\right]\not{p}\\
&+\left[2yk_\mu-\left(xp^2+yk^2+2p\cdot k(x+y)\right)\frac{k_\mu}{M_W^2}\right]\not{k}\\
&\left.+\left[(-x+y)+\frac{k^2(x+y)}{M_W^2}\right]\not{k}\not{p}\gamma_\mu+[2x+y]\,\gamma_\mu\not{p}\not{k}\right\}\cdot\mathcal{D}^{-1}.
\end{aligned}
\tag{4.25}
$$

N_2 项正比于 q^2，积分可以写成：

$$
\begin{aligned}
I_2 =& \mu^{2\epsilon}\int\frac{\mathrm{d}^Dq}{(2\pi)^D}\frac{N_2}{[q^2-2q\cdot F-\Delta]^3}\\
=& \mu^{2\epsilon}\int\frac{\mathrm{d}^Dq}{(2\pi)^D}\frac{q^2}{[\cdots]^3}\left[-\left(2+\frac{k^2}{M_W^2}\right)\gamma_\mu+\frac{1}{M_W^2}\left(\not{k}\not{p}\gamma_\mu+\not{k}k_\mu\right)\right]\\
&+2(2-D)\mu^{2\epsilon}\int\frac{d^Dq}{(2\pi)^D}\frac{q_\mu q_\alpha}{[\cdots]^3}\gamma^\alpha\\
&+\frac{1}{M_W^2}\mu^{2\epsilon}\int\frac{\mathrm{d}^Dq}{(2\pi)^D}\frac{q_\alpha q_\beta}{[\cdots]^3}\left[-\gamma^\alpha\not{p}\gamma^\beta k_\mu+2k_\alpha\gamma_\mu\not{p}\gamma^\beta\right]\\
&+\left(\frac{k^2}{M_W^4}-\frac{2}{M_W^2}\right)\mu^{2\epsilon}\int\frac{\mathrm{d}^Dq}{(2\pi)^D}\frac{q_\mu q_\alpha}{[\cdots]^3}\not{k}\not{p}\gamma^\alpha\\
&-\frac{1}{M_W^4}\mu^{2\epsilon}\int\frac{\mathrm{d}^Dq}{(2\pi)^D}\frac{q_\alpha q_\beta}{[\cdots]^3}k_\alpha k_\mu\not{k}\not{p}\gamma^\beta.
\end{aligned}
\tag{4.26}
$$

使用附录 D 中的积分公式，积分后可得

$$
\begin{aligned}
I_2 =& -\frac{i}{32\pi^2}\left\{\left[1-2\overline{\Gamma}(\epsilon)+F^2\mathcal{D}^{-1}\right]\left[-\left(2+\frac{k^2}{M_W^2}\right)\gamma_\mu+\frac{1}{M_W^2}\left(\not{k}\not{p}\gamma_\mu+\not{k}k_\mu\right)\right]\right.\\
&+\left[2(\overline{\Gamma}(\epsilon)-2)\gamma_\mu-4F_\mu\not{F}\mathcal{D}^{-1}\right]\\
&+\frac{1}{M_W^2}\left[\not{p}k_\mu-\left(\gamma_\mu\not{p}\not{k}+\not{p}k_\mu\right)\overline{\Gamma}(\epsilon)+\left(2F\cdot k\gamma_\mu\not{p}\not{F}-\not{F}\not{p}\not{F}k_\mu\right)\mathcal{D}^{-1}\right]
\end{aligned}
$$

$$+\left(\frac{k^2}{M_W^4}-\frac{2}{M_W^2}\right)\left[-\frac{1}{2}\overline{\Gamma}(\epsilon)\not{k}\not{p}\gamma_\mu+F_\mu\not{k}\not{p}F\mathcal{D}^{-1}\right]$$
$$-\frac{1}{M_W^4}\left[-\frac{k_\mu}{2}\not{k}\not{p}\not{k}\,\overline{\Gamma}(\epsilon)+F\cdot k\,k_\mu\not{k}\not{p}F\mathcal{D}^{-1}\right]\Bigg\},\tag{4.27}$$

其中

$$\overline{\Gamma}(\epsilon)=\Gamma(\epsilon)-\ln\frac{\mathcal{D}}{4\pi\mu^2}.\tag{4.28}$$

取 $\epsilon\to 0$ 极限，并把与 m_i 无关的量扔掉后可得

$$I_2=-\frac{i}{32\pi^2}\Bigg\{\Bigg[-2\left(3+\frac{k^2}{M_W^2}\right)\cdot\gamma_\mu+\left(\frac{k_\mu}{M_W^2}+\frac{k^2k_\mu}{2M_W^4}\right)\cdot\not{p}+\left(\frac{2k_\mu}{M_W^2}-\frac{p\cdot k\,k_\mu}{M_W^4}\right)\cdot\not{k}$$
$$+\frac{1}{M_W^2}\cdot\gamma_\mu\not{p}\not{k}+\left(\frac{1}{M_W^2}+\frac{k^2}{2M_W^4}\right)\cdot\not{k}\not{p}\gamma_\mu\Bigg]\cdot\ln\mathcal{D}$$
$$+\mathcal{D}^{-1}\cdot\left[-\left(2+\frac{k^2}{M_W^2}\right)F^2+\frac{2p^2}{M_W^2}\left(x^2p\cdot k+xyk^2\right)\right]\cdot\gamma_\mu$$
$$+\mathcal{D}^{-1}\cdot\Bigg[-4x^2p_\mu-4xyk_\mu-\frac{1}{M_W^2}x^2p^2k_\mu+\frac{k^2}{M_W^2}\left(2xyp_\mu+3y^2k_\mu\right)$$
$$-\frac{xyk^2}{M_W^4}\left(k^2p_\mu-p\cdot k\,k_\mu\right)\Bigg]\cdot\not{p}$$
$$-\mathcal{D}^{-1}\cdot\Bigg[4xyp_\mu+4y^2k_\mu+\frac{1}{M_W^2}\left(2x^2p^2p_\mu+4xyp^2k_\mu-F^2k_\mu\right)$$
$$+\frac{2p\cdot k}{M_W^2}\left(2xyp_\mu+3y^2k_\mu\right)-\frac{x^2p^2+2xyp\cdot k}{M_W^4}\left(k^2p_\mu-p\cdot k\,k_\mu\right)\Bigg]\cdot\not{k}$$
$$+\frac{F^2}{M_W^2}\mathcal{D}^{-1}\cdot\not{k}\not{p}\gamma_\mu+\frac{2}{M_W^2}\left(xyp\cdot k+y^2k^2\right)\mathcal{D}^{-1}\cdot\gamma_\mu\not{p}\not{k}\Bigg\},\tag{4.29}$$

其中 F 和 F^2 的表达式已经在式 (4.18) 中给出。

现在计算 I_3:

$$I_3=\mu^{2\epsilon}\int\frac{\mathrm{d}^Dq}{(2\pi)^D}\frac{1}{[\cdots]^3}\Bigg\{\frac{1}{M_W^2}\Big[q^2\not{q}\not{p}\gamma_\mu+q^2\not{k}\not{q}\gamma_\mu-2\not{q}\not{p}\not{k}q_\mu$$
$$-2q^2\not{k}q_\mu-q^2\not{q}k_\mu+q^2\gamma_\mu\not{p}\not{q}+2q^2(q\cdot k)q_\mu\Big]$$
$$+\frac{1}{M_W^4}\left(\not{q}\not{p}\not{q}+q^2\not{k}\right)\left(k^2q_\mu-k\cdot qk_\mu\right)\Bigg\}.\tag{4.30}$$

使用附录 D 中的积分公式积分，取 $\epsilon\to 0$ 极限，并把与 m_i 无关的量扔掉后可

得

$$
\begin{aligned}
I_3 = & -\frac{i}{32\pi^2}\left\{-\left[\frac{4xp^2+9yk^2+6x(p\cdot k)}{M_W^2}+\frac{xp^2k^2}{M_W^4}\right]\cdot\gamma_\mu\right.\\
& +\left[\frac{3xk_\mu-2xp_\mu-2yk_\mu}{M_W^2}+\frac{xk^2p_\mu-(yk^2+xp\cdot k)k_\mu}{M_W^4}\right]\cdot\not{p}\\
& +\left[\frac{9yk_\mu+6xp_\mu}{M_W^2}+\frac{(xp^2+(3x+2y)p\cdot k)k_\mu-3xk^2p_\mu}{M_W^4}\right]\cdot\not{k}\\
& \left.-\left[\frac{3x+2y}{M_W^2}+\frac{yk^2}{2M_W^4}\right]\cdot\not{k}\not{p}\gamma_\mu-\left[\frac{2y}{M_W^2}+\frac{yk^2}{2M_W^4}\right]\cdot\gamma_\mu\not{p}\not{k}\right\}\cdot\ln\mathcal{D}\\
& -\frac{i}{32\pi^2}\left\{-\frac{1}{M_W^2}\left[2xp^2+3yk^2+2x(p\cdot k)\right]F^2\cdot\gamma_\mu\right.\\
& +\frac{1}{M_W^2}\left[xF^2k_\mu+2x^3p^2p_\mu+2x^2yp^2k_\mu-2y^2k^2(xp_\mu+yk_\mu)\right]\cdot\not{p}\\
& +\frac{1}{M_W^4}\left[\left(-x^3k^2p^2+xy^2k^4\right)p_\mu+\left(x^3p^2-xy^2k^2\right)p\cdot k\,k_\mu\right]\cdot\not{p}\\
& +\frac{1}{M_W^2}\left[(2xp_\mu+3yk_\mu)F^2+4xyp^2(xp_\mu+yk_\mu)+4y^2p\cdot k\,(xp_\mu+yk_\mu)\right]\cdot\not{k}\\
& +\frac{1}{M_W^4}\left[-\left(xk^2F^2+2x^2yp^2k^2+2xy^2k^2p\cdot k\right)p_\mu\right.\\
& \left.+\left(xp\cdot kF^2+2x^2yp^2p\cdot k+2xy^2(p\cdot k)^2\right)k_\mu\right]\cdot\not{k}\\
& \left.-\frac{x+y}{M_W^2}F^2\cdot\not{k}\not{p}\gamma_\mu-\frac{y}{M_W^2}F^2\cdot\gamma_\mu\not{p}\not{k}\right\}\cdot\mathcal{D}^{-1}.
\end{aligned}
\tag{4.31}
$$

现在计算 I_4:

$$
\begin{aligned}
I_4 = & \mu^{2\epsilon}\int\frac{\mathrm{d}^Dq}{(2\pi)^D}\frac{1}{[\cdots]^3}\cdot\left[\frac{2}{M_W^2}\left(q^4\gamma_\mu-q^2q_\mu\not{q}\right)+\frac{1}{M_W^4}q^2\not{q}\left(k^2q_\mu-k\cdot qk_\mu\right)\right]\\
= & -\frac{i}{32\pi^2}\left\{\left[\frac{1}{M_W^2}\left(-9\overline{\Gamma}(\epsilon)\mathcal{D}+11F^2\ln\mathcal{D}+2F^4\mathcal{D}^{-1}\right)\right.\right.\\
& \left.+\frac{k^2}{2M_W^4}\left(-(2+3\overline{\Gamma}(\epsilon))\mathcal{D}+F^2\ln\mathcal{D}\right)\right]\cdot\gamma_\mu\\
& +\left[\left(\frac{2}{M_W^2}-\frac{k^2}{M_W^4}\right)\left(4xF_\mu\cdot\ln\mathcal{D}+xF_\mu F^2\cdot\mathcal{D}^{-1}\right)\right.\\
& \left.+\frac{k_\mu}{M_W^4}\left(4xF\cdot k\,\ln\mathcal{D}+xF\cdot kF^2\mathcal{D}^{-1}\right)\right]\cdot\not{p}\\
& +\left\{\frac{k_\mu}{2M_W^4}\left(2+3\overline{\Gamma}(\epsilon)\right)\mathcal{D}+\left[\left(\frac{2}{M_W^2}-\frac{k^2}{M_W^4}\right)4yF_\mu-\frac{k_\mu}{2M_W^4}\left(F^2-8yF\cdot k\right)\right]\ln\mathcal{D}\right.\\
& \left.\left.+\left[\left(\frac{2}{M_W^2}-\frac{k^2}{M_W^4}\right)yF_\mu F^2+\frac{k_\mu}{M_W^4}yF\cdot kF^2\right]\mathcal{D}^{-1}\right\}\cdot\not{k}\right\}.
\end{aligned}
\tag{4.32}
$$

取 $\epsilon \to 0$ 极限, 并把与 m_i 无关的量 (F, F^2, etc) 扔掉后可以对上式作进一步简化。

考虑到每一个 I_i 都有一个公共因子 $-i/(32\pi^2)$，把该因子抽出来，与式 (4.22) 中积分号前的因子合成为一个因子

$$\mathcal{C}' = -\frac{eg^2}{32\pi^2} \sum_{i=u,c,t} \lambda_i. \tag{4.33}$$

这时，顶角函数 $V_\mu(p,k)$ 可以写成

$$V_\mu(p,k) = \mathcal{C}' \int_0^1 \mathrm{d}x \int_0^{1-x} \mathrm{d}y \left(\sum_{i=0}^{4} I_i' \right) \cdot L. \tag{4.34}$$

其中 I_i' 表示抽出公共因子 $-i/(32\pi^2)$ 后剩下的 I_i 函数。

考虑式 (4.24)~(4.32)，把 5 个 I_i' 函数加起来，然后做分解：

(1) **正比于 $\gamma_\mu L$ 的项的系数：**

$$\begin{aligned}
&\left[2xp^2 + yk^2 + \frac{k^2(xp^2 + yk^2)}{M_W^2}\right] \cdot \mathcal{D}^{-1} \\
&-2\left(3 + \frac{k^2}{M_W^2}\right) \cdot \ln \mathcal{D} + \left[-2F^2 + \frac{1}{M_W^2}\left(-k^2F^2 + 2x^2p^2p\cdot k + 2xyp^2k^2\right)\right] \cdot \mathcal{D}^{-1} \\
&-\left[\frac{4xp^2 + 9yk^2 + 6x(p\cdot k)}{M_W^2} + \frac{xp^2k^2}{M_W^4}\right] \cdot \ln \mathcal{D} - \frac{F^2}{M_W^2}\left[2xp^2 + 3yk^2 + 2x(p\cdot k)\right] \cdot \mathcal{D}^{-1} \\
&-\frac{9}{M_W^2}\overline{\Gamma}(\epsilon)\mathcal{D} + \frac{11}{M_W^2}F^2 \ln \mathcal{D} + \frac{2}{M_W^2 \mathcal{D}}F^4 \\
&+\frac{k^2}{2M_W^4}\left[-(2 + 3\overline{\Gamma}(\epsilon))\mathcal{D} + F^2 \ln \mathcal{D}\right].
\end{aligned} \tag{4.35}$$

合并同类项可得

$$\begin{aligned}
&-\frac{9}{M_W^2}\overline{\Gamma}(\epsilon)\mathcal{D} - \frac{k^2}{2M_W^4}\left(2 + 3\overline{\Gamma}(\epsilon)\right)\mathcal{D} \\
&+\left[-6 - \frac{1}{M_W^2}\left(2k^2 + 4xp^2 + 9yk^2 + 6x(p\cdot k) - 11F^2\right)\right. \\
&\left.-\frac{1}{M_W^4}\left(xp^2k^2 - \frac{1}{2}k^2F^2\right)\right] \cdot \ln \mathcal{D} \\
&+\left\{2xp^2 + yk^2 + \frac{1}{M_W^2}\left(xp^2k^2 + yk^4 + 2x^2p^2p\cdot k + 2xyp^2k^2\right) - 2F^2\right. \\
&\left.+\frac{1}{M_W^2}\left[2F^4 - F^2\left(k^2 + 2xp^2 + 3yk^2 + 2x(p\cdot k)\right)\right]\right\} \cdot \mathcal{D}^{-1}.
\end{aligned} \tag{4.36}$$

考虑 CKM 矩阵的幺正性，上式进一步化简为

$$
\begin{aligned}
&-\left[\left(9+\frac{3k^2}{2M_W^2}\right)\tilde{\Gamma}(\epsilon)+\frac{k^2}{M_W^2}\right]xx_i+\left(9+\frac{3k^2}{2M_W^2}\right)\mathcal{D}_0\ln\mathcal{D}_0\\
&-\left\{6+\frac{1}{M_W^2}\left[(6x-22xy)p\cdot k+x(4-11x)p^2+(2+9y-11y^2)k^2\right]\right.\\
&\left.-\frac{k^2}{M_W^4}\left[xp^2-\frac{1}{2}F^2\right]\right\}\cdot\ln\mathcal{D}_0\\
&+\left\{\frac{1}{M_W^2}\left[2x(1-x)p^2+(y-2y^2)k^2-4xyp\cdot k\right]\right.\\
&+\frac{1}{M_W^4}\left[-2x^3(1-x)p^4+\left(x-x^2+2xy-2xy^2-3x^2y+4x^2y^2\right)p^2k^2\right.\\
&+2x^2(1-x-2y+4xy)p^2p\cdot k-4x^2y(1-2y)(p\cdot k)^2\\
&\left.\left.-\left(2xy+8xy^2-8xy^3\right)k^2p\cdot k+\left(y-y^2-3y^3+2y^4\right)k^4\right]\right\}\cdot\mathcal{D}_0^{-1},
\end{aligned}
\tag{4.37}
$$

其中 $\tilde{\Gamma}(\epsilon)=\Gamma(\epsilon)-\ln\dfrac{M_W^2}{4\pi\mu^2}$ 与式 (4.28) 中定义的 $\overline{\Gamma}(\epsilon)=\Gamma(\epsilon)-\ln\dfrac{\mathcal{D}}{4\pi\mu^2}$ 不一样。上式中第一项为发散项，

$$
\mathcal{D}_0=(1-x)+xx_i-x(1-x)\frac{p^2}{M_W^2}-y(1-y)\frac{k^2}{M_W^2}+2xy\frac{p\cdot k}{M_W^2},\tag{4.38}
$$

$$
\overline{\Gamma}(\epsilon)=\Gamma(\epsilon)-\ln\frac{\mathcal{D}}{4\pi\mu^2}=\tilde{\Gamma}(\epsilon)-\ln\mathcal{D}_0,\tag{4.39}
$$

其中 $x_i=m_i^2/M_W^2$。

(2) **正比于 $\not{p}L/M_W^2$ 的项的系数：**

$$
\begin{aligned}
&-\left(2M_W^2k_\mu+k^2k_\mu\right)\cdot\mathcal{D}^{-1}\\
&+\left[4xM_W^2p_\mu+(2x+4y)M_W^2k_\mu+k^2k_\mu(x+y)\right]\cdot\mathcal{D}^{-1}\\
&+\left(k_\mu+\frac{k^2k_\mu}{2M_W^2}\right)\ln\mathcal{D}\\
&+\left[4xF_\mu M_W^2+\left(2xyk^2p_\mu+(-x^2p^2+3y^2k^2)k_\mu\right)-\frac{xyk^2}{M_W^2}\left(k^2p_\mu-p\cdot kk_\mu\right)\right]\cdot\mathcal{D}^{-1}\\
&+\left[-2xp_\mu+(3x-2y)k_\mu+\frac{xk^2p_\mu-(yk^2+xp\cdot k)k_\mu}{M_W^2}\right]\cdot\ln\mathcal{D}\\
&+\left\{xF^2k_\mu+2x^2yp^2k_\mu+2x^3p^2p_\mu+2y^2k^2F_\mu\right.\\
&\left.+\frac{1}{M_W^2}\left[\left(-x^3k^2p^2+xy^2k^4\right)p_\mu+\left(x^3p^2-xy^2k^2\right)p\cdot kk_\mu\right]\right\}\mathcal{D}^{-1}
\end{aligned}
$$

$$
\begin{aligned}
&+\left(2-\frac{k^2}{M_W^2}\right)\left[4xF_\mu \ln\mathcal{D}+xF_\mu F^2\mathcal{D}^{-1}\right] \\
&+\frac{k_\mu}{M_W^2}\left(4xF\cdot k\ln\mathcal{D}+xF\cdot kF^2\mathcal{D}^{-1}\right).
\end{aligned}\tag{4.40}
$$

合并同类项可得

$$
\begin{aligned}
&\Big\{\left(-2+2x+4y-4xy\right)M_W^2+\left(-1+x+y+3y^2-2y^3\right)k^2-x^2\left(1-2y\right)p^2 \\
&+x(1-2y)F^2+\frac{1}{M_W^2}\left(xyk^2+x^3p^2-xy^2k^2-x^2F^2\right)p\cdot k\Big\}\cdot k_\mu\mathcal{D}^{-1} \\
&+\Big\{\left(4x-4x^2\right)M_W^2+\left(2xyk^2+2x^3p^2-2xy^2k^2-2x^2F^2\right) \\
&+\frac{xk^2}{M_W^2}\left(-yk^2-x^2p^2+y^2k^2+xF^2\right)\Big\}\cdot p_\mu\mathcal{D}^{-1} \\
&+\left\{1+3x-2y-8xy+\frac{1}{2M_W^2}\left(k^2-2yk^2-2xp\cdot k-8x^2p\cdot k\right)\right\}\cdot k_\mu\ln\mathcal{D}_0 \\
&+\left[-2x-8x^2+\frac{1}{M_W^2}\left(xk^2+4x^2k^2\right)\right]\cdot p_\mu\ln\mathcal{D}_0.
\end{aligned}\tag{4.41}
$$

(3) **正比于 $\not{k}L/M_W^2$ 的项的系数:**

$$
\begin{aligned}
&\Big\{(2y-4y^2)M_W^2+(1-x-y-6y^2+4y^3)p\cdot k \\
&-yk^2-xp^2(1+4y-4y^2)+(1+3y-2y^2)F^2 \\
&+\frac{1}{M_W^2}\left[(1-y)xp\cdot kF^2-(1-2y)x^2p^2p\cdot k-2xy(1-y)(p\cdot k)^2\right]\Big\}\cdot k_\mu\mathcal{D}^{-1} \\
&\left\{2+9y-8y^2+\frac{1}{M_W^2}\left[xp^2-\frac{F^2}{2}-(1-3x-2y+4xy)p\cdot k\right]\right\}\cdot k_\mu\ln\mathcal{D}_0 \\
&+\left[\left(1+\frac{3}{2}\tilde{\Gamma}(\epsilon)\right)xx_i-\frac{3}{2}\mathcal{D}_0\ln\mathcal{D}_0\right]\cdot k_\mu \\
&+\Big\{-4xyM_W^2-2x^2(1-2y)p^2-4(1-y)xyp\cdot k+2x(1-y)F^2 \\
&\frac{1}{M_W^2}\left[x^2(1-2y)p^2k^2+2xy(1-y)k^2p\cdot k-x(1-y)k^2F^2\right]\Big\}\cdot p_\mu\mathcal{D}^{-1} \\
&+\left\{6x-8xy-\frac{k^2}{M_W^2}(3x-4xy)\right\}\cdot p_\mu\ln\mathcal{D}_0.
\end{aligned}\tag{4.42}
$$

其中的发散项来自 I_4 项，表达式为

$$
\left(1+\frac{3}{2}\tilde{\Gamma}(\epsilon)\right)xx_i.\tag{4.43}
$$

(4) **正比于 $\not{k}\not{p}\gamma_\mu L/M_W^2$ 项的系数：**

$$\begin{aligned}&\left[(1-3x-2y)+\frac{k^2}{2M_W^2}(1-y)\right]\ln\mathcal{D}_0\\&+\left[(1-x+y)M_W^2+(1-x-y)(F^2-k^2)\right]\mathcal{D}^{-1}.\end{aligned}\tag{4.44}$$

(5) **正比于 $\gamma_\mu\not{p}\not{k}L/M_W^2$ 项的系数：**

$$\begin{aligned}&-2M_W^2\mathcal{D}^{-1}+(2x+y)M_W^2\mathcal{D}^{-1}+\ln\mathcal{D}+2\left(xyp\cdot k+y^2k^2\right)\mathcal{D}^{-1}\\&-2y\ln\mathcal{D}-yF^2\mathcal{D}^{-1}-\frac{yk^2}{2M_W^2}\ln\mathcal{D}\\=&\left(-2+2x+y\right)M_W^2\mathcal{D}^{-1}+\left(1-2y-\frac{yk^2}{2M_W^2}\right)\ln\mathcal{D}_0\\&+\left[-x^2yp^2+(2y^2-y^3)k^2+2xy(1-y)p\cdot k\right]\cdot\mathcal{D}^{-1}.\end{aligned}\tag{4.45}$$

这样，我们可以把没有重正化的顶角函数 $V_\mu(p,k)$ 写成

$$\begin{aligned}V_\mu(p,k)=&-\frac{eg^2}{32\pi^2}\sum_i\lambda_i\cdot\Big\{S_0\gamma_\mu L\\&+\left[S_1\not{p}p_\mu+S_2\not{p}k_\mu+S_3\not{k}p_\mu+S_4\not{k}k_\mu+S_5\not{k}\not{p}\gamma_\mu+S_6\gamma_\mu\not{p}\not{k}\right]\frac{L}{M_W^2}\Big\},\end{aligned}\tag{4.46}$$

其中

$$S_i=\int_0^1\mathrm{d}x\int_0^{1-x}\mathrm{d}y\cdot H_i.\tag{4.47}$$

根据前面的计算，可以给出各个 H_i 函数的表达式。

我们首先对式 (4.37)~(4.45) 的各个项做讨论，定义并导出 H_i 的表达式。

(1) 考虑式 (4.37) 所表示的正比于 $\gamma_\mu L$ 的项的系数。把第一项发散项抽出来，并对该项做积分可得

$$\begin{aligned}C_{div}=&\int_0^1\mathrm{d}x\int_0^{1-x}\mathrm{d}y\left[-\left(9+\frac{3k^2}{2M_W^2}\right)\tilde{\Gamma}(\epsilon)-\frac{k^2}{M_W^2}\right]xx_i\\=&-\frac{1}{6}\left[\left(9+\frac{3k^2}{2M_W^2}\right)\tilde{\Gamma}(\epsilon)+\frac{k^2}{M_W^2}\right]x_i.\end{aligned}\tag{4.48}$$

(2) 在式 (4.42) 中，还有一个正比于 $\not{k}k_\mu L/M_W^2$ 的发散项，对该项做积分可得

$$D_{div}=\int_0^1\mathrm{d}x\int_0^{1-x}\mathrm{d}y\left(1+\frac{3}{2}\tilde{\Gamma}(\epsilon)\right)xx_i=\frac{1}{6}\left(1+\frac{3}{2}\tilde{\Gamma}(\epsilon)\right)x_i.\tag{4.49}$$

由于 $V_\mu(p,k)$ 表达式中没有更多的发散项，C_{div} 和 D_{div} 就是顶角函数 $V_\mu(p,k)$ 的发散部分。

(3) 对发散部分作进一步处理。

$$
\begin{aligned}
C_{dir}\cdot\gamma_\mu L+D_{div}\cdot\not{k}k_\mu\frac{L}{M_W^2}=&-\frac{1}{6}\left[\left(9+\frac{3k^2}{2M_W^2}\right)\tilde{\Gamma}(\epsilon)+\frac{k^2}{M_W^2}\right]x_i\cdot\gamma_\mu L\\
&+\frac{1}{6}\left(1+\frac{3}{2}\tilde{\Gamma}(\epsilon)\right)x_i\cdot\not{k}k_\mu\frac{L}{M_W^2}\\
=&-\frac{3}{2}\tilde{\Gamma}(\epsilon)x_i\gamma_\mu L+\frac{1}{4}\tilde{\Gamma}(\epsilon)\left(\not{k}k_\mu-k^2\gamma_\mu\right)x_i\,\frac{L}{M_W^2}\\
&-\frac{1}{6}\left(\not{k}k_\mu-k^2\gamma_\mu\right)x_i\,\frac{L}{M_W^2}\\
=&-\frac{3}{2}\tilde{\Gamma}(\epsilon)x_i\gamma_\mu L+\left[\frac{1}{4}\tilde{\Gamma}(\epsilon)+\frac{1}{6}\right]\left(\not{k}k_\mu-k^2\gamma_\mu\right)x_i\,\frac{L}{M_W^2}\\
=&-\left[\frac{3}{4-D}-\frac{3}{2}\ln\frac{e^\gamma M_W^2}{4\pi\mu^2}\right]\cdot x_i\,\gamma_\mu L\\
&+\left[\frac{1}{2}\frac{1}{4-D}-\frac{1}{4}\ln\frac{e^\gamma M_W^2}{4\pi\mu^2}+\frac{1}{6}\right]\left(\not{k}k_\mu-k^2\gamma_\mu\right)x_i\,\frac{L}{M_W^2},
\end{aligned}\tag{4.50}
$$

其中已用到 $D=4-2\epsilon$，

$$
\tilde{\Gamma}(\epsilon)=\overline{\Gamma}(\epsilon)-\ln\frac{M_W^2}{4\pi\mu^2}=\frac{2}{4-D}-\ln\frac{e^\gamma M_W^2}{4\pi\mu^2}.\tag{4.51}
$$

把式 (4.37) 的剩余部分定义为 H_0

$$
\begin{aligned}
H_0=&-\left\{6+\frac{1}{M_W^2}\left[(6x-22xy)p\cdot k+x(4-11x)p^2+(2+9y-11y^2)k^2\right]\right.\\
&\left.-\frac{k^2}{M_W^4}\left(xp^2-\frac{1}{2}x^2p^2-\frac{1}{2}y^2k^2-xyp\cdot k\right)\right\}\cdot\ln\mathcal{D}_0+\left(9+\frac{3}{2}\frac{k^2}{M_W^2}\right)\mathcal{D}_0\ln\mathcal{D}_0\\
&+\frac{1}{M_W^2\mathcal{D}_0}\left[2x(1-x)p^2+(y-2y^2)k^2-4xyp\cdot k\right]\\
&+\frac{1}{M_W^4\mathcal{D}_0}\left[-2x^3(1-x)p^4+\left(x-x^2+2xy-2xy^2-3x^2y+4x^2y^2\right)p^2k^2\right.\\
&+2x^2(1-x-2y+4xy)p^2p\cdot k-4x^2y(1-2y)(p\cdot k)^2\\
&\left.-\left(2xy+8xy^2-8xy^3\right)k^2p\cdot k+\left(y-y^2-3y^3+2y^4\right)k^4\right].
\end{aligned}\tag{4.52}
$$

(4) 由式 (4.41) 可定义 H_1,H_2 为

$$
\begin{aligned}
H_1=&-\left[\left(2x+8x^2\right)-\left(x+4x^2\right)\frac{k^2}{M_W^2}\right]\cdot\ln\mathcal{D}_0+4x(1-x)\cdot\mathcal{D}_0^{-1}\\
&+\frac{1}{M_W^2}\left[2x^3(1-x)p^2+2xy(1-y-xy)k^2-4x^3yp\cdot k\right]\cdot\mathcal{D}_0^{-1},
\end{aligned}\tag{4.53}
$$

$$
\begin{aligned}
H_2 = & \left[(1+3x-2y-8xy) - \frac{1}{M_W^2}\left((x+4x^2)p\cdot k - (\frac{1}{2}-y)k^2\right)\right]\cdot \ln \mathcal{D}_0 \\
& + (-2+2x+4y-4xy)\cdot \mathcal{D}_0^{-1} \\
& + \left\{\frac{1}{M_W^2}\left[\left(-1+x+y+3y^2+xy^2-2y^3-2xy^3\right)k^2\right.\right. \\
& \left. + x^2\left(-1+x+2y-2xy\right)p^2 + 2x^2y(1-2y)p\cdot k\right] \\
& \left. + \frac{1}{M_W^4}(p\cdot k)\left[x^3(1-x)p^2 + xy(1-y-xy)k^2 - 2x^3yp\cdot k\right]\right\}\cdot \mathcal{D}_0^{-1}. \quad (4.54)
\end{aligned}
$$

(5) 由式 (4.42) 可定义 H_3, H_4 为

$$
\begin{aligned}
H_3 = & \mathcal{D}_0^{-1}\left\{-4xy + \frac{1}{M_W^2}\left[\left(-2x^2+2x^3-2x^3y+4x^2y\right)p^2 + \left(2xy^2-2xy^3\right)k^2\right.\right. \\
& \left. -4\left(xy-x^2y-xy^2+x^2y^2\right)p\cdot k\right] \\
& \left. + \frac{k^2}{M_W^4}\left[x^2(1-x-2y+xy)p^2 - xy^2(1-y)k^2 + 2xy(1-x-y+xy)p\cdot k\right]\right\} \\
& + \left[(6x-8xy) - (3x-4xy)\frac{k^2}{M_W^2}\right]\cdot \ln \mathcal{D}_0, \quad (4.55)
\end{aligned}
$$

$$
\begin{aligned}
H_4 = & \left(2+9y-8y^2\right)\cdot \ln \mathcal{D}_0 - \frac{3}{2}\mathcal{D}_0 \ln \mathcal{D}_0 \\
& + \frac{1}{M_W^2}\left[x(1-\frac{1}{2}x)p^2 - (1-3x-2y+5xy)p\cdot k - \frac{1}{2}y^2k^2\right]\cdot \ln \mathcal{D}_0 \\
& + (2y-4y^2)\mathcal{D}_0^{-1} \\
& + \frac{1}{M_W^2}\left[x(-1+x-4y+3xy+4y^2-2xy^2)p^2 - y(1-y-3y^2+2y^3)k^2\right. \\
& \left. + 2(1-x)(1-y-3y^2+2y^3)p\cdot k\right]\cdot \mathcal{D}_0^{-1} \\
& - \frac{p\cdot k}{M_W^4}\left[x^2(1-x-2y+xy)p^2\right. \\
& \left. + 2xy(1-x-y+xy)p\cdot k - xy^2(1-y)k^2\right]\cdot \mathcal{D}_0^{-1}. \quad (4.56)
\end{aligned}
$$

(6) 由式 (4.44) 可定义 H_5 为

$$
\begin{aligned}
H_5 = & \left[(1-3x-2y) + \frac{1}{2}(1-y)\frac{k^2}{M_W^2}\right]\ln \mathcal{D}_0 \\
& + \left\{(1-x+y) + \frac{1}{M_W^2}\left[x^2(1-x-y)p^2 - (1-x-y-y^2+xy^2+y^3)k^2\right.\right. \\
& \left.\left. + 2xy(1-x-y)p\cdot k\right]\right\}\mathcal{D}_0^{-1}. \quad (4.57)
\end{aligned}
$$

(7) 由式 (4.45) 可定义 H_6 为

$$H_6=\left[(1-2y)-\frac{1}{2}y\frac{k^2}{M_W^2}\right]\ln\mathcal{D}_0+\{(-2+2x+y)$$
$$+\frac{1}{M_W^2}\left[-x^2yp^2+(2y^2-y^3)k^2+2xy(1-y)p\cdot k\right]\Big\}\cdot\mathcal{D}_0^{-1}. \quad (4.58)$$

至此，我们把没有重正化的顶角函数 $V_\mu(p,k)$ 写成

$$V_\mu(p,k)=-\frac{eg^2}{32\pi^2}\sum_i\lambda_i\cdot\left\{-\left[\frac{3}{4-D}-\frac{3}{2}\ln\frac{e^\gamma M_W^2}{4\pi\mu^2}\right]\cdot x_i\,\gamma_\mu L+S_0\gamma_\mu L\right.$$
$$+\left[S_1\not p p_\mu+S_2\not p k_\mu+S_3\not k p_\mu+S_4\not k k_\mu+S_5\not k\not p\gamma_\mu+S_6\gamma_\mu\not p\not k\right]\frac{L}{M_W^2}$$
$$\left.+\left[\frac{1}{2}\frac{1}{4-D}-\frac{1}{4}\ln\frac{e^\gamma M_W^2}{4\pi\mu^2}+\frac{1}{6}\right]\left(\not k k_\mu-k^2\gamma_\mu\right)x_i\,\frac{L}{M_W^2}\right\}. \quad (4.59)$$

注意，在 $V_\mu(p,k)$ 表达式的第一行和第三行，有两个发散项。

§4.2 顶角函数 $V_\mu(p,k)$ 的重正化

在第 3 章，我们对 $b\to sg$ 过程的自能图和企鹅图做了计算，得到了重正化的自能函数 $\varSigma_R$ 和顶角函数 $\varGamma_{\mu,R}(p,k)$[见式 (3.36) 和 (3.99)]。对本章所计算的费恩曼图，我们用同样的方法来做顶角函数 $V_\mu(p,k)$ 的重正化。即要求重正化的顶角 $V_{\mu,R}(p,k)$ 满足 W-T 恒等式，即有

$$e\left[\varSigma_R(p)-\varSigma_R(p-k)\right]=k^\mu V_{\mu,R}(p,k), \quad (4.60)$$

其中重正化的自能函数已经在式 (3.36) 中给出。显然，当两条外腿均在质壳时，有 $\varSigma_R(p)=0$，$\varSigma_R(p-k)=0$，所以有

$$k^\mu V_{\mu,R}(p,k)=0 \quad (4.61)$$

根据第 3 章中的经验，我们可以把重正化的顶角 $V_{\mu,R}(p,k)$ 定义为

$$V_{\mu,R}(p,k)=V_\mu(p,k)+e\left[A\gamma_\mu L+B\gamma_\mu R\right], \quad (4.62)$$

其中函数 A 和 B 已经在式 (3.94)、(3.95) 中给出.

$$A=\frac{g^2}{32\pi^2}\sum_i\lambda_i\left\{\left[-\frac{3}{2}\varGamma(\epsilon)-\frac{2}{3}\right]x_i+\frac{m_b^2F(m_b^2)-m_s^2F(m_s^2)}{m_b^2-m_s^2}\right\}, \quad (4.63)$$

$$B=\frac{g^2}{32\pi^2}\sum_i\lambda_i\cdot\frac{m_sm_b\left[F(m_b^2)-F(m_s^2)\right]}{m_b^2-m_s^2}. \quad (4.64)$$

易证：式 (3.94) 中的 Δ 与这里用的 $\tilde{\Gamma}(\epsilon)$ 之间的关系是：$\Delta = -3\tilde{\Gamma}(\epsilon)/2$。

把 $V_\mu(p,k)$, A 和 B 代入式 (4.62)，可得重正化的顶角 $V_{\mu,R}(p,k)$

$$
\begin{aligned}
V_{\mu,R}(p,k) =& -\frac{eg^2}{32\pi^2}\sum_i \lambda_i \cdot \left\{ \frac{2}{3}x_i\,\gamma_\mu L - \frac{m_b^2F(m_b^2)-m_s^2F(m_s^2)}{m_b^2-m_s^2}\cdot\gamma_\mu L \right. \\
& - \frac{m_s m_b\left[F(m_b^2)-F(m_s^2)\right]}{m_b^2-m_s^2}\cdot\gamma_\mu R + S_0\gamma_\mu L \\
& + \left[S_1 \not{p} p_\mu + S_2 \not{p} k_\mu + S_3 \not{k} p_\mu + S_4 \not{k} k_\mu + S_5 \not{k}\not{p}\gamma_\mu + S_6 \gamma_\mu \not{p}\not{k}\right]\frac{L}{M_W^2} \\
& \left. + \left[\frac{1}{4}\tilde{\Gamma}(\epsilon) + \frac{1}{6}\right]\left(\not{k}k_\mu - k^2\gamma_\mu\right)x_i\,\frac{L}{M_W^2} \right\} \\
=& -\frac{eg^2}{32\pi^2}\sum_i \lambda_i \cdot \left\{ \left[T^{div} + \frac{1}{6}\right]\left(\not{k}k_\mu - k^2\gamma_\mu\right)x_i\,\frac{L}{M_W^2} \right\} \\
& -\frac{eg^2}{32\pi^2}\sum_i \lambda_i \cdot \left\{ \frac{2}{3}x_i\,\gamma_\mu L - \frac{m_b^2F(m_b^2)-m_s^2F(m_s^2)}{m_b^2-m_s^2}\cdot\gamma_\mu L \right. \\
& - \frac{m_s m_b\left[F(m_b^2)-F(m_s^2)\right]}{m_b^2-m_s^2}\cdot\gamma_\mu R + S_0\gamma_\mu L \\
& \left. + \left[S_1 \not{p} p_\mu + S_2 \not{p} k_\mu + S_3 \not{k} p_\mu + S_4 \not{k} k_\mu + S_5 \not{k}\not{p}\gamma_\mu + S_6 \gamma_\mu \not{p}\not{k}\right]\frac{L}{M_W^2} \right\},
\end{aligned}
\tag{4.65}
$$

其中剩余的一个发散项为

$$
T^{div} = \frac{\tilde{\Gamma}(\epsilon)}{4} = \frac{1}{2}\frac{1}{4-D} - \frac{1}{4}\ln\left(\frac{e^\gamma M_W^2}{4\pi\mu^2}\right). \tag{4.66}
$$

注意：$V_\mu(p,k)$ 中的第一个发散项和 A 式中的发散项抵消，但仍然剩下一个发散项。另外，上式与文献 [13] 中的式 (2) 在形式上相同，但部分展开基底不同，同时多了一个发散项 [$V_{\mu,R}(p,k)$ 表达式的第一项]。

还可以把 $V_{\mu,R}(p,k)$ 表达式写成

$$
\begin{aligned}
V_{\mu,R}(p,k) =& -\xi \cdot \{\kappa_L \cdot \gamma_\mu L + \kappa_R \cdot \gamma_\mu R \\
& + \left[S_1 \not{p} p_\mu + S_2 \not{p} k_\mu + S_3 \not{k} p_\mu + S_4' \not{k} k_\mu + S_5 \not{k}\not{p}\gamma_\mu + S_6 \gamma_\mu \not{p}\not{k}\right]\cdot L\},
\end{aligned}
\tag{4.67}
$$

其中

$$
\xi = \frac{eg^2}{32\pi^2 M_W^2}\sum_i \lambda_i = \frac{eG_F}{4\sqrt{2}\pi^2}\sum_i \lambda_i, \tag{4.68}
$$

$$
\kappa_L = \left[\frac{2}{3}x_i - \left(T^{div} + \frac{1}{6}\right)x_i\frac{k^2}{M_W^2} - \frac{m_b^2F(m_b^2)-m_s^2F(m_s^2)}{m_b^2-m_s^2} + S_0\right]M_W^2, \tag{4.69}
$$

$$
\kappa_R = -\frac{m_s m_b\left[F(m_b^2)-F(m_s^2)\right]}{m_b^2-m_s^2}M_W^2, \tag{4.70}
$$

$$S_4' = S_4 + \left(T^{div} + \frac{1}{6}\right) x_i. \tag{4.71}$$

在 on-shell 条件下，与费恩曼图 4.1(b) 对应的重正化顶角函数可以写为标准形式

$$\begin{aligned} V_{\mu,R}^{OS}(p,k) = \xi \cdot \Big\{ & \left(k_\mu \not{k} - k^2 \gamma_\mu\right) \left(\tilde{A}_i^L \cdot L + \tilde{A}_i^R \cdot R\right) \\ & + i\sigma_{\mu\nu} k^\nu \left(m_s \tilde{B}_i^L \cdot L + m_b \tilde{B}_i^R \cdot R\right) \Big\} \end{aligned} \tag{4.72}$$

其中 $\sigma_{\mu\nu} = \dfrac{i}{2}[\gamma_\mu, \gamma_\nu]$。

和第 3 章情况相同，我们把顶角函数按照基底 $(p_\mu L, k_\mu L, \gamma_\mu L, p_\mu R, k_\mu R, \gamma_\mu R)$ 展开，

$$V_{\mu,R}^{OS} = \xi \cdot \{[a_0 p_\mu + b_0 k_\mu + c_0 \gamma_\mu] \cdot L + [d_0 p_\mu + e_0 k_\mu + f_0 \gamma_\mu] \cdot R\}. \tag{4.73}$$

经比较可得系数 $a_0, \cdots, f_0$ 的表达式为

$$\begin{aligned} a_0 &= 2m_s \tilde{B}_i^L, \\ b_0 &= -m_s \tilde{A}_i^L + m_b \tilde{A}_i^R - m_s \tilde{B}_i^L, \\ c_0 &= -k^2 \tilde{A}_i^L - m_b^2 \tilde{B}_i^R - m_s^2 \tilde{B}_i^L, \\ d_0 &= 2m_b \tilde{B}_i^R, \\ e_0 &= m_b \tilde{A}_i^L - m_s \tilde{A}_i^R - m_b \tilde{B}_i^R, \\ f_0 &= -k^2 \tilde{A}_i^R - m_s m_b \left(\tilde{B}_i^L + \tilde{B}_i^R\right). \end{aligned} \tag{4.74}$$

同理，在 on-shell 条件下，我们也可以把式 (4.67) 的 $V_{\mu,R}(p,k)$ 按照同样的基底展开，即有

$$V_{\mu,R}(p,k)|_{\text{on-shell}} = \xi \cdot \{[a p_\mu + b k_\mu + c \gamma_\mu] \cdot L + [d p_\mu + e k_\mu + f \gamma_\mu] \cdot R\}. \tag{4.75}$$

其中

$$\begin{aligned} a &= m_s \left(S_3 + 2S_5\right), \\ b &= m_s S_4', \\ c &= -\kappa_L - m_b^2 S_5 - \left(k^2 - m_s^2\right) S_6, \\ d &= -m_b \left(S_1 + S_3 + 2S_6\right), \\ e &= -m_b \left(S_2 + S_4' - 2S_6\right), \\ f &= -\kappa_R - m_s m_b \left(S_5 - S_6\right). \end{aligned} \tag{4.76}$$

令 $a = a_0, \cdots, f = f_0$, 可以导出系数 $\tilde{A}_i^{L,R}, \tilde{B}_i^{L,R}$ 的表达式:

$$\begin{aligned}\tilde{A}_i^L(k^2) &= \frac{1}{2(m_b^2 - m_s^2)}\left[(a_0 + 2b_0)m_s + (d_0 + 2e_0)m_b\right] \\ &= \frac{m_s^2\left(\dfrac{S_3}{2} + S_4' + S_5\right) - m_b^2\left(\dfrac{S_1 + S_3}{2} + S_2 + S_4' - S_6\right)}{m_b^2 - m_s^2},\end{aligned} \tag{4.77}$$

$$\begin{aligned}\tilde{A}_i^R(k^2) &= \frac{1}{2(m_i^2 - m_j^2)}\left[(a_0 + 2b_0)m_b + (d_0 + 2e_0)m_s\right] \\ &= \frac{m_s m_b}{m_b^2 - m_s^2}\left(-\frac{S_1}{2} - S_2 + S_5 + S_6\right) \xrightarrow{m_s \to 0} 0,\end{aligned} \tag{4.78}$$

$$\tilde{B}_i^L(k^2) = \frac{a_0}{2m_s} = \frac{S_3 + 2S_5}{2}, \tag{4.79}$$

$$\tilde{B}_i^R(k^2) = \frac{d_0}{2m_b} = -\frac{1}{2}\left(S_1 + S_3 + 2S_6\right). \tag{4.80}$$

下面计算各个 S_i，进而算出与图 4.1(b) 系数 $A_i^{L,R}, B_i^{L,R}$ 的具体数值。

一般情况下，H_i 对 x 的积分相当复杂。但考虑到 $p^2, k^2, m_b^2, m_s^2 \ll M_W^2$, 作为领头阶近似，我们在积分中可以忽略 $\mathcal{D}$ 函数中的这些小量，而只保留内线夸克质量项 m_i^2:

$$\begin{aligned}\mathcal{D}_0 &= 1 - x + xx_i - x(1-x)p^2/M_W^2 - y(1-y)k^2/M_W^2 + 2xyp \cdot k/M_W^2 \\ &\approx 1 - x + xx_i,\end{aligned} \tag{4.81}$$

其中 $x_i = m_i^2/M_W^2$(例如，$m_i = m_t$，详见前面的讨论)。

当取近似 (4.81) 时，各个 H_i 函数的表达式为

$$H_1 = -\left(2x + 8x^2\right)\ln\mathcal{D}_0 + 4x(1-x)\mathcal{D}_0^{-1}, \tag{4.82}$$

$$H_2 = (1 + 3x - 2y - 8xy)\ln\mathcal{D}_0 + (-2 + 2x + 4y - 4xy)\,\mathcal{D}_0^{-1}, \tag{4.83}$$

$$H_3 = (6x - 8xy)\ln\mathcal{D}_0 - 4xy\mathcal{D}_0^{-1}, \tag{4.84}$$

$$H_4 = \left(2 + 9y - 8y^2\right)\ln\mathcal{D}_0 + \left(2y - 4y^2\right)\mathcal{D}_0^{-1} - \frac{3}{2}\mathcal{D}_0\ln\mathcal{D}_0, \tag{4.85}$$

$$H_5 = (1 - 3x - 2y)\ln\mathcal{D}_0 + (1 - x + y)\mathcal{D}_0^{-1}, \tag{4.86}$$

$$H_6 = (1 - 2y)\ln\mathcal{D}_0 + (-2 + 2x + y)\mathcal{D}_0^{-1}. \tag{4.87}$$

用 Mathematica 软件做解析积分。首先积分结果显示

$$-S_1/2 - S_2 + S_5 + S_6 = \int_0^1 \mathrm{d}x \int_0^{1-x} \mathrm{d}y\left[-H_1/2 - H_2 + H_5 + H_6\right] \equiv 0. \tag{4.88}$$

所以有

$$\tilde{A}_i^R(x_i) \equiv 0. \tag{4.89}$$

另外有

$$\begin{aligned}\tilde{A}_i^L(x_i) =& -(S_3/2 + S_4' + S_5) \\ =& -T^{div} - \left(S_3/2 + S_4 + \frac{x_i}{6} + S_5\right) \\ =& -T^{div} - \frac{27x_i - 113x_i^2 + 83x_i^3 - 9x_i^4}{24(1-x_i)^3} + \frac{31x_i^2 - 28x_i^3 + 3x_i^4}{12(1-x_i)^4}\ln[x_i]. \end{aligned}\tag{4.90}$$

其中已经考虑了 CKM 矩阵的幺正性，把上式中与 x_i 无关的常数 5/72 减除掉。

同理可得

$$\begin{aligned}\tilde{B}_i^L(x_i) =& S_3/2 + S_5 \\ =& \frac{13 - 45x_i + 69x_i^2 + x_i^3}{24(1-x_i)^3} + \frac{3x_i^3}{2(1-x_i)^4}\ln[x_i],\end{aligned}\tag{4.91}$$

$$\tilde{B}_i^R(x_i) = -(S_1 + S_3)/2 - S_6 = B_i^L(x_i) \tag{4.92}$$

考虑到 CKM 矩阵的幺正性，把上式中的与 x_i 无关的常数 13/24 减除掉，可得

$$\tilde{B}_i^L(x_i) = \tilde{B}_i^R(x_i) = \frac{-x_i + 5x_i^2 + 2x_i^3}{4(1-x_i)^3} + \frac{3x_i^3}{2(1-x_i)^4}\ln[x_i]. \tag{4.93}$$

我们知道，在幺正规范下，有两个企鹅图对 $b \to s\gamma$ 衰变过程有贡献．图 4.1(a) 的贡献已经在第 3 章中计算，其结果在式 (3.143) 中给出。把两个图的贡献加在一起，可得到总的贡献为：

$$\begin{aligned}B_i^L|_{tot} = B_i^R|_{tot} =& \frac{\mathbf{2}}{\mathbf{3}}B_i^L + \tilde{B}_i^L \\ =& \frac{\mathbf{2}}{\mathbf{3}}\left[-\frac{2x + 5x_i^2 - x_i^3}{4(1-x_i)^3} - \frac{3x_i^2}{2(1-x_i)^4}\ln[x_i]\right] \\ &+ \left[\frac{-x_i + 5x_i^2 + 2x_i^3}{4(1-x_i)^3} + \frac{3x_i^3}{2(1-x_i)^4}\ln[x_i]\right] \\ =& \frac{-7x_i + 5x_i^2 + 8x_i^3}{12(1-x_i)^3} - \frac{2x_i^2 - 3x_i^3}{2(1-x_i)^4}\ln[x_i] \\ =& -D_0'(x_i)\end{aligned}\tag{4.94}$$

其中的因子 2/3 来自于内线夸克的电荷分数 $Q_u = 2/3$。这里的 $D_0'(x_i)$ 就是我们非常熟悉的 Inami-Lim 函数。对 $b \to s\gamma$ 衰变过程，Wilson 系数 $C_{7\gamma}$ 和 $D_0'(x_i)$ 的关

系是

$$C_{7\gamma}(x_t) = -\frac{D_0'(x_t)}{2}. \tag{4.95}$$

和 $b \to s\gamma$ 衰变相关的另一个函数是 $D_0(x_t)$。有效耦合顶角 $\bar{s}\gamma b$ 可以写为

$$\bar{s}\gamma b = -iV_{is}^* V_{ib} \frac{G_F}{\sqrt{2}} \frac{e}{8\pi^2} D_0(x_i)\ \bar{s}(k^2\gamma_\mu - k_\mu \not{k})(1-\gamma_5)b. \tag{4.96}$$

根据我们这里对顶角函数的定义，函数 $A_t^L(x_t)|_{tot}$ 的表达式应当是

$$A_t^L(x_t)|_{tot} = \frac{2}{3}A_t^L(x_t) + \tilde{A}_t^L(x_t) = -D_0(x_t) \tag{4.97}$$

其中 $A_t^L(x_t) = -E_0(x_t)$ 已经在式 (3.140) 中给出。那么，由式 (3.140) 和 (4.90) 可得

$$\begin{aligned} A_t^L(x_t)|_{tot} = & -T^{div} - \frac{153x_t - 383x_t^2 + 245x_t^3 - 27x_t^4}{72(1-x_t)^3} \\ & + \frac{16 - 64x_t + 36x_t^2 + 93x_t^3 - 84x_t^4 + 9x_t^5}{36(1-x_t)^4}\ln[x_t]. \\ = & -D_0(x_t). \end{aligned} \tag{4.98}$$

注意：这里的 $D_0(x_t)$ 含有发散项，其形式与采用 Feynman-'t Hooft 规范时得到的基本函数 $D_0(x_t)$ 也是不一样的：

$$D_0(x)\,|_{\text{FH-Gauge}} = \frac{-25x^2 + 19x^3}{36(1-x)^3} - \frac{8 - 32x + 54x^2 - 30x^3 + 3x^4}{18(1-x)^4}\ln[x]. \tag{4.99}$$

我们将在后面讨论并解决这个问题。

§4.3 关于 S. P. Chia 论文结果的讨论

在这一节，我们直接用文献 [13] 所给的表达式，给出积分后的解析结果，并和已有的结果[15, 16] 和我们在本章经过解析计算得到的结果相比较。

在文献 [13] 中，S. P. Chia 计算了与 $s \to d\gamma$ 过程对应的图 4.1(b)，他所得到的重正化的顶角函数为

$$\begin{aligned} \Gamma_{\mu,R}^{(b)}(p,k) = & -\frac{eg^2}{16\pi^2}\sum_i V_{is}V_{id}^* \left\{ \frac{2}{3}x_i\,\gamma_\mu L - \frac{m_d^2 F(m_d^2) - m_s^2 F(m_s^2)}{m_d^2 - m_s^2}\cdot\gamma_\mu L \right. \\ & -m_d m_s \frac{F(m_d^2) - F(m_s^2)}{m_d^2 - m_s^2}\cdot\gamma_\mu R + \tilde{E}_1\gamma_\mu L + \Big[\tilde{E}_2 \not{p}\gamma_\mu \not{p} + \tilde{E}_3 \not{k}\gamma_\mu \not{k} \\ & \left. + \tilde{E}_4 \not{p}\gamma_\mu \not{k} + \tilde{E}_5 \not{k}\gamma_\mu \not{p} + \tilde{E}_6 \not{p}\not{k}\gamma_\mu + \tilde{E}_7 \gamma_\mu \not{k}\not{p}\Big]\frac{L}{M_W^2} \right\}. \end{aligned} \tag{4.100}$$

其中的 $F(p^2)$ 函数已经在文献 [12] 中定义。作一个简单的代换：$(s,d)\to(b,s)$，就把上式变换成与 $b\to s\gamma$ 衰变过程相对应的顶角函数

$$\begin{aligned}\Gamma_{\mu,R}^{(b)}=&-\frac{eg^2}{16\pi^2}\sum_i V_{ib}V_{is}^*\left\{\frac{2}{3}x_i\,\gamma_\mu L-\frac{m_b^2F(m_b^2)-m_s^2F(m_s^2)}{m_b^2-m_s^2}\cdot\gamma_\mu L\right.\\&-m_bm_s\frac{F(m_b^2)-F(m_s^2)}{m_b^2-m_s^2}\cdot\gamma_\mu R+\tilde{E}_1\gamma_\mu L\\&\left.+\left[\tilde{E}_2\not{p}\gamma_\mu\not{p}+\tilde{E}_3\not{k}\gamma_\mu\not{k}+\tilde{E}_4\not{p}\gamma_\mu\not{k}+\tilde{E}_5\not{k}\gamma_\mu\not{p}+\tilde{E}_6\not{p}\not{k}\gamma_\mu+\tilde{E}_7\gamma_\mu\not{k}\not{p}\right]\frac{L}{M_W^2}\right\},\end{aligned}\tag{4.101}$$

其中 m_i 是内线夸克 (u,c,t) 的质量，

$$\tilde{E}_i=\int_0^1\mathrm{d}x\int_0^{1-x}\mathrm{d}y\,\tilde{H}_i\tag{4.102}$$

取近似：$p^2,k^2,m_b^2,m_s^2\ll M_W^2$, $\mathcal{D}_0\approx 1-x+xx_i$，各个 $\tilde{H}_i$ 函数的表达式为

$$\begin{aligned}\tilde{H}_1&=[3(1-3x)+9xx_i]\ln\mathcal{D}_0,\\\tilde{H}_2&=2x(1-x)\cdot\mathcal{D}_0^{-1}-x(4+x)\ln\mathcal{D}_0,\\\tilde{H}_3&=y(1-2y)\cdot\mathcal{D}_0^{-1}-(1/2-3y+y^2)\ln\mathcal{D}_0,\\\tilde{H}_4&=(1-2x)y\cdot\mathcal{D}_0^{-1}+(2+x/2-2y-xy)\ln\mathcal{D}_0,\\\tilde{H}_5&=-(1-x-y+2xy)\cdot\mathcal{D}_0^{-1}-(5x/2-2y-xy)\ln\mathcal{D}_0,\\\tilde{H}_6&=-\frac{x}{2}\ln\mathcal{D}_0,\\\tilde{H}_7&=\frac{x}{2}\ln\mathcal{D}_0\end{aligned}\tag{4.103}$$

在 on-shell 条件下，S. P. Chia 把重正化的顶角函数写为[13]

$$\begin{aligned}\Gamma_{\mu,R}^{(b)}|_{\text{on-shell}}=&-\frac{eG_F}{4\sqrt{2}\pi^2}\sum_i V_{is}V_{id}^*\left\{\left(k_\mu\not{k}-k^2\gamma_\mu\right)\left(\tilde{A}_i^LL+\tilde{A}_i^RR\right)\right.\\&\left.+i\sigma_{\mu\nu}k^\nu\left(m_s\tilde{B}_i^LL+m_b\tilde{B}_i^RR\right)\right\}.\end{aligned}\tag{4.104}$$

经过计算得到系数 $\tilde{A}_i^{L,R},\tilde{B}_i^{L,R}$ 的表达式为

$$\tilde{A}_i^L=2\left(\tilde{E}_3+\tilde{E}_4\right)+\frac{\left(\tilde{E}_4+\tilde{E}_6\right)m_s^2+\left(\tilde{E}_2+\tilde{E}_5+\tilde{E}_7\right)m_b^2}{m_b^2-m_s^2},\tag{4.105}$$

$$\tilde{A}_i^R=\left(\tilde{E}_2+\tilde{E}_4+\tilde{E}_5+\tilde{E}_6+\tilde{E}_7\right)\frac{m_sm_b}{m_b^2-m_s^2},\tag{4.106}$$

$$\tilde{B}_i^L=\tilde{E}_4-\tilde{E}_6,\tag{4.107}$$

$$\tilde{B}_i^R=-\tilde{E}_2-\tilde{E}_5+\tilde{E}_7.\tag{4.108}$$

取近似，用“Mathematica”软件做解析积分可得

$$\tilde{A}_i^L = -\frac{18x_i + 125x_i^2 - 113x_i^3}{48(1-x_i)^3} - \frac{48x_i^2 - 8x_i^3 - 25x_i^4}{24(1-x)^4}\ln[x_i], \tag{4.109}$$

$$\tilde{A}_i^R = \frac{m_s}{m_b}\left[-\frac{30x_i + x_i^2 - 25x_i^3}{24(1-x_i)^3} - \frac{30x_i^2 - 28x_i^3 + x_i^4}{12(1-x)^4}\ln[x_i]\right], \tag{4.110}$$

$$\tilde{B}_i^L = \frac{58x_i - 31x_i^2 + 27x_i^3}{48(1-x_i)^3} + \frac{48x_i^2 - 40x_i^3 + 19x_i^4}{24(1-x)^4}\ln[x_i], \tag{4.111}$$

$$\tilde{B}_i^R = \frac{118x_i - 29x_i^2 - 23x_i^3}{48(1-x_i)^3} + \frac{36x_i^2 - 32x_i^3 + 7x_i^4}{8(1-x)^4}\ln[x_i]. \tag{4.112}$$

显然，这里的结果与其他结果都不一样。我们无法得到所熟悉的描写 $b \to s\gamma$ 衰变过程的 $D_0(x_t)$ 和 $D_0'(x_t)$ 函数。

对 $b \to sg$ 衰变过程的 $E_0(x_t)$ 和 $E_0'(x_t)$ 函数，S. P. Chia 的结果[12]、我们计算的结果和其他文章的结果都是一致的。对于 $b \to s\gamma$ 衰变过程的 $D_0(x_t)$ 和 $D_0'(x_t)$ 函数，S. P. Chia 的结果[13] 和其他文章的结果不一致。在 S. P. Chia 1990 年的文章[14] 中，修改后的 $D_0'(x_t)$ 的表达式和其他文章一致，但 $D_0(x_t)$ 的表达式和其他文章仍然不一致。

我们在 1994 年重复了 S. P. Chia 关于 $\bar{d}gs$ 有效顶角的计算[12]，结果符合。在 2004 年我们重复了他在文献 [13] 中的计算，发现他在文献 [13] 中给出的 $D_0(x_t)$ 和 $D_0'(x_t)$ 函数和我们得到的结果不一致。我们得到的 $D_0'(x_t)$ 函数和 HF 规范下他人的结果相同，但我们的 $D_0(x_t)$ 函数与 HF 规范下他人结果不同，还多出一个发散项：T^{div}。

2006 年，我们认识到问题可能来自 C_0 和 D_0 函数的规范相关性[8]。经过研究，我们发现了以下几点：

(1) 当外线光子 γ 在壳时，发散项 T^{div} 不贡献。D_0 函数有限但规范相关。

(2) 当外线光子 γ 离壳时，例如对 $b \to sl^+l^-$ 过程，除了 $b \to s\gamma^* \to sl^+l^-$ 跃迁外，$b \to sZ^* \to sl^+l^-$ 跃迁也同时贡献。我们应当同时考虑 $\bar{s}\gamma b$ 和 $\bar{s}Zb$ 顶角的贡献。

(3) 具体计算表明[81]，在幺正规范下，与 $b \to sZ^* \to sl^+l^-$ 过程相关的 C_0 函数也是规范相关的，有一个多余的发散项。两个贡献加在一起，多余的发散项相互抵消。我们得到规范无关的有限的函数 $Z_0(x_t)$。问题得到圆满解决。

当我们把预印本[81] 放到网上的第二天，A. J. Buras 发 email 告诉我们，他们最近在 Little-Higgs 模型下计算对 B 介子稀有衰变的新物理修正时，也在幺正规范下计算了 $C_0(x_t)$ 和 $D_0(x_t)$ 函数[82]。经检查，他们的结果和我们的结果完全一样[82]。

第 5 章　幺正规范下 $\bar{s}Zb$ 顶角的解析计算

夸克层次的两体衰变 $b \to sV(V = \gamma, Z)$ 和伴随的三体衰变 $b \to sV \to s(q\bar{q}, l^+l^-)$ 是味改变中性流 (FCNC) 过程，在标准模型精确检验和新物理探索过程中起着重要的作用。多年来人们已经对此类过程做了详细的研究。1981 年，T. Inami 等首次在 R_ξ 规范下对 $s \to dV(V = \gamma, Z)$ 衰变做了解析计算[11]。1982 年，N. G. Deshpande 等先后在 HF 规范下[15] 和 R_ξ 规范下[16] 对一般的 $q_i \to q_j\gamma$ 衰变做了解析计算[11]，在计算中内线夸克的质量是任意的。

在文献 [12] 中，S. P. Chia 在幺正规范下对 $\bar{d}sg$ 顶角做了严格的解析计算，并使用 Ward-Takahashi 恒等式来做这个顶角的重正化。在文献 [13] 中，S. P. Chia 首先在幺正规范下对 $\bar{d}s\gamma$ 顶角做了严格的解析计算，但他的结果有错误。1990 年，S. P. Chia[14] 在幺正规范下对 $b \to s\gamma$ 过程再次做了解析计算，得到了 $D_0'(x_t)$ 函数的正确表达式，但该文给出的 $D_0(x_t)$ 函数，仍然不正确。

在文献 [11, 15, 16] 中给出的解析结果具有一般性，可以推广到 $b \to s\gamma$ 衰变的情况。相关的基本函数 $D_0(x_t)$ 、$D_0'(x_t)$[8, 83] 可以直接抽出来。当然，需要指出的是，基本函数 $D_0(x_t)$, $B_0(x_t)$ 和 $C_0(x_t)$ 的表达式是规范相关的[8, 83]。

1994 年，我们重复了文献 [12] 的计算，得到了同样的解析结果。2004~2006 年，我们 (作者和研究生) 重复了文献 [13, 14] 的计算，在幺正规范下对 $b \to s(\gamma, Z^*) \to sl^+l^-$ 衰变过程做了细致的解析研究，发现并解决了论文 [13, 14] 的错误。在本章，我们给出关于 $b \to sZ^* \to sl^+l^-$ 过程的解析计算结果[81]。

§5.1　$\bar{s}\gamma b$ 有效耦合

在幺正规范下，味改变顶角 $\Gamma_\mu^{(\gamma)}(p,k)$ 的费恩曼图如图 5.1 所示，其中 $V = \gamma, Z^*$ 考虑当 $V = \gamma$ 时的费恩曼图 5.1(a)，其顶角函数 $\Gamma_\mu^a(p,k)$ 可以写为：

$$
\begin{aligned}
\Gamma_\mu^a(p,k) = &\frac{2}{3}e\frac{g^2}{32\pi^2}\sum_j V_{js}^* V_{jb} \\
&\cdot\left\{\left[-\frac{3}{4-N}+\frac{3}{2}\ln\left(\frac{e^\gamma M_W^2}{4\pi\mu^2}\right)-\frac{5}{6}\right]\ x_j\ \gamma_\mu L + E_1\gamma_\mu L\right.
\end{aligned}
$$

$$+\left(E_2\not{p}\gamma_\mu\not{p}+E_3\not{k}\gamma_\mu\not{k}+E_4\not{p}\gamma_\mu\not{k}+E_5\not{k}\gamma_\mu\not{p}+E_6\not{p}\not{k}\gamma_\mu+E_7\gamma_\mu\not{k}\not{p}\right)\frac{L}{M_W^2}$$

$$\left.+E_8\not{p}\not{k}\gamma_\mu\not{k}\not{p}\frac{L}{M_W^4}\right\}, \tag{5.1}$$

其中 $x_j=m_j^2/M_W^2(m_j=(m_u,m_c,m_t))$, $L=(1-\gamma_5)/2$, $N=4-2\epsilon$，函数 E_i 的表达式为

$$E_i=\int_0^1\mathrm{d}x\int_0^{1-x}\mathrm{d}yH_i,\qquad i=1,2,3,\cdots,8. \tag{5.2}$$

其中

$$\begin{aligned}
H_1=&\left\{2x_j+\frac{\left[x(1-x)p^2+y(1-y)k^2-2xyp\cdot k\right]\left[x(1-x)p^2-y^2k^2-2xyp\cdot k\right]}{M_W^4}\right\}D^{-1}\\
&-\left[2(1-3x)-(5-6x)x_j+\frac{12x(1-x)p^2+3y(3-4y)k^2-24xyp\cdot k}{M_W^2}\right]\ln D,\\
H_2=&\left[2x^2+(1-x)^2x_j\right]D^{-1}-\ln D,\\
H_3=&\left[-2y(1-y)+y^2x_j\right]D^{-1},\\
H_4=&-\left[2x(1-y)+(1-x)yx_j\right]D^{-1}+\ln D,\\
H_5=&\left[2xy-(1-x)yx_j\right]D^{-1},\\
H_6=&-(1-x-y)\left\{\frac{1}{M_W^2}\left[x(1-x)p^2-y^2k^2-2xyp\cdot k\right]D^{-1}-3\ln D\right\},\\
H_7=&y\left\{\frac{1}{M_W^2}\left[x(1-x)p^2+y(1-y)k^2-2xyp\cdot k\right]D^{-1}-3\ln D\right\},\\
H_8=&-y(1-x-y)D^{-1},
\end{aligned} \tag{5.3}$$

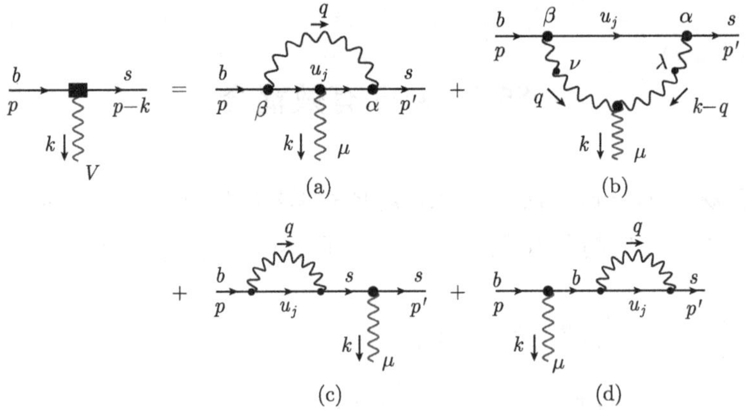

图 5.1　在幺正规范下，$\bar{s}\gamma b$ 或者 $\bar{s}Zb$ 顶角的单圈费恩曼图

其中

$$D = x + (1-x)x_j - \frac{1}{M_W^2}[x(1-x)p^2 + y(1-y)k^2 - 2xy(p\cdot k)]. \tag{5.4}$$

这里的 E_i 和 H_i 函数与文献 [12] 中给出的完全一样。如前章所示，在 $p^2, k^2, m_s^2, m_b^2, p\cdot k \ll M_W^2$ 的近似下，可以比较容易地经积分得到函数 $E_i(x_t)$ 的表达式。我们验证了文献 [12] 所给的顶角函数 $\Gamma_\mu^a(p,k)$ 的表达式。

对 $b\to sg$ 衰变, 图 5.1(b) 是无关的。对 $b\to s\gamma$ 衰变，必须考虑图 5.1(b) 的贡献。图 5.1(b) 的衰变振幅为

$$\begin{aligned}\mathcal{M}_{1b} = \bar{u}_s(p')\Bigg\{ \int \frac{\mathrm{d}^4 q}{(2\pi)^4} \sum_j \frac{ig}{\sqrt{2}}\gamma_\alpha L V_{js}^* \frac{i}{\not p - \not q - m_j} \frac{ig}{\sqrt{2}}\gamma_\beta L V_{jb} \\ \cdot \frac{i}{(k-q)^2 - M_W^2}\left[-g^{\alpha\lambda} + \frac{1}{M_W^2}(k^\alpha - q^\alpha)(k^\lambda - q^\lambda)\right] \\ \cdot ie\left[(2q_\mu - k_\mu)g_{\nu\lambda} + (2k_\nu - q_\nu)g_{\lambda\mu} + (-k_\lambda - q_\lambda)g_{\mu\nu}\right] \\ \cdot \frac{i}{q^2 - M_W^2}\left[-g^{\beta\nu} + \frac{q^\beta q^\nu}{M_W^2}\right]\Bigg\} u_b(p)\epsilon^\mu(k).\end{aligned} \tag{5.5}$$

对应的顶角函数 $\Gamma_\mu^b(p,k)$ 可以写为

$$\Gamma_\mu^b(p,k) = ie\frac{g^2}{2}\sum_j V_{js}^* V_{jb} \int \frac{\mathrm{d}^4 q}{(2\pi)^4} \frac{N_\mu\, L}{[(p-q)^2 - m_j^2][(k-q)^2 - M_W^2][q^2 - M_W^2]}, \tag{5.6}$$

其中的分子 N_μ 为

$$\begin{aligned}N_\mu = \gamma_\alpha(\not p - \not q)\gamma^\alpha(2q_\mu - k_\mu) + \gamma_\mu(\not p - \not q)(2\not k - \not q) - (\not k + \not q)(\not p - \not q)\gamma_\mu \\ + \frac{1}{M_W^2}\left[(\not k - \not q)(\not p - \not q)\not q q_\mu - (\not k - \not q)(\not p - \not q)q^2\gamma_\mu + \cdots\right] \\ + \frac{1}{M_W^4}(\not k - \not q)(\not p - \not q)\not q\left(k\cdot q k_\mu - k^2 q_\mu\right).\end{aligned} \tag{5.7}$$

做费恩曼参数化和维数正规化，可以导出顶角函数 $\Gamma_\mu^b(p,k)$ 的表达式：

$$\begin{aligned}\Gamma_\mu^b(p,k) = e\frac{g^2}{32\pi^2}\sum_j V_{js}^* V_{jb}\Bigg\{\left[\frac{3}{4-N} - \frac{3}{2}\ln\left(\frac{e^\gamma M_W^2}{4\pi\mu^2}\right)\right]x_j\gamma_\mu L \\ + \left[\frac{1}{2}\frac{1}{4-N} - \frac{1}{4}\ln\left(\frac{e^\gamma M_W^2}{4\pi\mu^2}\right) + \frac{1}{6}\right]x_j\left(k^2\gamma_\mu - \not k k_\mu\right)\frac{L}{M_W^2} \\ + E_1'\gamma_\mu L + [E_2'\not p\gamma_\mu\not p + E_3'\not k\gamma_\mu\not k + E_4'\not p\gamma_\mu\not k \\ + E_5'\not k\gamma_\mu\not p + E_6'\not p\not k\gamma_\mu + E_7'\gamma_\mu\not k\not p]\frac{L}{M_W^2}\Bigg\},\end{aligned} \tag{5.8}$$

其中 E'_i 函数被定义为

$$E'_i = \int_0^1 \mathrm{d}x \int_0^{1-x} \mathrm{d}y H'_i, \qquad i = 1, 2, 3, \cdots, 7. \tag{5.9}$$

其中

$$\begin{aligned}
H'_1 = &\left\{ \frac{1}{M_W^2} \left[-4x(1-x)p^2 + 2(1-x-2y+4xy)p\cdot k - 2y(1-2y)k^2\right] \right.\\
&+\frac{1}{M_W^4}\left[x^3(1-x)p^4 - \frac{1}{2}x(1-x+2y-2y^2-3xy+4xy^2)p^2k^2\right.\\
&-4xy(1-x)(1-y)(p\cdot k)^2 - 2x^2(1-x)(1-2y)p^2(p\cdot k)\\
&\left.+(1-x-y-3y^2+2y^3+xy+5xy^2-4xy^3)k^2(p\cdot k) - \frac{1}{2}y(1-y-3y^2+2y^3)k^4\right]\\
&+\frac{1}{M_W^6}\left[\frac{1}{2}x^3(1-x)p^4k^2 - \frac{1}{2}x^2(1-x-2y+3xy)p^2k^2(p\cdot k) + \frac{1}{2}xy(1-y-xy)p^2k^4\right.\\
&\left.\left.-xy(1-x)(1-y)k^2(p\cdot k)^2 + \frac{1}{2}xy^2(1-y)k^4(p\cdot k)\right]\right\} D'^{-1}\\
&+\left\{6 + \frac{1}{M_W^2}\left[x(5-7x)p^2 - 2(2-3x-4y+7xy)(p\cdot k) + (1+\frac{9}{2}y-7y^2)k^2\right]\right.\\
&\left.+\frac{1}{M_W^4}\left[-\frac{9}{4}x^2p^2k^2 - \frac{1}{2}(1-3x-2y+5xy)k^2(p\cdot k) - \frac{1}{4}y^2k^4\right]\right\}\ln D'\\
&-9D'\ln D' - \frac{3}{4}\frac{k^2}{M_W^2}D'\ln D',
\end{aligned} \tag{5.10}$$

$$\begin{aligned}
H'_2 = &\{-2x(1-x)\\
&\left.-\left(\frac{1}{M_W^2} - \frac{k^2}{2M_W^4}\right)\left[x^3(1-x)p^2 - 2x^3y(p\cdot k) + xy(1-y-xy)k^2\right]\right\} D'^{-1}\\
&+x(1+4x)\left(1 - \frac{1}{2}\frac{k^2}{M_W^2}\right)\ln D',
\end{aligned} \tag{5.11}$$

$$\begin{aligned}
H'_3 = &\left\{-y(1-2y) + \frac{1}{2}\frac{1}{M_W^2}\left[x(1-x+4y-3xy-4y^2+2xy^2)p^2\right.\right.\\
&\left.-2(1-x)(1-y-3y^2+2y^3)(p\cdot k) + y(1-y-3y^2+2y^3)k^2\right]\\
&\left.+\frac{1}{2}\frac{p\cdot k}{M_W^4}\left[x^2(1-x-2y+xy)p^2 + 2xy(1-x-y+xy)(p\cdot k) - xy^2(1-y)k^2\right]\right\} D'^{-1}\\
&+\left\{\left(-1 - \frac{9}{2}y + 4y^2\right) + \frac{1}{2}\frac{1}{M_W^2}\left[-x\left(1 - \frac{1}{2}x\right)p^2\right.\right.\\
&\left.\left.+(1-3x-2y+5xy)(p\cdot k) + \frac{1}{2}y^2k^2\right]\right\}\ln D' + \frac{3}{4}D'\ln D',
\end{aligned} \tag{5.12}$$

$$
\begin{aligned}
H_4'=&\left\{(1-x-2y+2xy)+\frac{1}{2}\frac{1}{M_W^2}\left[x^2(1-x-2y+2xy)p^2-2x^2y(1-2y)(p\cdot k)\right.\right.\\
&\left.+(1-x-y-3y^2-xy^2+2y^3+2xy^3)k^2\right]\\
&\left.+\frac{1}{2}\frac{p\cdot k}{M_W^4}\left[-x^3(1-x)p^2+2x^3y(p\cdot k)-xy(1-y-xy)k^2\right]\right\}D'^{-1}\\
&+\frac{1}{2}\left\{(-1-3x+2y+8xy)+\frac{1}{M_W^2}\left[(x+4x^2)(p\cdot k)-\frac{k^2}{2}(1-2y)\right]\right\}\ln D', \qquad (5.13)
\end{aligned}
$$

$$
\begin{aligned}
H_5'=&\left\{2xy+\left(\frac{1}{M_W^2}-\frac{1}{2}\frac{k^2}{M_W^4}\right)\left[x^2(1-x-2y+xy)p^2\right.\right.\\
&\left.\left.+2xy(1-x)(1-y)(p\cdot k)-xy^2(1-y)k^2\right]\right\}D'^{-1}\\
&+(-3x+4xy)\left(1-\frac{1}{2}\frac{k^2}{M_W^2}\right)\ln D',\\
H_6'=&\left\{(2-2x-y)+\frac{1}{2}\frac{1}{M_W^2}\left[x^2(1-x)p^2-2x^2y(p\cdot k)\right.\right.\\
&\left.+(-1+x+y-y^2-xy^2)k^2\right]+\frac{1}{2}\frac{1}{M_W^4}\left[x^2(1-x-2y+xy)p^2k^2+2x^3y(p\cdot k)^2\right.\\
&\left.\left.-x^3(1-x)p^2(p\cdot k)+xy(1-2x-y+3xy)k^2(p\cdot k)-xy^2(1-y)k^4\right]\right\}D'^{-1}\\
&+\left\{\frac{1}{2}(1-3x-2y)+\frac{1}{M_W^2}\left[\frac{1}{2}x(1+4x)(p\cdot k)+\frac{1}{4}(1-6x+8xy)k^2\right]\right\}\ln D',\\
H_7'=&\left\{(-2+2x+y)-\frac{1}{M_W^2}\left[x^2yp^2-2xy(1-y)(p\cdot k)-y^2(2-y)k^2\right]\right\}D'^{-1}\\
&+\left[(1-2y)-\frac{1}{2}y\frac{k^2}{M_W^2}\right]\ln D', \qquad (5.14)
\end{aligned}
$$

其中

$$
D'=1-x+xx_j-\frac{1}{M_W^2}[x(1-x)p^2+y(1-y)k^2-2xyp\cdot k]. \qquad (5.15)
$$

对图 5.1(c) 和图 5.1(d)，相应的顶角函数之和 $\Gamma_\mu^{(c+d)}(p,k)$ 可以写为

$$
\begin{aligned}
\Gamma_\mu^{(c+d)}(p,k)=e\frac{g^2}{32\pi^2}\sum_j V_{js}^*V_{jb}&\left\{\left[-\frac{1}{4-N}+\frac{1}{2}\ln\left(\frac{e^\gamma M_W^2}{4\pi\mu^2}\right)-\frac{2}{9}\right]x_j\gamma_\mu L\right.\\
&+\frac{1}{3}\frac{m_b^2F(m_b^2)-m_s^2F(m_s^2)}{m_b^2-m_s^2}\gamma_\mu L\\
&\left.+\frac{1}{3}\frac{m_bm_s(F(m_b^2)-F(m_s^2))}{m_b^2-m_s^2}\gamma^\mu R\right\}, \qquad (5.16)
\end{aligned}
$$

其中函数 $F(p^2)$ 为

$$F(p^2)=\int_0^1 \mathrm{d}x\left[x(2-3x)+(1-x)(4-3x)x_j-x(1-x)(5-4x)\frac{p^2}{M_W^2}\right]$$
$$\cdot\ln\left[x+(1-x)x_j-x(1-x)\frac{p^2}{M_W^2}\right]. \tag{5.17}$$

把四个部分加起来，得到总的顶角函数 $\Gamma_\mu^\gamma(p,k)$

$$\begin{aligned}\Gamma_\mu^\gamma(p,k)=&\Gamma_\mu^a(p,k)+\Gamma_\mu^b(p,k)+\Gamma_\mu^{(c+d)}(p,k)\\
=&e\frac{g^2}{32\pi^2}\sum_j V_{js}^*V_{jb}\left[T^{div}+\frac{1}{6}\right]x_j\left(k^2\gamma_\mu-\not{k}k_\mu\right)\frac{L}{M_W^2}\\
&+e\frac{g^2}{32\pi^2}\sum_j V_{js}^*V_{jb}\left\{-\frac{7}{9}x_j\gamma_\mu L+\frac{1}{3}\frac{m_b^2F(m_b^2)-m_s^2F(m_s^2)}{m_b^2-m_s^2}\gamma_\mu L\right.\\
&+\frac{1}{3}\frac{m_bm_s\left(F(m_b^2)-F(m_s^2)\right)}{m_b^2-m_s^2}\gamma_\mu R+\widetilde{E}_1\gamma_\mu L\\
&+\left(\widetilde{E}_2\not{p}\gamma_\mu\not{p}+\widetilde{E}_3\not{k}\gamma_\mu\not{k}+\widetilde{E}_4\not{p}\gamma_\mu\not{k}+\widetilde{E}_5\not{k}\gamma_\mu\not{p}+\widetilde{E}_6\not{p}\not{k}\gamma_\mu+\widetilde{E}_7\gamma_\mu\not{k}\not{p}\right)\frac{L}{M_W^2}\\
&\left.+\widetilde{E}_8\not{p}\not{k}\gamma_\mu\not{k}\not{p}\frac{L}{M_W^4}\right\}\end{aligned} \tag{5.18}$$

其中发散项 T^{div} 的表达式见式 (4.66)，另有

$$\widetilde{E}_i=\frac{2}{3}E_i+E_i',\qquad i=1,2,3,\cdots,7; \tag{5.19}$$

$$\widetilde{E}_8=\frac{2}{3}E_8. \tag{5.20}$$

根据文献 [11]，原则上讲，当我们把与一个衰变过程相关的所有费恩曼图 (这里是四个) 的贡献加起来，发散部分应当相互抵消 (重正化)。事实上，当我们把式 (5.1)、(5.8) 和式 (5.16) 中与 $x_j\gamma_\mu L$ 成正比的各项相加时，其发散部分以及规范相关部分均相互抵消。但是，式 (5.8) 方括号中与 $(k^2\gamma_\mu-\not{k}k_\mu)$ 成正比的发散项 T^{div} 却留了下来，无法抵消。发散项 T^{div} 来源于图 5.1(b)，式 (5.7) 中与 $1/M_W^4$ 成正比的项。如果我们像文献 [12, 13] 那样，直接使用 Ward-Takahashi 恒等式去做顶角的重正化，我们得到与式 (5.18) 相同的顶角函数 $\Gamma_\mu^\gamma(p,k)$。

根据前面的研究我们知道，有效耦合 $\bar{s}\gamma b$ 可以一般地写成

$$\begin{aligned}\bar{s}\gamma b=&i\bar{s}\,\Gamma_\mu^\gamma(p,k)\,b=i\sum_j V_{js}^*V_{jb}\frac{G_F}{\sqrt{2}}\frac{e}{8\pi^2}\{D_0(x_j)\bar{s}(k^2\gamma_\mu-\not{k}k_\mu)(1-\gamma_5)b\\
&-iD_0'(x_j)\bar{s}\,\sigma_{\mu\nu}k^\nu\left[m_s(1-\gamma_5)+m_b(1+\gamma_5)\right]b\},\end{aligned} \tag{5.21}$$

其中的 $D_0(x_j)$ 和 $D_0'(x_j)$ 就是我们熟知的 Inami-Lim 基本函数[11]。在文献 [11] 中，作者使用 $F_1(x_j)$ 和 $F_2(x_j)$[而不是 $D_0(x_j)$ 和 $D_0'(x_j)$] 来表示这两个函数。在't Hooft-Feynman 规范下[11, 83]，其形式为

$$D_0(x_t)=\frac{-25x_t^2+19x_t^3}{36(1-x_t)^3}-\frac{8-32x_t+54x_t^2-30x_t^3+3x_t^4}{18(1-x_t)^4}\ln[x_t], \tag{5.22}$$

$$D_0'(x_t)=-\frac{8x_t^3+5x_t^2-7x_t}{12(1-x_t)^3}+\frac{x_t^2(2-3x_t)}{2(1-x_t)^4}\ln[x_t], \tag{5.23}$$

其中 $x_t=m_t^2/M_W^2$。

为了与式 (5.22) 和 (5.23) 中的 Inami-Lim 函数相比较，我们取近似，并在幺正规范下对式 (5.18) 中的顶角函数 $\Gamma_\mu^\gamma(p,k)$ 做积分得到：

$$\begin{aligned}D_0(x_t)=&T^{div}x_t+\frac{153x_t-383x_t^2+245x_t^3-27x_t^4}{72(1-x_t)^3}\\&-\frac{16-64x_t+36x_t^2+93x_t^3-84x_t^4+9x_t^5}{36(1-x_t)^4}\ln[x_t],\end{aligned} \tag{5.24}$$

$$D_0'(x_t)=-\frac{8x_t^3+5x_t^2-7x_t}{12(1-x_t)^3}+\frac{x_t^2(2-3x_t)}{2(1-x_t)^4}\ln[x_t], \tag{5.25}$$

其中 $x_t=m_t^2/M_W^2$，发散项 T^{div} 已经在式 (4.66) 定义。易于看出：

(1) 在 HF 规范下和幺正规范下，基本函数 $D_0'(x_t)$ 的形式相同，$D_0'(x_t)$ 是规范无关的[83, 8]。

(2) 式 (5.24) 的基本函数 $D_0(x_t)$ 与在 HF 规范下的 $D_0(x_t)$ 形式不同。其原因在于基本函数 $D_0(x_t)$，$B_0(x_t)$ 和 $C_0(x_t)$ 的表达式是规范相关的[83]。$B_0(x_t)$ 和 $C_0(x_t)$ 分别来自于内线夸克是 top 夸克时的 $B^0-\bar{B}^0$ 混合箱图和 Z^0 企鹅图。

对于实光子辐射的情况，只有包含基本函数 $D_0(x_t)$ 的项有贡献，对应的有效哈密顿量是规范无关的。对于虚光子辐射的情况 (time-like, $k^2>0$)，有效哈密顿量包含发散项 T^{div}，可能导致严重问题。但对于虚光子三体衰变过程，除了 $b\to s\gamma^*\to sff$ $(f=q,l)$ 衰变道以外，还有 $b\to sZ^*\to sf\bar{f}$ 衰变道。把所有可能的衰变道贡献加起来，仍然可以保持有限性和规范无关性。

以 $b\to sl^-l^+$ 三体衰变过程为例，除了 $b\to s\gamma^*\to sl^-l^+$ 衰变道，还有 $b\to sZ^*\to sl^-l^+$ 衰变道，二者应该同时考虑。**解析计算表明：当同时考虑两个衰变道对顶角函数的贡献时，发散项 T^{div} 相互抵消。** 我们将在下一节给出计算结果。

在文献 [83] 中，A. J. Buras 计算了半轻衰变过程 $b\to sl^+l^-$，把规范无关的函

数 $Z_0(x_t)$ 定义成 $C_0(x_t,\xi)$ 和 $D_0(x_t,\xi)$ 的线性组合

$$\begin{aligned}Z_0(x_t) =& C_0(x_t,\xi)+\frac{1}{4}D_0(x_t,\xi)\\ =& \frac{108x_t-259x_t^2+163x_t^3-18x_t^4}{144(1-x_t)^3}\\ &-\frac{8-50x_t+63x_t^2+6x_t^3-24x_t^4}{72(1-x_t)^4}\ln[x_t],\end{aligned}\tag{5.26}$$

其中

$$C_0(x_t,\xi)=C_0(x_t)+\frac{1}{2}\bar{\rho}(x,\xi),\quad D_0(x_t,\xi)=D_0(x_t)-2\bar{\rho}(x,\xi),\tag{5.27}$$

并且有

$$\bar{\rho}(x,\xi)=2\rho(x_t,\xi)-7B_0(x_t),\tag{5.28}$$

$$\begin{aligned}\rho(x,\xi)=&\frac{\xi}{x-\xi}\left(\frac{3}{4}\frac{1}{x-1}\right)x\ln[x]+\frac{1}{8}\frac{\xi^2}{x-\xi}\left[\left(\frac{5+\xi}{1-\xi}-\frac{\xi}{x-\xi}\right)\ln[\xi]-1\right]\\ &-(x\to 0),\end{aligned}\tag{5.29}$$

$$B_0(x_t)=\frac{x_t}{4(1-x_t)}+\frac{x_t}{4(1-x_t)^2}\ln[x-t].\tag{5.30}$$

显然，$C_0(x_t,\xi)$ 和 $D_0(x_t,\xi)$ 函数都是规范相关的，但它们的线性组合是规范无关的。在下一节，我们在幺正规范下计算 Z^0 企鹅图，抽出基本函数 $C_0(x_t)$，并验证 $Z_0(x_t)$ 函数的规范无关性。

§5.2　$\bar{s}Zb$ 有效耦合

在本节，我们在幺正规范下研究 $b\to sZ^*\to sl^+l^-$ 衰变过程。当取 $V=Z^0$ 时，图 5.1 所示的 Z^0 企鹅图和自能图就是所要研究的费恩曼图，这时 Z^0 是虚的，$k^2>0$。分别计算这四个费恩曼图，得到对应的振幅：

$$\begin{aligned}\mathcal{M}_Z^{(a)}=&\bar{u}_s(p')\Big\{\int\frac{\mathrm{d}^4q}{(2\pi)^4}\sum_j\frac{ig}{\sqrt{2}}\gamma_\alpha LV_{js}^*\frac{i}{\not p-\not q-\not k-m_j}\\ &\cdot\frac{ig}{4\cos\theta}\gamma_\mu[(1-\frac{8}{3}\sin^2\theta)-\gamma_5]\frac{i}{\not p-\not q-m_j}\\ &\cdot\frac{ig}{\sqrt{2}}\gamma_\beta LV_{jb}\frac{i}{q^2-M_W^2}(-g^{\alpha\beta}+\frac{q^\alpha q^\beta}{M_W^2})\Big\}u_b(p)\epsilon^\mu(k),\end{aligned}\tag{5.31}$$

$$
\begin{aligned}
\mathcal{M}_Z^{(b)} = \bar{u}_s(p')\bigg\{ \int \frac{\mathrm{d}^4 q}{(2\pi)^4} \sum_j \frac{ig}{\sqrt{2}}\gamma_\alpha L V_{js}^* \frac{i}{\not p - \not q - m_j} \frac{ig}{\sqrt{2}}\gamma_\beta L V_{jb} \\
\cdot \frac{i}{(k-q)^2 - M_W^2}\left[-g^{\alpha\lambda} + \frac{1}{M_W^2}(k^\alpha - q^\alpha)(k^\lambda - q^\lambda)\right] \\
\cdot ig\cos\theta\left[(2q_\mu - k_\mu)g_{\nu\lambda} + (2k_\nu - q_\nu)g_{\lambda\mu} + (-k_\lambda - q_\lambda)g_{\mu\nu}\right] \\
\cdot \frac{i}{q^2 - M_W^2}\left[-g^{\beta\nu} + \frac{q^\beta q^\nu}{M_W^2}\right]\bigg\} u_b(p)\epsilon^\mu(k),
\end{aligned}
\tag{5.32}
$$

$$
\begin{aligned}
\mathcal{M}_Z^{(c+d)} = \bar{u}_s(p')\bigg\{ -\frac{ig}{2\cos\theta}\cdot\frac{g^2}{32\pi^2}\sum_j V_{js}^* V_{jb}\bigg[(-1+\frac{2}{3}\sin^2\theta)\bigg(-\frac{3}{4-N} \\
+\frac{3}{2}\ln\left(\frac{e^\gamma M_W^2}{4\pi\mu^2}\right) - \frac{2}{3}\bigg) x_j\gamma_\mu L + (-1+\frac{2}{3}\sin^2\theta)\frac{m_b^2 F(m_b^2) - m_s^2 F(m_s^2)}{m_b^2 - m_s^2}\gamma_\mu L \\
+\frac{2}{3}\sin^2\theta\frac{m_b m_s(F(m_b^2) - F(m_s^2))}{m_b^2 - m_s^2}\gamma_\mu R\bigg]\bigg\} u_b(p)\epsilon^\mu(k).
\end{aligned}
\tag{5.33}
$$

取与上一节同样的近似，做积分，然后得到与每一个费恩曼图对应的顶角函数为

$$
\begin{aligned}
\Gamma_\mu^{(Z,a)}(p,k) = \frac{g}{2\cos\theta}\frac{g^2}{32\pi^2}\sum_j V_{js}^* V_{jb} \\
\cdot\bigg\{\left(1 - \frac{4}{3}\sin^2\theta\right)\left[-\frac{3}{4-N} + \frac{3}{2}\ln\left(\frac{e^\gamma M_W^2}{4\pi\mu^2}\right) - \frac{5}{6}\right] x_j \\
+\left(1 - \frac{4}{3}\sin^2\theta\right)\left[\frac{8 - 31x_j + 5{x_j}^2}{12(1-x_j)} - \frac{3{x_j}^2(2-x_j)}{2(1-x_j)^2}\ln x_j\right] \\
-\left[\frac{1}{4-N} - \frac{1}{2}\ln\left(\frac{e^\gamma M_W^2}{4\pi\mu^2}\right) - \frac{1}{2}\right] x_j \\
+\frac{x_j(5+x_j)}{4(1-x_j)} + \frac{x_j({x_j}^2 - 2x_j + 4)}{2(1-x_j)^2}\ln x_j\bigg\}\gamma_\mu L + \cdots,
\end{aligned}
\tag{5.34}
$$

$$
\begin{aligned}
\Gamma_\mu^{(Z,b)}(p,k) = g\cos\theta\frac{g^2}{32\pi^2}\sum_j V_{js}^* V_{jb}\bigg\{\left[\frac{3}{4-N} - \frac{3}{2}\ln\left(\frac{e^\gamma M_W^2}{4\pi\mu^2}\right)\right] x_j \\
+\frac{-2 + 13x_j - 5{x_j}^2}{4(1-x_j)} + \frac{3{x_j}^2(2-x_j)}{2(1-x_j)^2}\ln x_j\bigg\}\gamma_\mu L + \cdots,
\end{aligned}
\tag{5.35}
$$

$$
\begin{aligned}
\Gamma_\mu^{(Z,c+d)}(p,k) = \frac{g}{2\cos\theta}\left(1 - \frac{2}{3}\sin^2\theta\right)\frac{g^2}{32\pi^2}\sum_j V_{js}^* V_{jb} \\
\cdot\bigg\{\left[-\frac{3}{4-N} + \frac{3}{2}\ln\left(\frac{e^\gamma M_W^2}{4\pi\mu^2}\right) - \frac{2}{3}\right] x_j \\
-\frac{2 + 23x_j - 7{x_j}^2}{12(1-x_j)} - \frac{3{x_j}^2(2-x_j)}{2(1-x_j)^2}\ln x_j\bigg\}\gamma_\mu L + \cdots.
\end{aligned}
\tag{5.36}
$$

其中，只有那些与 $\gamma_\mu L$ 成正比的项才明显写出来。总的顶角函数 $\Gamma_\mu^Z(p,k)$ 可以写成

$$\Gamma_\mu^Z(p,k) = \frac{G_F}{\sqrt{2}}\frac{e}{2\pi^2}M_Z^2\frac{\cos\theta}{\sin\theta}\sum_j V_{js}^* V_{jb}\frac{1}{4}\left\{\left[-\frac{1}{4-N}+\frac{1}{2}\ln\left(\frac{e^\gamma M_W^2}{4\pi\mu^2}\right)\right]x_j\right.$$
$$\left.+\frac{7x_j-8x_j^2+x_j^3}{4(1-x_j)^2}+\frac{4x_j-2x_j^2+x_j^3\ln x_j}{2(1-x_j)^2}\right\}\gamma_\mu L+\cdots, \tag{5.37}$$

其中 $e = g\sin\theta$, $M_W = M_Z\cos\theta$，$G_F = g^2/(4\sqrt{2}M_W^2)$。

把式 (5.37) 中的顶角函数 $\Gamma_\mu^Z(p,k)$ 与有效耦合 $\bar{s}Zb$ 的一般表达式[8]

$$\bar{s}Zb = i\sum_j V_{js}^* V_{jb}\frac{G_F}{\sqrt{2}}\frac{e}{2\pi^2}M_Z^2\frac{\cos\theta}{\sin\theta}C_0(x_j)\bar{s}\gamma_\mu(1-\gamma_5)b, \tag{5.38}$$

相比较，可以抽出幺正规范下的基本函数 $C_0(x_t)$：

$$C_0(x_t) = \frac{1}{8}\left[-\frac{1}{4-N}+\frac{1}{2}\ln\left(\frac{e^\gamma M_W^2}{4\pi\mu^2}\right)\right]x_t + \frac{7x_t-8x_t^2+x_t^3}{32(1-x_t)^2}+\frac{4x_t-2x_t^2+x_t^3}{16(1-x_t)^2}\ln[x_t]$$
$$= -\frac{1}{4}T^{div}x_t + \frac{7x_t-8x_t^2+x_t^3}{32(1-x_t)^2}+\frac{4x_t-2x_t^2+x_t^3}{16(1-x_t)^2}\ln[x_t], \tag{5.39}$$

其中 $x_t = m_t^2/M_W^2$。这里，同样出现一个发散项和 μ 相关项。我们在式 (5.24) 和上式中所给出的 $D_0(x_t)$ 和 $C_0(x_t)$ 函数在形式上和 Buras 等[82] 给出的形式相同，两个组的独立计算得到了相同的结果。

把式 (5.24) 中的 $D_0(x_t)$ 函数和式 (5.39) 中的 $C_0(x_t)$ 函数相加，得到幺正规范下的 $Z_0(x_t)$ 函数：

$$Z_0(x_t) = C_0(x_t)+\frac{1}{4}D_0(x_t) = \frac{108x_t-259x_t^2+163x_t^3-18x_t^4}{144(1-x_t)^3}$$
$$-\frac{8-50x_t+63x_t^2+6x_t^3-24x_t^4}{72(1-x_t)^4}\ln[x_t], \tag{5.40}$$

显然，幺正规范下的 $Z_0(x_t)$ 函数是有限的、规范无关的函数，在形式上和式 (5.26) 所给出的 $Z_0(x_t)$ 函数[8, 83] 相同。在幺正规范下，$C_0(x_t)$ 和 $D_0(x_t)$ 的发散项和规范相关性在组合成 $Z_0(x_t)$ 函数后相互抵消。

如图 5.2 所示，对半轻衰变道 $b\to sl^+l^-$，有两个衰变链 $b\to s\gamma^*\to sl^-l^+$ 和 $b\to sZ^*\to sl^-l^+$，所以两个有效耦合 $\bar{s}\gamma b$ 和 $\bar{s}Zb$ 应当同时有贡献。在幺正规范下，在 $D_0(x_t)$ 和 $C_0(x_t)$ 函数中出现的发散项、μ- 依赖项和规范相关性在线性组合以后相互抵消了，这符合我们基于一般原则的预期：**“对一个给定的衰变过程，当把**

所有可能的费恩曼图的贡献相加以后，应当得到一个有限的、规范无关的物理结果”。

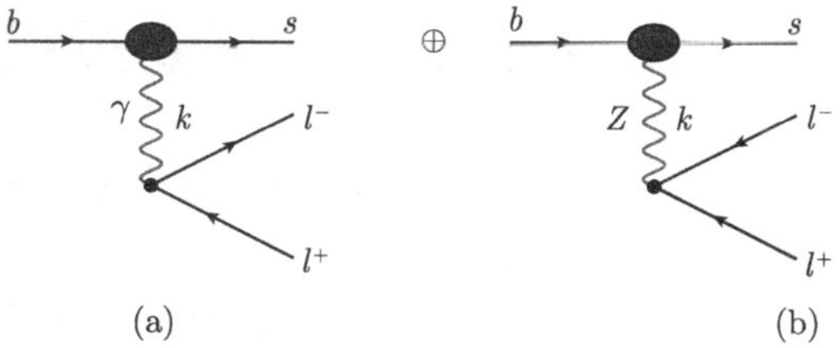

图 5.2 对 $b \to sl^-l^+$ 衰变有贡献的有效“树图”

“椭圆”分别表示有效顶角 $\bar{s}\gamma b$ 和 $\bar{s}Zb(k^2 > 0)$

第 6 章　B 介子混合与衰变过程分析

在本章，我们将对 B 介子 $(B_{u,d}, B_s)$ 的混合与衰变做细致的讨论和分析。在这一方面，读者可以参看两本很好的参考书[32, 33]，几个大实验组的技术报告和综述性报告[71,84-89]，也可以看 Buras、Grossman 等近期的综述性报告[90-95]。

§6.1　中性 B 介子的混合

§6.1.1　味本征态, 质量本征态和 CP 本征态

首先, 由 $\Upsilon(4S)$ 产生的中性 B 介子对是**味本征态:**

$$|B^0\rangle = d\bar{b}, \quad |\overline{B}^0\rangle = \bar{d}b. \tag{6.1}$$

它们不是哈密顿量的本征态 (质量本征态)。根据前面的讨论，在时刻 t, 我们可以用一个任意的态 $\psi(t)$ 来表示味道本征态 B^0 和 $\bar{B}^0$ 的混合

$$\psi(t) = a(t)|B^0\rangle + b(t)|\bar{B}^0\rangle. \tag{6.2}$$

态 $\psi(t)$ 满足含时 Schrödinger 方程:

$$i\frac{\partial}{\partial t}\begin{pmatrix} a \\ b \end{pmatrix} = \widehat{\boldsymbol{H}}\begin{pmatrix} a \\ b \end{pmatrix} \equiv \left(\widehat{\boldsymbol{M}} - \frac{i}{2}\widehat{\boldsymbol{\Gamma}}\right)\begin{pmatrix} a \\ b \end{pmatrix} \tag{6.3}$$

其中 $\widehat{\boldsymbol{M}}$ 和 $\widehat{\boldsymbol{\Gamma}}$ 是厄米矩阵, 分别确定 B 介子的混合与衰变部分。系统的哈密顿量 $\mathcal{H}$ 不是厄米矩阵。CPT 不变性要求 $M_{11} = M_{22} = m$, $M_{21} = M_{12}^*$, $\Gamma_{11} = \Gamma_{22} = \Gamma$, $\Gamma_{21} = \Gamma_{12}^*$。系统的哈密顿量 $\mathcal{H}$ 写为

$$\mathcal{H} = \begin{pmatrix} M_{11} & M_{12} \\ M_{12}^* & M_{22} \end{pmatrix} - \frac{i}{2}\begin{pmatrix} \Gamma_{11} & \Gamma_{12} \\ \Gamma_{12}^* & \Gamma_{22} \end{pmatrix}, \tag{6.4}$$

对 $\mathcal{H}$ 做对角化, 得到 $\mathcal{H}$ 的本征值

$$M_{H,L} = M \pm \mathrm{Re}\left[\mathcal{H}_{12}\mathcal{H}_{12}^*\right]^{1/2} = M \pm \frac{1}{2}\Delta M, \tag{6.5}$$

$$\Gamma_{H,L} = \Gamma \mp 2\mathrm{Im}\left[\mathcal{H}_{12}\mathcal{H}_{12}^*\right]^{1/2} = \Gamma \mp \Delta\Gamma, \tag{6.6}$$

$\mathcal{H}$ 的对角化:

$$\mathcal{H}=\begin{pmatrix} H_{11} & H_{12} \\ H_{21} & H_{22} \end{pmatrix}=\begin{pmatrix} m-\frac{i}{2}\Gamma & M_{12}-\frac{i}{2}\Gamma_{12} \\ M_{12}^*-\frac{i}{2}\Gamma_{12}^* & m-\frac{i}{2}\Gamma \end{pmatrix} \tag{6.7}$$

将 H 对角化，

$$(H_{11}-\lambda)(H_{22}-\lambda)-H_{12}H_{21}=0, \quad (H_{11}=H_{22}), \tag{6.8}$$

$$\lambda_{\pm}=H_{11}\pm\sqrt{H_{12}H_{21}} \tag{6.9}$$

又因为 $\lambda_{\pm}=M_{\pm}-\dfrac{i}{2}\Gamma_{\pm}$，所以有

$$\lambda_{\pm}=M_{\pm}-\frac{i}{2}\Gamma_{\pm}=H_{11}\pm\sqrt{H_{12}H_{21}}=m-\frac{i}{2}\Gamma\pm\sqrt{H_{12}H_{21}} \tag{6.10}$$

考虑到

$$\begin{aligned} H_{12}H_{21}&=\left(M_{12}-\frac{i}{2}\Gamma_{12}\right)\left(M_{12}^*-\frac{i}{2}\Gamma_{12}^*\right)\\ &=|M_{12}|^2-\frac{1}{4}|\Gamma_{12}|^2-\frac{i}{2}\left(M_{12}\Gamma_{12}^*+\Gamma_{12}M_{12}^*\right)\\ &=|M_{12}|^2-\frac{1}{4}|\Gamma_{12}|^2-i\mathrm{Re}\left[M_{12}\Gamma_{12}^*\right]\\ &=|M_{12}|^2\left[1-\frac{|\Gamma_{12}|^2}{4|M_{12}|^2}-i\frac{\mathrm{Re}\left[M_{12}\Gamma_{12}^*\right]}{|M_{12}|^2}\right], \end{aligned} \tag{6.11}$$

所以有

$$\sqrt{H_{12}H_{21}}=|M_{12}|\sqrt{1-\frac{|\Gamma_{12}|^2}{4|M_{12}|^2}-i\frac{\mathrm{Re}\left[M_{12}\Gamma_{12}^*\right]}{|M_{12}|^2}}. \tag{6.12}$$

又因为 $|\Gamma_{12}|\ll|M_{12}|$，所以上式根号内部的后两项远远小于 1。考虑展开式 $\sqrt{1-x}\approx 1-\dfrac{x}{2}$ 当 $|x|\ll 1$ 成立，那么有

$$\sqrt{H_{12}H_{21}}\approx|M_{12}|\left[1-\frac{1}{2}\left(\frac{|\Gamma_{12}|^2}{4|M_{12}|^2}+i\frac{\mathrm{Re}\left[M_{12}\Gamma_{12}^*\right]}{|M_{12}|^2}\right)\right]. \tag{6.13}$$

进而可以直接写出 $\sqrt{H_{12}H_{21}}$ 的实部和虚部。最后有

$$\begin{aligned} M_{\pm}-\frac{i}{2}\Gamma_{\pm}&=m-\frac{i}{2}\Gamma\pm\sqrt{H_{12}H_{21}}\\ &=m-\frac{i}{2}\Gamma\pm\mathrm{Re}[\sqrt{H_{12}H_{21}}]\pm i\mathrm{Im}[\sqrt{H_{12}H_{21}}], \end{aligned} \tag{6.14}$$

$$\begin{aligned} M_{\pm}&=m\pm\mathrm{Re}[\sqrt{H_{12}H_{21}}]=m\pm|M_{12}|\left(1-\frac{1}{8}\frac{|\Gamma_{12}|^2}{|M_{12}|^2}\right);\\ \Gamma_{\pm}&=\Gamma\mp 2\mathrm{Im}[\sqrt{H_{12}H_{21}}]=\Gamma\pm\frac{\mathrm{Re}[M_{12}\Gamma_{12}^*]}{|M_{12}|}. \end{aligned} \tag{6.15}$$

我们可以把质量本征态写为

$$
\begin{aligned}
|B_L\rangle &= p|B^0\rangle + q|\overline{B}^0\rangle, \\
|B_H\rangle &= p|B^0\rangle - q|\overline{B}^0\rangle,
\end{aligned} \tag{6.16}
$$

对应的质量本征值为

$$
\begin{aligned}
\lambda_L &= M_L - \frac{i}{2}\Gamma_L = M - \frac{i}{2}\Gamma + \frac{q}{p}\left(M_{12} - \frac{i}{2}\Gamma_{12}\right), \\
\lambda_H &= M_H - \frac{i}{2}\Gamma_H = M - \frac{i}{2}\Gamma - \frac{q}{p}\left(M_{12} - \frac{i}{2}\Gamma_{12}\right),
\end{aligned} \tag{6.17}
$$

其中

$$
\left(\frac{q}{p}\right)^2 = \frac{M_{12}^* - \frac{i}{2}\Gamma_{12}^*}{M_{12} - \frac{i}{2}\Gamma_{12}}. \tag{6.18}
$$

显然, 有两组解

$$
\frac{q}{p} = \pm\sqrt{\frac{M_{12}^* - \frac{i}{2}\Gamma_{12}^*}{M_{12} - \frac{i}{2}\Gamma_{12}}}. \tag{6.19}
$$

通常的约定是取"+" 号。取负号相当于做互换 $H \leftrightarrow L$。这种二重不确定性实际上是一个更一般的不确定性的特例。当我们定义反粒子时, 有一个相角自由度。我们现在使用的约定是

$$
C|B^0\rangle = -|\overline{B}^0\rangle, \quad \boldsymbol{P}|B^0\rangle = -|B^0\rangle, \quad CP|B^0\rangle = |\overline{B}^0\rangle, \quad \boldsymbol{T}|B^0\rangle = |B^0\rangle. \tag{6.20}
$$

如果在 $|\overline{B}^0\rangle$ 定义中加上一个纯相因子

$$
|\overline{B}^0\rangle \longrightarrow e^{i\xi}|\overline{B}^0\rangle. \tag{6.21}
$$

由此带来的影响是

$$
\begin{aligned}
M_{12} - \frac{i}{2}\Gamma_{12} &\longrightarrow e^{i\xi}\left(M_{12} - \frac{i}{2}\Gamma_{12}\right), \\
\frac{q}{p} &\longrightarrow e^{-i\xi}\frac{q}{p}.
\end{aligned} \tag{6.22}
$$

但它们的乘积保持不变

$$
\frac{q}{p}\left(M_{12} - \frac{i}{2}\Gamma_{12}\right) \longrightarrow \frac{q}{p}\left(M_{12} - \frac{i}{2}\Gamma_{12}\right). \tag{6.23}
$$

由式 (6.16) 和 (6.17) 定义 ΔM 和 $\Delta\Gamma$[96]:

$$\Delta M = M_H - M_L = -2\mathrm{Re}\left[\frac{q}{p}\left(M_{12} - \frac{i}{2}\Gamma_{12}\right)\right], \tag{6.24}$$

$$\Delta\Gamma = \Gamma_L - \Gamma_H = -4\mathrm{Im}\left[\frac{q}{p}\left(M_{12} - \frac{i}{2}\Gamma_{12}\right)\right]. \tag{6.25}$$

显然，ΔM 和 $\Delta\Gamma$ 分别由式 (6.23) 的实部和虚部决定，它们是物理可观测量。当然应当与约定 (或者说波函数的相位选取) 无关。关于 CP 破坏研究中相位约定的更多细节，读者可参看 Bigi，Sanda，Branco 等的讨论[32, 33]。

§6.1.2 ΔM 和 ΔΓ

ΔM 和 $\Delta\Gamma$ 的相对符号是一个描写间接 CP 破坏的可观测物理量。我们使用文献[32] 中给出的定义

$$M_{12} = \overline{M}_{12}e^{i\xi}, \quad \Gamma_{12} = \Gamma_{12}e^{i\xi}e^{i\zeta}, \quad \frac{\Gamma_{12}}{M_{12}} = \frac{\overline{\Gamma}_{12}}{\overline{M}_{12}}e^{i\zeta} = re^{i\zeta}. \tag{6.26}$$

通过要求 ξ 和 $\xi+\zeta$ 的取值在区间 $\left[-\frac{\pi}{2},\frac{\pi}{2}\right]$，来确定 $\overline{M}_{12}$ 和 $\overline{\Gamma}_{12}$ 的符号。二者之间的相对符号有重要的物理意义，绝对符号则没有物理意义。

(1) 对 B_d^0-$\overline{B}_d^0$ 混合，有

$$\Delta\Gamma \ll \Delta M, \quad \Delta\Gamma \ll \Gamma, \tag{6.27}$$

$\Delta\Gamma/\Gamma \sim 0$，无法测量，可以忽略。这时有

$$\Delta M_B = M_H - M_L = -2\overline{M}_{12}^B,$$

$$\Delta\Gamma = \Gamma_L - \Gamma_H = 2\overline{\Gamma}_{12}^B \cos\zeta_B, \tag{6.28}$$

$$\frac{q}{p} = \sqrt{\frac{M_{12}^*}{M_{12}}}\left(1 - \frac{r}{2}\sin\zeta_B\right), \quad \left|\frac{q}{p}\right| \simeq 1 - \frac{r}{2}\sin\zeta_B. \tag{6.29}$$

(2) 对 B_s^0-$\overline{B}_s^0$ 混合，虽然仍然有 $\Delta\Gamma \ll \Gamma$，但是 $\Delta\Gamma/\Gamma \approx 10\%$，是可以实验测量的，不能忽略。

§6.1.3 时间演化

含时的质量本征态的表达式为

$$|B_L(t)\rangle = e^{-i\lambda_L t}|B_L(0)\rangle = e^{-i\left(M_L t - \frac{i}{2}\Gamma_L t\right)}|B_L(0)\rangle, \tag{6.30}$$

$$|B_H(t)\rangle = e^{-i\lambda_H t}|B_H(0)\rangle = e^{-i\left(M_H t - \frac{i}{2}\Gamma_H t\right)}|B_H(0)\rangle \tag{6.31}$$

如果 $\mathcal{H}$ 在 CP 变换下不是不变的，那么质量本征态不一定是 CP 本征态。

把 CP 本征态 $|B_1^0\rangle$ 和 $|B_2^0\rangle$ 按照味本征态展开

$$|B_1^0\rangle = \frac{1}{\sqrt{2}}\left(|B^0\rangle + |\overline{B}^0\rangle\right) = \frac{1}{\sqrt{2}}\left(|\bar{b}d\rangle + |b\bar{d}\rangle\right), \tag{6.32}$$

$$|B_2^0\rangle = \frac{1}{\sqrt{2}}\left(|B^0\rangle - |\overline{B}^0\rangle\right) = \frac{1}{\sqrt{2}}\left(|\bar{b}d\rangle - |b\bar{d}\rangle\right) \tag{6.33}$$

那么有

$$CP|B_1^0\rangle = \frac{1}{\sqrt{2}}\left(|\overline{B}^0\rangle + |B^0\rangle\right) = |B_1^0\rangle, \tag{6.34}$$

$$CP|B_2^0\rangle = \frac{1}{\sqrt{2}}\left(|\overline{B}^0\rangle - |B^0\rangle\right) = -|B_2^0\rangle \tag{6.35}$$

只有当 $p = q = 1$ 时,CP 本征态才等于质量本征态。由式 (6.30) 和 (6.31), 我们可以导出味本征态随时间的演化

$$\begin{aligned}
|B_H(t)\rangle + |B_L(t)\rangle = 2p|B^0(t)\rangle &= e^{-i\left(M_L t - \frac{i}{2}\Gamma_L t\right)}|B_L(0)\rangle + e^{-i\left(M_H t - \frac{i}{2}\Gamma_H t\right)}|B_H(0)\rangle \\
&= e^{-i\left(M_L t - \frac{i}{2}\Gamma_L t\right)}\left[p|B^0(0)\rangle + q|\bar{B}^0(0)\rangle\right] \\
&\quad + e^{-i\left(M_H t - \frac{i}{2}\Gamma_H t\right)}\left[p|B^0(0)\rangle - q|\bar{B}^0(0)\rangle\right] \\
&= \left(e^{-i\left(M_H t - \frac{i}{2}\Gamma_H t\right)} + e^{-i\left(M_L t - \frac{i}{2}\Gamma_L t\right)}\right)p|B^0(0)\rangle \\
&\quad - \left(e^{-i\left(M_H t - \frac{i}{2}\Gamma_H t\right)} - e^{-i\left(M_L t - \frac{i}{2}\Gamma_L t\right)}\right)q|\overline{B}^0(0)\rangle \\
&= e^{-iMt - \frac{1}{2}\Gamma t}\cdot\left\{\left[e^{-i\frac{1}{2}\Delta M t} + e^{i\frac{1}{2}\Delta M t}\right]p|B^0(0)\rangle\right. \\
&\quad \left. - \left[e^{-i\frac{1}{2}\Delta M t} - e^{i\frac{1}{2}\Delta M t}\right]q|\bar{B}^0(0)\rangle\right\}.
\end{aligned} \tag{6.36}$$

在上式的最后一步，取了近似 $\Delta\Gamma \approx 0$。最后得到

$$|B^0(t)\rangle = e^{-iMt - \frac{1}{2}\Gamma t}\cdot\left\{\cos\frac{\Delta M t}{2}|B^0(0)\rangle + i\frac{q}{p}\sin\frac{\Delta M t}{2}|\overline{B}^0(0)\rangle\right\}, \tag{6.37}$$

$$|\overline{B}^0(t)\rangle = e^{-iMt - \frac{1}{2}\Gamma t}\cdot\left\{\cos\frac{\Delta M t}{2}|\overline{B}^0(0)\rangle + i\frac{p}{q}\sin\frac{\Delta M t}{2}|B^0(0)\rangle\right\}. \tag{6.38}$$

显然, B^0 和 $\overline{B}^0$ 可以发生混合，其概率与时间相关。

如果在式 (6.36) 中保留 $\Delta\Gamma$ 项，那么有

$$\begin{aligned}
|B^0(t)\rangle = e^{-iMt - \frac{1}{2}\Gamma t}\cdot&\left\{\left[e^{-i\frac{1}{2}\Delta M t}e^{\frac{\Delta\Gamma t}{4}} + e^{i\frac{1}{2}\Delta M t}e^{-\frac{\Delta\Gamma t}{4}}\right]p|B^0(0)\rangle\right. \\
&\left. - \left[e^{-i\frac{1}{2}\Delta M t}e^{\frac{\Delta\Gamma t}{4}} - e^{i\frac{1}{2}\Delta M t}e^{-\frac{\Delta\Gamma t}{4}}\right]q|\bar{B}^0(0)\rangle\right\}.
\end{aligned} \tag{6.39}$$

在 I.I. Bigi **和** A.I. Sanda **的书中**[32](**第** 99 **页，式** (6.48))**，作者把一般的含时波函数** $|P^0(t)\rangle$，$|\overline{P}^0(t)\rangle$ ($P^0 = K^0, D^0, B_d^0$ **或** B_s^0) **定义为**:

$$
\begin{aligned}
|P^0(t)\rangle &= f_+(t)\|P^0(0)\rangle + \frac{q}{p} f_-(t)|\overline{P}^0(0)\rangle, \\
|\overline{P}^0(t)\rangle &= f_+(t)\|\overline{P}^0(0)\rangle + \frac{p}{q} f_-(t)|P^0(0)\rangle,
\end{aligned} \tag{6.40}
$$

其中

$$
f_\pm(t) = \frac{e^{-i\lambda_L t} \pm e^{-i\lambda_H t}}{2} = \frac{1}{2} e^{-iM_1 t} e^{-\frac{1}{2}\Gamma_1 t}\left[1 \pm e^{-i\Delta M t} e^{\frac{1}{2}\Delta\Gamma t}\right], \tag{6.41}
$$

其中 $M_1 = M_L, \Gamma_1 = \Gamma_L, \Delta M = M_2 - M_1 = M_H - M_L$，$\Delta\Gamma = \Gamma_1 - \Gamma_2 = \Gamma_L - \Gamma_H$。

如果把 $P^0 \to (f, \bar{f})$ 和 $\overline{P}^0 \to (f, \bar{f})$ 衰变振幅分别定义

$$
A_f = < f|\mathcal{H}_{\Delta F=1}|P^0 >, \quad \overline{A}_f = < f|\mathcal{H}_{\Delta F=1}|\overline{P}^0 >, \quad \lambda_f = \frac{q}{p}\frac{\overline{A}_f}{A_f}, \tag{6.42}
$$

$$
A_{\bar{f}} = < \bar{f}|\mathcal{H}_{\Delta F=1}|P^0 >, \quad \overline{A}_{\bar{f}} = < \bar{f}|\mathcal{H}_{\Delta F=1}|\overline{P}^0 >, \quad \lambda_{\bar{f}} = \frac{p}{q}\rho(\bar{f}), \tag{6.43}
$$

那么衰变宽度的表达式，亦即文献 [32] **中所说的**“Master Equations”**为**

$$
\begin{aligned}
\Gamma(P^0(t) \to f) \quad &\propto \quad e^{-\Gamma_1 t}|A_f|^2 \cdot \left\{K_+(t) + K_-(t)\,|\lambda_f|^2 + 2\,\mathrm{Re}\left[L^*(t)\lambda_f\right]\right\}, \\
\Gamma(\bar{P}^0(t) \to f) \;&\propto\; e^{-\Gamma_1 t}|\bar{A}_f|^2 \cdot \left\{K_+(t) + K_-(t)\frac{1}{|\lambda_f|^2} + 2\,\mathrm{Re}\left[L^*(t)\frac{1}{\lambda_f}\right]\right\},
\end{aligned} \tag{6.44}
$$

其中

$$
\begin{aligned}
|f_\pm(t)|^2 &= \frac{1}{4} e^{-\Gamma_1 t} K_\pm(t), \\
f_-(t) f_+^*(t) &= \frac{1}{4} e^{-\Gamma_1 t} L^*(t), \\
K_\pm &= 1 + e^{\Delta\Gamma t} \pm 2\, e^{\frac{1}{2}\Delta\Gamma t}\cos[\Delta M t], \\
L^*(t) &= 1 - e^{\Delta\Gamma t} \pm 2\, i\, e^{\frac{1}{2}\Delta\Gamma t}\sin[\Delta M t].
\end{aligned} \tag{6.45}
$$

这样，对末态 f，若 $(P^0, \bar{P}^0) \to f$ 的衰变均可以进行，那么，通过粒子–反粒子的振荡就会有两个衰变路径：$P^0 \to f \bigoplus P^0 \to \bar{P}^0 \to f$，它们就会产生干涉，导致 CP 破坏。

在文献 [32] 中，作者没有使用 λ_f 的定义，他们的定义是

$$
\overline{\rho}(f) = \frac{\overline{A}_f}{A_f} = \frac{1}{\rho(f)}. \tag{6.46}
$$

我们这里一直使用的 λ_f 与式 (6.46) 的关系为

$$\lambda_f = \frac{q}{p}\frac{\overline{A}_f}{A_f} = \frac{q}{p}\overline{\rho}(f). \tag{6.47}$$

当末态 $f = f_{CP}$ 为 CP 本征态时，则有 $|\bar{f}\rangle = CP|f\rangle = \eta_f|f\rangle$，其中 $\eta_f = \pm 1$。进而可以导出下面的关系式

$$\begin{aligned} A_{\bar{f}} &= \langle \bar{f}|\mathcal{H}|P^0\rangle = \eta_f \langle f|\mathcal{H}|P^0\rangle = \eta_f A_f, \\ \overline{A}_{\bar{f}} &= \langle \bar{f}|\mathcal{H}|\overline{P}^0\rangle = \eta_f \langle f|\mathcal{H}|\overline{P}^0\rangle = \eta_f \overline{A}_f, \end{aligned} \tag{6.48}$$

$$\frac{\overline{A}_{\bar{f}}}{A_{\bar{f}}} = \frac{\overline{A}_f}{A_f}, \quad \bar{\rho}(\bar{f}) = \bar{\rho}(f), \quad \rho(\bar{f}) = \rho(f). \tag{6.49}$$

对 $B^0 \to f$ 衰变，我们习惯上把主要的含时指数函数 $e^{-\Gamma_1 t}$ 从衰变宽度表达式中分离出来，即有

$$\begin{aligned} &\Gamma(B^0(t) \to f) \propto \frac{1}{2}e^{-\Gamma_1 t} \cdot G_f(t), \\ &\qquad G_f(t) = a + be^{\Delta\Gamma_B\, t} + ce^{\Delta\Gamma_B\, t/2}\cos(\Delta M_B t) + de^{\Delta\Gamma_B\, t/2}\sin(\Delta M_B t). \end{aligned} \tag{6.50}$$

其中

$$a = |A_f|^2 \cdot \left[\frac{1}{2}\left(1 + |\lambda_f|^2\right) + \mathrm{Re}(\lambda_f)\right], \tag{6.51}$$

$$b = |A_f|^2 \cdot \left[\frac{1}{2}\left(1 + |\lambda_f|^2\right) - \mathrm{Re}(\lambda_f)\right], \tag{6.52}$$

$$c = |A_f|^2 \cdot \left[1 - |\lambda_f|^2\right], \quad d = -2|A_f|^2 \cdot \mathrm{Im}(\lambda_f). \tag{6.53}$$

同理，对 $\bar{B}^0 \to \bar{f}$ 衰变，则有

$$\begin{aligned} &\Gamma(\bar{B}^0(t) \to \bar{f}) \propto \frac{1}{2}e^{-\Gamma_1 t} \cdot \overline{G}_{\bar{f}}(t), \\ &\qquad \overline{G}_{\bar{f}}(t) = \bar{a} + \bar{b}e^{\Delta\Gamma_B\, t} + \bar{c}e^{\Delta\Gamma_B\, t/2}\cos(\Delta M_B t) + \bar{d}e^{\Delta\Gamma_B\, t/2}\sin(\Delta M_B t). \end{aligned} \tag{6.54}$$

其中

$$\bar{a} = |\overline{A}_{\bar{f}}|^2 \cdot \left[\frac{1}{2}\left(1 + |\lambda_{\bar{f}}|^2\right) + \mathrm{Re}\left(\lambda_{\bar{f}}\right)\right], \tag{6.55}$$

$$\bar{b} = |\overline{A}_{\bar{f}}|^2 \cdot \left[\frac{1}{2}\left(1 + |\lambda_{\bar{f}}|^2\right) - \mathrm{Re}\left(\lambda_{\bar{f}}\right)\right], \tag{6.56}$$

$$\bar{c} = |\overline{A}_{\bar{f}}|^2 \cdot \left[1 - |\lambda_{\bar{f}}|^2\right], \quad \bar{d} = -2|\overline{A}_{\bar{f}}|^2 \cdot \mathrm{Im}\left(\lambda_{\bar{f}}\right). \tag{6.57}$$

显然，当 $G_f(t) \neq \overline{G}_{\bar{f}}(t)$ 时，有 CP 破坏。

§6.1.4 中性 B 介子混合

如图 6.1 所示, 两个味本征态 B_q^0, $\overline{B}_q^0$ 通过箱图发生混合。对 B_q^0 介子混合，top 夸克箱图起主要作用。对 B_d^0-$\overline{B}_d^0$ 混合，下述近似关系在 $\mathcal{O}(10^{-2})$ 精度下成立:

$$\frac{q}{p}=\frac{M_{12}^*}{|M_{12}|}=\frac{V_{tb}^*V_{td}}{V_{tb}V_{td}^*}. \tag{6.58}$$

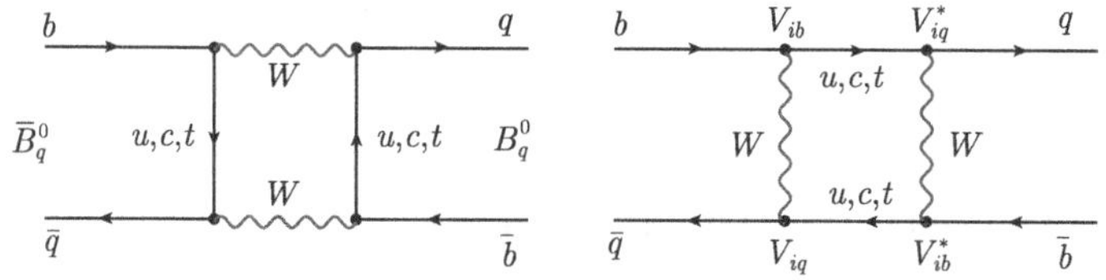

图 6.1 描写 B_q^0-$\overline{B}_q^0$ 混合的箱图 (其中 $q=d,s$)

对箱图做积分，把重的 top 夸克和 W 玻色子积掉，得到定域的 4 费米耦合

$$(\bar{q}b)_{V-A}\ (\bar{q}b)_{V-A}, \tag{6.59}$$

其中 $q=d,s$。在低能标 $\mu\approx m_b$ 处，包含了 QCD 修正的有效哈密顿量可以写为

$$\begin{aligned}\mathcal{H}_{\text{eff}}\,(\Delta B=2;\mu)=&\left(\frac{G_F}{4\pi}\right)^2 M_W^2\left[(\bar{q}b)_{V-A}\ (\bar{q}b)_{V-A}\right]\cdot\Big\{\eta_c^B(\mu)\ |\xi_{cq}|^2\ E(x_c)\\&+\eta_t^B(\mu)\ |\xi_{tq}|^2\ E(x_t)+\eta_{ct}^B(\mu)\,\xi_{cq}\xi_{tq}^*\,E(x_c,x_t)\Big\},\end{aligned} \tag{6.60}$$

其中 $\eta_i^B(\mu)$ 表示在能标 μ 处的 QCD 辐射修正，$x_q=m_q^2/M_W^2$，$\xi_{Qq}=V_{Qb}V_{Qq}^*$ $(q=d,s)$。

$$E(x_i)=\frac{4x_i-11x_i^2+x_i^3}{4(1-x_i)^2}-\frac{3x_i^3}{2(1-x_i)^2}\ln[x_i],\quad i=c,t, \tag{6.61}$$

$$E(x_c,x_t)=x_c\ln\frac{x_t}{x_c}-\frac{3x_cx_t}{4(1-x_t)}-\frac{3x_cx_t^2}{4(1-x_t)^2}\ln[x_t],\quad x_c\ll 1. \tag{6.62}$$

1. ΔM_B 的计算

质量矩阵的非对角元可以写为

$$\langle B^0|\mathcal{H}_{\text{eff}}|\overline{B}^0\rangle\equiv M_{12}-\frac{i}{2}\Gamma_{12}. \tag{6.63}$$

top 夸克箱图贡献是最主要的贡献:

$$M_{12}=\left(\frac{G_F}{4\pi}\right)^2 M_W^2\,|\xi_{cq}|^2\ E(x_t)\eta_t^B(\mu)\cdot\langle B^0|\,(\bar{q}b)_{V-A}\ (\bar{q}b)_{V-A}\,|\overline{B}^0\rangle_\mu. \tag{6.64}$$

其中 $q = d, s$，

$$\langle B^0|\,(\bar{q}b)_{V-A}\ (\bar{q}b)_{V-A}\,|\overline{B}^0\rangle_\mu = -\frac{4}{3}B_B(\mu)\,f_B^2\,m_B. \tag{6.65}$$

其中 $B_B \sim 1$ 是描写 $\bar{d}b \to B^0$ 强子化过程的非微扰参数，f_B 是 B 介子衰变常数。混合参数为

$$x_d = \frac{\Delta M_{B_d}}{\Gamma_{B_d}} \simeq -\frac{2\overline{M}_{12}}{\Gamma_{B_d}} \simeq \frac{G_F^2}{6\pi^2}M_W^2 m_B \tau_{B_d}\ B_B f_B^2\ |\xi_{cq}|^2\ E(x_t)\eta_t^B(\mu). \tag{6.66}$$

最新的实验测量值为[4]

$$\begin{aligned}\Delta M_{B_d} &= 0.507 \pm 0.004\text{ps}^{-1}, \quad \tau(B^0) = 1.527 \pm 0.010\text{ps}^{-1},\\ x_d &= 0.770 \pm 0.008, \quad \chi_d = 0.1862 \pm 0.0023.\end{aligned} \tag{6.67}$$

对 B_s^0-$\overline{B}_s^0$ 混合过程，ΔM_{B_s} 的推导过程和 ΔM_{B_d} 类似。为了降低理论误差，人们经常取二者的比值

$$\frac{\Delta M_{B_s}}{\Delta M_{B_d}} = \frac{(B_B f_B^2)_{B_d}}{(B_B f_B)_{B_s}} \cdot \frac{|V_{ts}|^2}{|V_{td}|^2}, \tag{6.68}$$

并在唯象研究中使用该比值。对 ΔM_{B_s} 和 x_s 的最新的实验测量值为[4]

$$\begin{aligned}\Delta m_{B_s} &= 17.69 \pm 0.08\text{ps}^{-1},\\ x_s &= \frac{\Delta M_{B_s}}{\Gamma_{B_s}} = 26.49 \pm 0.29,\end{aligned} \tag{6.69}$$

其他一些相关量为

$$y_s = \frac{\Delta\Gamma_s}{2\Gamma_s} = 0.088 \pm 0.014, \quad \chi_s = \frac{x_s^2 + y_s^2}{2(1 + x_s^2)} = 0.499292 \pm 0.000016. \tag{6.70}$$

由于 $\Delta M \propto (1-\bar{\rho})^2 - \bar{\eta}^2$，所以在如图 2.16 所示的 $\bar{\rho}$-$\bar{\eta}$ 复平面上，以 $(1,0)$ 为圆心的浅黄色和棕黄色圆环区域就是根据实验测量值 Δm_{B_d} 和 Δm_{B_s} 得到的允许区。

2. $\Delta\Gamma_B$ 的计算

对 $\Delta\Gamma_B$ 的主要贡献来自于内线夸克为 u, c 夸克的两个箱图。这时，W 玻色子被积掉，但由于 $m_u, m_c \ll m_b$，对 u, c 夸克内线的积分就出现虚部–吸收部分 (内线 u, c 夸克在壳)，积分结果为[97]

$$(\Gamma_{12})_{B_q} \simeq -\frac{G_F^2 M_{B_q}^3}{8\pi}(B_B f_B^2)_{B_q}\left[\xi_{cq}^2\,P(cc) + \xi_{uq}^2\,P(uu) + 2\xi_{cq}\xi_{uq}\,P(uc)\right]. \tag{6.71}$$

考虑到 $m_u^2 \ll m_c^2 \ll m_b^2$，有

$$p(uu) \simeq 1, \quad P(uc) \simeq 1 - \frac{4}{3}\frac{m_c^2}{m_b^2}, \quad P(cc) = 1 - \frac{8}{3}\frac{m_c^2}{m_b^2}. \tag{6.72}$$

即

$$(\Gamma_{12})_{B_q} \simeq -\frac{G_F^2 M_{B_q}^3}{8\pi}(B_B f_B^2)_{B_q}\left[(\xi_{uq}+\xi_{cq})^2 - \frac{8}{3}\frac{m_c^2}{m_b^2}\xi_{cq}(\xi_{uq}+\xi_{cq})\right]. \tag{6.73}$$

考虑到 CKM 幺正性 $\xi_{uq}+\xi_{cq} = -\xi_{tq}$，可得

$$\left(\frac{\Gamma_{12}}{M_{12}}\right)_{B_q} \simeq \frac{3\pi}{2}\frac{m_{B_q}^2}{M_W^2}\frac{1}{\eta_{tt}^B E(x_t)}\left(1+\frac{8}{3}\frac{m_c^2}{m_b^2}\frac{\xi_{cq}}{\xi_{tq}}\right) \sim \mathcal{O}(few \times 10^{-3}). \tag{6.74}$$

该结果还可以表示成

$$\frac{\Delta\Gamma}{\Gamma} = \left(\frac{\Gamma_{12}}{M_{12}}\right)_{B_q}\frac{x_q}{2} = \begin{cases} \mathcal{O}(10^{-3}), & \text{for } B_d^0, \\ (1\sim 10)\%, & \text{for } B_s^0. \end{cases} \tag{6.75}$$

§6.1.5 B 介子混合的大小和概率

当不考虑 QCD 修正时，B^0-$\bar{B}^0$ 混合可以简单地写为

$$\langle B^0|\mathcal{H}_{ew}|\bar{B}^0\rangle \quad \propto \quad \left|\sum_{Q=u,c,t} V_{Qb}V_{Qd}F(x_i)\right|^2. \tag{6.76}$$

首先，如果 $F(x_i)$ 都相等，或者内线夸克质量相同，CKM 矩阵的幺正性保证没有混合。对 D^0-$\bar{D}$ 混合情况，所有的 $F(x_i)$ 都很小，导致 D 介子系统混合很小。对 B 介子系统混合情况，top 夸克的贡献起支配作用，B 介子系统混合可以很大。

由含时波函数 $|B^0(t)\rangle$ 可得混合振幅和混合概率为

$$\langle\overline{B}^0(0)|B^0(t)\rangle = e^{-iMt-\frac{1}{2}\Gamma t}\left(i\frac{q}{p}\sin\frac{\Delta Mt}{2}\right), \tag{6.77}$$

$$r_{mix}(t) = \left|\langle\overline{B}^0(0)|B^0(t)\rangle\right|^2 = \left|\frac{q}{p}\right|^2 e^{-\Gamma t}\sin^2\frac{\Delta Mt}{2}, \tag{6.78}$$

$$\bar{r}_{mix}(t) = \left|\langle B^0(0)|\bar{B}^0(t)\rangle\right|^2 = \left|\frac{p}{q}\right|^2 e^{-\Gamma t}\sin^2\frac{\Delta Mt}{2}. \tag{6.79}$$

如果 $|q/p| \neq 1$，就导致间接 CP 破坏。将上两式对时间积分，CP 破坏消失了：

$$\frac{r_{\rm mix}}{r_{\rm no-mix}} = \frac{x^2}{2+x^2},$$

$$x = \frac{\Delta M}{\Gamma} = \frac{G_F^2}{6\pi^2} B_B f_B^2\, m_B \tau_B\, |V_{tb}V_{td}^*|^2 m_t^2\, F(x_t)\, \eta_{QCD}. \tag{6.80}$$

§6.1.6　对 $(P^0, \overline{P}^0) \to f$ 类衰变的讨论

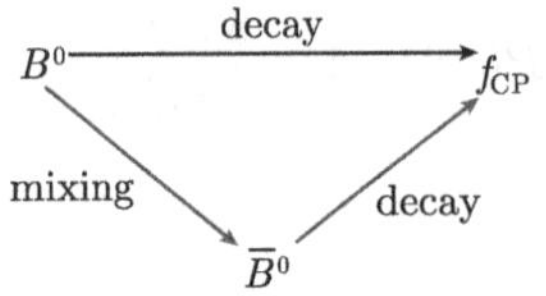

图 6.2　由 B 介子的衰变与混合的干涉引起的第三种类型的 CP 破坏

有一类衰变过程：P^0 和 $\overline{P}^0$ 均可以衰变到末态 f。像 $B \to J/\Psi K_s$ 衰变过程就是这样的衰变道。如图 6.2 所示，B^0 和 $\overline{B}^0$ 都可以衰变到这样的末态 ($J/\Psi K_s$ 是 $\eta_{CP} = -1$ 的 CP 本征态)：

$$A_{tot}(B^0 \to f) = A(B^0 \to f) + A(B^0 \to \overline{B}^0 \to f). \tag{6.81}$$

与第 2 章和前面式 (6.42) 的定义相同，定义衰变振幅 $A_f, \overline{A}_f$ 和参数 λ_f 为

$$A_f = \langle f|\mathcal{H}_{\Delta B=1}|B^0\rangle, \quad \overline{A}(f) = \langle f|\mathcal{H}_{\Delta B=1}|\overline{B}^0\rangle, \quad \lambda_f = \frac{q}{p}\frac{\overline{A}(f)}{A(f)}. \tag{6.82}$$

那么，将存在三种类型的 CP 破坏：

(1) 当 $|\overline{A}/A| \neq 1$ 时，导致由振幅不同引起的直接 CP 破坏。

(2) 当 $|q/p| \neq 1$ 时，导致由混合引起的间接 CP 破坏。

(3) 当 $|\lambda_f| \neq 1$ 时，导致由 $A(B^0 \to f)$ 和 $A(B^0 \to \overline{B}^0 \to f)$ 的干涉引起的 CP 破坏；当 $|\lambda_f| = 1$，但是 λ 的虚部不为零时，仍有这种类型的 CP 破坏发生。

由式 (6.37) 可得

$$\begin{aligned} & A_{tot}(B^0(t) \to f) = \langle f|\mathcal{H}|B^0(t)\rangle \\ & = e^{-iMt-\frac{1}{2}\Gamma t} \cdot \left\{\cos\frac{\Delta Mt}{2}\langle f|\mathcal{H}|B^0(0)\rangle + i\frac{q}{p}\sin\frac{\Delta Mt}{2}\langle f|\mathcal{H}|\overline{B}^0(0)\rangle\right\} \\ & = A(B^0(0) \to f)\, e^{-iMt-\frac{1}{2}\Gamma t} \cdot \left[\cos\frac{\Delta Mt}{2} + i\lambda_f \sin\frac{\Delta Mt}{2}\right]. \end{aligned} \tag{6.83}$$

其中 CP 破坏参数 λ 已经在式 (6.82) 中定义。对应的含时衰变宽度为

$$\begin{aligned} \Gamma(B^0(t) \to f) \propto & |A_{tot}(B^0(t) \to f)|^2 \\ = & |A|^2 e^{-\Gamma t} \cdot \left[\cos\frac{\Delta Mt}{2} + i\lambda_f \sin\frac{\Delta Mt}{2}\right] \cdot \left[\cos\frac{\Delta Mt}{2} - i\lambda_f^* \sin\frac{\Delta Mt}{2}\right] \\ = & |A|^2 e^{-\Gamma t} \cdot \left[\cos^2\frac{\Delta Mt}{2} + |\lambda_f|^2 \sin^2\frac{\Delta Mt}{2} + \frac{i}{2}\left(\lambda_f - \lambda_f^*\right)\sin\Delta Mt\right] \\ = & |A|^2 e^{-\Gamma t} \cdot \left[\cos^2\frac{\Delta Mt}{2} + |\lambda_f|^2 \sin^2\frac{\Delta Mt}{2} + \mathrm{Im}(\lambda_f)\sin\Delta Mt\right]. \end{aligned} \tag{6.84}$$

同理可得：

$$
\begin{aligned}
&\overline{A}_{tot}(\overline{B}^0 \to f) = \langle f|\mathcal{H}|\overline{B}^0(t)\rangle \\
&= e^{-iMt-\frac{1}{2}\Gamma t}\cdot\left\{\cos\frac{\Delta Mt}{2}\,\langle f|\mathcal{H}|\overline{B}^0(0)\rangle + i\frac{p}{q}\sin\frac{\Delta Mt}{2}\,\langle f|\mathcal{H}|B^0(0)\rangle\right\} \\
&= \overline{A}(\overline{B}^0(0)\to f)\,e^{-iMt-\frac{1}{2}\Gamma t}\cdot\left[\cos\frac{\Delta Mt}{2} + \frac{i}{\lambda_f}\sin\frac{\Delta Mt}{2}\right].
\end{aligned}
\tag{6.85}
$$

对应的含时衰变宽度为

$$
\begin{aligned}
\Gamma(\overline{B}^0(t)\to f) \ \propto\ & |\overline{A}_{tot}(B^0(t)\to f)|^2 \\
=& |\bar{A}|^2 e^{-\Gamma t}\cdot\left[\cos\frac{\Delta Mt}{2} + \frac{i}{\lambda_f}\sin\frac{\Delta Mt}{2}\right]\cdot\left[\cos\frac{\Delta Mt}{2} - \frac{i}{\lambda_f^*}\sin\frac{\Delta Mt}{2}\right] \\
=& |\bar{A}|^2 e^{-\Gamma t}\cdot\left[\cos^2\frac{\Delta Mt}{2} + \frac{1}{|\lambda_f|^2}\sin^2\frac{\Delta Mt}{2} + \frac{i}{2}\left(\frac{1}{\lambda_f} - \frac{1}{\lambda_f^*}\right)\sin\Delta Mt\right] \\
=& |\bar{A}|^2 e^{-\Gamma t}\cdot\left[\cos^2\frac{\Delta Mt}{2} + \frac{1}{|\lambda_f|^2}\sin^2\frac{\Delta Mt}{2} - i\frac{\mathrm{Im}(\lambda_f)}{|\lambda_f|^2}\sin\Delta Mt\right].
\end{aligned}
\tag{6.86}
$$

对不同的末态 f，例如 $f = J/\Psi K_s, J/\Psi K_L, \pi^+\pi^-, K^+K^-$ 等，均可以由式 (6.84)，(6.86) 出发，定义描写 CP 破坏的物理可观测量。

§6.2 含时 CP 破坏的实验测量

如图 6.2 所示，$B^0 \to f$ 的衰变可以经由两个路径：$B^0 \to f \bigoplus B^0 \to \bar{B}^0 \to f$。这两个振幅之间的干涉导致了时间相关衰变分支比 (time-dependent decay rate) 按照 $\exp[-t/\tau_{B^0}]$ 振荡，其中 t 是衰变 B 介子的“正则时间”(即在 B^0 介子静止系，B 介子从产生到衰变的时间间隔)。当过程 $B^0 \to \bar{B}^0 \to f$ 的振荡模式与其 CP 共轭过程 $\overline{B}^0 \to B^0 \to \bar{f}$ 的振荡模式不相同时，就产生了 CP 破坏。但是，对这种时间相关 CP 破坏效应的实验测量面临两个困难[98]：

(1) 第一个困难是在时间演化开始时，如何确定衰变的 B 介子的味道：即它是 B^0 还是 $\overline{B}^0$。

(2) 第二个困难是“正则时间 t”的测量，t 很小，

$$
t \approx \tau_{B^0} \approx \Delta M_d^{-1} \approx 1\mathrm{ps}. \tag{6.87}
$$

由于现在的顶角探测器时间测量精度无法达到 1ps，在实验上无法把“正则时间 t”作为“时间”来测量。

我们目前有两个方法解决上述困难：

(1) 考虑 B^0-$\overline{B}^0$ 介子对的协同产生特性。由于 $\Upsilon(4S)$ 的自旋量子数为“1”，而 B 介子自旋为“0”，所以由 $\Upsilon(4S)$ 衰变产生的 B 介子对之间的轨道角动量为

“$L=1$”，两个 B 介子处于量子纠缠态 (state of quantum entanglement)，它们将“协同”演化，一直到一个 B 介子发生衰变为止。如果我们能够通过特征衰变道来“标定”一侧的 B 介子为 B^0 介子，那么另一侧的 B 介子一定为 $\overline{B}^0$ 介子，反之亦然。

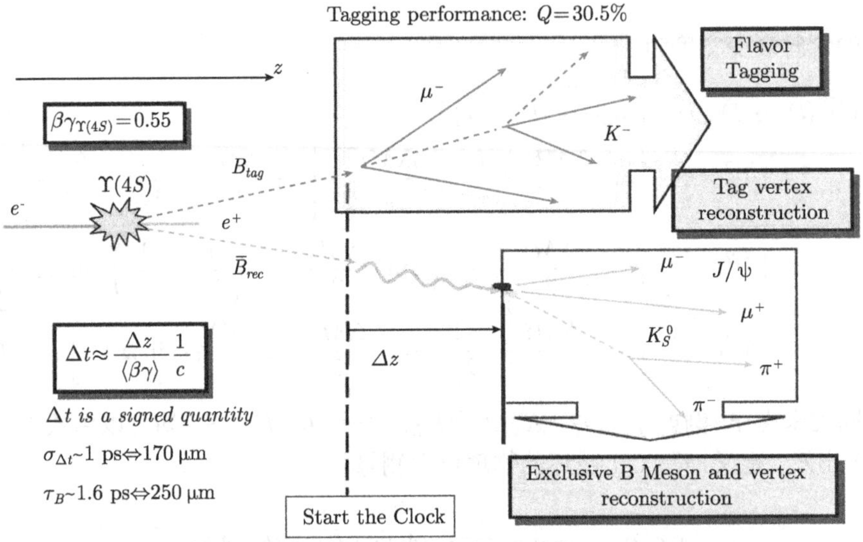

图 6.3 在 B 介子工厂实验中，对含时 CP 破坏分析的框架图

(2) 采用不对称 e^--e^+ 束流对撞，使得 B^0-$\overline{B}^0$ 介子对的质心沿 z 轴正向 (高能 e^- 束流方向) 高速运动，使它们的寿命得以延长，飞过更长的距离 (boosting effect)。

如图 6.3 所示，在 B 介子工厂中，高能电子流与较低能量的正电子流对撞，产生 $\Upsilon(4S)$。然后 $\Upsilon(4S)$ 再衰变为沿 z 轴正向 (电子流方向) 高速飞行的 B^0-$\overline{B}^0$ 介子对:

$$e^- + e^+ \to \underbrace{\Upsilon(4S)}_{1^-} \to \underbrace{B^0}_{0^-} + \underbrace{\overline{B}^0}_{0^-}. \tag{6.88}$$

在所有可能的次级衰变道中，我们选择物理上感兴趣的一侧 B 介子的 $B \to f_{CP}$ 衰变作为 B_{rec} 的衰变道，把另一侧的 B 介子衰变作为“标定”衰变道。如图 6.3 所示，如果通过上面一侧的 B_{tag} 介子末态的“味道标定”(flavor-tagging)，来确定 B_{tag} 为 B^0 介子 $(\bar{b}d)$，那么另一侧的 B_{rec} 介子肯定为 $\overline{B}^0$ 介子 (反之亦然)。

在 $\Upsilon(4S)$ 静止系，双 -B 介子态可以写为

$$\begin{aligned} S(t_f, t_b) = \frac{1}{\sqrt{2}} \Big[& B^0(t_f, \theta, \phi)\, \overline{B}^0(t_b, \pi-\theta, \phi+\pi) \\ & - \overline{B}^0(t_f, \theta, \phi)\, B^0(t_b, \pi-\theta, \phi+\pi) \Big] \sin\theta, \end{aligned} \tag{6.89}$$

其中 t_f 是“前向”B_f 介子的“proper time”[B_f 介子就是在前半球方向角度为 $(\theta_f < \pi/2, \phi_f)$ 的 B 介子]，t_b 就是“后向”B_b 介子的“proper time”[B_b 介子就是在后半球方向角度为 $(\pi-\theta_f), \phi_f+\pi$ 的 B 介子]。

把以前定义的 $B^0(t)$ 和 $\overline{B}^0(t)$ 代入上式可得

$$S(t_f,t_b)=\frac{1}{\sqrt{2}}e^{-(\frac{\Gamma}{2}+iM)(t_f+t_b)}\left\{\cos\left[\Delta M_B(t_f-t_b)/2\right]\left(B_f^0\overline{B}_b^0-\overline{B}_f^0B_b^0\right)\right.$$
$$\left.-i\sin\left[\Delta M_B(t_f-t_b)/2\right]\left(\frac{p}{q}B_f^0B_b^0-\frac{q}{p}\overline{B}_f^0\overline{B}_b^0\right)\right\}\sin\theta_f. \tag{6.90}$$

由于在 $\Upsilon(4S)$ 静止系，两个 B 介子以同样的动量 back-to-back 飞行，$t_f=t_b$，一直到其中一个 B 介子衰变。当一个 B 介子衰变时，它的时钟停止，式 (6.90) 中的第二项开始起作用。**这样，我们就可以把一个 B 介子在时刻 t_1 衰变到任意态 f_1，另一个 B 介子在时刻 t_2 衰变到任意态 f_2 的衰变振幅定义为**

$$A(t_1,t_2)=\frac{1}{\sqrt{2}}e^{-(\frac{\Gamma}{2}+iM)(t_1+t_2)}\cdot\zeta(t_1,t_2)\cdot\left\{\cos\left[\Delta M_B(t_1-t_2)/2\right]\left(A_1\overline{A}_2-\overline{A}_1A_2\right)\right.$$
$$\left.-i\sin\left[\Delta M_B(t_1-t_2)/2\right]\left(\frac{p}{q}A_1A_2-\frac{q}{p}\overline{A}_1\overline{A}_2\right)\right\} \tag{6.91}$$

其中 A_i $(\overline{A}_i)$ 就是 B^0 $(\overline{B}^0)$ 介子衰变到相同末态 f_i 的振幅。对于任意一个用于“标定”母 B 介子“味道”的态，其 A_f 或者 $\overline{A}_f=0$。另外有：当 $t_{1,2}=t_{f,b}$ 时，有 $\zeta(t_1,t_2)=1$；当 $t_{1,2}=t_{b,f}$ 时，有 $\zeta(t_1,t_2)=-1$。

这样，初态的 B 介子对衰变到两个末态 f_1,f_2 的时间相关的概率 $(\propto|A(t_1,t_2)|^2)$ 为

$$\begin{aligned}
&R(t_1,t_2)\\
=&C\,e^{-\Gamma(t_1+t_2)}\cdot\left\{\left[|A_1|^2+\left|\overline{A}_1\right|^2\right]\left[|A_2|^2+\left|\overline{A}_2\right|^2\right]-4\mathrm{Re}\left(\frac{q}{p}A_1^*\overline{A}_1\right)\mathrm{Re}\left(\frac{q}{p}A_2^*A_2\right)\right.\\
&-\cos\left[\Delta M_B(t_1-t_2)\right]\left[\left(|A_1|^2-\left|\overline{A}_1\right|^2\right)\left(|A_2|^2-\left|\overline{A}_2\right|^2\right)\right.\\
&\qquad\left.-4\mathrm{Im}\left(\frac{q}{p}A_1^*\overline{A}_1\right)\mathrm{Im}\left(\frac{q}{p}A_2^*\overline{A}_2\right)\right]\\
&+2\sin\left[\Delta M_B(t_1-t_2)\right]\left[\mathrm{Im}\left(\frac{q}{p}A_1^*\overline{A}_1\right)\left(|A_2|^2-\left|\overline{A}_2\right|^2\right)\right.\\
&\qquad\left.\left.-\left(|A_1|^2-\left|\overline{A}_1\right|^2\right)\mathrm{Im}\left(\frac{q}{p}A_2^*\overline{A}_2\right)\right]\right\},
\end{aligned} \tag{6.92}$$

其中对 θ,ϕ 的积分已做，常数 C 是引入的归一化因子，还取了近似 $|q/p|=1$。

为了研究 CP 破坏，必须做“标定”：根据衰变末态粒子的特征来区分发生衰变的 B 介子是 B^0 还是 $\overline{B}^0$。例如，在一个事例中，一个 B 介子在 $t_f=t_{f_{CP}}$ 时刻

衰变到 CP 本征态 f_{CP}，即 $B(t_f) \to f_{CP}$；另一个 B 介子在时刻 t_{tag} 衰变到易于“标定”的末态 f_{tag}。当然，用于标定的 f_{tag} 必须满足限制条件：B^0 和 $\overline{B}^0$ 只能有一个可以衰变到 f_{tag}。

如果通过 $B \to f_{tag}$ 衰变道确定了这个 B 介子是 $\overline{B}^0$ ($A_2 = 0, \overline{A}_2 = \overline{A}_{tag}$)，那么另一个 B 介子在该时刻 $(t_2 = t_{tag})$ 一定是一个 B^0。即使 $t_{tag} > t_f$，在 $t > t_{tag}$ 后的任意时刻，另一个 B 介子也必定处在一个“混杂态”，使得其在 $t_f = t_{tag}$ 时刻处于 B^0 态。

$$\begin{aligned}R(t_{tag}, t_{f_{CP}}) = C\, e^{-\Gamma(t_{tag}+t_f)} \cdot \left|\overline{A}_{tag}\right|^2 \cdot \left|A_{f_{CP}}\right|^2 \cdot \Big\{ 1 + \left|\lambda_{f_{CP}}\right|^2 \\ + \cos\left[\Delta M_B (t_{f_{CP}} - t_{tag})\right] \left[1 - \left|\lambda_{f_{CP}}\right|^2\right] \\ -2\sin\left[\Delta M_B (t_{f_{CP}} - t_{tag})\right] \cdot \mathrm{Im}\,(\lambda_{f_{CP}}) \Big\}\end{aligned} \tag{6.93}$$

其中

$$\lambda_{f_{CP}} \equiv \frac{q}{p}\frac{\overline{A}_{f_{CP}}}{A_{f_{CP}}} = \eta_{f_{CP}} \frac{q}{p}\frac{\overline{A}_{\bar{f}}}{A_f}, \tag{6.94}$$

因为 $\overline{A}_f = \eta_f \overline{A}_{\bar{f}}$ $(\eta_f = \pm 1)$。

如果被“标定”的 B 介子是 B^0 ($A_2 = A_{tag}, \overline{A}_2 = 0$)，那么另一个 B 介子在该时刻 $(t_2 = t_{tag})$ 一定是一个 $\overline{B}^0$。对应的含时衰变概率仍由式 (6.93) 确定，只需把 cos 项和 sin 项的符号改变一下。

这样，当 B_{tag} 是 $B^0(\overline{B}^0)$ 介子时，$B \to f_{CP}$ 的衰变概率分布函数 f_+ (f_-) 为

$$f_\pm(\Delta t) = \frac{e^{-\Delta t/\tau}}{4\tau}\{1 \pm S_f \sin(\Delta M \Delta t) \mp C_f\ \cos(\Delta M \Delta t)\} \tag{6.95}$$

其中 $\Delta t = t_f - t_{tag}$ 是两个 B 介子衰变的时间差。含时的 CP 不对称性 $\mathcal{A}_{CP}$ 被定义为

$$\mathcal{A}_{CP} = \frac{f_+ - f_-}{f_+ + f_-} = S_f\ \sin(\Delta M \Delta t) - C_f\ \cos(\Delta M \Delta t) \tag{6.96}$$

其中 $f_\pm$ 是时间相关的衰变概率 (decay rate) 分布函数，用于拟合实验数据。C_f 和 S_f 表示直接 CP 破坏和混合引起的 CP 破坏，是需要通过对实验数据的拟合提取出来的参数。我们已经在第 2 章定义过这两个 CP 破坏参数。

从实验测量的角度出发，如果在 B_{tag} 衰变的时刻 t_{tag} 开始计时，并跟踪 $B_f = B_{rec}$ 随时间的演化，并在 B_f 衰变的时刻 t_f 停止计时，那么时间差 $\Delta t = t_f - t_{tag}$ 就是用来描写 B_f 随时间演化的参量。

为了测量量级为 1ps 的 Δt，在非对称 B 介子工厂产生的 $\Upsilon(4S)$ 在高速飞行中衰变为 B^0-$\overline{B}^0$ 对，boost-factor 分别为

$$\beta\gamma = 0.425(\text{Belle}), \quad 0.55(\text{BaBar}). \tag{6.97}$$

由于 $M(\Upsilon(4S)) \approx 2m_B$，所以在 $\Upsilon(4S)$ 质心系内，由 $\Upsilon(4S)$ 衰变产生的 B 介子对几乎处于静止状态。因此，相对于实验室坐标系，两个 B 介子以几乎相同的速度沿 z 轴正向高速飞行。这样，如图 6.3 所示，我们就可以把在 z 轴正向 (boost direction) 上两个 B 介子衰变点的空间距离 ΔZ 转换为时间差 Δt:

$$\Delta t \approx \frac{\Delta z}{c(\beta\gamma)} \tag{6.98}$$

当 $\Delta t \approx 1\text{ps}$，$\beta\gamma = 0.425\ (0.55)$ 时，要求 $\Delta z \approx 200\mu\text{m}\ (250\mu\text{m})$，在实验上是可以实现这样的测量精度的。

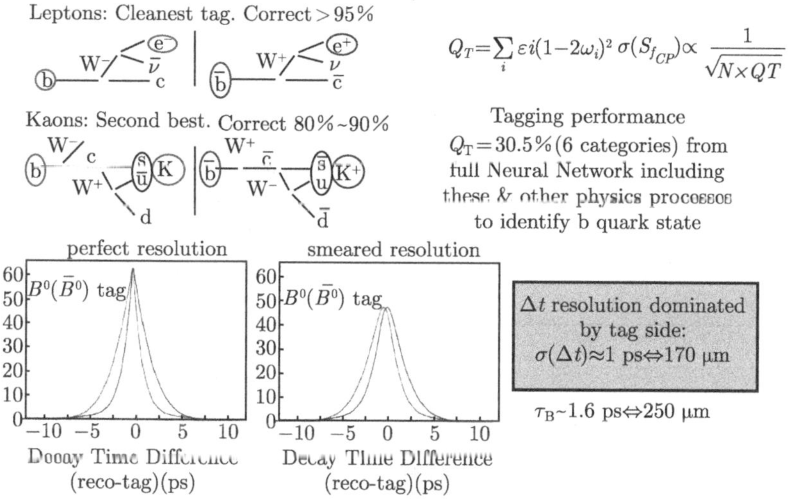

图 6.4 B 介子衰变过程的"味标定"：轻子标定，$K^{\pm}$ 介子标定以及 BaBar 的 Δt 测量

为了在实验上测量混合, 我们必须知道在 $t = 0$ **时刻产生的** B **介子对中哪个是** $|B^0\rangle$，**哪个是** $|\overline{B}^0\rangle$。这需要通过对初态 B 介子做"标定" 来实现。在实验上, 有可能发生"误标定"：我们通常定义"Dilution" 因子 D 为

$$D = \frac{N_{\text{right}} - N_{\text{wrong}}}{N_{\text{right}} + N_{\text{wrong}}} \tag{6.99}$$

在考虑了"误标定" 的影响以后, 正负电子对撞机的有效"标定"效率为 $Q \approx 25\% \sim 40\%$，强子对撞机的有效"标定" 效率约为 10%。

B **介子工厂实验中主要的"标定"**(tagging) **方法有四种**:

(1) 如图 6.4 所示：反边 (opposite side) 的 $K^{\pm}$ 介子标记；

(2) 如图 6.4 所示：反边 (opposite side) 的轻子 (e^-, e^+) 标记；

(3) Jet charge of opposite side;

(4) 同边 (same side) 的 $\pi^{\pm}(B^0)$ 或者 $K^{\pm}(B_s)$。

如图 6.4 所示，轻子标定最干净: 考虑衰变链 $b \to W^-c \to (e^-\bar{\nu}_e) + c)$，如果看到 e^-，就可以确认是 b 夸克的衰变；如果看到 e^+，就可以确认是 $\bar{b}$ 夸克的衰变。轻子标定的准确度大于 95%。

$K^\pm$ 介子标定次最干净：考虑衰变链 $b \to W^- + c \to W^- + (W^+ + s) \to W^- + K^- + d$，如果看到 K^-，就可以确认是 b 夸克的衰变；如果看到 K^+，就可以确认是 $\bar{b}$ 夸克的衰变。$K^\pm$ 介子标定的准确度约为 80% ~ 90%。

要实现 $\Delta t \approx 1\text{ps}$ 的实验测量精度，要求 $\Delta z \approx 170\mu\text{m}$，而 $\tau_B \approx 1.6\text{ps} \Longleftrightarrow \Delta z = 250\mu\text{m}$，满足实验要求。

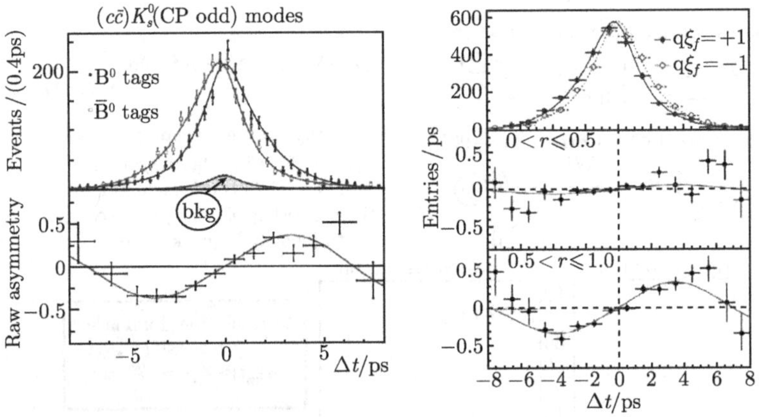

图 6.5　BaBar 和 Belle 实验组通过对 $B \to J/\psi K_S$ 衰变道的实验测量，得到的关于 $\sin 2\beta$ 的实验测量结果[99]

正则时间分布：由 $\Upsilon(4S)$ 衰变产生的一对 $B^0\overline{B}^0$ 介子可以演化为一对 $B^0\overline{B}^0$，一对 B^0B^0 或者 $\overline{B}^0\overline{B}^0$ 混合态。演化为 $B^0\overline{B}^0$ 介子对的概率为

$$\mathcal{P}_{unm}(\Delta t) \propto e^{-\Gamma|\Delta t|}\left[1 + \cos\left(\Delta m_d \Delta t\right)\right] \tag{6.100}$$

演化为 B^0B^0 或者 $\overline{B}^0\overline{B}^0$ 介子对的概率为

$$\mathcal{P}_{mix}(\Delta t) \propto e^{-\Gamma|\Delta t|}\left[1 - \cos\left(\Delta m_d \Delta t\right)\right] \tag{6.101}$$

实现 CP 破坏实验测量的四个步骤如下：

(1) 重建 $B \to f_{CP}$ 衰变链;

(2) 确定 B_{tag} 的“味道”：是 B^0 还是 $\overline{B}^0$？

(3) 测量“正则时间”差 Δt;

(4) 从实验测量获得的 Δt 分布中抽出 CP 破坏。

如图 6.5 所示，BaBar 和 Belle 实验组通过对 $B \to J/\psi K_S$ 衰变道的测量，得到了关于 $\sin 2\beta$ 的实验测量结果。

§6.3 黄金衰变道: $B_d^0 \to J/\psi K_S^0$

如图 6.6 所示，$B \to J/\psi P$ $(P = \pi, K, \eta')$ 衰变道包含”树图”和“企鹅图”的贡献。$B_d^0 \to J/\psi K_{S,L}^0$ 衰变道是测量 $\sin 2\beta$ 的“黄金衰变道”。对这样的衰变道，没有直接 CP 破坏，但可以很好地测量第三类 CPV: 由混合与衰变的干涉引起的 CP 破坏。我们以 $B_d^0 \to J/\psi K_S^0$ 衰变为例，来做讨论。

首先，B^0 和 $\overline{B}^0$ 均可以衰变到末态 $J/\psi K_S$。K_S^0 是 K^0、$\overline{K}^0$ 的混合态

$$|K_S^0>= p_k|K^0> + q_k|\overline{K}^0> . \tag{6.102}$$

衰变振幅为

$$A(J/\psi K_S^0) = < J/\psi K_S^0|\mathcal{H}|B> = p_k^* < J/\psi K^0|\mathcal{H}|B> + q_k^* < J/\psi \overline{K}^0|\mathcal{H}|B> . \tag{6.103}$$

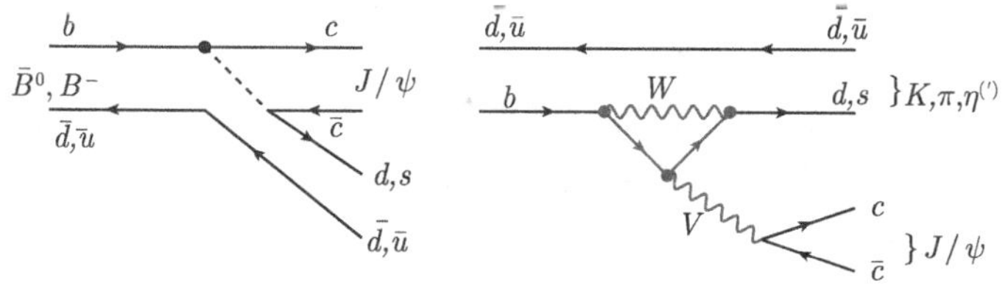

图 6.6 对 $B \to J/\psi P$ $(P = \pi, K, \eta')$ 衰变过程有贡献的“树图”和“企鹅图”

其中的 $V = \gamma, Z$, 或者 *gluon*

因为可能的衰变过程只有 $B_d^0 \to J/\psi K^0$ 和 $\overline{B}_d^0 \to J/\psi \overline{K}^0$，我们有

$$\mathcal{A}(B^0 \to J/\psi K_s^0) = p_k^* < J/\psi K|\mathcal{H}|B> = p_k^* A_0, \tag{6.104}$$

$$\overline{\mathcal{A}}(\overline{B}^0 \to J/\psi \overline{K}_S^0) = q_k^* < J/\psi \overline{K}|\mathcal{H}|\overline{B}> = q_k^* \overline{A}_0. \tag{6.105}$$

根据 CP 破坏参数 λ 的定义，有

$$\lambda(J/\psi K_S^0) = \left(\frac{q}{p}\right)_B \frac{\overline{A}_{J/\psi K_S^0}}{A_{J/\psi K_S^0}} = \left(\frac{q}{p}\right)_B \cdot \left(\frac{q^*}{p^*}\right)_K \frac{\overline{A}_0}{A_0}. \tag{6.106}$$

在标准模型下，这导致

$$\lambda(J/\psi K_S^0) = \eta_{CP} e^{-2i\beta} \longrightarrow \mathrm{Im}[\lambda] = \sin(2\beta). \tag{6.107}$$

目前，通过含粲衰变过程 $b \to c\bar{c}s$ 得到的关于 $\sin(2\beta)$ 的世界平均值为[4]：$\sin(2\beta) = 0.679 \pm 0.020$。

第 7 章 pQCD 因子化方法

pQCD 因子化方法是在 G. P. Lepage 和 S. J. Brodsky 工作[100, 101] 的基础之上，由 G. Sterman[102]、李湘楠[49-51,103]、A.I.Sanda[51]、吕才典[52] 等发展的一套用于计算 $B \to M_2M_3$ [M_i 是由 (u,d,s) 夸克组成的轻非粲介子] 衰变过程的方法[49]。**在 pQCD 因子化方法中，我们假设这样的过程是以硬胶子交换为主的过程。可以将过程中硬的部分分离出来用微扰论处理，而把非微扰的部分吸收到普适的强子波函数中。** 作为最主要的三种因子化方法之一，pQCD 因子化方法目前已经广泛应用于 B 介子两体非轻衰变[53,104-107] 和三体非轻衰变[108] 的研究。近年来，人们还在 pQCD 因子化框架下，对末态介子为含粲介子 (例如，J/ψ, $\eta_c, D^{(*)}, D_s^{(*)}$) 的衰变过程 [70,109-112]，对 $B/B_s/B_c$ 介子的半轻子衰变过程做了系统研究[113, 114]，解释了实验上发现的一些反常现象。

关于 pQCD 因子化方法理论框架的更多的细节，可以看李湘楠的综述文章[49] **和他的两个新的系列报告**[115]**。读者还可以看近几年完成的李营、沈月龙、王玉明、刘新等的博士学位论文**[54-57]**，以及这些论文中的引文。**

§7.1 基本理论框架

考虑 $B \to M_1M_2$ 两体衰变过程。在 B 介子质心系，由于 B 介子很重，衰变产生的两个轻介子就会带有很大的动量。它们在 B 介子质心系中以很高的速度背向 (back-to-back) 移动。这样的过程主要是由短程可微扰的相互作用决定的。之所以这么说，是因为对于 B 介子的两体非粲强子衰变，根据“色透明机制”，末态相互作用不是很强，为了使 B 介子内部近似处于静态的旁观者轻夸克 q_{spec} 获得大动量，并最终与来自于 $b \to q_1q_2\bar{q}_3$ 衰变产生的高速飞行的另一个轻夸克 q_i 强子化为快速运动的末态介子，就需要旁观者轻夸克和弱作用的 4-夸克算符之间交换一个硬胶子，从而形成一个 6-夸克的等效相互作用。在这样的交换硬胶子的过程中，可以应用微扰论对“硬”(hard) 部分做微扰计算。

如图 7.1 所示，在 $B^0 \to \pi^+\pi^-$ 衰变过程中，由 $\bar{b}$ 夸克衰变产生的 $\bar{u}$ 夸克高速飞行。一般情况下，这个大动量的 $\bar{u}$ 夸克难于和慢速运动的旁观者夸克 d 形成 π^- 介子。只有当 $\bar{u}$ 夸克和 d 夸克交换一个硬胶子以后，二者的运动速度变得相近，进而形成强子 π^-。图 7.1 中包围 W 的椭圆所围的部分是 4-夸克算符，虚线所围的部分形成一个 6-夸克有效算符。

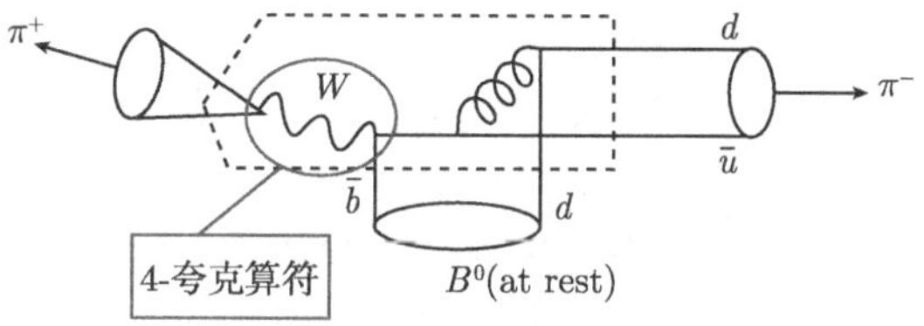

图 7.1 对 $B^0 \to \pi^+\pi^-$ 衰变有贡献的一个费恩曼图 [52]

包围 W 的椭圆所围的部分是 4-夸克算符，虚线所围的部分形成一个 6-夸克有效算符

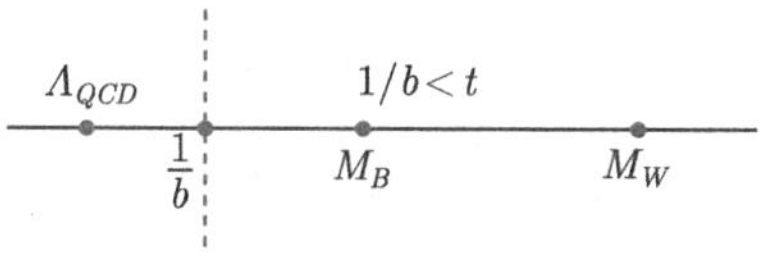

图 7.2 与 B 介子衰变过程相关的的典型能标

B 介子非轻衰变计算之所以困难，是因为里面有较多的自由度和能标，而且能标的跨度非常大。如图 7.2 所示，有电弱能标 M_W, B 介子能标 $M_B \approx m_b$, QCD 特征能标 Λ_{QCD} 以及硬标度 $t \geqslant \sqrt{m_b \Lambda_{\rm QCD}}$ 等：

$$M_W(80\text{GeV}) \gg m_b(5\text{GeV}) \gg \sqrt{m_b \Lambda_{\rm QCD}}(1.5\text{GeV}) \gg \Lambda_{\rm QCD}(0.5\text{GeV}). \tag{7.1}$$

处理 B 介子非轻衰变这种多能标的问题，普遍采用的是因子化方法。所谓“因子化方法”就是把不同能标的物理分开的方法。在形式上，可以把一个具体过程的衰变振幅写为

$$A(M_W, m_b, \Lambda_{QCD}) = A_1(M_W, \mu_1) * A_2(\mu_1, m_b, \mu_2) * A_3(\mu_2, \Lambda_{QCD}). \tag{7.2}$$

当然，我们不知道如何可靠地直接计算衰变振幅 $A(M_W, m_b, \Lambda_{QCD})$，但可以把它分成 (此即因子化) 三个部分的乘积。我们可以证明，每一个部分 A_i 都是有限的，在理论上有很好的定义。至于式 (7.2) 中的等号是否成立？或者近似程度是否足够好？我们当然希望有严格的理论证明。如果做不到这一点，还可以通过理论预言和实验数据的直接比较来判断我们的“因子化方案”是否自洽、可信。

式 (7.2) 中 A_1, A_2 就是 Wilson 系数，及其从 M_W 标度到 m_b 标度再到 t 标度的重整化群演化，是可以微扰计算的

$$A_i = \sum_{n=0}^{\infty} \Lambda_i^n \ \alpha_s^n \tag{7.3}$$

已经按照 α_s 的幂次展开。$A_3(\mu_2, \Lambda_{QCD})$ 是普适的描写 $q'\bar{q}$ 强子化为强子的非微扰函数：强子波函数。

在 pQCD 因子化方案下，如图 7.2 所示，把微扰区域和非微扰区域分开的是因子化标度 $\approx 1/b$。其中 b 是对介子中夸克横向动量 $\boldsymbol{k_T}$ 做傅里叶变换得到的共轭

变量。人们通常认为：$1/b$ 能标以下的物理是非微扰的，这些非微扰贡献应当包含在普适的、与过程无关的介子波函数 Φ_M 里面。介子波函数 Φ_M 描述的是正反夸克强子化的过程，它可以通过已经测量得很好的衰变道抽取。能标 $t > 1/b$ 以上的物理依赖于具体的衰变道，可以用微扰理论进行计算。在微扰理论的框架下，利用 4-夸克算符对具体的衰变道做费恩曼图计算。

按照一般约定，$B \to M_2M_3$ 衰变振幅表达式可以形式化地写为

$$\begin{aligned}\mathcal{A} &= < M_2M_3|\mathcal{H}_{\rm eff}|B > \\ &\sim \int {\rm d}^4k_1{\rm d}^4k_2{\rm d}^4k_3\ {\rm Tr}\big[C(t)\Phi_B(k_1)\Phi_{M_2}(k_2)\Phi_{M_3}(k_3)H(k_1,k_2,k_3,t)\big],\end{aligned} \tag{7.4}$$

其中, k_i 是每个介子中轻夸克的四动量，Tr 代表对 Dirac 旋量以及颜色空间的自由度求和，$C(t)$ 表示能标 $\mu = t$ 处的 Wilson 系数，$\Phi_B(k_1)$ 是 B 介子波函数，$\Phi_{M_2}(k_2)$ 和 $\Phi_{M_3}(k_3)$ 是两个末态介子的波函数，函数 $H(k_1,k_2,k_3,t)$ 就是可以用微扰理论进行计算的所谓“硬核”。

§7.1.1　因子化定理

因子化定理是微扰 QCD 中最基本的概念，是我们能够利用 pQCD 进行强子过程计算的基础。任何一个包含强子的过程，例如强子衰变、强子强子碰撞、轻子强子散射等，都不可避免地包含微扰部分和非微扰部分的贡献。由于 QCD 的渐进自由性质，我们只能计算短距离的微扰部分，对非微扰部分只能借助“模型”给出估计，也就是说 QCD 无法直接给出理论预言。**因子化定理认为高能 QCD 过程的非微扰部分或者相互抵消或者能够被吸收进强子波函数。剩余的部分，是无红外发散的可微扰计算的部分。整个振幅可以表述为硬散射核和强子波函数的卷积。强子波函数，由于包含着非微扰的贡献，是不能计算的。然而这些强子波函数是普适的，与具体过程无关。**我们可以通过 QCD 求和规则或者格点理论，或者通过相关实验定出强子的波函数。这样，微扰 QCD 就具有了理论预言能力。

计算 QCD 过程辐射修正时出现的红外发散属于非微扰动力学。在 QCD 过程中，有两种红外发散：软发散和共线发散。软发散来源于圈动量 k 趋于无穷小的区域，$k^2 \to 0$。用光锥坐标表示为

$$k^\mu = (k^+, k^-, \boldsymbol{k}_T) \sim (\lambda,\lambda,\lambda) \longrightarrow k^2 \sim \lambda^2 \to 0 \tag{7.5}$$

其中 λ 是一个小量。设无质量夸克的动量为 $P = (Q, 0, \mathbf{0}_T)$，$Q \approx m_B$ 是一个大标度。当胶子动量 k 与夸克动量 P 平行时，将出现共线发散，k 的分量近似为

$$k^\mu \sim (Q, \lambda^2/Q, \lambda) \tag{7.6}$$

QCD 过程的红外发散的因子化是指在动量、自旋和颜色空间分别因子化。**首先，动量空间的因子化的目的是利用对红外的幂次估计，将圈动量中硬的部分与软**

和共线的部分分开，进而把后面两个部分吸收到强子波函数中去。其次，自旋空间和颜色空间的因子化是指：有独立的费米子流和颜色流分别流经硬散射核和强子波函数。 为了实现因子化，可以利用 Fierz 重排来拆分费米子流，然后利用 Ward 恒等式将不同色结构的图的贡献加在一起，最后利用 eikonal 近似，将软、共线胶子和硬散射核分开，实现真正意义上的因子化。关于因子化定理的证明详见 [116]。

§7.1.2 横动量 $\boldsymbol{k}_T$ 与 $\boldsymbol{k}_T$ 因子化

在 B 介子质心系中采用光锥坐标系 $(p^+, p^-, \boldsymbol{p}_T)$。光锥坐标系的定义为

$$p^+ = \frac{p^0 + p^3}{\sqrt{2}}, \quad p^- = \frac{p^0 - p^3}{\sqrt{2}}, \quad \boldsymbol{p}_T = (p^1, p^2). \tag{7.7}$$

在光锥坐标系下，p^2，$p_1 \cdot p_2$ 可以写为

$$p^2 = 2p^+p^- - \boldsymbol{p}_T^2, \quad p_1 \cdot p_2 = p_1^+ p_2^- + p_1^- p_2^+ - \boldsymbol{p}_{1T} \cdot \boldsymbol{p}_{2T}. \tag{7.8}$$

以 $B \to \rho^+ \eta$ 过程为例[104]，B，ρ^+ 和 η 的动量可以分别写为

$$P_1 = \frac{M_B}{\sqrt{2}}(1, 1, \mathbf{0}_T), P_2 = \frac{M_B}{\sqrt{2}}(1 - r_\eta^2, r_\rho^2, \mathbf{0}_T), P_3 = \frac{M_B}{\sqrt{2}}(r_\eta^2, 1 - r_\rho^2, \mathbf{0}_T), \tag{7.9}$$

其中 $r_\rho = M_\rho/M_B$，$r_\eta = M_\eta/M_B$。由于 η 介子和 B 介子比较起来质量太轻，$r_\eta^2 \approx 1\%$ 可以忽略。对 ρ 介子，由于其极化矢量表达式 (ϵ_L) 的分母及波函数中均含有质量项，其质量予以保留。B，ρ^+，η 介子中轻夸克携带的动量为

$$k_1 = (x_1 P_1^+, 0, \boldsymbol{k}_{1T}), \quad k_2 = (x_2 P_2^+, 0, \boldsymbol{k}_{2T}), \quad k_3 = (0, x_3 P_3^-, \boldsymbol{k}_{3T}). \tag{7.10}$$

每一个夸克动量都有横动量 $\boldsymbol{k}_T$。在简单因子化中，认为横向动量很小，一般可以忽略。但实际上，忽略横向动量的假设只是在波函数的非端点区域可以这么做。在端点区域，纵向动量趋于零，那么横向动量就不再是小量。

以 $B \to M_i$ 跃迁形状因子为例，部分子所带的动量分数 x 的范围，在实验上是不可控制的，因此必须从 0 积分到 1。这样小 x 端点附近的区域是不可避免的。如果没有端点发散，可以用共线因子化方法 (BBNS 因子化方法)。如果存在端点发散，现有两种不同的观点:

(1) QCD 因子化 (QCDF) 认为，端点发散表明夸克的动量越小贡献越大，过程以长程贡献为主，是非微扰的。因此，在 QCDF 方法中，形状因子是不可计算的，是非微扰的输入参数。

(2) pQCD 因子化方法认为，在端点附近，部分子 (夸克) 的纵向动量很小，它的横向动量就不能忽略了，如果把以前丢掉的横动量 $\boldsymbol{k}_T$ 捡回来，就可以避免端点

发散。是否保留部分子横动量 $\boldsymbol{k}_T$ 是 QCD 因子化与 pQCD 因子化的最重要的本质区别。

保留部分子横动量 $\boldsymbol{k}_T$ 后，因子化定理仍然成立，与共线 (collinear) 因子化不同的是，硬散射核和波函数除了依赖部分子动量分数 x，同时也依赖于部分子横动量 $\boldsymbol{k}_T$。共线因子化是 $\boldsymbol{k}_T$ 因子化 $b \to 0$ 的极限，b 是 $\boldsymbol{k}_T$ 的共轭变量。

我们以 $B \to \rho$ 跃迁形状因子的计算为例，更直观的说明这一点。图 7.3 是计算 $B \to \rho$ 跃迁形状因子的一个图。该费恩曼图有两个传播子 —— 胶子传播子 $1/(l^2 + i\epsilon)$ 和 b 夸克传播子 $1/(p_b^2 - M_B^2 + i\epsilon)$。若忽略横向动量 $\boldsymbol{k}_T$，就会出现

$$\frac{1}{l^2} \cdot \frac{1}{p_b^2 - M_B^2} = \frac{1}{(k_1 - k_3)^2} \frac{1}{(P_1 - k_3)^2 - M_B^2} = -\frac{1}{M_B^4 x_1 x_3 (1 - x_3)}. \tag{7.11}$$

当 $x_1 \to 0$ 或者 $x_3 \to 0, 1$ 时，就会出现端点发散。为了处理这种发散，就保留了横动量：

$$\frac{1}{M_B^4 x_1 x_3 (1 - x_3)} \to \frac{1}{((1 - x_3)M_B^2 + \boldsymbol{k}_{3T}^2)(x_1 x_3 M_B^2 + (\boldsymbol{k}_{1T} - \boldsymbol{k}_{3T})^2)} \tag{7.12}$$

这样，在计算过程中就不会出现端点发散问题了。

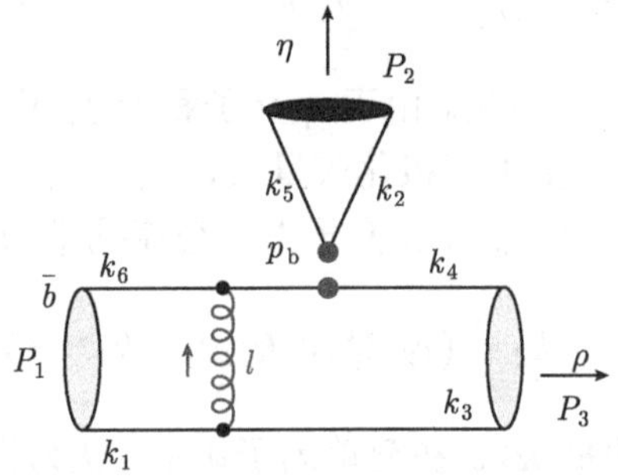

图 7.3　$B \to \rho$ 形状因子的费恩曼图

§7.1.3　$\boldsymbol{k}_T$ 重求和：Sudakov factor

如图 7.4 所示，考虑 π 介子形状因子的辐射修正，有两种重要的贡献不可回避：共线发散和软发散。我们知道每一种发散都会产生一个对数项，但是当共线发散和软发散重叠时将产生双对数项，这些大对数乘以 α_s 后的量 $\alpha_s \ln^2(Q/\boldsymbol{k}_T)$ 不再是小量。为了不破坏微扰展开，我们必须将这些双对数项进行求和。单对数项可以用重整化群方程求和到所有阶，而双对数项必须采用重求和技术[117]。

图 7.4(a) 和 (b) 是可约图，含有双对数项，起源于共线发散与软发散的重叠。图 7.4(c) 和 (d) 是不可约图，只有软发散。这种区别与下面物理图像是一致的：两个沿相同方向运动的部分子既可以通过交换共线胶子发生相互作用，也可以通过交

换软胶子相互作用，而两个反向运动的部分子只能通过软胶子相互作用。在 $b \to 0$ 的渐进区域，图 7.4(a) 和 (b)，(c) 和 (d) 的软发散分别互相抵消。这时，可约图的辐射修正主要来自共线发散，可以吸收到介子波函数中。不可约图的红外发散相互抵消，剩余的红外有限部分可以吸收到硬散射振幅 H 中。因此，在包括辐射修正之后，π 介子形状因子的因子化的图像依然渐进成立。在 b 较大的区域，将出现双对数项，必需利用重整化群求和技术将其求和。求和之后就会得到一个 Sudakov 因子 ——$\exp[-s(P,t)]$。以 π 介子为例，在 b 空间 π 介子形状因子的因子化公式为

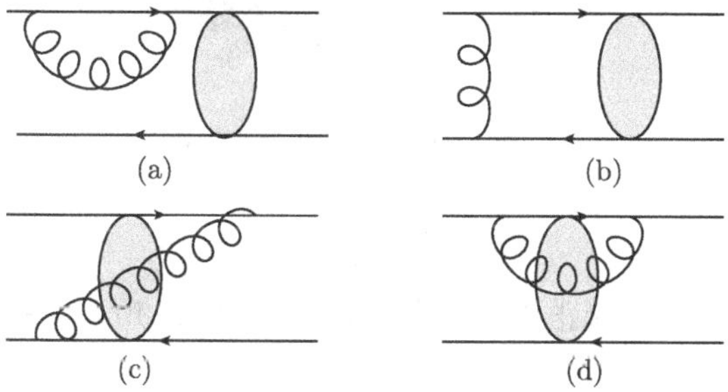

图 7.4 π 形状因子的软胶子贡献费恩曼图

(a) 和 (b) 是可约图，(c) 和 (d) 是不可约图

$$F_\pi(Q^2) = \int_0^1 \mathrm{d}x_1\, \mathrm{d}x_2 \int \frac{\mathrm{d}^2 b}{(4\pi)^2}\, \tilde{\phi}(x_1,b)\, \tilde{\phi}(x_2,b) \cdot \tilde{H}(x_1,x_2,b,Q,t) \cdot \exp\left[-S(x_1,x_2,b,Q)\right], \tag{7.13}$$

其中 $\tilde{\phi}(x_i,b)$ 为 π 介子波函数，完整的 Sudakov 指数为

$$S(x_1,x_2,b,Q) = \sum_{i=1}^{2}\left[S(x_i,b,Q) + S(1-x_i,b,Q)\right] - \frac{2}{\beta_1} ln \frac{\hat{t}}{\hat{b}}, \tag{7.14}$$

其中 $\hat{t} = \ln(t/\Lambda_{QCD})$，$t = \mathrm{Max}(\sqrt{x_1 x_2}Q, 1/b)$。Sudakov 因子的具体推导见文献 [118]。

对于 Sudakov 因子 (图 7.5)，当 b 增大时，它是指数衰减的。从图 7-5 上可以很明显地看出，在大 b 区域 ——$b \approx b_{\max} = 1/\Lambda_{QCD}$，这个因子很小，基本上趋近于零。也就是说，这个由于引入 $\boldsymbol{k}_T$ 而出现的 Sudakov 因子具有压低在大 b(小 k_T) 时长程相互作用的特性。在小 b 区域，Sudakov 因子接近 1，即 Sudakov 因子影响消失。$x_1 x_2 Q^2$ 是个小量，从 $t = \mathrm{Max}(\sqrt{x_1 x_2}Q, 1/b)$ 的定义可以看出，当 b 较小时，散射硬能标 t 会变大，于是跑动强耦合常数 $\alpha_s(t)$ 变小。当 b 变大时，t 会变小，即 $\alpha_s(t)$ 变大。因此在大 b 区域，会破坏微扰展开，但是由于 Sudakov 因子的强烈压低，使得这个区域非微扰的贡献很小。这样散射振幅的主要贡献来自小 b 区域，保证了微扰计算的可靠性。

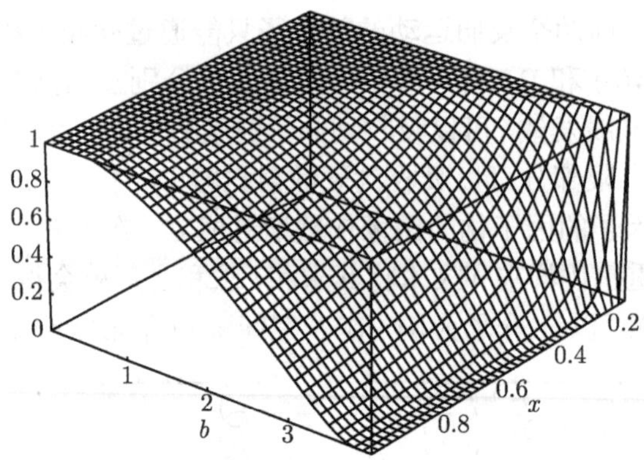

图 7.5　Sudakov 因子效果图

§7.1.4　阈值重求和

对硬散射振幅的辐射修正带来阈值求和，如图 7.6 所示。阈值求和来源于对端点奇异性的研究。在共线 (collinear) 因子化的框架中，人们已经发现 B 介子的半轻衰变振幅在部分子动量分数 $x \to 0$ 时的端点区域存在发散。另一方面，在对这些衰变道进行高阶修正时，发现存在大的双对数项 $\alpha_s \ln^2 x$。阈值求和就是对这些双对数项求和到所有阶，得到的 Sudakov 因子在端点区域迅速下降，可以有效地消除端点奇异性。因此，甚至在共线因子化理论中，比如 QCD 因子化计算 B 介子遍举衰变，没有必要为部分子动量分数 x 引进一个任意的红外截断。阈值求和的技术细节可以参考文献 [119, 120]。

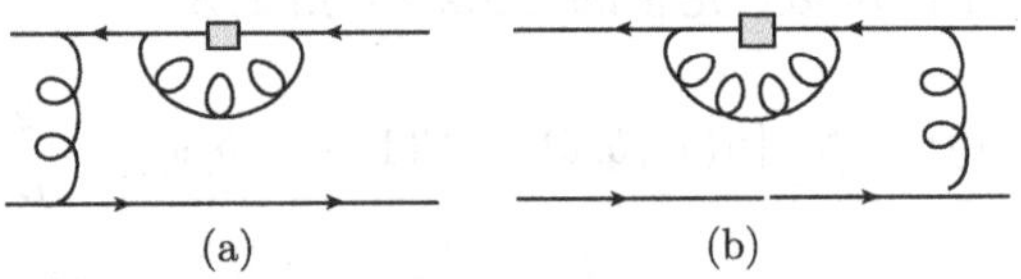

图 7.6　对硬散射振幅的辐射修正带来阈值求和

在上一节中，我们讨论了 $\boldsymbol{k}_T$ 重求和。**$\boldsymbol{k}_T$ 重求和的双对数项来自对波函数的高阶辐射修正，而阈值重求和的双对数项产生于对硬散射振幅的辐射修正。**虽然微扰 QCD 方法通过引进部分子横动量 $\boldsymbol{k}_T$ 可以避免端点发散，但仅凭这一点是不够的。两种重求和的效应都必须考虑，特别是当端点区域是线性发散时。

具体计算结果表明：对 pQCD 中因子化发射图的阈值求和是普适的，对非因子化图的阈值求和可以忽略。结果是引进第二个 Sudakov 因子，通常参数化为

$$S_t(x) = \frac{2^{1+2c}\Gamma(3/2+c)}{\sqrt{\pi}\Gamma(1+c)}[x(1-x)]^c, \quad c = 0.3 \tag{7.15}$$

这个因子是普适的。它不依赖于夸克的味道，也不依赖于波函数的扭度，但是依赖

于具体的费恩曼图。它使计算结果在 $x \to 0, 1$ 时压低，这正是所需要的端点压低。

根据上述讨论可知，在 pQCD 因子化方法中，端点发散被有效压低，微扰贡献起主要作用，高能端重粒子的贡献由 Wilson 系数 $C(t)$ 表示，有限微扰部分被吸收到六费米子相互作用 $H(t)$ 的计算中。因此，在微扰 QCD 因子化方法下进行微扰计算是可靠的。在 pQCD 因子化的框架下，三标度因子化公式为

$$\mathcal{A} \sim C(t)\Phi(x)H(t)\exp\left\{-s(P,b) - 2\int_{1/b}^{t}\frac{\mathrm{d}\mu}{\mu}\gamma_q(\alpha_s(\mu))\right\}. \tag{7.16}$$

目前已经利用 pQCD 因子化方法来计算 $B \to P, V$ 介子的形状因子，计算许多 $B \to M_2M_3$ 强子衰变过程的分支比和 CP 破坏。理论预言目前和实验结果符合的比较好。当然很多理论预言还有待于实验的进一步精确检验。

§7.2 强子波函数

在本节，我们讨论介子波函数。介子波函数是描写正反夸克是怎样构成强子的，以及在介子内部的 parton 所携带的动量是如何分布的函数。

我们知道，由 partons→hadrons 的强子化过程是非微扰的、是过程无关的。对 pQCD 而言，介子波函数应当是 $\boldsymbol{k}_T$ 的函数。对重介子波函数，计算结果显示其横向动量有较大的贡献。对轻介子，横向动量部分的影响较小。对非微扰贡献的计算，目前比较可信的只有光锥 QCD 求和规则 (light-cone QCD sum rule) 和 Lattice QCD。现在用的介子波函数的分布振幅 (distribution amplitude, DA) 和盖根鲍尔矩 (Gegenbauer moment)，多来自于 QCD 求和规则。

如果把波函数写成 $(\Phi_M)_{\alpha\beta}$ 的形式，那么一般情况下，$(\Phi_M)_{\alpha\beta}$ 可以按照 16 个旋量结构 $1_{\alpha\beta}$，$\gamma^{\mu}_{\alpha\beta}$，$\sigma^{\mu\nu}_{\alpha\beta}$，$(\gamma^{\mu}\gamma_5)_{\alpha\beta}$，$(\gamma_5)_{\alpha\beta}$ 展开。

§7.2.1 重赝标介子与矢量介子波函数

B 介子可以作为重 - 轻系统来处理。B 介子的光锥矩阵元可以分解为

$$\begin{aligned}&\int_0^1 \frac{\mathrm{d}^4 z}{(2\pi)^4} e^{i\boldsymbol{k}_1\cdot z}\langle 0|b_\alpha(0)d_\beta(z)|B(p_B)\rangle\\&= -\frac{i}{\sqrt{2N_c}}\left\{(\not{p}_B + m_B)\gamma_5\left[\phi_B(\boldsymbol{k}_1) - \frac{\not{n}-\not{v}}{\sqrt{2}}\bar{\phi}_B(\boldsymbol{k}_1)\right]\right\}_{\beta\alpha},\end{aligned} \tag{7.17}$$

其中 $n = (1, 0, \boldsymbol{0_T})$，$v = (0, 1, \boldsymbol{0_T})$。该波函数含有两个分布振幅 $\phi_B(k_1)$ 和 $\bar{\phi}_B(k_1)$。它们分别满足不同的归一化关系

$$\int \frac{\mathrm{d}^4 k_1}{(2\pi)^4}\phi_B(\boldsymbol{k}_1) = \frac{f_B}{2\sqrt{2N_c}}, \quad \int \frac{\mathrm{d}^4 k_1}{(2\pi)^4}\bar{\phi}_B(\boldsymbol{k}_1) = 0. \tag{7.18}$$

一般地说，我们应当同时考虑 $\phi_B(k_1)$ 和 $\bar{\phi}_B(k_1)$ 的贡献，但数值计算表明，后者的贡献较小，可以忽略。这样，在动量空间的 B 介子波函数可以写为

$$\Phi_B = \frac{1}{\sqrt{2N_c}}(\not{p}_B + m_B)\gamma_5\phi_B(\boldsymbol{k}_1). \tag{7.19}$$

上式中的分布振幅 ϕ_B 通常写为 $\phi_B(x,b)$，其中 x 是 B 介子中的轻夸克的动量分数 $k_1 = xP_B$，b 表示与横向动量 $k_{1\mathrm{T}}$ 共轭 b 空间的坐标。目前还不能够由 QCD 第一原理出发导出 $\phi_B(x,b)$，常用的唯象表达式为[121]

$$\phi_B(x,b) = N_B x^2(1-x)^2 \exp\left[-\frac{1}{2}\left(\frac{xm_B}{\omega_B}\right)^2 - \frac{\omega_B^2 b^2}{2}\right], \tag{7.20}$$

其中 ω_B 是一个自由参数。对 B^0 和 $B^\pm$ 介子，根据实验一般取 $\omega_B = (0.40 \pm 0.04)$ GeV；上式中的 N_B 是归一化系数。当取 $\omega_B = 0.4$，$f_B = 190\,\mathrm{MeV}$ 时，$N_B = 91.745$。

在 $SU(3)_f$ 极限下，B_s 介子的分布振幅 $\phi_{B_S}(x,b)$ 应当和 B^0 介子的相同。如果考虑到 $SU(3)_f$ 对称性的破缺，二者应有一定的差别。对 B_s 介子, 其轻组分夸克 s 比 u,d 夸克重很多 (在唯象上一般取流夸克质量为：$m_u \approx m_d \approx 6\mathrm{MeV}$；$m_s \approx 130$ MeV)，s 夸克携带的动量分数应当比 d 夸克携带的动量分数大。所以一般取 $\omega_{B_s} = (0.50 \pm 0.05)$ GeV。当取 $\omega_{B_s} = 0.50$，$f_{B_s} = 236$ MeV[122] 时，归一化系数为 $N_B = 65.332$。基于谐振子模型，这里的 $\phi_B(x,b)$ 是一个高斯型函数。归一化系数 N_B 的大小依赖于 ω_B 和 f_B 的取值

$$\int_0^1 \mathrm{d}x\, \phi_B(x, b=0) = \frac{f_B}{2\sqrt{2N_c}}. \tag{7.21}$$

B_c **介子含有 2 个重夸克** b **和** c，在夸克层次它们均可衰变。实际上，已有的对 B_c 介子衰变过程的实验研究很少，均来自于 CDF 和 D0 等强子对撞机实验。LHC 实验将会提供大量的实验数据。另外，对 B_c 介子衰变过程的理论研究同样很少，对 B_c 介子波函数，目前多取为 δ 函数[109]，非常需要更多的深入研究。

$$\Phi_{B_c}(p,x) = \frac{i}{\sqrt{2N_c}}\left[(\not{p} + m_{B_c})\gamma_5\phi_{B_c}(x)\right], \tag{7.22}$$

其中的分布振幅取为 δ 函数：

$$\phi_{B_c}(x) = \frac{f_{B_c}}{2\sqrt{2N_c}}\delta\left(x - \frac{m_c}{m_{B_c}}\right), \tag{7.23}$$

其中 m_c 是粲夸克质量。

对赝标重味介子 η_c，其波函数可以写为

$$\Phi_{\eta_c}(x) = \frac{i}{\sqrt{2N_c}}\gamma_5\left[\not{p}\phi^v(x) + m_{\eta_c}\phi^s(x)\right]. \tag{7.24}$$

其中 Twist-2 和 Twist-3 的渐进分布振幅 $\phi^v(x)$ 和 $\phi^s(x)$ 可以写为[123]

$$\begin{aligned}\phi^v(x)&=9.58\frac{f_{\eta_c}}{2\sqrt{2N_c}}x(1-x)\left[\frac{x(1-x)}{1-2.8x(1-x)}\right]^{0.7},\\ \phi^s(x)&=1.97\frac{f_{\eta_c}}{2\sqrt{2N_c}}\left[\frac{x(1-x)}{1-2.8x(1-x)}\right]^{0.7}.\end{aligned}\tag{7.25}$$

对矢量重味介子 J/ψ，其波函数可以写为

$$\begin{aligned}\Phi^L_{J/\psi}(x)&=\frac{1}{\sqrt{2N_c}}\left\{m_{J/\psi}\not\epsilon_L\phi^L(x)+\not\epsilon_L\not p\phi^t(x)\right\};\\ \Phi^T_{J/\psi}(x)&=\frac{1}{\sqrt{2N_c}}\left\{m_{J/\psi}\not\epsilon_T\phi^V(x)+\not\epsilon_T\not p\phi^T(x)\right\}.\end{aligned}\tag{7.26}$$

其中的分布振幅可以写为[123]

$$\begin{aligned}\phi^L(x)=\phi^T(x)&=9.58\frac{f_{J/\psi}}{2\sqrt{2N_c}}x(1-x)\left[\frac{x(1-x)}{1-2.8x(1-x)}\right]^{0.7},\\ \phi^t(x)&=10.94\frac{f_{J/\psi}}{2\sqrt{2N_c}}(1-2x)^2\left[\frac{x(1-x)}{1-2.8x(1-x)}\right]^{0.7},\\ \phi^V(x)&=1.67\frac{f_{J/\psi}}{2\sqrt{2N_c}}[1+(2x-1)^2]\left[\frac{x(1-x)}{1-2.8x(1-x)}\right]^{0.7}.\end{aligned}\tag{7.27}$$

这里，ϕ^L 和 ϕ^T 表示 Twist-2 分布振幅，ϕ^t 和 ϕ^V 表示 Twist-3 分布振幅。

对含粲的 D_q **和** D_q^* **介子**$(q=u,d,s)$，通常也把它们作为重 - 轻介子系统来处理，并选择其波函数为

$$\Phi_{D_{(s)}}(p,x)=\frac{i}{\sqrt{2N_c}}\gamma_5\left[\not p+m\right]\phi_{D_{(s)}}(x),\tag{7.28}$$

$$\Phi_{D^*_{(s)}}(p,x)=\frac{-i}{\sqrt{2N_c}}\left[\not\epsilon_L(\not p+m)\phi^L_{D^*_{(s)}}(x)+\not\epsilon_T(\not p+m)\phi^T_{D^*_{(s)}}(x)\right],\tag{7.29}$$

其中 (p,m) 表示对应 D 介子的四动量和质量，$\not\epsilon_{L,T}$ 表示 D^* 矢量介子的纵向和横向极化矢量，ϕ_D 和 $\phi^{L,T}_{D^*}$ 为对应介子的波函数的分布振幅，习惯上取为[124]

$$\phi_{D^{(*)}_{(s)}}(x)=\frac{f_{D^{(*)}_{(s)}}}{2\sqrt{2N_c}}6x(1-x)\left[1+C_{D^{(*)}_{(s)}}(1-2x)\right]\cdot\exp\left[-\frac{\omega^2b^2}{2}\right]\tag{7.30}$$

考虑到重夸克近似，一般取 $f^L_{D^*_{(s)}}=f^T_{D^*_{(s)}}=f_{D^*_{(s)}}$，同时假设 $\phi^L_{D^*_{(s)}}=\phi^T_{D^*_{(s)}}=\phi_{D^*_{(s)}}$。对 $D^{(*)}$ 介子，取 $C_{D^{(*)}}=0.5$，$\omega=0.1\mathrm{GeV}$。对 $D_s^{(*)}$ 介子，取 $C_{D_s^{(*)}}=0.4$，$\omega=0.2\mathrm{GeV}$[124]。显然，这里的近似取得很粗糙，不太好。其原因在于我们目前对 $D_q^{(*)}$ 介子波函数知之甚少。原则上，D_q 介子的质量约为 2GeV，比 B_q 介子轻很多，其

波函数与 B 介子波函数应当有明显不同。实际上，D_q 介子的质量与 η' 介子的质量更接近，共同点应当更多。

对 D_q 和 D_q^* 介子而言，二者的质量很接近，但自旋量子数不同。考虑到赝标和矢量轻介子 (例如 ρ 和 π) 的分布振幅有较大的不同，D_q 和 D_q^* 介子的分布振幅 ϕ_D 与 $\phi_{D^*}^{L,T}$ 之间也应当有明显差别。所有这些说明，我们还需要对 D_q 和 D_q^* 介子的波函数和分布振幅做更多的研究和改进。

§7.2.2　轻赝标介子波函数：π 和 K 介子

相对于 B、D 等重介子，我们把 π, K, η' 等由 (u,d,s) 夸克组成的介子称之为轻介子。π,K 介子的波函数的结构相同，只是盖根鲍尔矩 (Gegenbauer moment) 不同。

以 π^- 介子为例，其光锥分布振幅可以写为[121]

$$\begin{aligned}&\langle\pi^-(P)|\bar{d}_\beta(z)u_\alpha(0)|0\rangle\\&=-\frac{i}{\sqrt{6}}\int_0^1 dxe^{ixP\cdot z}\ \left[\gamma_5\ \not{p}\phi^A(x)+\gamma_5 m_0\phi^P(x)+m_0\gamma_5(\not{n}\ \not{v}-1)\phi^T(x)\right]_{\alpha\beta},\end{aligned}\tag{7.31}$$

其中 $p=(p^+,0,\mathbf{0}_T)$ 是沿 z 轴正向 $(n=(1,0,\mathbf{0}_T))$ 运动的 π^- 介子的动量。

这样，当 π^- 介子沿 $n=(1,0,\mathbf{0}_T)$ 方向运动时，该 π^- 介子的波函数可以写为

$$\Phi_\pi(p,x,\zeta)\equiv\frac{i}{\sqrt{2N_C}}\gamma_5\left[\not{p}\phi_\pi^A(x)+m_0^\pi\phi_\pi^P(x)+\zeta m_0^\pi(\not{n}\not{v}-1)\phi_\pi^T(x)\right].\tag{7.32}$$

其中 x 表示 π^- 介子中 d 夸克携带的动量分数，$n=(1,0,\mathbf{0}_T)$ 和 $v=(0,1,\mathbf{0}_T)$ 分别表示正负 z 方向的单位矢量，$\boldsymbol{p}$ 表示 π 介子动量，$m_0^\pi=m_\pi^2/(m_u+m_d)$ 是手征质量。

对赝标介子的波函数，我们要注意两点：

(1) 在式 (7.32) 中，π 介子的动量 p 已经取为沿 $n=(1,0,0)$ 方向，所以第三项是 $(\not{n}\not{v}-1)$；如果 π 介子的动量 p 取为沿 $v=(0,1,0)$ 方向，那么第三项改变为 $(\not{v}\not{n}-1)$。两者是对应的。

(2) 在式 (7.32) 中，第三项的系数 $\zeta=+1,-1$ 的取值取决于轻夸克动量分数 x 的约定：当把组成该介子的“夸克”线的动量分数取为 x 时，有 $\zeta=+1$。以 $\pi^-=\bar{u}d$ 介子为例，当取 d 夸克线的动量分数为 x 时，$\zeta=+1$。

轻赝标介子波函数中的分布振幅 $\phi_P^{A,P,T}(x)$ 描写强子内部的部分子 (夸克和反夸克，parton) 随动量分布的情况，属于非微扰性质的函数，目前没有可靠的方法去计算。通常采用由“光锥 QCD 求和规则” (light-cone QCD sum rule) 得到的结果。目前，人们已经使用这些波函数，采用 pQCD 因子化方案对几百个 $B/B_s\to M_2M_3$ 衰变道 $(M_i=(S,P,V,A,T))$ 的分支比和 CP 破坏做了系统计算。对大多数衰变

道，理论预言和已有实验测量结果符合得比较好。我们因此认为，这些波函数还是比较可信的。当然，有几个组的学者一直在做波函数方面的研究，高阶效应被不断地包含进来。现在广泛使用的介子波函数与横向动量 $\boldsymbol{k}_T$ 无关，如何在波函数中加上横向动量 $\boldsymbol{k}_T$ 的依赖性的问题也一直在讨论之中。在国内，黄涛、马伯强、郭新恒和吴兴刚等也一直在做强子波函数方面的工作[125, 126]。波函数方面更多的细节可以参考 P. Ball 等的文章[127-129]。

对于 π, K 介子，包含了 twist-2 贡献 ($\phi^A_{\pi(K)}$) 和 twist-3 贡献 ($\phi^P_{\pi(K)}$, $\phi^T_{\pi(K)}$) 的分布振幅 (DAs) 被参数化为[127]

$$\begin{aligned}\phi^A_{\pi(K)}(x)=&\frac{f_{\pi(K)}}{2\sqrt{2N_c}}6x(1-x)\left[1+a_1^{\pi(K)}C_1^{3/2}(2x-1)+a_2^{\pi(K)}C_2^{3/2}(2x-1)\right.\\&\left.+a_4^{\pi(K)}C_4^{3/2}(2x-1)\right],\end{aligned}\tag{7.33}$$

$$\begin{aligned}\phi^P_{\pi(K)}(x)=&\frac{f_{\pi(K)}}{2\sqrt{2N_c}}\left[1+\left(30\eta_3-\frac{5}{2}\rho^2_{\pi(K)}\right)C_2^{1/2}(2x-1)\right.\\&\left.-3\left\{\eta_3\omega_3+\frac{9}{20}\rho^2_{\pi(K)}(1+6a_2^{\pi(K)})\right\}C_4^{1/2}(2x-1)\right],\end{aligned}\tag{7.34}$$

$$\begin{aligned}\phi^T_{\pi(K)}(x)=&\frac{f_{\pi(K)}}{2\sqrt{2N_c}}(1-2x)\left[1\right.\\&\left.+6\left(5\eta_3-\frac{1}{2}\eta_3\omega_3-\frac{7}{20}\rho^2_{\pi(K)}-\frac{3}{5}\rho^2_{\pi(K)}a_2^{\pi(K)}\right)(1-10x+10x^2)\right],\end{aligned}\tag{7.35}$$

其中 $a_1^\pi=0$，$a_1^K\neq 0$，质量比 $\rho_{\pi(K)}=m_{\pi(K)}/m_0^{\pi(K)}$，Gegenbauer 多项式 $C_n^\nu(t)$ 的表达式为

$$\begin{aligned}&C_1^{3/2}(t)=3t,\\&C_2^{1/2}(t)=\frac{1}{2}\left(3t^2-1\right),\quad C_2^{3/2}(t)=\frac{3}{2}\left(5t^2-1\right),\\&C_4^{1/2}(t)=\frac{1}{8}\left(3-30t^2+35t^4\right),\quad C_4^{3/2}(t)=\frac{15}{8}\left(1-14t^2+21t^4\right).\end{aligned}\tag{7.36}$$

其中 $t=2x-1$。上面的分布振幅中的动量分数 x 是“夸克”携带的动量分数。对 π, K 介子分布函数，还需要注意下面的一些细节：

(1) **注意：在 $x\to 1-x$ 变换下**，(a) $C_1^{3/2}(t)$ 改变符号，但式 (7.36) 中其他的 Gegenbauer 多项式保持不变；(b) 对赝标介子波函数，在领头阶，$\phi^A(x)$ 和 $\phi^P(x)$ 保持不变，但是 $\phi^T(x)$ 改变符号；(c) 对矢量介子波函数，在领头阶，$\phi^s_V(x)$ 和 $\phi^t_V(x)$ 改变符号，其他不变；

(2) 对 π 介子和 K 介子，在文献 [127] 中给出的 (旧) Gegenbauer 矩取值为

$$\begin{aligned}&a_1^\pi=0,\quad a_2^\pi=0.44,\quad a_4^\pi=0.25,\quad a_1^K=0.20,\quad a_2^K=0.25,\\&\rho_\pi=m_\pi/m_0^\pi,\quad \rho_K=m_K/m_0^K,\quad \eta_3=0.015,\quad \omega_3=-3.0,\end{aligned}\tag{7.37}$$

其中手征质量 $m_0^\pi = (1.4 \pm 0.1)$ GeV，$m_0^K = (1.6 \pm 0.1)$ GeV。

(3) 在文献 [128, 129] 中, P. Ball 等给出的 (新)Gegenbauer 矩为

$$\begin{aligned}&a_1^\pi = 0, \quad a_2^{\pi,K} = 0.25 \pm 0.15, \quad a_4^\pi = -0.015, \quad a_1^K = 0.06,\\&\rho_\pi = m_\pi/m_0^\pi, \quad \rho_K = m_K/m_0^K, \quad \eta_3^{\pi,K,\eta} = 0.015, \quad \omega_3^{\pi,K,\eta} = -3,\end{aligned} \tag{7.38}$$

其中 $m_0^\pi = (1.4 \pm 0.1)$ GeV，$m_0^K = (1.6 \pm 0.1)$ GeV。

§7.2.3 轻赝标介子波函数: η 和 η' 介子

在引入轻赝标介子 $\eta^{(\prime)}$ 的波函数之前, 先对 η-η' 混合以及 η' 中可能的胶子组分做一个简短的讨论。

对 η-η' 介子混合的问题, 有两种常用的混合方案：夸克味道基 (QF basis) 和单态–八重态基 (SO-basis)。

(1) **夸克味道基**: 在 QF 基下, 味道本征态 η_q 和 η_s 的混合构成了物理态 η 和 η' 介子, 混合角是 ϕ

$$\begin{pmatrix} \eta \\ \eta' \end{pmatrix} = U(\phi)\begin{pmatrix} \eta_q \\ \eta_s \end{pmatrix} = \begin{pmatrix} \cos\phi & -\sin\phi \\ \sin\phi & \cos\phi \end{pmatrix}\begin{pmatrix} \eta_q \\ \eta_s \end{pmatrix}, \tag{7.39}$$

其中

$$\eta_q = \frac{1}{\sqrt{2}}\left(u\bar{u} + d\bar{d}\right), \quad \eta_s = s\bar{s}. \tag{7.40}$$

相关的衰变常数 $f_q, f_s, f_\eta^{q,s}$ 和 $f_{\eta'}^{q,s}$ 的定义是①

$$\begin{aligned}&< 0|\bar{q}\gamma^\mu\gamma_5 q|\eta_q(P)> = \frac{i}{\sqrt{2}} f_q P^\mu,\\&< 0|\bar{s}\gamma^\mu\gamma_5 s|\eta_s(P)> = i f_s P^\mu,\end{aligned} \tag{7.41}$$

$$\begin{aligned}&< 0|\bar{q}\gamma^\mu\gamma_5 q|\eta^{(\prime)}(P)> = \frac{i}{\sqrt{2}} f_{\eta^{(\prime)}}^q P^\mu,\\&< 0|\bar{s}\gamma^\mu\gamma_5 s|\eta^{(\prime)}(P)> = i f_{\eta^{(\prime)}}^s P^\mu,\end{aligned} \tag{7.42}$$

衰变常数 $f_\eta^{q,s}$ 和 $f_{\eta'}^{q,s}$ 与衰变常数 f_q 和 f_s 之间的关系为

$$\begin{pmatrix} f_\eta^q & f_\eta^s \\ f_{\eta'}^q & f_{\eta'}^s \end{pmatrix} = U(\phi)\begin{pmatrix} f_q & 0 \\ 0 & f_s \end{pmatrix}. \tag{7.43}$$

在 QF 基下, 人们已经通过相关的实验数据给出了三个输入参数 f_q, f_s 和混合角 ϕ 之间的关系[130]：

$$f_q = (1.07 \pm 0.02) f_\pi, \quad f_s = (1.34 \pm 0.06) f_\pi, \quad \phi = 39.3^\circ \pm 1.0^\circ, \tag{7.44}$$

① 我们的定义和常用的介子衰变常数一致，但有些项和李湘楠等的定义差一个 $1/\sqrt{2}$ 的因子。

其中 $f_\pi = 130$ MeV。

(2) **单态–八重态基**: 这时, η 和 η' 介子可以看成是味单态 η_1 和味八重态 η_8 的混合。在单角方案下, 我们有

$$\begin{pmatrix} \eta \\ \eta' \end{pmatrix} = \begin{pmatrix} \cos\theta_p & -\sin\theta_p \\ \sin\theta_p & \cos\theta_p \end{pmatrix} \begin{pmatrix} \eta_8 \\ \eta_1 \end{pmatrix}, \tag{7.45}$$

其中

$$\eta_8 = \frac{1}{\sqrt{6}}\left(u\bar{u} + d\bar{d} - 2s\bar{s}\right), \quad \eta_1 = \frac{1}{\sqrt{3}}\left(u\bar{u} + d\bar{d} + s\bar{s}\right). \tag{7.46}$$

混合角 θ_P 是由许多相关实验确定的。在以前的研究中，混合角在 $-20°$ 和 $-10°$ 之间。文献 [131] 中指出，θ_P 的最佳拟合结果是: $-17° \leqslant \theta_p \leqslant -10°$。

在 QF 混合方案下，$\eta^{(\prime)}$ 介子的 η_q 分量 ($u\bar{u}$, $\bar{d}d$ 分量) 和 $\eta_s = \bar{s}s$ 分量的波函数可以写为

$$\Phi_{\eta_q}(p,x,\zeta) \equiv \frac{i\gamma_5}{\sqrt{2N_c}}\left[\not{p}\phi^A_{\eta_q}(x) + m_0^{\eta_q}\phi^P_{\eta_q}(x) + \zeta m_0^{\eta_q}(\not{n}\not{v} - 1)\phi^T_{\eta_q}(x)\right], \tag{7.47}$$

$$\Phi_{\eta_s}(p,x,\zeta) \equiv \frac{i\gamma_5}{\sqrt{2N_c}}\left[\not{p}\phi^A_{\eta_s}(x) + m_0^{\eta_s}\phi^P_{\eta_s}(x) + \zeta m_0^{\eta_s}(\not{n}\not{v} - 1)\phi^T_{\eta_s}(x)\right], \tag{7.48}$$

其中 $p = \frac{M_B}{\sqrt{2}}n$ 表示介子的动量，x 表示介子内部的夸克携带的动量分数。手征质量 $m_0^q = m_0^{\eta_q}$，$m_0^s = m_0^{\eta_s}$ 可以写为[132]

$$m_0^q \equiv \frac{m_{qq}^2}{2m_q} = \frac{1}{2m_q}[m_\eta^2\cos^2\phi + m_{\eta'}^2\sin^2\phi - \frac{\sqrt{2}f_s}{f_q}(m_{\eta'}^2 - m_\eta^2)\cos\phi sin\phi], \tag{7.49}$$

$$m_0^s \equiv \frac{m_{ss}^2}{2m_s} = \frac{1}{2m_s}[m_{\eta'}^2\cos^2\phi + m_\eta^2\sin^2\phi - \frac{f_q}{\sqrt{2}f_s}(m_{\eta'}^2 - m_\eta^2)\cos\phi sin\phi], \tag{7.50}$$

当取 $m_\eta = 547.5$ MeV, $m_{\eta'} = 957.8$ MeV, $f_q = 1.07f_\pi$, $f_s = 1.34f_\pi$, $\phi = 39.3°$ 时，手征质量的数值为

$$m_0^q = 1.07\text{GeV}, \qquad m_0^s = 1.92\text{GeV} \tag{7.51}$$

对 $\eta^{(\prime)}$ 介子，其光锥分布振幅 $\phi^{A,P,T}_{\eta_q}$, $\phi^{A,P,T}_{\eta_s}$ 的表达式和 π 介子的锥分布振

幅类似:

$$\phi_{\eta_{q(s)}}^A(x)=\frac{3}{\sqrt{2N_c}}f_{q(s)}x(1-x)\left\{1+a_2^{\eta_{q(s)}}\frac{3}{2}\left[5(1-2x)^2-1\right]\right.$$
$$\left.+a_4^{\eta_{q(s)}}\frac{15}{8}\left[21(1-2x)^4-14(1-2x)^2+1\right]\right\}, \tag{7.52}$$

$$\phi_{\eta_{q(s)}}^P(x)=\frac{1}{2\sqrt{2N_c}}f_{q(s)}\left\{1+\frac{1}{2}\left(30\eta_3-\frac{5}{2}\rho_{\eta_{q(s)}}^2\right)\left[3(1-2x)^2-1\right]\right.$$
$$+\frac{1}{8}\left(-3\eta_3\omega_3-\frac{27}{20}\rho_{\eta_{q(s)}}^2-\frac{81}{10}\rho_{\eta_{q(s)}}^2a_2^{\eta_{q(s)}}\right)$$
$$\left.\cdot\left[35(1-2x)^4-30(1-2x)^2+3\right]\right\}, \tag{7.53}$$

$$\phi_{\eta_{q(s)}}^T(x)=\frac{3}{\sqrt{2N_c}}f_{q(s)}(1-2x)$$
$$\cdot\left[\frac{1}{6}+(5\eta_3-\frac{1}{2}\eta_3\omega_3-\frac{7}{20}\rho_{\eta_{q(s)}}^2-\frac{3}{5}\rho_{\eta_{q(s)}}^2a_2^{\eta_{q,s}})(10x^2-10x+1)\right]. \tag{7.54}$$

在文献 [128, 129] 中给出的新的 Gegenbauer 矩的数值为

$$a_2^{\eta_{q(s)}}=0.115,\quad a_4^{\eta_{q(s)}}=-0.015,\quad \rho_{\eta_q}=2m_q/m_{qq};$$
$$\rho_{\eta_s}=2m_s/m_{ss},\quad \eta_3=0.015,\quad \omega_3=-3.0. \tag{7.55}$$

正如式 (7.45),(7.46) 所示，η 和 η' 通常被认为是轻夸克对 $(\bar{u}u,\bar{d}d,\bar{s}s)$ 的线性组合。但必须指出的是，为了解释 $B\to K\eta'$ 和 $J/\psi\to\eta'\gamma$ 衰变中大分支比的反常情况，有人认为 η' 介子中可能会有胶子组分[131] 存在。

在李湘楠等的论文[132] 中，作者计算了一种可能的胶子成分的贡献，发现很小。2005 年以来，我们采用 pQCD 因子化方法，对一系列 $B\to M_i\eta^{(\prime)}$ 衰变道的分支比和 CP 破坏做了计算[104, 105, 122]。我们发现，除了 $B\to K\eta'$ 衰变道以外，对其他道，当我们忽略胶子成分贡献时的理论结果和实验测量数据符合得也挺好，好像不需要另外的大的贡献。最近 Thomas 考虑了目前已有的各种实验数据[133]，做了拟合，发现考虑可能的胶子成分的贡献对拟合结果没有明显的影响。

§7.2.4 可能的 η-η'-G 混合的影响

2012 年，Belle 实验组报告了关于 $B^0/B_s^0\to J/\psi\eta^{(\prime)}$ 的实验测量结果[134, 135]:

$$\text{BR}(B_d\to J/\psi\eta)=12.3_{-1.8}^{+1.9}\times10^{-6};$$
$$\text{BR}(B_d\to J/\psi\eta')<7.4\times10^{-6};(90\%\ \text{C.L.}) \tag{7.56}$$

$$\text{BR}(B_s\to J/\psi\eta)=5.10\pm0.50\pm0.25_{-0.79}^{+1.14}(N_{B_s^{(*)}\bar{B}_s^{(*)}})\times10^{-4};$$
$$\text{BR}(B_s\to J/\psi\eta')=3.71\pm0.61\pm0.18_{-0.57}^{+0.83}(N_{B_s^{(*)}\bar{B}_s^{(*)}})\times10^{-4}; \tag{7.57}$$

另外, 对不同衰变道分支比的比值的测量结果为

$$R_s^{\text{Exp.}} = \frac{\text{BR}(B_s \to J/\psi\eta')}{\text{BR}(B_s \to J/\psi\eta)} = 0.73 \pm 0.14(\text{stat.}) \pm 0.02(\text{syst.})\ . \tag{7.58}$$

关于 R_s 的实验测量值小于 1，但已有标准模型的理论预言值大于 1。在本节，我们将考虑新的三混合方案：η-η'-G 混合方案，以解释实验上发现的反常。更多细节可见我们的相关论文[112]。

由图 7.7 可以看出：在领头阶，对 $B^0 \to J/\psi\eta^{(\prime)}$ 衰变道，η 和 η' 来源于 $\eta_q = d\bar{d}$ 分量。对 $B_s^0 \to J/\psi\eta^{(\prime)}$ 衰变道，η 和 η' 来源于 $\eta_s = s\bar{s}$ 分量。

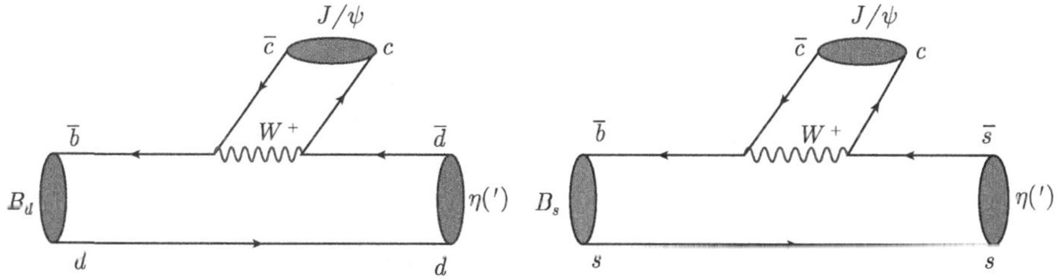

图 7.7 对 $B_{d/s} \to J/\psi\eta^{(\prime)}$ 衰变过程的领头阶贡献的费恩曼图

在标准的 η-η' 混合模型下，

$$\begin{pmatrix} \eta \\ \eta' \end{pmatrix} = \begin{pmatrix} \cos\phi & -\sin\phi \\ \sin\phi & \cos\phi \end{pmatrix} \begin{pmatrix} \eta_q \\ \eta_s \end{pmatrix}, \tag{7.59}$$

其中 η_q 和 η_s 的定义分别为 $\eta_q = (u\bar{u} + d\bar{d})/\sqrt{2}$，$\eta_s = s\bar{s}$。已有实验数据显示：$\phi < 45°$，所以有

$$R_d \equiv \frac{\text{BR}(B_d \to J/\psi\eta')}{\text{BR}(B_d \to J/\psi\eta)} \approx \tan^2\phi < 1\ , \quad R_s \equiv \frac{\text{BR}(B_s \to J/\psi\eta')}{\text{BR}(B_s \to J/\psi\eta)} \approx \cot^2\phi > 1\ , \tag{7.60}$$

对这两个比值的实验测量可以检验 $SU(3)$ 味对称性和传统的 η-η' 混合方案[133]。

显然, 第一个比值和实验值一致。但第二个比值与式 (7.58) 矛盾。在文献[135]中，作者指出：对 $B_s \to J/\psi\eta'$ 衰变过程，关于比值 R_s 的实验测量值比基于标准的 $\eta - \eta'$ 混合方案得到的理论值小，这是一个“反常”。这可能意味着：在 η' 介子中，除了传统的 $u\bar{u}$, $d\bar{d}$ 和 $s\bar{s}$ 的成分以外，还可能存在其他的“味单态”成分。

为了解释实验上看到的 R_s 比值的反常，我们考虑了 η-η'-G 混合方案，其中的 G 是色单态的赝标量胶球[136]。我们的工作表明[112]，考虑 η-η'-G 的混合，可以解释实验上发现的反常。考虑如下的 η-η'-G 三混合方案：

$$\begin{pmatrix} |\eta\rangle \\ |\eta'\rangle \\ |G\rangle \end{pmatrix} = U_3(\theta)U_1(\phi_G) \begin{pmatrix} |\eta_8\rangle \\ |\eta_1\rangle \\ |g\rangle \end{pmatrix}, \tag{7.61}$$

其中的混合矩阵 U_1 和 U_3 分别为

$$U_1(\phi_G)=\begin{pmatrix}1 & 0 & 0\\ 0 & \cos\phi_G & \sin\phi_G\\ 0 & -\sin\phi_G & \cos\phi_G\end{pmatrix},\quad U_3(\theta)=\begin{pmatrix}\cos\theta & -\sin\theta & 0\\ \sin\theta & \cos\theta & 0\\ 0 & 0 & 1\end{pmatrix}. \tag{7.62}$$

我们已经假设 η_8 与“胶球”之间无混合，这时式 (7.61) 所描写的混合只需要两个混合角 θ 和 ϕ_G。

“单态–八重态基”与“味道基”之间的关系为

$$\begin{pmatrix}|\eta_8\rangle\\ |\eta_1\rangle\\ |g\rangle\end{pmatrix}=U_3(\theta_i)\begin{pmatrix}|\eta_q\rangle\\ |\eta_s\rangle\\ |g\rangle\end{pmatrix}, \tag{7.63}$$

其中 θ_i 是理想混合角 $\cos\theta_i=\sqrt{1/3}$，$\sin\theta_i=\sqrt{2/3}$, 即：$\theta_i=54.7°$。这样，“味道基”通过混合变换成“物理态”。混合矩阵的表达式为

$$\begin{aligned}U(\phi,\phi_G)&=U_3(\theta)U_1(\phi_G)U_3(\theta_i)\\ &=\begin{pmatrix}\cos\phi+\sin\theta\sin\theta_i\Delta_G & -\sin\phi+\sin\theta\cos\theta_i\Delta_G & -\sin\theta\sin\phi_G\\ \sin\phi-\cos\theta\sin\theta_i\Delta_G & \cos\phi-\cos\theta\cos\theta_i\Delta_G & \cos\theta\sin\phi_G\\ -\sin\theta_i\sin\phi_G & -\cos\theta_i\sin\phi_G & \cos\phi_G\end{pmatrix},\end{aligned} \tag{7.64}$$

其中 $\phi=\theta+\theta_i$，$\Delta_G=1-\cos\phi_G$。在 $\phi_G\to 0$ 的极限下，U 矩阵趋于 Feldmann-Kroll-Stech (FKS) 混合矩阵的形式[130]。也就是说，U 矩阵中的混合角 ϕ 等价于 FKS 混合方案中的混合角。

经推导得到：

$$R_d^{\mathrm{Th}}\approx\left(\frac{\sin\phi-\cos\theta\sin\theta_i\Delta_G}{\cos\phi+\sin\theta\sin\theta_i\Delta_G}\right)^2, \tag{7.65}$$

$$R_s^{\mathrm{Th}}\approx\left(\frac{\cos\phi-\cos\theta\cos\theta_i\Delta_G}{-\sin\phi+\sin\theta\cos\theta_i\Delta_G}\right)^2. \tag{7.66}$$

由于 $\theta\approx-11°$ 是负值，式 (7.65) 中的分子分母均变小，满足小于 1 的要求。考虑式 (7.66)，它的分子变小，分母变大，能够由大于 1 变到小于 1。

使用以下的输入参数[3, 137] 做数值计算 (质量、能标和衰变常数的单位是 GeV，时间的单位是 ps)，

$$
\begin{aligned}
&\Lambda_{\overline{\rm MS}}^{(f=4)}=0.287\,,\quad m_W=80.41\,,\quad m_{B_d}=5.28\,,\quad m_{B_s}=5.37\,;\\
&m_{J/\psi}=3.097\,,\quad m_b=4.8\,,\quad m_c=1.50\,,\quad f_{J/\psi}=0.405\,;\\
&f_q=f_\pi=0.13\,,\quad f_s=1.3f_\pi\,,\quad m_0^{\eta_q}=1.50\,,\quad m_0^{\eta_s}=1.90\,,\\
&f_{B_d}=0.21\,,\quad f_{B_s}=0.23\,,\quad \tau_{B_d}=1.53\,,\quad \tau_{B_s}=1.47\,;\\
&\theta=-11^\circ,\quad \theta'=54.7^\circ,\quad \phi=43.7^\circ,\quad \phi_G=33^\circ, \qquad (7.67)\\
&A=0.832,\quad \lambda=0.2246,\quad \bar\rho=0.130,\quad \bar\eta=0.350. \qquad (7.68)
\end{aligned}
$$

得到以下数值结果：

$$\mathrm{BR}(B_d\to J/\psi\eta)=11.2^{+2.8}_{-2.1}(\omega_B)^{+1.4}_{-1.3}(f_{J/\psi})^{+1.0}_{-0.8}(a_2)\times10^{-6}\,, \tag{7.69}$$

$$\mathrm{BR}(B_d\to J/\psi\eta')=7.3^{+1.8}_{-1.4}(\omega_B)^{+0.9}_{-0.9}(f_{J/\psi})^{+0.6}_{-0.6}(a_2)\times10^{-6}\,, \tag{7.70}$$

$$\mathrm{BR}(B_s\to J/\psi\eta)=5.14^{+1.45}_{-1.10}(\omega_B)^{+0.64}_{-0.59}(f_{J/\psi})^{+0.58}_{-0.50}(a_2)\times10^{-4}\,, \tag{7.71}$$

$$\mathrm{BR}(B_s\to J/\psi\eta')=4.08^{+1.15}_{-0.87}(\omega_B)^{+0.51}_{-0.47}(f_{J/\psi})^{+0.46}_{-0.40}(a_2)\times10^{-4}\,, \tag{7.72}$$

与这些分支比对应的比值 $R_{d,s}^{TH}$ 为

$$R_d^{\rm Th}\approx0.65,\qquad R_s^{\rm Th}\approx0.79. \tag{7.73}$$

显然，这些理论预言值与实验符合得很好。

§7.2.5 矢量介子波函数

对于矢量介子，其处理方法与赝标介子一样。我们假设矢量介子 V 沿“+”方向运动，其极化矢量为 ϵ 且有 $\epsilon\cdot P=0$。对于矢量介子，它有纵向和横向两个极化分量，对应的波函数可以写为

$$\Phi_V^{\parallel}(P,\epsilon_L)=\frac{i}{\sqrt{2N_c}}\left\{\not\epsilon_L\ \left[M_V\phi_V(x)+\not p\phi_V^t(x)\right]+M_V\phi_V^s(x)\right\}, \tag{7.74}$$

$$
\begin{aligned}
\Phi_V^{\perp}(P,\epsilon_T)=\frac{i}{\sqrt{2N_c}}&\left\{\not\epsilon_T\ \left[M_V\phi_V^v(x)+\not p\phi_V^T(x)\right]\right.\\
&\left.+M_V\ i\epsilon_{\mu\nu\rho\sigma}\,\gamma_5\,\gamma^\mu\epsilon_T^\nu n^\rho\nu^\sigma\,\phi_V^a(x)\right\},
\end{aligned}
\tag{7.75}
$$

其中 $\epsilon_{\mu\nu\rho\sigma}=-\epsilon^{\mu\nu\rho\sigma}=-1$。分布振幅 $\phi_V(x)$ 和 $\phi_V^T(x)$ 表示 Twist-2 贡献，$\phi_V^{t,s}(x)$ 和 $\phi_V^{v,a}(x)$ 表示 Twist-3 贡献。

对于轻矢量介子 ρ,ω,K^*,ϕ，表示 Twist-2 贡献的分布振幅 ϕ_V 和 ϕ_V^T 的表达式为

$$\phi_\rho(x)=\frac{3f_\rho}{\sqrt6}x(1-x)\left[1+a_{2\rho}^{\parallel}C_2^{3/2}(t)\right]\,,$$

$$
\begin{aligned}
\phi_\omega(x) &= \frac{3f_\omega}{\sqrt{6}}x(1-x)\left[1+a^{||}_{2\omega}C_2^{3/2}(t)\right] ,\\
\phi_{K^*}(x) &= \frac{3f_{K^*}}{\sqrt{6}}x(1-x)\left[1+a^{||}_{1K^*}C_1^{3/2}(t)+a^{||}_{2K^*}C_2^{3/2}(t)\right] ,\\
\phi_\phi(x) &= \frac{3f_\phi}{\sqrt{6}}x(1-x)\left[1+a^{||}_{2\phi}C_2^{3/2}(t)\right] .
\end{aligned} \tag{7.76}
$$

$$
\begin{aligned}
\phi^T_\rho(x) &= \frac{3f_\rho}{\sqrt{6}}x(1-x)\left[1+a^{\perp}_{2\rho}C_2^{3/2}(t)\right] ,\\
\phi^T_\omega(x) &= \frac{3f_\omega}{\sqrt{6}}x(1-x)\left[1+a^{\perp}_{2\omega}C_2^{3/2}(t)\right] ,\\
\phi^T_{K^*}(x) &= \frac{3f_{K^*}}{\sqrt{6}}x(1-x)\left[1+a^{\perp}_{1K^*}C_1^{3/2}(t)+a^{\perp}_{2K^*}C_2^{3/2}(t)\right] ,\\
\phi^T_\phi(x) &= \frac{3f_\phi}{\sqrt{6}}x(1-x)\left[1+a^{\perp}_{2\phi}C_2^{3/2}(t)\right] .
\end{aligned} \tag{7.77}
$$

其中 f_V 表示纵向极化的衰变常数，在表 7.1 中给出。较新的 Gegenbauer 矩的取值为

$$
\begin{aligned}
a^{||}_{1K^*} &= 0.03\pm0.02,\quad a^{||}_{2\rho} = a^{||}_{2\omega} = 0.15\pm0.07,\\
a^{||}_{2K^*} &= 0.11\pm0.09,\quad a^{||}_{2\phi} = 0.18\pm0.08,
\end{aligned} \tag{7.78}
$$

$$
\begin{aligned}
a^{\perp}_{1K^*} &= 0.04\pm0.03,\quad a^{\perp}_{2\rho} = a^{\perp}_{2\omega} = 0.14\pm0.06,\\
a^{\perp}_{2K^*} &= 0.10\pm0.08,\quad a^{\perp}_{2\phi} = 0.14\pm0.07.
\end{aligned} \tag{7.79}
$$

表 7.1　Input values of the decay constants of vector mesons (in MeV)

f_ρ	f^T_ρ	f_ω	f^T_ω	f_{K^*}	$f^T_{K^*}$	f_ϕ	f^T_ϕ
209 ± 2	165 ± 9	195 ± 3	145 ± 10	217 ± 5	185 ± 10	231 ± 4	200 ± 10

对于矢量介子的 Twist-3 贡献的分布振幅 $\phi_V^{s,t}$ 和 $\phi_V^{v,a}$，在理论上有很多讨论，但仍然没有一个好的结果。目前用的渐进表达式为

$$
\begin{aligned}
\phi^t_V(x) &= \frac{3f^T_V}{2\sqrt{6}}t^2,\quad \phi^s_V(x) = \frac{3f^T_V}{2\sqrt{6}}(-t),\\
\phi^v_V(x) &= \frac{3f_V}{8\sqrt{6}}(1+t^2),\quad \phi^a_V(x) = \frac{3f_V}{4\sqrt{6}}(-t).
\end{aligned} \tag{7.80}
$$

§7.3　$B \to M_2M_3$ 衰变的因子化公式

在本节，我们先假设因子化成立，在形式上推导 B 介子两体衰变的因子化公式。对两体非轻子衰变过程 $B \to M_2M_3$，在 4- 维动量空间，其衰变振幅原则上可

以写成

$$\begin{aligned}\mathcal{A} &= < M_2(k_2)M_3(k_3)|\mathcal{H}|B(k_1) > \\ &\sim \int \frac{\mathrm{d}^4k_1}{(2\pi)^4}\frac{\mathrm{d}^4k_2}{(2\pi)^4}\frac{\mathrm{d}^4k_3}{(2\pi)^4}\,\Psi_B(k_1,\mu)\,\Psi(k_2,\mu)\,\Psi(k_3,\mu)\cdot H(k_1,k_2,k_3,\mu)\,C(\mu).\end{aligned} \tag{7.81}$$

其中的 B 介子波函数和两个末态介子波函数是输入函数，$C(\mu)$ 是 Wilson 系数，计算相关的费恩曼图得到“硬散射核 H”的表达式。

在光锥坐标系下，衰变振幅写为

$$\begin{aligned}\mathcal{A} \approx &\int_0^1 \mathrm{d}x_1\mathrm{d}x_2\mathrm{d}x_3 \int \frac{\mathrm{d}^2k_{1T}}{(2\pi)^2}\frac{\mathrm{d}^2k_{2T}}{(2\pi)^2}\frac{\mathrm{d}^2k_{3T}}{(2\pi)^2}\tilde{\phi}(x_1,p_1^+,k_{1T},\mu)\\ &\tilde{\phi}(x_2,p_2^+,k_{2T},\mu)\tilde{\phi}(x_3,p_3^-,k_{3T},\mu)\\ &\cdot H(x_1,k_{1T},x_2,k_{2T},x_3,k_{3T},\mu)\,C(\mu)\end{aligned} \tag{7.82}$$

对被积函数 (波函数和硬散射核，在分子表达式中忽略 k_{iT}，在分母中保留 k_{iT}，以压低端点奇异性) 做傅里叶变换得

$$\begin{aligned}\mathcal{A} \approx &\int_0^1 \mathrm{d}x_1\mathrm{d}x_2\mathrm{d}x_3 \int \frac{\mathrm{d}^2k_{1T}}{(2\pi)^2}\frac{\mathrm{d}^2k_{2T}}{(2\pi)^2}\frac{\mathrm{d}^2k_{3T}}{(2\pi)^2}\cdot\int \mathrm{d}^2\boldsymbol{b}_1\mathrm{d}^2\boldsymbol{b}_2\mathrm{d}^2\boldsymbol{b}_3\cdot e^{-i(\boldsymbol{k}_{1T}\cdot\boldsymbol{b}_1+\boldsymbol{k}_{2T}\cdot\boldsymbol{b}_2+\boldsymbol{k}_{3T}\cdot\boldsymbol{b}_3)}\\ &\cdot\tilde{\phi}(x_1,p_1^+,k_{1T},\mu)\tilde{\phi}(x_2,p_2^+,k_{2T},\mu)\tilde{\phi}(x_3,p_3^-,k_{3T},\mu)\\ &\cdot H(x_1,x_2,x_3,k_{1T},k_{2T},k_{3T},\mu)\,C(\mu),\end{aligned} \tag{7.83}$$

$$\begin{aligned}&\approx \int_0^1 \mathrm{d}x_1\mathrm{d}x_2\mathrm{d}x_3 \int \mathrm{d}^2\boldsymbol{b}_1\mathrm{d}^2\boldsymbol{b}_2\mathrm{d}^2\boldsymbol{b}_3\\ &\quad\cdot\int \frac{\mathrm{d}^2k_{1T}}{(2\pi)^2}\frac{\mathrm{d}^2k_{2T}}{(2\pi)^2}\frac{\mathrm{d}^2k_{3T}}{(2\pi)^2}\cdot e^{-i(\boldsymbol{k}_{1T}\cdot\boldsymbol{b}_1+\boldsymbol{k}_{2T}\cdot\boldsymbol{b}_2+\boldsymbol{k}_{3T}\cdot\boldsymbol{b}_3)}H(x_1,x_2,x_3,k_{1T},k_{2T},k_{3T},\mu)\\ &\quad\cdot\tilde{\phi}(\mathbf{x_1},\mathbf{p_1^+},\mathbf{k_{1T}},\mu)\tilde{\phi}(\boldsymbol{x_2},\boldsymbol{p_2^+},\boldsymbol{k_{2T}},\mu)\tilde{\phi}(\boldsymbol{x_3},\boldsymbol{p_3^-},\boldsymbol{k_{3T}},\mu)\cdot C(\mu),\\ &\approx \int_0^1 \mathrm{d}x_1\mathrm{d}x_2\mathrm{d}x_3 \int \mathrm{d}^2\boldsymbol{b}_1\mathrm{d}^2\boldsymbol{b}_2\mathrm{d}^2\boldsymbol{b}_3\cdot \boldsymbol{H}(\boldsymbol{x}_1,\boldsymbol{x}_2,\boldsymbol{x}_3,\boldsymbol{b}_1,\boldsymbol{b}_2,\boldsymbol{b}_3,\mu)\\ &\quad\cdot\phi(\boldsymbol{x}_1,\boldsymbol{p}_1^+,\boldsymbol{b}_1,\mu)\phi(x_2,\boldsymbol{p}_2^+,\boldsymbol{b}_2,\mu)\phi(\boldsymbol{x}_3,\boldsymbol{p}_3^-,\boldsymbol{b}_3,\mu)\cdot C(\mu),\\ &\approx \int_0^1 \mathrm{d}x_1\mathrm{d}x_2\mathrm{d}x_3 \int \mathrm{d}^2\boldsymbol{b}_1\mathrm{d}^2\boldsymbol{b}_2\mathrm{d}^2\boldsymbol{b}_3\cdot \boldsymbol{H}(\boldsymbol{x}_1,\boldsymbol{x}_2,\boldsymbol{x}_3,\boldsymbol{b}_1,\boldsymbol{b}_2,\boldsymbol{b}_3,\mu)\\ &\quad\cdot\phi(x_1,b_1)\cdot\phi(x_2,b_2)\cdot\phi(x_3,b_3)\cdot\exp\left[-\sum_{i=1}^{3}S_i(\mu,b_i)\right]\cdot C(\mu),\end{aligned} \tag{7.84}$$

其中涉及的定义关系式为

$$\begin{aligned}H(x_i,\boldsymbol{b}_i,\mu)\prod_{i=1}^{3}\phi(x_i,p_i^+,b_i,\mu) = &\int \frac{\mathrm{d}^2k_{1T}}{(2\pi)^2}\frac{\mathrm{d}^2k_{2T}}{(2\pi)^2}\frac{\mathrm{d}^2k_{3T}}{(2\pi)^2}\cdot e^{-i(\boldsymbol{k}_{1T}\cdot\boldsymbol{b}_1+\boldsymbol{k}_{2T}\cdot\boldsymbol{b}_2+\boldsymbol{k}_{3T}\cdot\boldsymbol{b}_3)}\\ &\cdot H(x_1,x_2,x_3,k_{1T},k_{2T},k_{3T},\mu)\\ &\cdot\tilde{\phi}(x_1,p_1^+,k_{1T},\mu)\tilde{\phi}(x_2,p_2^+,k_{2T},\mu)\tilde{\phi}(x_3,p_3^-,k_{3T},\mu),\end{aligned}$$

$$\begin{aligned}\phi(x_1,p_1^+,\boldsymbol{b}_1,\mu)&=\phi(x_1,b_1)\cdot\exp[-S_1(\mu,b_1)],\\\phi(x_2,p_2^+,\boldsymbol{b}_2,\mu)&=\phi(x_2,b_2)\cdot\exp[-S_2(\mu,b_2)],\\\phi(x_3,p_3^-,\boldsymbol{b}_3,\mu)&=\phi(x_3,b_3)\cdot\exp[-S_3(\mu,b_3)].\end{aligned}\tag{7.85}$$

上式中的函数 $S_i(\mu,b_i)$ 表示对应的 Suadakov 因子，其完整表达式为[49]：

$$\begin{aligned}S_1(\mu,b_1)&=s\left(x_1\frac{M_B}{\sqrt{2}},b_1\right)+\frac{5}{3}\int_{1/b_1}^{\mu}\frac{\mathrm{d}\bar{\mu}}{\bar{\mu}}\gamma_q(g(\bar{\mu})),\\S_2(\mu,b_2)&=s\left(x_2\frac{M_B}{\sqrt{2}},b_2\right)+s\left(\bar{x}_2\frac{M_B}{\sqrt{2}},b_2\right)+2\int_{1/b_2}^{\mu}\frac{\mathrm{d}\bar{\mu}}{\bar{\mu}}\gamma_q(g(\bar{\mu})),\\S_3(\mu,b_3)&=s\left(x_3\frac{M_B}{\sqrt{2}},b_3\right)+s\left(\bar{x}_3\frac{M_B}{\sqrt{2}},b_3\right)+2\int_{1/b_3}^{\mu}\frac{\mathrm{d}\bar{\mu}}{\bar{\mu}}\gamma_q(g(\bar{\mu})).\end{aligned}\tag{7.86}$$

其中 $\bar{x}_i=1-x_i$，夸克反常量纲 $\gamma_q=-\alpha_s(\mu)/\pi$。函数 $s(Q,b)$ 的表达式为

$$\begin{aligned}s(Q,b)=&\frac{A^{(1)}}{2\beta_1}\hat{q}\ln\left(\frac{\hat{q}}{\hat{b}}\right)-\frac{A^{(1)}}{2\beta_1}\left(\hat{q}-\hat{b}\right)\\&+\frac{A^{(2)}}{4\beta_1^2}\left(\frac{\hat{q}}{\hat{b}}-1\right)-\left[\frac{A^{(2)}}{4\beta_1^2}-\frac{A^{(1)}}{4\beta_1}\ln\left(\frac{e^{2\gamma_E-1}}{2}\right)\right]\ln\left(\frac{\hat{q}}{\hat{b}}\right),\\&+\frac{A^{(1)}\beta_2}{4\beta_1^3}\hat{q}\left[\frac{\ln(2\hat{q})+1}{\hat{q}}-\frac{\ln(2\hat{b})+1}{\hat{b}}\right]+\frac{A^{(1)}\beta_2}{8\beta_1^3}\left[\ln^2(2\hat{q})-\ln^2(2\hat{b})\right],\end{aligned}\tag{7.87}$$

其中变量的定义为

$$\hat{q}\equiv\ln\left[\frac{Q}{\sqrt{2}\Lambda}\right],\quad\hat{b}\equiv\ln\left[\frac{1}{b\Lambda}\right].\tag{7.88}$$

系数 $A^{(i)}$ 和 β_i 的定义为

$$\begin{aligned}A^{(1)}&=\frac{4}{3},\quad A^{(2)}=\frac{67}{9}-\frac{\pi^2}{3}-\frac{10}{27}n_f+\frac{8}{3}\beta_1\ln\left(\frac{1}{2}e^{\gamma_E}\right),\\\beta_1&=\frac{33-2n_f}{12},\quad\beta_2=\frac{153-19n_f}{24},\end{aligned}\tag{7.89}$$

其中 n_f 表示夸克味数，γ_E 是 Euler 常数。在文献 [106] 中，作者只使用了单圈结果，即函数 $s(Q,b)$ 的前 4 项 (令 $\beta_2=0$)。双圈的完整表达式见文献 [106] 的预印本。

在领头阶，$\alpha_s(\mu)$ 的演化公式为

$$\alpha_s(\mu)=\frac{\pi}{\beta_1\ln\left(\dfrac{\mu^2}{\Lambda_{QCD}^2}\right)}.\tag{7.90}$$

对式 (7.86) 中最后一项做积分可得

$$\int_{1/b_i}^{t} \frac{\mathrm{d}\mu}{\mu}\gamma_q(\alpha_s(\mu)) = \int_{1/b_i}^{t} \frac{\mathrm{d}\mu}{\mu}\cdot\frac{-1}{\beta_1 \ln\left(\dfrac{\mu^2}{\Lambda^2}\right)} = -\frac{1}{2\beta_1}\cdot\ln\left[\frac{\ln(t/\Lambda)}{-\ln(b_i\Lambda)}\right], \quad (7.91)$$

其中 β_1 已经在式 (7.89) 中给出。

如果我们把 H 函数中的 μ 取为 $\mu=\mu_F=t=\max(\sqrt{x_i}M_B, 1/b_i)$，即取为内线传播子的最大虚度，硬核 H 中不再包含大对数项。最后，B 介子两体非轻衰变的因子化公式可以形式的写成

$$\begin{aligned}\mathcal{A}\approx &\int_0^1 \mathrm{d}x_1\mathrm{d}x_2\mathrm{d}x_3 \int \mathrm{d}^2\boldsymbol{b}_1\mathrm{d}^2\boldsymbol{b}_2\mathrm{d}^2\boldsymbol{b}_3\cdot\phi(x_1,b_1)\cdot\phi(x_2,b_2)\cdot\phi(x_3,b_3)\\ &\cdot H(x_1,x_2,x_3,\boldsymbol{b}_1,\boldsymbol{b}_2,\boldsymbol{b}_3,t)\cdot\exp\left[-\sum_{i=1}^{3}S_i(t,b_i)\right]\cdot S_t(x)\,C(t),\end{aligned} \quad (7.92)$$

其中 $S_t(x)$ 表示阈值压低因子 (Sudakov 压低因子)，已经在式 (7.15) 中给出。

§7.4　$B_d^0 \to J/\psi\eta$ 衰变过程的计算

在本节，我们给出在采用 pQCD 因子化方案时，对 $B_d^0 \to J/\psi\eta$ 衰变道振幅的解析计算。

在领头阶，如图 7.8 和图 7.9 所示，两个可因子化的发射图和两个不可因子化的旁观者图均对该过程有贡献。我们首先算前两个图。由图 6.6 可以看出，$B_d^0 \to J/\psi\eta', J/\psi\pi$ 衰变与 $B_d^0 \to J/\psi K_s^0$ 衰变的费恩曼图类似，只是现在的夸克层次的跃迁变为 $\bar{b}\to\bar{d}$。

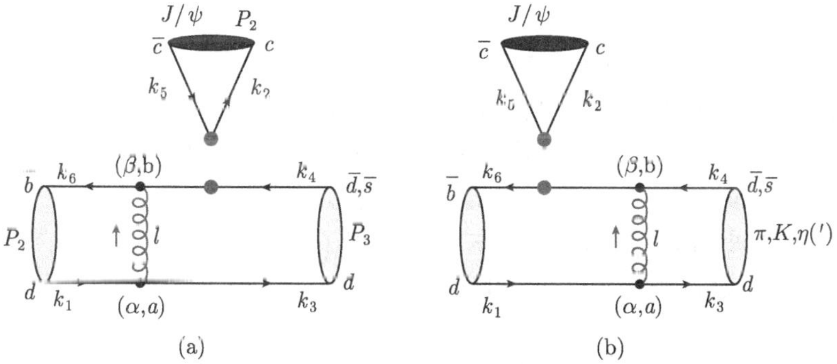

图 7.8　在 pQCD 因子化方案下，对 $B\to J/\psi P$ ($P=\pi,K,\eta,\eta'$) 衰变有主要贡献的可因子化发射图

§7.4.1　基本理论框架

使用光锥坐标系，$n=(1,0,0_T)$, $v=(0,1,0_T)$，设 J/ψ 矢量介子沿 z 轴正向运动，B 介子 (P_1) 和两个末态介子 $(J/\psi: P_2, \eta: P_3)$ 的 4 动量可以写为

$$
\begin{aligned}
P_1 &= \frac{M_B}{\sqrt{2}}(1,1,\mathbf{0}_T), \quad P_2 = \frac{M_B}{\sqrt{2}}(1-r_0^2, r_V^2, \mathbf{0}_T), \\
P_3 &= \frac{M_B}{\sqrt{2}}(r_0^2, 1-r_V^2, \mathbf{0}_T),
\end{aligned} \tag{7.93}
$$

其中 $r_V = M_{J/\psi}/M_B$，$r_0 = m_\eta/M_B$，轻介子的质量 m_η 一般被忽略。J/ψ 的纵向极化矢量取为

$$
\epsilon_L = \frac{P_V}{M_V} - \frac{M_V}{P_V\cdot v}v = \frac{M_B}{\sqrt{2}M_{J/\psi}}(1, -r_V^2, \mathbf{0}_T). \tag{7.94}
$$

如图 7.8 所示，我们取 B, J/ψ 和 η 介子的“轻”夸克的动量为

$$
\begin{aligned}
k_1 &= (x_1P_1^+, 0, \boldsymbol{k}_{1T}) = \left(x_1\frac{M_B}{\sqrt{2}}, 0, \boldsymbol{k}_{1T}\right), \\
k_2 &= x_2P_2 = (x_2P_2^+, x_2P_2^-, \boldsymbol{k}_{2T}) = \left(x_2\frac{M_B}{\sqrt{2}}, x_2r_V^2\frac{M_B}{\sqrt{2}}, \boldsymbol{k}_{2T}\right), \\
k_3 &= x_3P_3 = (0, x_3P_3^-, \boldsymbol{k}_{3T}) = \left(0, x_3(1-r_V^2)\frac{M_B}{\sqrt{2}}, \boldsymbol{k}_{3T}\right).
\end{aligned} \tag{7.95}
$$

以 $B_d^0 \to J/\psi\eta$ 衰变为例，其衰变振幅可以写为

$$
\begin{aligned}
\mathcal{A} \sim & \int dx_1 dx_2 dx_3 b_1 db_1 b_2 db_2 b_3 db_3 \\
& \cdot \mathrm{Tr}\left[C(t)\,\Phi_B(x_1,b_1)\,\Phi_{J/\psi}(x_2,b_2)\,\Phi_\eta(x_3,b_3)H(x_i,b_i,t)S_t(x_i)\,e^{-S(t)}\right],
\end{aligned} \tag{7.96}
$$

其中：(1) b_i 是与横向动量 k_{iT} 共轭的坐标变量，x_i 表示介子内部 (反) 夸克携带的动量分数。$C(t)$ 是在能标 t 处的 Wilson 系数。

(2) 函数 $H(k_1,k_2,k_3,t)$ 是“硬”的部分，在 pQCD 因子化方案下可以做微扰计算，t 表示在硬核函数 $H(x_i,b_i,t)$ 中最高的能标，$t\sim\mathcal{O}(\sqrt{\bar{\Lambda}M_B})$，$\bar{\Lambda}\equiv M_B - m_b$。

(3) Φ_M 是波函数，是描写夸克与反夸克强子化为色单态介子的函数。“硬核”函数 $H(x_i,b_i,t)$ 是过程相关的，但介子波函数 $\Phi_M(x_i,b_i)$ 与具体过程无关，由其他实验确定。

(4) 函数 $e^{-S(t)}$ 是 Sudakov 形状因子 (函数)，用来有效压低软贡献。函数 $S_t(x_i)$ 描写“阈值求和”，可以用来“smears”与 x_i 对应的端点发散，有时也称之为第二种 Sudakov 压低因子。

对 $B_d^0 \to J/\psi\eta$ 衰变，夸克层次的跃迁是：$\bar{b} \to \bar{d}c\bar{c}$。与该过程相关的低能有效哈密顿量 $\mathcal{H}$ 为

$$\mathcal{H}_{\text{eff}} = \frac{G_F}{\sqrt{2}} \left[V_{cb}^* V_{cq} \left(C_1(\mu) O_1^c(\mu) + C_2(\mu) O_2^c(\mu) \right) - V_{tb}^* V_{tq} \sum_{i=3}^{10} C_i(\mu)\, O_i(\mu) \right] , \tag{7.97}$$

对 $b \to d$ 跃迁，各个算符为

$$\begin{aligned}
O_1^c &= \bar{d}_\alpha \gamma^\mu L c_\beta \cdot \bar{c}_\beta \gamma_\mu L b_\alpha, & O_2^c &= \bar{d}_\alpha \gamma^\mu L c_\alpha \cdot \bar{c}_\beta \gamma_\mu L b_\beta \ , \\
O_3 &= \bar{d}_\alpha \gamma^\mu L b_\alpha \cdot \sum_{q'} \bar{q}'_\beta \gamma_\mu L q'_\beta \ , & O_4 &= \bar{d}_\alpha \gamma^\mu L b_\beta \cdot \sum_{q'} \bar{q}'_\beta \gamma_\mu L q'_\alpha \ , \\
O_5 &= \bar{d}_\alpha \gamma^\mu L b_\alpha \cdot \sum_{q'} \bar{q}'_\beta \gamma_\mu R q'_\beta & O_6 &= \bar{d}_\alpha \gamma^\mu L b_\beta \cdot \sum_{q'} \bar{q}'_\beta \gamma_\mu R q'_\alpha \ , \\
O_7 &= \frac{3}{2} \bar{d}_\alpha \gamma^\mu L b_\alpha \cdot \sum_{q'} e_{q'} \bar{q}'_\beta \gamma_\mu R q'_\beta & O_8 &= \frac{3}{2} \bar{d}_\alpha \gamma^\mu L b_\beta \cdot \sum_{q'} e_{q'} \bar{q}'_\beta \gamma_\mu R q'_\alpha, \\
O_9 &= \frac{3}{2} \bar{d}_\alpha \gamma^\mu L b_\alpha \cdot \sum_{q'} e_{q'} \bar{q}'_\beta \gamma_\mu L q'_\beta \ , & O_{10} &= \frac{3}{2} \bar{d}_\alpha \gamma^\mu L b_\beta \cdot \sum_{q'} e_{q'} \bar{q}'_\beta \gamma_\mu L q'_\alpha \ ,
\end{aligned} \tag{7.98}$$

其中 α 和 β 是 $SU(3)_c$ 色指标；$L, R = (1 \mp \gamma_5)$。在 10 个四费米算符中，$O_{1,2}, O_{3,4,9,10}$ 是 $(V-A) \otimes (V-A)$ 类型的算符，$O_{5,6,7,8}$ 是 $(V-A) \otimes (V+A)$ 类型的算符。

对于 B 介子和 $\pi, K, \eta^{(\prime)}$ 介子，我们使用前面已经给出的波函数。对 J/ψ 介子，其波函数的纵向分量目前取为[121]

$$\phi_{J/\psi}(x) = \frac{1}{\sqrt{2N_c}} \left\{ m_{J/\psi} \not{\epsilon}_L \Psi^L(x) + \not{\epsilon}_L \not{p} \Psi^t(x) \right\} , \tag{7.99}$$

其中，Ψ^L 表示纵向“twist 2”分布振幅 (领头阶贡献)，Ψ^t 表示“twist-3”张量分布振幅。x 表示在 $J/\psi = \bar{c}c$ 介子中“c”夸克携带的动量分数。J/ψ 介子的渐进自由的分布振幅已经在式 (7.27) 中给出。由于因子 $[x(1-x)]^{0.7}$ 的存在，在端点 $x = (0,1)$ 处，“twist-2”和“twist-3”的分布振幅均为零。

§7.4.2 费恩曼图的解析计算

如图 7.8 所示，由于 η 介子的动量 p_3 的方向已经取为 $v - (0,1,0)$ 方向，$\eta = \bar{d}d$ 介子的“d”夸克的动量分数取为 x_3，所以有 $\zeta = +1$，并把 η 介子的波函数写为

$$\Phi_\eta(P, x, \zeta) \equiv \frac{i}{\sqrt{2N_C}} \gamma_5 \left[\not{p}_3 \phi_\eta^A(x) + m_0^\eta \phi_\eta^P(x) + m_0^\eta (\not{v}\not{n} - 1) \phi_\eta^T(x) \right] . \tag{7.100}$$

首先考虑可因子化图 7.8(a). 先把 $\mathcal{H}_{\text{eff}}$ 表达式中的 C_i 和 CKM 矩阵因子抽出

来，即只考虑强子矩阵元 $\frac{G_F}{\sqrt{2}} < J/\psi\eta|O_i|B_d^0 >$ 部分，那么有

$$\begin{aligned}
< a >_{V-A} = & -\frac{G_F}{\sqrt{2}} \operatorname{Tr}\left\{ ig_s\gamma^\alpha T^a \cdot \frac{i}{\sqrt{2N_C}} (\not{p}_1 + m_B)\gamma_5\phi_B \cdot ig_s\gamma^\beta T^b \cdot \frac{-ig_{\alpha\beta}\delta_{ab}}{l^2} \right. \\
& \cdot \frac{i(-\not{p}_b + m_B)}{p_b^2 - m_B^2} \cdot \gamma_\mu(1-\gamma_5) \cdot \frac{i}{\sqrt{2\boldsymbol{N_C}}}\gamma_5 \left[\not{\boldsymbol{p}}_3\phi_\eta^{\boldsymbol{A}} + \boldsymbol{m}_0^\eta\phi_\eta^{\boldsymbol{P}} + m_0^\eta(\not{\boldsymbol{v}}\not{\boldsymbol{n}} - 1)\phi_\eta^{\boldsymbol{T}}\right] \\
& \left. \cdot < J/\psi|(\bar{c}c)_{V-A}|0 > \right\} \\
= & -\sqrt{2}G_F\pi C_F f_{J/\psi} m_{J/\psi}\alpha_s \cdot \frac{\phi_B}{l^2(p_b^2 - m_B^2)} \cdot \operatorname{Tr}\{\cdots\},
\end{aligned} \tag{7.101}$$

其中

$$< J/\psi|(\bar{c}c)_{V-A}|0 > = f_{J/\psi} m_{J/\psi}\epsilon_\mu^*. \tag{7.102}$$

胶子传播子和反夸克 $\bar{b}$ 的动量及其模方为

$$\begin{aligned}
l &= k_1 - k_3 = \left(x_1\frac{M_B}{\sqrt{2}}, -x_3(1-r_V^2)\frac{M_B}{\sqrt{2}}, \boldsymbol{k}_{1\perp} - \boldsymbol{k}_{3\perp}\right) \\
p_b &= -p_{\bar{b}} = P_1 - k_3 = \left(\frac{M_B}{\sqrt{2}}, 1 - x_3(1-r_V^2)\frac{M_B}{\sqrt{2}}, -\boldsymbol{k}_{3\perp}\right),
\end{aligned}$$

$$l^2 = -\left[x_1x_3(1-r_V^2)M_B^2 + |\boldsymbol{k}_{1T} - \boldsymbol{k}_{3T}|^2\right], \tag{7.103}$$

$$p_{\bar{b}}^2 = M_B^2\left[1 - x_3(1-r_V^2)\right] - |\boldsymbol{k}_{3\perp}|^2. \tag{7.104}$$

在解析计算中，要用到根据式 (7.93)~(7.95) **得到的下面的关系式：**

$$\begin{aligned}
& p_1\cdot p_2 = \frac{M_B^2}{2}\left(1+r_V^2\right), && p_1\cdot p_3 = p_2\cdot p_3 = \frac{M_B^2}{2}\left(1-r_V^2\right), \\
& p_1\cdot\epsilon_2 = p_3\cdot\epsilon_2 = \frac{M_B^2}{2M_V}\left(1-r_V^2\right), && p_2\cdot\epsilon_2 = 0, \\
& p_1\cdot p_{\bar{b}} = -\frac{M_B^2}{2}\left(2 - x_3 + x_3r_V^2\right), && p_2\cdot p_{\bar{b}} = -\frac{M_B^2}{2}\left(1 - x_3 + (1+x_3)r_V^2\right), \\
& p_3\cdot p_{\bar{b}} = -\frac{M_B^2}{2}\left(1-r_V^2\right), && p_{\bar{b}}\cdot\epsilon_2 = -\frac{M_B^2}{2M_V}(1-x_3)\left(1-r_V^2\right) \\
& p_1\cdot n = p_1\cdot v = \frac{M_B}{\sqrt{2}}, && \\
& p_{\bar{b}}\cdot n = -\frac{M_B}{\sqrt{2}}\left(1 - x_3 + x_3r_V^2\right), && p_{\bar{b}}\cdot v = -\frac{M_B}{\sqrt{2}}, \\
& \epsilon_2\cdot n = -\frac{M_B}{\sqrt{2}M_V}r_V^2, && \epsilon_2\cdot v = \frac{M_B}{\sqrt{2}M_V}.
\end{aligned} \tag{7.105}$$

求 Trace 的结果为

$$\begin{aligned}
\operatorname{Tr}\{\cdots\} = \operatorname{Tr}&\{\gamma^\alpha(\not{p}_1 + M_B)\gamma_5\,\gamma_\alpha\,(-\not{p}_b + M_B)\,\not{\epsilon}_2^*(1-\gamma_5)\,\gamma_5 \\
&\cdot\left[\not{p}_3\phi_\eta^A + m_0^\eta\phi_\eta^P + m_0^\eta(\not{v}\not{n} - 1)\phi_\eta^T\right]\}
\end{aligned}$$

$$
\begin{aligned}
&=\frac{4}{m_{J/\psi}}\left\{\left(m_B^2-m_{J/\psi}^2\right)\left[\left((1+x_3)m_B^2-x_3m_{J/\psi}^2\right)\phi_\eta^A+m_Bm_0^\eta(1-2x_3)\phi_\eta^P\right]\right.\\
&\quad\left.+m_Bm_0^\eta\left[(1-2x_3)m_B^2+(1+2x_3)m_{J/\psi}^2\right]\phi_\eta^T\right\}\\
&=\frac{4m_B^4}{m_{J/\psi}}\left\{(1-r_V^2)\left[\left(1+x_3-x_3r_V^2\right)\phi_\eta^A+r_0(1-2x_3)\phi_\eta^P\right]\right.\\
&\quad\left.+r_0\left[1-2x_3+(1+2x_3)r_V^2\right]\cdot\phi_\eta^T\right\}
\end{aligned}
\tag{7.106}
$$

其中 $r_V=m_{J/\psi}/m_B$，$r_0=m_0^\eta/m_B$。

把 Trace 的表达式代回式 (7.101) 可得

$$
\begin{aligned}
<a>_{V-A}=&-4\sqrt{2}G_F\pi C_Ff_{J/\psi}\alpha_sm_B^4\phi_B\cdot\frac{1}{l^2(p_b^2-m_B^2)}\\
&\cdot\left\{(1-r_V^2)\left[\left(1+x_3-x_3r_V^2\right)\phi_\eta^A+r_0(1-2x_3)\phi_\eta^P\right]\right.\\
&\left.+r_0\left[1-2x_3+(1+2x_3)r_V^2\right]\cdot\phi_\eta^T\right\}
\end{aligned}
\tag{7.107}
$$

其中分母中 l^2 的表达式见式 (7.103)，另一项为

$$
p_b^2-M_B^2=-\left[x_3(1-r_V^2)M_B^2+|\boldsymbol{k}_{3T}|^2\right]. \tag{7.108}
$$

同理，考虑可因子化图 7.8(b) 得：

$$
\begin{aligned}
<b>_{V-A}=&-\frac{G_F}{\sqrt{2}}\operatorname{Tr}\left\{ig_s\gamma^\alpha T^a\cdot\frac{i}{\sqrt{2N_C}}(\not p_1+m_B)\gamma_5\phi_B\cdot\gamma_\mu(1-\gamma_5)\cdot\frac{-i\not p_d}{p_d^2}\right.\\
&\cdot ig_s\gamma^\beta T^b\cdot\frac{-ig_{\alpha\beta}\delta_{ab}}{l^2}\cdot\frac{i}{\sqrt{2N_C}}\gamma_5\left[\not p_3\phi_\eta^A+m_0^\eta\phi_\eta^P+m_0^\eta(\not n\not v-1)\phi_\eta^T\right]\\
&\left.\cdot<J/\psi|(\bar cc)_{V-A}|0>\right\}\\
=&-\sqrt{2}\pi G_FC_Ff_{J/\psi}m_{J/\psi}\alpha_s\cdot\frac{\phi_B}{l^2p_d^2}\cdot\operatorname{Tr}\{\cdots\},
\end{aligned}
\tag{7.109}
$$

其中 l^2 的表达式见式 (7.103)，第二个传播子为

$$
\begin{aligned}
p_d=&P_3-k_1=\frac{M_B}{\sqrt{2}}\left(-x_1,1-r_V^2,-\boldsymbol{k}_{1T}\right),\\
p_d^2=&M_B^2\left[-x_1(1-r_V^2)\right]-|\boldsymbol{k}_{1T}|^2.
\end{aligned}
\tag{7.110}
$$

另外几个关系式为

$$
\begin{aligned}
p_d\cdot p_1=&-\frac{M_B^2}{2}\left(x_1-(1-r_V^2)\right),\\
p_d\cdot p_3=&-\frac{M_B^2}{2}x_1\left(1-r_V^2\right),\\
p_d\cdot\epsilon_2=&+\frac{M_B^2}{2M_V}\left(1-(1-x_1)r_V^2\right).
\end{aligned}
\tag{7.111}
$$

经解析计算可得

$$\mathrm{Tr}\{\cdots\}=\frac{4m_B^4}{m_{J/\psi}}\left\{-(1-r_V^2)x_1r_V^2\,\phi_\eta^A+2r_0\left[1-(1-x_1)r_V^2\right]\cdot\phi_\eta^P\right\}. \quad (7.112)$$

然后有

$$\begin{aligned}<b>_{V-A}=&-4\sqrt{2}\pi G_FC_Ff_{J/\psi}\alpha_s\cdot\frac{m_B^4\phi_B}{l^2p_d^2}\\&\cdot\left\{-(1-r_V^2)x_1r_V^2\,\phi_\eta^A+2r_0\left[1-(1-x_1)r_V^2\right]\cdot\phi_\eta^P\right\}. \quad (7.113)\end{aligned}$$

我们现在考虑 Sudakov **压低因子和对分母部分的** Fourier **变换**。首先，对图 7.8 中的两个费恩曼图，有关的波函数为 B 介子波函数 $\phi_B(x_1)$ 和 η 介子波函数 $\phi_\eta(x_3)$。根据在 §7.3 节的讨论，对应的 Sudakov 压低因子为

$$\begin{aligned}S_{ab}(t)=&S_1(x_1,b_1)+S_3(x_3,b_3)\\=&s(x_1M_B/\sqrt{2},b_1)+s(x_3M_B/\sqrt{2},b_3)+s((1-x_3)M_B/\sqrt{2},b_3)\\&-\frac{5}{6\beta_1}\ln\left[\frac{\ln[t/\Lambda]}{\ln[\Lambda b_1]}\right]-\frac{1}{\beta_1}\ln\left[\frac{\ln[t/\Lambda]}{\ln[\Lambda b_3]}\right] \quad (7.114)\end{aligned}$$

另外一个反映阈值效应的 Sudakov 压低因子 $S_t(x_i)$ 已经在上节给出。在振幅中出现的 $\alpha_s(\mu)$ 中的能标 μ 取为费恩曼图中的胶子传播子和夸克传播子的最大动量。

对图 7.8(a) 中的两个传播子做傅里叶变换：

$$\begin{aligned}H_e(x_1,x_3,b_1,b_3)=&\int \mathrm{d}^2b_1\,\mathrm{d}^2b_3\int\frac{\mathrm{d}^2k_{1T}}{(2\pi)^2}\frac{d^2k_{3T}}{(2\pi)^2}\cdot e^{-i(\boldsymbol{k}_{1T}\cdot\boldsymbol{b}_1+\boldsymbol{k}_{3T}\cdot\boldsymbol{b}_3)}\cdot\frac{1}{l^2}\cdot\frac{1}{p_{\bar b}^2-M_B^2}\\=&\int \mathrm{d}^2b_1\,\mathrm{d}^2b_3\int\frac{\mathrm{d}^2k_{1T}}{(2\pi)^2}\frac{\mathrm{d}^2k_{3T}}{(2\pi)^2}\cdot e^{-i(\boldsymbol{k}_{1T}\cdot\boldsymbol{b}_1+\boldsymbol{k}_{3T}\cdot\boldsymbol{b}_3)}\\&\cdot\frac{-1}{x_1x_3(1-r_V^2)M_B^2+|\boldsymbol{k}_{1T}-\boldsymbol{k}_{3T}|^2}\cdot\frac{-1}{x_3(1-r_V^2)M_B^2+|\boldsymbol{k}_{3T}|^2}. \quad (7.115)\end{aligned}$$

其中已经用到前面给出的 $l^2,p_{\bar b}^2$ 的表达式。

根据附录 B 中式 (B.3.47) 可得

$$H_e(x_1,x_3,b_1,b_3)=\int b_1\mathrm{d}b_1\,b_3\mathrm{d}b_3\cdot h_e(x_1,x_3,b_1,b_3), \quad (7.116)$$

$$\begin{aligned}h_e(x_1,x_3,b_1,b_3)=&K_0(\beta b_1)\cdot[\theta(b_1-b_3)I_0(\alpha b_3)K_0(\alpha b_1)\\&+\theta(b_3-b_1)I_0(\alpha b_1)K_0(\alpha b_3)]. \quad (7.117)\end{aligned}$$

其中 $\alpha=\sqrt{x_3(1-r_V^2)}M_B,\beta=\sqrt{x_1x_3(1-r_V^2)}M_B$。

考虑图 7.8(b) **中的两个传播子**。显然，在做 $x_1\to x_3$ 的互换后，图 7.8(b) 的传播子和图 7.8(a) 的传播子的形式相同，其傅里叶变换后的结果当然相同，所以有

$$h_e^b(x_1,x_3,b_1,b_3)=h_e(x_3,x_1,b_3,b_1) \quad (7.118)$$

即把式 (7.117) 所给的 h_e 函数中变量 x_i 和 b_i 的下角标 $(1,3)$ 互换。

综上所述，这两个可因子化的图 7.8(a) 和图 7.8(b) 的总贡献为

$$
\begin{aligned}
F_{e\eta} = & -4\sqrt{2}\pi G_F C_F m_B^4 \int_0^1 \mathrm{d}x_1 \mathrm{d}x_3 \int_0^\infty b_1 \mathrm{d}b_1 b_3 \mathrm{d}b_3\, \phi_B(x_1, b_1) \\
& \cdot \left\{ \left\{ (1-r^2) \left[(1 + x_3(1-r^2)) \phi_\eta^A(x_3, b_3) + r_0(1-2x_3)\, \phi_\eta^P(x_3, b_3) \right] \right.\right. \\
& \left. + r_0 \left[(1-2x_3) + r^2(1+2x_3) \right] \phi_\eta^T(x_3, b_3) \right\} \cdot E_a(t_a) \\
& \left. + \left\{ 2r_0 \left[1 - (1-x_1) r^2 \right] \phi_\eta^P(x_3, b_3) - x_1 r^2 (1-r^2) \phi_\eta^A(x_3, b_3) \right\} \cdot E_b(t_b) \right\}, \quad (7.119)
\end{aligned}
$$

其中 $C_F = 4/3$，

$$
\begin{aligned}
E_a(t_a) &= \alpha_s(t_a) \cdot h_e(x_1, x_3, b_1, b_3) \cdot \exp[-S_{ab}(t_a)] \cdot S_t(x_3), \\
E_b(t_b) &= \alpha_s(t_b) \cdot h_e(x_3, x_1, b_3, b_1) \cdot \exp[-S_{ab}(t_b)] \cdot S_t(x_3), \quad (7.120)
\end{aligned}
$$

函数 $h_e(x_1, x_3, b_1, b_3)$，能标 t_e^i 和 Sudakov 压低因子 $S_{ab}, S_t(x)$ 由下式给出：

$$
\begin{aligned}
h_e(x_1, x_3, b_1, b_3) = & K_0\left(\sqrt{x_1 x_3 (1-r^2)} m_B b_1 \right) \\
& \cdot \left\{ \theta(b_1 - b_3) K_0\left(\sqrt{x_3(1-r^2)} m_B b_1 \right) \cdot I_0\left(\sqrt{x_3(1-r^2)} m_B b_3 \right) \right. \\
& \left. + \theta(b_3 - b_1) K_0\left(\sqrt{x_3(1-r^2)} m_B b_3 \right) \cdot I_0\left(\sqrt{x_3(1-r^2)} m_B b_1 \right) \right\}, \quad (7.121)
\end{aligned}
$$

$$
\begin{aligned}
t_a &= \max(\sqrt{x_3(1-r^2)} M_B, 1/b_1, 1/b_3), \\
t_b &= \max(\sqrt{x_1(1-r^2)} M_B, 1/b_1, 1/b_3), \quad (7.122)
\end{aligned}
$$

$$
S_t(x) = \frac{2^{1.6}\, \Gamma(3/2 + 0.3)}{\sqrt{\pi}\, \Gamma(1.3)} [x(1-x)]^{0.3}, \quad (7.123)
$$

其中 J_0 是 Bessel 函数，K_0 和 I_0 是修正的 Bessel 函数，并且有 $K_0(-ix) = -(\pi/2)Y_0(x) + i(\pi/2)J_0(x)$。为了降低大对数辐射修正项的影响，我们取费恩曼图 (a) 和 (b) 中出现的最大能量标度为 t_a 和 t_b 的值。

现在考虑图 7.9 所示的两个不可因子化的旁观者图的贡献。

$$
\begin{aligned}
< C >_{V-A} = & -\frac{G_F}{\sqrt{2}} \mathrm{Tr} \left\{ i g_s \gamma^\alpha T^a \cdot \frac{i}{\sqrt{6}} (\not p_1 + m_B) \gamma_5 \phi_B(x_1) \cdot \gamma_\mu (1-\gamma_5) \cdot \frac{i(\not p_c + m_c)}{p_{\bar c}^2 - m_c^2} \right. \\
& \cdot i g_s \gamma^\beta T^b \cdot \frac{-i g_{\alpha\beta} \delta_{ab}}{l^2} \cdot \frac{1}{\sqrt{6}} \left[\not\epsilon_2 \not p_2 \phi_V^T + m_V\, \not\epsilon_2 \phi_V^L(x_2) \right] \gamma_\mu (1-\gamma_5) \\
& \left. \frac{i}{\sqrt{6}} \gamma_5 \left[\not p_3 \phi_\eta^A(x_3) + m_0^\eta \phi_\eta^P(x_3) + m_0^\eta (\not v \not n - 1) \phi_\eta^T(x_3) \right] \right\} \\
= & -\frac{C_F}{\sqrt{3}} \pi C_F \alpha_s \frac{\phi_B(x_1)}{l^2 (p_{\bar c}^2 - m_c^2)} \cdot \mathrm{Tr}\{\cdots\}, \quad (7.124)
\end{aligned}
$$

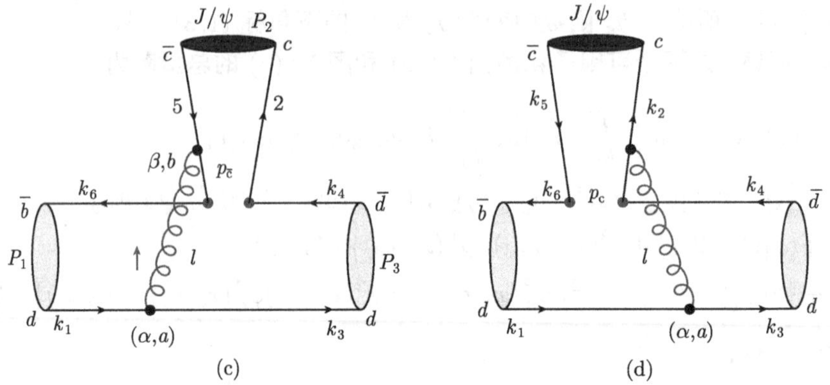

图 7.9 在 pQCD 因子化方案下, 对 $B \to J/\psi P$ $(P = \pi, K, \eta, \eta')$ 衰变过程有贡献的不可因子化旁观者图

其中求迹部分为

$$\begin{aligned}
\mathrm{Tr}\{\cdots\} =& \mathrm{Tr}\{\gamma^\alpha (\not p_1 + m_B)\gamma_5\, \gamma_\mu(1-\gamma_5)\cdot(-\not p_{\bar c} + m_c)\,\gamma^\alpha \cdot \not\epsilon_2 \not p_2 \cdot \gamma_\mu(1-\gamma_5)\gamma_5 \\
&\cdot \left[\not p_3 \phi_\eta^A(x_3) + m_0^\eta \phi_\eta^P(x_3) + m_0^\eta(\not v\not n - 1)\phi_\eta^T(x_3)\right]\} \cdot \phi_V^T \\
&+ \mathrm{Tr}\{\gamma^\alpha (\not p_1 + m_B)\gamma_5\, \gamma_\mu(1-\gamma_5)\cdot(-\not p_{\bar c} + m_c)\,\gamma^\alpha \cdot \not\epsilon_2 \cdot \gamma_\mu(1-\gamma_5)\gamma_5 \\
&\cdot \left[\not p_3 \phi_\eta^A(x_3) + m_0^\eta \phi_\eta^P(x_3) + m_0^\eta(\not v\not n - 1)\phi_\eta^T(x_3)\right]\} \cdot m_V \phi_V^L \\
=& 2m_c\, \mathrm{Tr}\{\gamma_5 \gamma^\alpha (\not p_1 - m_B)\ \gamma_\mu \cdot \gamma^\alpha \cdot \not\epsilon_2 \not p_2 \cdot \gamma_\mu(1-\gamma_5)\gamma_5 \\
&\cdot \left[\not p_3 \phi_\eta^A(x_3) + m_0^\eta \phi_\eta^P(x_3) + m_0^\eta(\not v\not n - 1)\phi_\eta^T(x_3)\right]\} \cdot \phi_V^T \\
&-2\, \mathrm{Tr}\{\gamma_5\, \gamma^\alpha (\not p_1 - m_B)\ \gamma_\mu\, \not p_{\bar c}\, \gamma^\alpha \cdot \not\epsilon_2 \cdot \gamma_\mu(1-\gamma_5)\gamma_5 \\
&\cdot \left[\not p_3 \phi_\eta^A(x_3) + m_0^\eta \phi_\eta^P(x_3) + m_0^\eta(\not v\not n - 1)\phi_\eta^T(x_3)\right]\} \cdot m_V \phi_V^L
\end{aligned} \tag{7.125}$$

图 7.9(c) 中的动量 $p_{\bar c}$ 表示图 (c) 中 $\bar c$ 夸克的动量，方向向外：即 $l + p_{\bar c} = p_2 - k_2$。在做 Trace 解析计算时用到的关系式为

$$\begin{aligned}
p_{\bar c} &= p_2 - k_2 - l = \frac{M_B}{\sqrt{2}}\left(1 - x_1 - x_2, (1-x_2) r_V^2 + x_3(1 - r_V^2), -\boldsymbol{k}_{1T} - \boldsymbol{k}_{2T} + \boldsymbol{k}_{3T}\right), \\
p_{\bar c} \cdot p_2 &= \frac{M_B^2}{2}\left(x_3(1-r_V^2) + (1 - x_1 - x_3) r_V^2 + (1-x_2) r_V^2\right), \\
p_{\bar c} \cdot p_3 &= \frac{M_B^2}{2}(1 - x_1 - x_2)\left(1 - r_V^2\right), \\
p_{\bar c} \cdot \epsilon_2 &= \frac{M_B^2}{2M_V}\left(x_3(1-r_V^2) + x_1 r_V^2\right), \\
p_{\bar c} \cdot n &= \frac{M_B}{\sqrt{2}}\left[x_3(1-r_V^2) + (1-x_2) r_V^2\right], \quad p_{\bar c} \cdot v = \frac{M_B}{\sqrt{2}}(1 - x_1 - x_2).
\end{aligned} \tag{7.126}$$

式 (7.125) 中的第一个 Trace 的计算结果为

$$A = -16r_c\, r_V\, M_B^4 \left(1-r_V^2\right) \phi_\eta^A\, \phi_V^T. \tag{7.127}$$

另一个 Trace 的计算结果为

$$\begin{aligned} B = & -16M_B^4 \cdot \left[(1-x_1-x_2)(1-r_V^2)^2\phi_\eta^A - r_0 x_3(1-r_V^2)\left(\phi_\eta^P - \phi_\eta^T\right)\right. \\ & \left. -r_0 r_V^2 x_1\left(\phi_\eta^P + \phi_\eta^T\right) + 2(1-x_2)\, r_0\, r_V^2\, \phi_\eta^T\right] \cdot \phi_V^L. \end{aligned} \tag{7.128}$$

总的结果是

$$\begin{aligned} \mathrm{Tr}\{\cdots\} = & -16M_B^4\left\{r_c\, r_V\, \left(1-r_V^2\right)\phi_\eta^A\, \phi_V^T + (1-x_1-x_2)(1-r_V^2)^2\phi_\eta^A\phi_V^L\right. \\ & -r_0\left[x_3(1-r_V^2)+x_1 r_V^2\right]\, \phi_\eta^P\phi_V^L \\ & \left. +\left[(2-x_1-2x_2-x_3)r_V^2+x_3\right]\, r_0\phi_\eta^T\, \phi_V^L\right\}. \end{aligned} \tag{7.129}$$

代入式 (7.124) 可得

$$\begin{aligned} < c >_{V-A} = & \frac{16}{\sqrt{3}}\,\pi\, G_F\, C_F\, \alpha_s\, M_B^4\, \frac{\phi_B(x_1)}{l^2(p_{\bar{c}}^2-m_c^2)} \cdot \left\{r_c\, r_V\, \left(1-r_V^2\right)\phi_\eta^A(x_3)\, \phi_V^T(x_2)\right. \\ & +(1-x_1-x_2)(1-r_V^2)^2\phi_\eta^A\phi_V^L(x_2) - r_0\left[x_3(1-r_V^2)+x_1 r_V^2\right]\phi_\eta^P\, \phi_V^L(x_2) \\ & \left. +\left[(2-x_1-2x_2-x_3)r_V^2+x_3\right]\, r_0\, \phi_\eta^T\phi_V^L(x_2)\right\}. \end{aligned} \tag{7.130}$$

其中

$$p_{\bar{c}}^2 = M_B^2(1-x_1-x_2)\left[x_3(1-r_V^2)+(1-x_2)r_V^2\right] - |\boldsymbol{k}_{1T}-\boldsymbol{k}_{2T}+\boldsymbol{k}_{3T}|^2. \tag{7.131}$$

J/ψ 的波函数 $\phi_V^{L,T}(x_2)$ 对于 $x_2 \to 1-x_2$ 的变换是对称的。对式 (7.130) 的结果做 $x_2 \to 1-x_2$ 的变换，可以使图 7.9(c) 中的 $\bar{c}$ 夸克的传播子 $1/(p_{\bar{c}}^2-m_c^2)$ 和图 7.9(d) 中的 c 夸克的传播子 $1/(p_c^2-m_c^2)$ 在形式上一样：

$$\frac{1}{p_{\bar{c}}^2-m_c^2} = \frac{1}{p_c^2-m_c^2} - \frac{-1}{\left\{(x_1-x_2)\left[x_2 r_V^2+x_3(1-r_V^2)\right]+r_c^2\right\}M_B^2+|\boldsymbol{k}_{c\mathrm{T}}|^2}. \tag{7.132}$$

其中 $\boldsymbol{k}_{cT} = -\boldsymbol{k}_{1T}+\boldsymbol{k}_{2T}+\boldsymbol{k}_{3T}$。

这样，式 (7.130) 可以写为

$$\begin{aligned} < c > = & \frac{16}{\sqrt{3}}\,\pi\, G_F\, C_F\, \alpha_s\, M_B^4\, \frac{\psi_B(x_1)}{l^2(p_{\bar{c}}^2-m_c^2)} \cdot \left\{r_c\, r_V\, \left(1-r_V^2\right)\phi_\eta^A(x_3)\, \phi_V^T(x_2)\right. \\ & +(x_2-x_1)(1-r_V^2)^2\phi_\eta^A(x_3)\phi_V^L(x_2) - r_0\left[x_3(1-r_V^2)+x_1 r_V^2\right]\phi_\eta^P(x_3)\phi_V^L(x_2) \\ & \left. +\left[(2x_2-x_1-x_3)r_V^2+x_3\right]\, r_0\phi_\eta^T(x_3)\phi_V^L(x_2)\right\} \end{aligned} \tag{7.133}$$

由于 $x_1 \ll x_{2,3}$, 在上式分子中的 x_1 可以忽略。

现在计算图 7.9(d) **的贡献。**

$$
\begin{aligned}
<d>_{V-A} = & -\frac{G_F}{\sqrt{2}} Tr\left\{ ig_s\gamma^\alpha T^a \cdot \frac{i}{\sqrt{6}}(\not{p}_1 + m_B)\gamma_5\phi_B(x_1)\ \cdot\gamma_\mu(1-\gamma_5)\right.\\
& \cdot\frac{1}{\sqrt{6}}\left[\not{\epsilon}_2\not{p}_2\phi_V^T + m_V\ \not{\epsilon}_2\phi_V^L(x_2)\right]\cdot ig_s\gamma^\beta T^b\frac{i(\not{p}_c+m_c)}{p_c^2-m_c^2}\cdot\frac{-ig_{\alpha\beta}\delta_{ab}}{l^2}\\
& \left.\cdot\gamma_\mu(1-\gamma_5)\cdot\frac{i}{\sqrt{6}}\gamma_5\left[\not{p}_3\phi_\eta^A(x_3)+m_0^\eta\phi_\eta^P(x_3)+m_0^\eta(\not{v}\not{n}-1)\phi_\eta^T(x_3)\right]\right\}\\
= & -\frac{G_F}{\sqrt{3}}\pi C_F\alpha_s\ \frac{\phi_B(x_1)}{l^2(p_c^2-m_c^2)}\cdot \mathrm{Tr}\left\{\cdots\right\},
\end{aligned}
\tag{7.134}
$$

其中求 Trace 部分的结果为

$$
\begin{aligned}
\mathrm{Tr}\{\cdots\} = & \mathrm{Tr}\left\{\gamma^\alpha(\not{p}_1+m_B)\gamma_5\ \gamma_\mu(1-\gamma_5)\cdot\left[\not{\epsilon}_2\not{p}_2\phi_V^T + M_V\ \not{\epsilon}_2\phi_V^L\right]\right.\\
& \left.\cdot\gamma^\alpha(\not{p}_c+m_c)\cdot\gamma_\mu(1-\gamma_5)\gamma_5\cdot\left[\not{p}_3\phi_\eta^A(x_3)+m_0^\eta\phi_\eta^P(x_3)+m_0^\eta(\not{v}\not{n}-1)\phi_\eta^T(x_3)\right]\right\}\\
= & \phi_V^T(x_2)\cdot\mathrm{Tr}\left\{\gamma^\alpha(\not{p}_1+m_B)\gamma_5\ \gamma_\mu(1-\gamma_5)\cdot\ \not{\epsilon}_2\not{p}_2\cdot\gamma^\alpha(\not{p}_c+m_c)\cdot\gamma_\mu(1-\gamma_5)\gamma_5\right.\\
& \left.\cdot\left[\not{p}_3\phi_\eta^A(x_3)+m_0^\eta\phi_\eta^P(x_3)+m_0^\eta(\not{v}\not{n}-1)\phi_\eta^T(x_3)\right]\right\}\\
& + m_V\phi_V^L(x_2)\cdot\mathrm{Tr}\left\{\gamma^\alpha(\not{p}_1+m_B)\gamma_5\ \gamma_\mu(1-\gamma_5)\cdot\not{\epsilon}_2\cdot\gamma^\alpha(\not{p}_c+m_c)\cdot\gamma_\mu(1-\gamma_5)\gamma_5\right.\\
& \left.\cdot\left[\not{p}_3\phi_\eta^A(x_3)+m_0^\eta\phi_\eta^P(x_3)+m_0^\eta(\not{v}\not{n}-1)\phi_\eta^T(x_3)\right]\right\}.
\end{aligned}
\tag{7.135}
$$

这里的 c 夸克的动量为

$$
\begin{aligned}
p_c = & k_2 - l = k_2 - k_1 + k_3 = \frac{M_B}{\sqrt{2}}\left(x_2 - x_1, x_2r_V^2 + x_3(1-r_V^2), \boldsymbol{k}_{c\perp}\right),\\
p_c^2 = & (x_2-x_1)\left[x_2r_V^2+x_3(1-r_V^2)\right]M_B^2 - |\boldsymbol{k}_{c\perp}|^2.
\end{aligned}
\tag{7.136}
$$

做式 (7.135) **中的第一个** Trace。

$$
\begin{aligned}
A = & 2m_c\phi_V^T\cdot\mathrm{Tr}\left\{\gamma_5\gamma^\alpha(\not{p}_1-m_B)\ \gamma_\mu\cdot\ \not{\epsilon}_2\not{p}_2\gamma^\alpha\gamma_\mu(1-\gamma_5)\gamma_5\cdot[\cdots]\right\}\\
= & -4m_c\phi_V^T\cdot\mathrm{Tr}\left\{\gamma_5\gamma^\alpha(\not{p}_1-m_B)\gamma_\alpha\not{p}_2\ \not{\epsilon}_2(1-\gamma_5)\gamma_5\cdot[\cdots]\right\}\\
= & 8m_c\phi_V^T\cdot\mathrm{Tr}\left\{\gamma_5(\not{p}_1+2m_B)\not{p}_2\ \not{\epsilon}_2\cdot(1-\gamma_5)\gamma_5\cdot[\cdots]\right\}\\
= & 8m_c\phi_V^T\cdot\mathrm{Tr}\left\{(-\not{p}_1+2m_B)\not{p}_2\ \not{\epsilon}_2\cdot(1-\gamma_5)\right.\\
& \left.\cdot\left[\not{p}_3\phi_\eta^A+m_0^\eta\phi_\eta^P+m_0^\eta(\not{v}\not{n}-1)\phi_\eta^T\right]\right\}.
\end{aligned}
\tag{7.137}
$$

分别计算上式中的三项，可得：

$$
\begin{aligned}
A_1 = & 8m_c\phi_\eta^A\phi_V^T\cdot\mathrm{Tr}\left\{(-\not{p}_1+2m_B)\not{p}_2\ \not{\epsilon}_2\not{p}_3\cdot(1+\gamma_5)\right\}\\
= & -16r_cr_V(1-r_V^2)M_B^4\cdot\phi_\eta^A(x_3)\phi_V^T(x_2).
\end{aligned}
\tag{7.138}
$$

$$\begin{aligned}A_2 &= 8m_c m_0 \phi_\eta^P \phi_V^T \cdot \mathrm{Tr}\left[(-\not{p}_1 + 2m_B)\not{p}_2\ \not{\epsilon}_2 \cdot (1-\gamma_5)\right] \\ &= 0.\end{aligned} \tag{7.139}$$

$$\begin{aligned}A_3 &= 8m_c m_0 \phi_\eta^T \phi_V^T \cdot \mathrm{Tr}\left\{(-\not{p}_1 + 2m_B)\not{p}_2\ \not{\epsilon}_2(\not{n}-1)\cdot(1-\gamma_5)\right\} \\ &= 64 r_0 r_c r_V M_B^4 \cdot \phi_\eta^T(x_3)\phi_V^T(x_2).\end{aligned} \tag{7.140}$$

$$A = -16M_B^4\left[r_c r_V(1-r_V^2)\ \phi_\eta^A(x_3)\phi_V^T(x_2) - 4r_0 r_c r_V \cdot \phi_\eta^T(x_3)\phi_V^T(x_2)\right]. \tag{7.141}$$

做式 (7.135) **中的第二个** Trace。

$$\begin{aligned}B &= -4m_V\phi_V^L \cdot \mathrm{Tr}\left\{\gamma_5\gamma^\alpha\left(\not{p}_1 - m_B\right)\not{p}_c\gamma_\alpha\not{p}_2\ \not{\epsilon}_2(1-\gamma_5)\gamma_5\cdot[\cdots]\right\} \\ &= -4m_V\phi_V^L \cdot \mathrm{Tr}\left\{\gamma_5\left(4p_1\cdot p_c + 2m_B\not{p}_c\right)\ \not{\epsilon}_2\cdot(1-\gamma_5)\gamma_5\cdot\left[\not{p}_3\phi_\eta^A + \cdots\right]\right\}\end{aligned} \tag{7.142}$$

分别计算上式中的三项，可得：

$$\begin{aligned}B_1 &= -4m_V\phi^A\phi_V^L\cdot\mathrm{Tr}\left[\gamma_5\left(4p_1\cdot p_c + 2m_B\not{p}_c\right)\ \not{\epsilon}_2\cdot(1-\gamma_5)\gamma_5\not{p}_3\right] \\ &= 4m_V\phi^A\phi_V^L\cdot 4p_1\cdot p_c\ 4\epsilon_2\cdot p_3 \\ &= 16\left[-x_1 + x_2(1+r_V^2) + x_3(1-r_V^2)\right](1-r_V^2)\cdot M_B^4\phi^A(x_3)\phi_V^L(x_2).\end{aligned} \tag{7.143}$$

$$\begin{aligned}B_2 &= -4m_0 m_V\phi^P\phi_V^L\cdot\mathrm{Tr}\left[\left(4p_1\cdot p_c + 2m_B\not{p}_c\right)\ \not{\epsilon}_2\cdot(1-\gamma_5)\right] \\ &= -16r_0\left[x_1 r_V^2 + x_3(1-r_V^2)\right]\cdot M_B^4\phi^P(x_3)\phi_V^L(x_2).\end{aligned} \tag{7.144}$$

$$\begin{aligned}B_3 &= -4m_0 m_V\phi^T\phi_V^L\cdot\mathrm{Tr}\left[\left(4p_1\cdot p_c + 2m_B\not{p}_c\right)\ \not{\epsilon}_2\cdot(\not{n}-1)(1-\gamma_5)\right] \\ &= -16r_0\left[x_3 + (-x_1 + 2x_2 - x_3)r_V^2\right]\cdot M_B^4\phi^T(x_3)\phi_V^L(x_2).\end{aligned} \tag{7.145}$$

最后有

$$\begin{aligned}B = -16M_B^4 &\left\{\left(x_1 - x_2(1+r_V^2) - x_3(1-r_V^2)\right)(1-r_V^2)\cdot\phi_\eta^A(x_3)\phi_V^L(x_2)\right. \\ &+ r_0\left[x_1 r_V^2 + x_3(1-r_V^2)\right]\cdot\phi_\eta^P(x_3)\phi_V^L(x_2) \\ &\left.+ r_0\left[x_3 - (x_1 - 2x_2 + x_3)r_V^2\right]\cdot\phi_\eta^T(x_3)\phi_V^L(x_2)\right\}.\end{aligned} \tag{7.146}$$

这样可得图 7.9(d) **的贡献为**

$$\begin{aligned}< d > = &\frac{16}{\sqrt{3}}\pi\, G_F\, C_F\, \alpha_s\, M_B^4\ \frac{\phi_B(x_1)}{l^2(p_c^2 - m_c^2)} \\ &\cdot\left\{\left[r_c r_V(1-r_V^2)\ \phi_\eta^A(x_3) - 4r_0 r_c r_V\cdot\phi_\eta^T(x_3)\right]\phi_V^T(x_2)\right. \\ &+ \left(x_1 - x_2(1+r_V^2) - x_3(1-r_V^2)\right)(1-r_V^2)\cdot\phi_\eta^A(x_3)\phi_V^L(x_2) \\ &+ r_0\left[x_1 r_V^2 + x_3(1-r_V^2)\right]\cdot\phi_\eta^P(x_3)\phi_V^L(x_2) \\ &\left.+ r_0\left[x_3 - (x_1 - 2x_2 + x_3)r_V^2\right]\cdot\phi_\eta^T(x_3)\phi_V^L(x_2)\right\}.\end{aligned} \tag{7.147}$$

由于 $x_1 \ll x_2, x_3$，一般在分子上忽略 x_1，在分母上保留 x_1。这时图 7.9(d) 的贡献为

$$
\begin{aligned}
<d>= & \frac{16}{\sqrt{3}}\,\pi\, G_F\, C_F\, \alpha_s\, M_B^4\, \frac{\phi_B(x_1)}{l^2(p_c^2-m_c^2)} \\
& \cdot\left\{\left[r_c r_V(1-r_V^2)\,\phi_\eta^A(x_3)-4r_0 r_c r_V\cdot\phi_\eta^T(x_3)\right]\phi_V^T(x_2)\right. \\
& -\left(x_2(1+r_V^2)+x_3(1-r_V^2)\right)(1-r_V^2)\cdot\phi_\eta^A(x_3)\phi_V^L(x_2) \\
& +r_0 x_3(1-r_V^2)\cdot\phi_\eta^P(x_3)\phi_V^L(x_2) \\
& \left.+r_0\left[x_3+(2x_2-x_3)r_V^2\right]\cdot\phi_\eta^T(x_3)\phi_V^L(x_2)\right\}.
\end{aligned}
\tag{7.148}
$$

其中的分母部分的表达式已经在式 (7.103)、式 (7.132) 中给出。

把图 7.9(c)、(d) 的贡献加在一起 (忽略 x_1)，可得到旁观者图的振幅为

$$
\begin{aligned}
M_{e\eta}= & \frac{16}{\sqrt{3}}\pi\, G_F\, C_F\, M_B^4\int_0^1 \mathrm{d}x_1\mathrm{d}x_2\,\mathrm{d}x_3\int_0^\infty b_1\mathrm{d}b_1 b_2\mathrm{d}b_2\,\phi_B(x_1,b_1) \\
& \times\left\{2r_c r_V(1-r_V^2)\phi_\eta^A(x_3,b_3)\phi_V^t(x_2,b_2)-4r_0 r_c r_V\phi_\eta^T(x_3,b_3)\phi_V^t(x_2,b_2)\right. \\
& +(1-r_V^2)\left[-x_3+(-2x_2+x_3)r_V^2\right]\cdot\phi_\eta^A(x_3,b_3)\phi_V^L(x_2,b_2) \\
& \left.+2r_0\left[x_3+r_V^2(2x_2-x_3)\right]\cdot\phi_\eta^T(x_3,b_3)\phi_V^L(x_2,b_2)\right\}\cdot E_a(t_f)\,.
\end{aligned}
\tag{7.149}
$$

其中 $r_c = m_c/m_B$，

$$
E_a(t_f)=\alpha_s(t_f)\cdot h_f(x_1,x_2,x_3,b_1,b_2)\cdot\exp[-S_{cd}(t_f)],
\tag{7.150}
$$

其中

$$
\begin{aligned}
h_f= & \left\{\theta(b_2-b_1)I_0(M_B\sqrt{x_1x_3(1-r^2)}b_1)\mathrm{K}_0(M_B\sqrt{x_1x_3(1-r^2)}b_2)\right. \\
& \left.+(b_1\leftrightarrow b_2)\right\}\cdot\begin{pmatrix} K_0(M_B\sqrt{F_1^2}\,b_2), & \text{for}\quad F_1^2>0 \\ \frac{\pi i}{2}H_0^{(1)}(M_B\sqrt{|F_1^2|}\,b_2), & \text{for}\quad F_1^2<0\end{pmatrix},
\end{aligned}
\tag{7.151}
$$

$$
\begin{aligned}
S_{cd}(t)= & s\left(x_1 m_B/\sqrt{2},b_1\right)+s\left(x_2 m_B/\sqrt{2},b_2\right)+s\left((1-x_2)m_B/\sqrt{2},b_2\right) \\
& +s\left(x_3 m_B/\sqrt{2},b_1\right)+s\left((1-x_3)m_B/\sqrt{2},b_1\right) \\
& -\frac{11}{6\beta_1}\cdot\ln\left[\frac{\ln(t/\Lambda)}{-\ln(b_1\Lambda)}\right]-\frac{1}{\beta_1}\cdot\ln\left[\frac{\ln(t/\Lambda)}{-\ln(b_2\Lambda)}\right],
\end{aligned}
\tag{7.152}
$$

其中

$$
F_1^2=(x_1-x_2)\left[x_2 r_V^2+x_3(1-r^2)\right]+r_c^2.
\tag{7.153}
$$

函数 $s(q,b)$ 已经在前面定义。在上面表达式中的能标 t_f 取为

$$t_f = \max(\sqrt{x_1 x_3(1-r^2)}M_B,$$
$$\sqrt{|(x_1-x_2)\left[x_2 r_V^2 + x_3(1-r^2)+r_c^2\right]|}M_B, 1/b_1, 1/b_2). \tag{7.154}$$

函数 $h_f(x_1,x_2,x_3,b_1,b_2)$ 的推导： 考虑图 7.9(c) 和 (d) 的分母，

$$\begin{aligned}\frac{1}{l^2}\cdot\frac{1}{p_c^2-m_c^2} &= \frac{1}{x_1x_3(1-r_V^2)M_B^2+|\boldsymbol{k}_{3T}-\boldsymbol{k}_{1T}|^2}\\ &\cdot\frac{1}{\left[(x_1-x_2)\left[x_2r_V^2+x_3(1-r_V^2)\right]+r_c^2\right]M_B^2+|\boldsymbol{k}_{3T}-\boldsymbol{k}_{1T}+\boldsymbol{k}_{2T}|^2}\\ &= \frac{1}{\alpha^2+|\boldsymbol{k}_T|^2}\cdot\frac{1}{\beta^2+|\boldsymbol{k}_T+\boldsymbol{k}_{2T}|^2}.\end{aligned} \tag{7.155}$$

其中

$$\begin{aligned}\alpha^2 &= x_1x_3(1-r_V^2)M_B^2,\\ \beta^2 &= \left[(x_1-x_2)\left[x_2r_V^2+x_3(1-r_V^2)\right]+r_c^2\right]M_B^2\end{aligned} \tag{7.156}$$

首先，把两个分母中均出现的 $\boldsymbol{k}_{3T}-\boldsymbol{k}_{1T}=\boldsymbol{k}_T$ 作为一个整体来考虑，那么有

$$\begin{aligned}h_f &= \int d^2b_1\,d^2b_2\,d^2b_3\int\frac{d^2\boldsymbol{k}_{1T}}{(2\pi)^2}\frac{d^2\boldsymbol{k}_{2T}}{(2\pi)^2}\frac{d^2\boldsymbol{k}_{3T}}{(2\pi)^2}\cdot e^{-i[\boldsymbol{k}_{1T}\cdot\boldsymbol{b}_1+\boldsymbol{k}_{2T}\cdot\boldsymbol{b}_2+\boldsymbol{k}_{3T}\cdot\boldsymbol{b}_3]}\\ &\cdot\frac{1}{\alpha^2+|\boldsymbol{k}_{3T}-\boldsymbol{k}_{1T}|^2}\cdot\frac{1}{\beta^2+|\boldsymbol{k}_{3T}-\boldsymbol{k}_{1T}+\boldsymbol{k}_{2T}|^2}\\ &= \int d^2b_1\,d^2b_2\,d^2b_3\int\frac{d^2\boldsymbol{k}_{1T}}{(2\pi)^2}\frac{d^2\boldsymbol{k}_{2T}}{(2\pi)^2}\frac{d^2\boldsymbol{k}_{T}}{(2\pi)^2}\cdot e^{-i[\boldsymbol{k}_{1T}\cdot\boldsymbol{b}_1+\boldsymbol{k}_{2T}\cdot\boldsymbol{b}_2+(\boldsymbol{k}_T+\boldsymbol{k}_{1T})\cdot\boldsymbol{b}_3]}\\ &\cdot\frac{1}{\alpha^2+|\boldsymbol{k}_T|^2}\cdot\frac{1}{\beta^2+|\boldsymbol{k}_T+\boldsymbol{k}_{2T}|^2},\end{aligned} \tag{7.157}$$

对 $\boldsymbol{k}_{1T}$ 做积分，得

$$\begin{aligned}h_f &= \int d^2b_1\,d^2b_2\,d^2b_3\int\frac{d^2\boldsymbol{k}_{2T}}{(2\pi)^2}\frac{d^2\boldsymbol{k}_{T}}{(2\pi)^2}\cdot e^{-i(\boldsymbol{k}_T\cdot\boldsymbol{b}_3+\boldsymbol{k}_{2T}\cdot\boldsymbol{b}_2)}\cdot\int\frac{\mathbf{d^2k_{1T}}}{(\mathbf{2}\pi)^{\mathbf{2}}}\cdot e^{-i\boldsymbol{k}_{1T}(\boldsymbol{b}_1+\boldsymbol{b}_3)}\\ &\cdot\frac{1}{\alpha^2+|\boldsymbol{k}_T|^2}\cdot\frac{1}{\beta^2+|\boldsymbol{k}_T+\boldsymbol{k}_{2T}|^2}\\ &= \int d^2b_1\,d^2b_2\,d^2b_3\int\frac{d^2\boldsymbol{k}_{2T}}{(2\pi)^2}\frac{d^2\boldsymbol{k}_{T}}{(2\pi)^2}\cdot e^{-i(\boldsymbol{k}_T\cdot\boldsymbol{b}_3+\boldsymbol{k}_{2T}\cdot\boldsymbol{b}_2)}\cdot\delta(\boldsymbol{b_1}+\boldsymbol{b_3})\\ &\cdot\frac{1}{\alpha^2+|\boldsymbol{k}_T|^2}\cdot\frac{1}{\beta^2+|\boldsymbol{k}_T+\boldsymbol{k}_{2T}|^2}\\ &= \int d^2b_2\,d^2b_3\int\frac{d^2\boldsymbol{k}_{2T}}{(2\pi)^2}\frac{d^2\boldsymbol{k}_{T}}{(2\pi)^2}\cdot e^{-i(\boldsymbol{k}_{2T}\cdot\boldsymbol{b}_2+\boldsymbol{k}_T\cdot\boldsymbol{b}_3)}\\ &\cdot\frac{1}{\alpha^2+|\boldsymbol{k}_T|^2}\cdot\frac{1}{\beta^2+|\boldsymbol{k}_T+\boldsymbol{k}_{2T}|^2}\end{aligned} \tag{7.158}$$

与附录中所给公式比较可得

$$h_f(x_1, x_2, x_3, b_2, b_3) = K_0(\beta\, b_2)\left\{\theta(b_2 - b_3) I_0(\alpha b_3) K_0(\alpha b_2) + (b_2 \leftrightarrow b_3)\right\}. \quad (7.159)$$

考虑到我们的习惯和 $\delta(\boldsymbol{b}_1 + \boldsymbol{b}_3) = 0$，我们可以在上式中做代换 $b_3 \to b_1$，即得到

$$h_f(x_1, x_2, x_3, b_1, b_2) = K_0(\beta\, b_2)\left\{\theta(b_2 - b_1) I_0(\alpha b_1) K_0(\alpha b_2) + (b_1 \leftrightarrow b_2)\right\}. \quad (7.160)$$

考虑到 $\alpha^2 \geqslant 0$，但 β^2 可能取负值，和附录中所给公式相比较可知：

(1) **当 $\beta^2 \geqslant 0$ 时，**h_f 由式 (7.160) 给出。

(2) **当 $\beta^2 < 0$ 时，有**

$$h_f = K_0(i\sqrt{|\beta^2|}\, b_2)\left\{\theta(b_2 - b_1) I_0(\alpha b_1) K_0(\alpha b_2) + (b_1 \leftrightarrow b_2)\right\}. \quad (7.161)$$

其中

$$\begin{aligned} K_0(i\sqrt{|\beta^2|}\, b_2) &= \frac{i\pi}{2} H_0^{(1)}(i\sqrt{|\beta^2|}\, b_2) \\ &= \frac{i\pi}{2}\left[J_0(\sqrt{|\beta^2|}\, b_2) + i N_0(\sqrt{|\beta^2|}\, b_2)\right]. \end{aligned} \quad (7.162)$$

其中函数 $K_0(z)$ 为修正汉克尔函数，$H_0^{(1)}(z)$ 为第一类汉克尔函数，$J_0(z)$ 为第一类贝塞尔函数，$N_0(z)$ 为诺依曼函数。

在计算了这 4 个图之后，分别得到与图 7.8(a)、(b) 和图 7.9(c)、(d) 对应的衰变振幅。对 $B^0 \to J/\psi\eta$ 衰变过程，还需要加上 Wilson 系数和其他系数，然后得到对应的衰变总振幅。最后利用求分支比的公式，经数值计算给出关于分支比的理论预言。

对 $B_d^0 \to J/\psi\eta$ 衰变过程，总衰变振幅可以写为

$$\mathcal{M}(B_d^0 \to J/\psi\eta) = V_{cb} V_{cd}^*\, F_1(\phi)\left\{F_{e\eta}\, f_{J/\psi}\left[\left(C_1 + \frac{1}{3}C_2\right)\right] + M_{e\eta}\, C_2\right\} \quad (7.163)$$

其中的振幅 $F_{e\eta}$ 和 $M_{e\eta}$ 已经在式 (7.119)、(7.149) 中给出，$F_1(\phi) = \cos\phi/\sqrt{2}$ 是混合参数，ϕ 是混合角。$f_{J/\psi}$ 表示 $B^0 \to J/\psi$ 的衰变常数，$C_{1,2}$ 是对应的 Wilson 系数。

对 $B_d^0 \to J/\psi\eta$ 衰变过程，分支比计算公式为

$$Br(B_d^0 \to J/\psi\eta^{(\prime)}) = \frac{G_F^2 M_B^3}{32\pi}\tau_{B^0}(1 - r^2)\left|\mathcal{M}(B_d^0 \to J/\psi\eta^{(\prime)})\right|^2. \quad (7.164)$$

其中 $r = M_{J/\psi}/M_B$。更多的细节，参看文献 [112, 138]。

第 8 章　$B^- \to K^-\eta$ 衰变的 pQCD 领头阶解析计算

在本章，我们首先考虑一般的 B 介子衰变过程 $B(\bar{q}b) \to M_2M_3$，其中 M_2 是发射出去的介子，沿 $n=(1,0,0_T)$ 方向运动；M_3 是吸收了 B 介子的旁观者夸克而形成的介子，沿 $v=(0,1,0_T)$ 方向运动。然后以 $B^- \to K^-\eta$ 为例，来说明如何由 $\mathcal{H}_{\rm eff}$ 导出完整振幅。最后以 $B^- \to K^-\eta$ 衰变道为例，给出具体的解析计算结果。

§8.1　一般情况：$B(\bar{q}b) \to M_2M_3$ 衰变

首先考虑可因子化的发射图 [图 8.1(a)、(b)] 三个介子的动量分别取为

$$
\begin{aligned}
P_1 &= \frac{M_B}{\sqrt{2}}(1,1,\mathbf{0}_T), \quad P_2 = \frac{M_B}{\sqrt{2}}(1-r_3^2, r_2^2, \mathbf{0}_T),\\
P_3 &= \frac{M_B}{\sqrt{2}}(r_3^2, 1-r_2^2, \mathbf{0}_T),
\end{aligned} \tag{8.1}
$$

其中 $r_2 = M_2/M_B$, $r_3 = M_3/M_B$。当 $M_{2,3}$ 均为轻的赝标时，轻介子的质量一般被忽略：$r_2 = r_3 = 0$。

如图 8.1 所示，我们把 B, M_2 和 M_3 介子的“轻”夸克的动量取为

$$
\begin{aligned}
k_1 &= (x_1P_1^+, 0, \boldsymbol{k}_{1T}) = \left(x_1\frac{M_B}{\sqrt{2}}, 0, \boldsymbol{k}_{1T}\right), \quad k_2 = (x_2P_2^+, 0, \boldsymbol{k}_{2T}) = \left(x_2\frac{M_B}{\sqrt{2}}, 0, \boldsymbol{k}_{2T}\right),\\
k_3 &= (0, x_3P_3^-, \boldsymbol{k}_{3T}) = \left(0, x_3\frac{M_B}{\sqrt{2}}, \boldsymbol{k}_{3T}\right).
\end{aligned} \tag{8.2}
$$

其中 x_i 为相应介子中“反夸克”的动量分数。

把三个相关介子的波函数写为

$$
\Phi_B(p_1,x_1) = \frac{i}{\sqrt{6}}\left(\not{p}_1 + M_B\right)\gamma_5\phi_B, \tag{8.3}
$$

$$
\Phi_2(p_2,x_2) = \frac{i}{\sqrt{6}}\gamma_5[M_2] = \frac{i}{\sqrt{6}}\gamma_5\left[\not{p}_2\phi_2^A + m_{02}\phi_2^P - m_{02}(\not{n}\not{v}-1)\phi_2^T\right], \tag{8.4}
$$

$$
\Phi_3(p_3,x_3) = \frac{i}{\sqrt{6}}\gamma_5[M_3] = \frac{i}{\sqrt{6}}\gamma_5\left[\not{p}_3\phi_3^A + m_{03}\phi_3^P - m_{03}(\not{v}\not{n}-1)\phi_3^T\right], \tag{8.5}
$$

注意，这里的发射介子“M_2”沿 $n=(1,0,0)$ 方向运动，反冲介子“M_3”沿 $v=(0,1,0)$ 方向运动。而且动量分数“x_i”取在“反夸克”上 (即 $\zeta=-1$)。

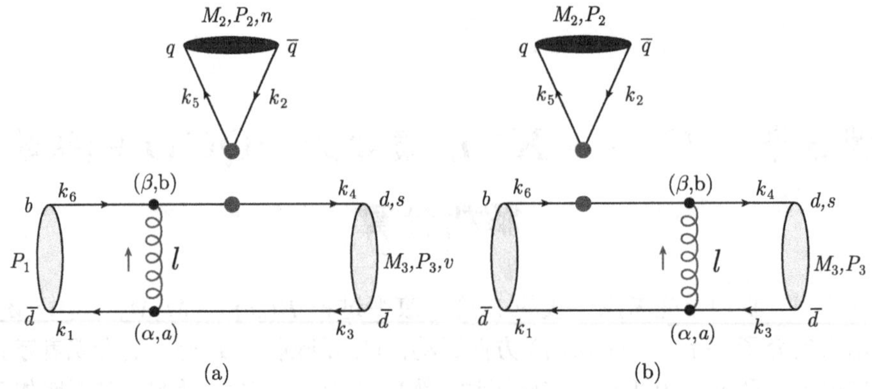

图 8.1　在 pQCD 因子化方案下对 $B(\bar{q}b) \to M_2M_3$ $(q = u, d, s)$ 衰变过程有贡献的可因子化发射图

计算中用到的关系式为

$$\langle P(p)|(\bar{q}_1q_2)_{V\mp A}|0\rangle = \pm if_Pp_\mu,$$

$$\langle P(p)|(\bar{q}_1q_2)_{S\mp P}|0\rangle = \langle 0|(\bar{q}_2q_1)_{S\mp P}|P(p)\rangle = \pm if_Pm_{0P}, \tag{8.6}$$

$$\begin{aligned} &P_1\cdot P_2 = P_1\cdot P_3 = P_2\cdot P_3 = \frac{M_B^2}{2}, \quad P_1^2 = M_B^2, \quad P_2^2 = P_3^2 = 0,\\ &P_1\cdot n = P_1\cdot v = P_2\cdot v = P_3\cdot n = \frac{M_B}{\sqrt{2}}, \quad P_2\cdot n = P_3\cdot v = 0,\\ &n\cdot v = 1, \quad n^2 = v^2 = 0. \end{aligned} \tag{8.7}$$

图 8.1(a) 的 $(V-A)\otimes(V-A)$ 流:

$$\begin{aligned} \langle a\rangle_{V-A} =& -\mathrm{Tr}\left\{ig_s\gamma^\alpha T^a\cdot\frac{i}{\sqrt{6}}\gamma_5[M_3]\cdot\gamma_\mu(\mathbf{1}-\boldsymbol{\gamma_5})\cdot\frac{i(\not{p}_b+M_B)}{p_b^2-M_B^2}\cdot ig_s\gamma^\beta T^b\right.\\ &\left.\cdot\frac{-ig_{\alpha\beta}\delta_{ab}}{l^2}\cdot\frac{i}{\sqrt{6}}(\not{p}_1+M_B)\gamma_5\phi_B\cdot\boldsymbol{if_{M_2}P_2^\mu}\right\}\\ =& -2i\pi C_Ff_{M_2}\frac{\alpha_s\phi_B}{l^2(p_b^2-M_B^2)}\\ &\cdot\mathrm{Tr}\left[\gamma^\alpha\gamma_5[M_3]\not{p}_2(1-\gamma_5)(\not{p}_b+M_B)\gamma_\alpha(\not{p}_1+M_B)\gamma_5\right], \end{aligned} \tag{8.8}$$

其中$\langle M_2(P_2)|(\bar{q}_1q_2)_{V-A}|0\rangle = if_{M_2}P_2^\mu$，$p_b = p_1 - k_3$，$C_F = 4/3$。计算 Trace 部分:

$$\begin{aligned} \mathrm{Tr}[\cdots] =& \mathrm{Tr}\left[\gamma^\alpha\gamma_5[M_3]\not{p}_2(1-\gamma_5)(\not{p}_b+M_B)\gamma_\alpha(\not{p}_1+M_B)\gamma_5\right]\\ =& -4M_B^4\left[(1+x_3)\phi_3^A + r_3(1-2x_3)\left(\phi_3^P+\phi_3^T\right)\right], \end{aligned} \tag{8.9}$$

那么有

$$< a >_{V-A} = 8i\pi C_Ff_{M_2}\frac{\alpha_sM_B^4\phi_B}{l^2(p_b^2-M_B^2)}\cdot\left[(1+x_3)\phi_3^A + r_3(1-2x_3)\left(\phi_3^P+\phi_3^T\right)\right], \tag{8.10}$$

其中 $r_3 = m_{03}/M_B$, 手征质量 $m_{03} = \frac{m_{M_3}^2}{m_1+m_2}$, 该式与文献 [106] 中的式 (50) 一致。在 Trace 计算中已经用到下列关系式:

$$\begin{aligned} p_b = p_1 - k_3 &= \frac{M_B}{\sqrt{2}}(1, 1-x_3, -\boldsymbol{k}_{3T}) \\ p_1 \cdot p_b &= \frac{M_B^2}{2}(2-x_3), \quad p_2 \cdot p_b = \frac{M_B^2}{2}(1-x_3), \quad p_3 \cdot p_b = \frac{M_B^2}{2}, \\ p_b \cdot n &= \frac{M_B}{\sqrt{2}}(1-x_3), \quad p_b \cdot v = \frac{M_B}{\sqrt{2}}. \end{aligned} \tag{8.11}$$

图 8.1(a) **中的** $(V-A)\otimes(V+A)$ **流**:

$$\langle a \rangle_{V+A} = -\langle a \rangle_{V-A}. \tag{8.12}$$

图 8.1(a) **中的** $(S-P)\otimes(S+P)$ **流**:

(1) **考虑** $b \to d$ **的跃迁过程**, 对应的 $(V-A)\otimes(V+A)$ 的算符 ($\mathcal{O}_k = O_{5,6,7,8}$) 的变换 (暂不考虑色指标的交换) 为

$$\mathcal{O}_k \propto (\bar{d}b)_{V-A}\,(\bar{q}q)_{V+A} \longrightarrow -2\,(\bar{d}q)_{S+P}\,(\bar{q}b)_{S-P}. \tag{8.13}$$

与此相对应的跃迁矩阵元为

$$\begin{aligned} \langle M_2M_3|\mathcal{O}_k|B\rangle &\longrightarrow -2\,\langle M_2(p_2)\,|(\bar{d}q)_{S+P}|\,0\rangle \cdot \langle M_3(p_3)\,|(\bar{q}b)_{S-P}|\,B\rangle \\ &= -2\,(-if_{M_2}m_{02}) \cdot \langle M_3(p_3)\,|(\bar{q}b)_{S-P}|\,B\rangle \\ &= 2if_{M_2}m_{02} \cdot \langle M_3(p_3)\,|(\bar{q}b)_{S-P}|\,B\rangle. \end{aligned} \tag{8.14}$$

(2) **如果考虑** $\bar{b} \to \bar{d}$ **的跃迁过程**, 那么对应的 $(V-A)\otimes(V+A)$ 的算符 ($\mathcal{O}_k = O_{5,6,7,8}$) 的变换 (暂不考虑色指标的交换) 为

$$\mathcal{O}_k \propto (\bar{b}d)_{V-A}\,(\bar{q}q)_{V+A} \longrightarrow -2\,(\bar{b}q)_{S+P}\,(\bar{q}d)_{S-P}. \tag{8.15}$$

与此相对应的跃迁矩阵元为

$$\begin{aligned} \langle M_2M_3|\mathcal{O}_k|B\rangle &\longrightarrow -2\,\langle M_2(p_2)\,|(\bar{q}d)_{S-P}|\,0\rangle \cdot \langle M_3(p_3)\,|(\bar{b}q)_{S+P}|\,B\rangle \\ &= -2\,(\boldsymbol{if_{M_2}m_{02}}) \cdot \langle M_3(p_3)\,|(\bar{b}q)_{S+P}|\,B\rangle \\ &= -\boldsymbol{2if_{M_2}m_{02}} \cdot \langle M_3(p_3)\,|(\bar{b}q)_{S+P}|\,B\rangle. \end{aligned} \tag{8.16}$$

(3) **现在计算** $(S-P)\otimes(S+P)$ **算符的矩阵元** [**注意, 这里考虑的是** $b \to q$ **的跃迁**, $(S-P)$ **流是与** b **夸克相连的流**]:

$$\langle a \rangle_{S-P} = -\mathrm{Tr}\left\{ ig_s\gamma^\alpha T^a \cdot \frac{i}{\sqrt{6}}\gamma_5[M_3]\cdot(1-\gamma_5)\cdot\frac{i(\not{p}_b + M_B)}{p_b^2 - M_B^2}\cdot ig_s\gamma^\beta T^b\right.$$

$$
\begin{aligned}
&\cdot \frac{-ig_{\alpha\beta}\delta_{ab}}{l^2} \cdot \frac{i}{\sqrt{6}} (\not{p}_1 + M_B)\gamma_5\phi_B \cdot (-\boldsymbol{if_{M_2}m}_{02}) \Big\} \cdot (-2) \\
=& -4i\pi C_F f_{M_2} \frac{\alpha_s \phi_B}{l^2(p_b^2 - M_B^2)} \cdot M_B r_2 \\
&\cdot \mathrm{Tr}\left\{\gamma^\alpha\gamma_5[M_3](1-\gamma_5)(\not{p}_b + M_B)\gamma_\alpha(\not{p}_1 + M_B)\gamma_5\right\}.
\end{aligned}
\tag{8.17}
$$

计算 Trace 部分可得:

$$
\begin{aligned}
\mathrm{Tr}[\cdots] =& \mathrm{Tr}\left\{\gamma^\alpha\gamma_5[M_3](1-\gamma_5)(\not{p}_b + M_B)\gamma_\alpha(\not{p}_1 + M_B)\gamma_5\right\} \\
=& -4M_B^3\left[\phi_3^A + r_3(2+x_3)\phi_3^P - x_3 r_3 \phi_3^T\right],
\end{aligned}
\tag{8.18}
$$

那么有

$$
< a >_{S-P} = 16i\pi C_F f_{M_2} \frac{\alpha_s M_B^4 \phi_B}{l^2(p_b^2 - M_B^2)} \cdot r_2 \cdot \left[\phi_3^A + r_3(2+x_3)\phi_3^P - r_3 x_3 \phi_3^T\right], \tag{8.19}
$$

其中 $r_2 = m_{02}/M_B$。

图 8.1(b) **中的** $(V-A)\otimes(V-A)$ **流**:

$$
\begin{aligned}
< b >_{V-A} =& -\mathrm{Tr}\Big\{ig_s\gamma^\alpha T^a \cdot \frac{i}{\sqrt{6}}\gamma_5[M_3] \cdot ig_s\gamma^\beta T^b \cdot \frac{i\not{q}}{q^2} \cdot \gamma_\mu(\mathbf{1}-\boldsymbol{\gamma_5}) \\
&\cdot \frac{-ig_{\alpha\beta}\delta_{ab}}{l^2} \cdot \frac{i}{\sqrt{6}} (\not{p}_1 + M_B)\gamma_5\phi_B \cdot \boldsymbol{if_{M_2}}P_2^\mu\Big\} \\
=& -2i\pi C_F f_{M_2} \frac{\alpha_s \phi_B}{l^2 q^2} \cdot \mathrm{Tr}\left[\gamma^\alpha\gamma_5[M_3]\gamma_\alpha\not{q}\not{p}_2(1-\gamma_5)(\not{p}_1 + M_B)\gamma_5\right],
\end{aligned}
\tag{8.20}
$$

其中 $q = p_3 - k_1$,

$$
\begin{aligned}
\mathrm{Tr}[\cdots] =& \mathrm{Tr}\left[\gamma^\alpha\not{q}\not{p}_2(1-\gamma_5)(\not{p}_1 + M_B)\gamma_5\gamma^\alpha\gamma_5[M_3]\right] \\
=& -8M_B^4\, r_3\phi_3^P,
\end{aligned}
\tag{8.21}
$$

那么有

$$
< b >_{V-A} = 8i\pi C_F f_{M_2} \frac{\alpha_s M_B^4 \phi_B}{l^2 q^2} \cdot \left[2r_3\phi_3^P\right]. \tag{8.22}
$$

该式与文献 [106] 中的式 (50) 一致。在 Trace 计算中用到下列关系式:

$$
\begin{aligned}
&q = p_3 - k_1 = \frac{M_B}{\sqrt{2}}(-x_1, 1, -\boldsymbol{k}_{1T}) \\
&p_1 \cdot q = \frac{M_B^2}{2}(1-x_1), \quad p_2 \cdot q = \frac{M_B^2}{2}, \quad p_3 \cdot q = -\frac{M_B^2}{2}\, x_1.
\end{aligned}
\tag{8.23}
$$

图 8.1(b) **中的** $(V-A)\otimes(V+A)$ **流:**

$$< b >_{V+A} = - < b >_{V-A} \, . \tag{8.24}$$

计算图 8.1(b) **的** $(S-P)\otimes(S+P)$ **算符的矩阵元:**

$$\begin{aligned} < b >_{S-P} =& -(-2)\mathrm{Tr}\left\{ ig_s\gamma^\alpha T^a \cdot \frac{i}{\sqrt{6}}\gamma_5[M_3] \cdot ig_s\gamma^\beta T^b \cdot \frac{i\not{q}}{q^2} \cdot (\mathbf{1}-\boldsymbol{\gamma_5}) \right. \\ & \left. \cdot \frac{-ig_{\alpha\beta}\delta_{ab}}{l^2} \cdot \frac{i}{\sqrt{6}}(\not{p}_1 + M_B)\gamma_5\phi_B \cdot -\boldsymbol{i f_{M_2} m_{02}} \right\} \\ =& -4i\pi C_F f_{M_2}\frac{\alpha_s\phi_B}{l^2q^2} \cdot \mathrm{Tr}\left[\gamma^\alpha\gamma_5[M_3]\gamma_\alpha\not{q}(1-\gamma_5)(\not{p}_1+M_B)\gamma_5\right] \cdot M_B r_2, \end{aligned} \tag{8.25}$$

计算 Trace 部分可得

$$\begin{aligned} \mathrm{Tr}[\cdots] =& \mathrm{Tr}\left[\gamma^\alpha\not{q}(1-\gamma_5)(\not{p}_1+M_B)\gamma_5\gamma^\alpha\gamma_5[M_3]\right] \\ =& -4x_1M_B^3\phi_3^A - 8r_3(1-x_1)M_B^3\phi_3^P. \end{aligned} \tag{8.26}$$

最后有

$$< b >_{S-P} = 16i\pi C_F f_{M_2}\frac{\alpha_s M_B^4\phi_B}{l^2q^2} \cdot r_2 \cdot \left\{ x_1\phi_3^A + 2r_3(1-x_1)\phi_3^P \right\}. \tag{8.27}$$

如果忽略小的 x_1 项，则上式与文献 [106] 中的式 (52) 一致。

根据在 §7.3 和 §7.4 两节讨论的对分母的处理方法，我们对矩阵元 $< a >_{V-A}$ 和 $< b >_{V-A}$ 的传播子部分做傅里叶变换，对动量空间做积分，考虑和波函数相关的 Sudakov 压低因子的影响，最后可得

$$\begin{aligned} f_{M_2}F^{V-A}_{B\to M_3} =& -i < a+b >_{V-A} \\ =& 8\pi C_F M_B^4 f_{M_2} \cdot \int_0^1 dx_1dx_3\int_0^\infty b_1db_1\, b_3db_3\, \phi_B(x_1,b_1) \cdot \left\{ \left[(1+x_3)\phi_3^A(x_3) \right.\right. \\ & \left. + r_3(1-2x_3)\left(\phi_3^P(x_3) + \phi_3^T(x_3)\right) \right] \cdot E_e(t_a)\, h_e(x_1,x_3,b_1,b_3) \\ & \left. + 2r_3\phi_3^P(x_3) \cdot E_e(t'_a)\, h_e(x_3,x_1,b_3,b_1) \right\}. \end{aligned} \tag{8.28}$$

其中第一项对应图 8.1(a) 的贡献，第二项对应图 8.1(b) 的贡献。Hard scale 的表达式为

$$t_a = \mathrm{Max}\left(\sqrt{x_3}M_B, 1/b_1, 1/b_3\right), \tag{8.29}$$

$$t'_a = \mathrm{Max}\left(\sqrt{x_1}M_B, 1/b_1, 1/b_3\right). \tag{8.30}$$

包含了 Jet 函数 $S_t(x_i)$ 的函数 h_e 的表达式为

$$h_e(x_1,x_3,b_1,b_3)=K_0(\beta b_1)\cdot[\theta(b_1-b_3)I_0(\alpha b_3)K_0(\alpha b_1) \\ +\theta(b_3-b_1)I_0(\alpha b_1)K_0(\alpha b_3)]\cdot S_t(x_3). \tag{8.31}$$

$$S_t(x)=\frac{2^{1+2c}\Gamma(3/2+c)}{\sqrt{\pi}\Gamma(1+c)}[x(1-x)]^c \tag{8.32}$$

其中 $\alpha=\sqrt{x_3}M_B, \beta=\sqrt{x_1x_3}M_B$，$c=0.3$, 或 0.4。

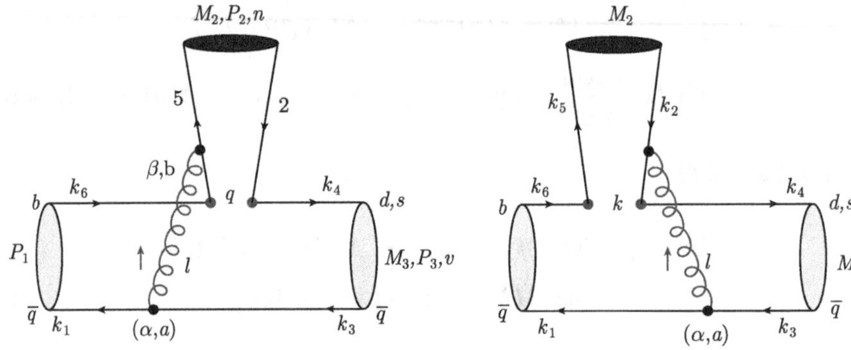

(c)　　　　(d)

图 8.2　在 pQCD 因子化方案下, 对 $B(\bar{q}b)\to M_2M_3$ ($q=u,d,s$) 衰变过程有贡献的不可因子化旁观者费恩曼图 (c) 和 (d).

现在计算图 8.2(c) 的贡献。考虑图 8.2(c), 首先计算 $(V-A)\otimes(V-A)$ 流的贡献:

$$\begin{aligned}<c>_{V-A}=&-\mathrm{Tr}\left\{ig_s\gamma^\alpha T^a\cdot\frac{i}{\sqrt{6}}\gamma_5[M_3]\cdot\gamma_\mu(\mathbf{1}-\gamma_5)\cdot\frac{i}{\sqrt{6}}\gamma_5[M_2]\cdot ig_s\gamma^\beta T^b\cdot\frac{i\not{q}}{q^2}\right.\\ &\left.\cdot\gamma^\mu(\mathbf{1}-\gamma_5)\cdot\frac{i}{\sqrt{6}}(\not{p}_1+M_B)\gamma_5\phi_B\cdot\frac{-ig_{\alpha\beta}\delta_{ab}}{l^2}\right\}\\ =&-2i\pi C_F\frac{\alpha_s\phi_B}{l^2q^2}\cdot\frac{1}{\sqrt{6}}\\ &\cdot\mathrm{Tr}\left[\gamma^\alpha\gamma_5[M_3]\gamma_\mu(1-\gamma_5)\gamma_5[M_2]\gamma_\alpha\not{q}\gamma^\mu(1-\gamma_5)(\not{p}_1+M_B)\gamma_5\right],\end{aligned} \tag{8.33}$$

其中

$$q=p_2-k_1-k_2+k_3=\frac{M_B}{\sqrt{2}}(1-x_1-x_2,x_3,-\boldsymbol{k}_{1T}-\boldsymbol{k}_{2T}+\boldsymbol{k}_{3T}),$$

$$q^2=(1-x_1-x_2)x_3M_B^2-|\boldsymbol{k}_{1T}+\boldsymbol{k}_{2T}-\boldsymbol{k}_{3T}|^2. \tag{8.34}$$

$$\mathrm{Tr}[\cdots]=-16M_B^4\phi_2^A\cdot\left[(1-x_2)\phi_3^A-r_3x_3(\phi_3^P-\phi_3^T)\right]. \tag{8.35}$$

进而得到

$$< c >_{V-A} = \frac{32}{\sqrt{6}} i\pi C_F \frac{\alpha_s M_B^4 \phi_B}{l^2 q^2} \cdot \phi_2^A \cdot \left\{(1-x_2)\phi_3^A - r_3 x_3 (\phi_3^P - \phi_3^T)\right\}. \tag{8.36}$$

该式与文献 [106] 中的式 (53) 符合。

同理有

$$\begin{aligned} < c >_{V+A} =& -\mathrm{Tr}\left\{ i g_s \gamma^\alpha T^a \cdot \frac{i}{\sqrt{6}} \gamma_5 [M_3] \cdot \gamma_\mu (\mathbf{1} + \gamma_5) \cdot \frac{i}{\sqrt{6}} \gamma_5 [M_2] \cdot i g_s \gamma^\beta T^b \cdot \frac{i\not{q}}{q^2} \right. \\ & \left. \cdot \gamma^\mu (\mathbf{1} - \gamma_5) \cdot \frac{i}{\sqrt{6}} (\not{p}_1 + M_B) \gamma_5 \phi_B \cdot \frac{-i g_{\alpha\beta} \delta_{ab}}{l^2} \right\} \\ =& -2 i\pi C_F \frac{\alpha_s \phi_B}{l^2 q^2} \cdot \frac{1}{\sqrt{6}} \\ & \cdot \mathrm{Tr}\left[\gamma^\alpha \gamma_5 [M_3] \gamma_\mu (1+\gamma_5) \gamma_5 [M_2] \gamma_\alpha \not{q} \gamma^\mu (1-\gamma_5)(\not{p}_1 + M_B)\gamma_5\right], \end{aligned} \tag{8.37}$$

$$\begin{aligned} \mathrm{Tr}[\cdots] =& -16 M_B^4 r_2 \cdot \left\{ (1-x_2)\left(\phi_2^P + \phi_2^T\right)\phi_3^A + x_3 r_3 \left(\phi_2^P - \phi_2^T\right)\left(\phi_3^P + \phi_3^T\right) \right. \\ & \left. + (1-x_2) r_3 \left(\phi_2^P + \phi_2^T\right)\left(\phi_3^P - \phi_3^T\right) \right\}. \end{aligned} \tag{8.38}$$

进而得到

$$\begin{aligned} < c >_{V+A} =& \frac{32}{\sqrt{6}} i\pi C_F \frac{\alpha_s M_B^4 \phi_B}{l^2 q^2} \cdot r_2 \cdot \left\{ (1-x_2)\left(\phi_2^P + \phi_2^T\right)\phi_3^A \right. \\ & \left. + x_3 r_3 \left(\phi_2^P - \phi_2^T\right)\left(\phi_3^P + \phi_3^T\right) + (1-x_2) r_3 \left(\phi_2^P + \phi_2^T\right)\left(\phi_3^P - \phi_3^T\right) \right\}. \end{aligned} \tag{8.39}$$

该式与文献 [106] 中的式 (54) 符合。

$$\begin{aligned} < c >_{S-P} =& -(-2)\mathrm{Tr}\left\{ i g_s \gamma^\alpha T^a \cdot \frac{i}{\sqrt{6}} \gamma_5 [M_3] \cdot (\mathbf{1} + \gamma_5) \cdot \frac{i}{\sqrt{6}} \gamma_5 [M_2] \cdot i g_s \gamma^\beta T^b \cdot \frac{i\not{q}}{q^2} \right. \\ & \left. \cdot (\mathbf{1} - \gamma_5) \cdot \frac{i}{\sqrt{6}} (\not{p}_1 + M_B) \gamma_5 \phi_B \cdot \frac{-i g_{\alpha\beta} \delta_{ab}}{l^2} \right\} \\ & -4 i\pi C_F \frac{\alpha_s \phi_B}{l^2 q^2} \cdot \frac{1}{\sqrt{6}} \\ & \cdot \mathrm{Tr}\left[\gamma^\alpha \gamma_5 [M_3] (\mathbf{1}+\gamma_5) \gamma_5 [M_2] \gamma_\alpha \not{q} (1-\gamma_5)(\not{p}_1 + M_B)\gamma_5\right], \end{aligned} \tag{8.40}$$

$$\mathrm{Tr}[\cdots] = -8 M_B^4 \phi_2^A \cdot \left\{ (x_2 - x_3 - 1)\phi_3^A + x_3 r_3 \left(\phi_3^P + \phi_3^T\right) \right\}. \tag{8.41}$$

进而得到

$$< c >_{S-P} = \frac{32}{\sqrt{6}} i\pi C_F \frac{\alpha_s M_B^4 \phi_B}{l^2 q^2} \cdot \phi_2^A \cdot \left\{ (x_2 - x_3 - 1)\phi_3^A + x_3 r_3 \left(\phi_3^P + \phi_3^T\right) \right\}. \tag{8.42}$$

该式与文献 [106] 中的式 (55) 符合。计算中使用的关系式为

$$\begin{aligned} q \cdot p_2 =& \frac{M_B^2}{2} x_3, \quad q \cdot p_3 = \frac{M_B^2}{2}(1-x_2), \\ q \cdot n =& \frac{M_B}{\sqrt{2}} x_3, \quad q \cdot v = \frac{M_B}{\sqrt{2}}(1-x_2), \end{aligned} \tag{8.43}$$

在后两个式子中的 x_1 已忽略。对传播子部分有

$$\frac{1}{l^2}\frac{1}{q^2}=\frac{-1}{x_1x_3M_B^2+|\boldsymbol{k}_{1T}-\boldsymbol{k}_{3T}|^2}\cdot\frac{-1}{(x_1+x_2-1)x_3M_B^2+|\boldsymbol{k}_{1T}+\boldsymbol{k}_{2T}-\boldsymbol{k}_{3T}|^2}. \quad (8.44)$$

现在计算图 8.2(d) 的贡献。

$$\begin{aligned}<d>_{V-A}=&-\mathrm{Tr}\left\{ig_s\gamma^\alpha T^a\cdot\frac{i}{\sqrt{6}}\gamma_5[M_3]\cdot\gamma_\mu(\mathbf{1}-\boldsymbol{\gamma_5})\cdot\frac{-i\not{k}}{k^2}\cdot ig_s\gamma^\beta T^b\cdot\frac{i}{\sqrt{6}}\gamma_5[M_2]\right.\\&\left.\cdot\gamma^\mu(\mathbf{1}-\boldsymbol{\gamma_5})\cdot\frac{i}{\sqrt{6}}(\not{p}_1+M_B)\gamma_5\phi_B\cdot\frac{-ig_{\alpha\beta}\delta_{ab}}{l^2}\right\}\\=&2i\pi C_F\frac{\alpha_s\phi_B}{l^2k^2}\cdot\frac{1}{\sqrt{6}}\\&\cdot\mathrm{Tr}\left[\gamma^\alpha\gamma_5[M_3]\gamma_\mu(1-\gamma_5)\not{k}\gamma_\alpha\gamma_5[M_2]\gamma^\mu(1-\gamma_5)(\not{p}_1+M_B)\gamma_5\right],\end{aligned} \quad (8.45)$$

其中 $k=k_2-k_1+k_3$，

$$\mathrm{Tr}[\cdots]=16M_B^4\phi_2^A\cdot\left[-(x_2+x_3)\phi_3^A+x_3r_3(\phi_3^P+\phi_3^T)\right]. \quad (8.46)$$

进而得到

$$<d>_{V-A}=\frac{32}{\sqrt{6}}i\pi C_F\frac{\alpha_sM_B^4\phi_B}{l^2k^2}\cdot\phi_2^A\cdot\left\{-(x_2+x_3)\phi_3^A+x_3r_3(\phi_3^P+\phi_3^T)\right\}. \quad (8.47)$$

该式与文献 [106] 中的式 (53) 符合。

$$\begin{aligned}<d>_{V+A}=&-\mathrm{Tr}\left\{ig_s\gamma^\alpha T^a\cdot\frac{i}{\sqrt{6}}\gamma_5[M_3]\cdot\gamma_\mu(\mathbf{1}+\boldsymbol{\gamma_5})\cdot\frac{-i\not{k}}{k^2}\cdot ig_s\gamma^\beta T^b\cdot\frac{i}{\sqrt{6}}\gamma_5[M_2]\right.\\&\left.\cdot\gamma^\mu(\mathbf{1}-\boldsymbol{\gamma_5})\cdot\frac{i}{\sqrt{6}}(\not{p}_1+M_B)\gamma_5\phi_B\cdot\frac{-ig_{\alpha\beta}\delta_{ab}}{l^2}\right\}\\=&2i\pi C_F\frac{\alpha_s\phi_B}{l^2k^2}\cdot\frac{1}{\sqrt{6}}\\&\cdot\mathrm{Tr}\left[\gamma^\alpha\gamma_5[M_3]\gamma_\mu(1+\gamma_5)\not{k}\gamma_\alpha\gamma_5[M_2]\gamma^\mu(1-\gamma_5)(\not{p}_1+M_B)\gamma_5\right],\end{aligned} \quad (8.48)$$

$$\begin{aligned}\mathrm{Tr}[\cdots]=&-16M_B^4r_2\cdot\left\{x_2\left(\phi_2^P-\phi_2^T\right)\phi_3^A\right.\\&\left.+x_2r_3\left(\phi_2^P-\phi_2^T\right)\left(\phi_3^P-\phi_3^T\right)+x_3r_3\left(\phi_2^P+\phi_2^T\right)\left(\phi_3^P+\phi_3^T\right)\right\}.\end{aligned} \quad (8.49)$$

进而得到

$$\begin{aligned}<d>_{V+A}=&\frac{32}{\sqrt{6}}i\pi C_F\frac{\alpha_sM_B^4\phi_B}{l^2k^2}\cdot r_2\cdot\left\{-x_2\left(\phi_2^P-\phi_2^T\right)\phi_3^A\right.\\&\left.-x_2r_3\left(\phi_2^P-\phi_2^T\right)\left(\phi_3^P-\phi_3^T\right)-x_3r_3\left(\phi_2^P+\phi_2^T\right)\left(\phi_3^P+\phi_3^T\right)\right\}.\end{aligned} \quad (8.50)$$

该式与文献 [106] 中的式 (54) 符合。

$$\begin{aligned}
< d >_{S-P} =& -(-2)\mathrm{Tr}\left\{ig_s\gamma^\alpha T^a \cdot \frac{i}{\sqrt{6}}\gamma_5[M_3]\cdot(\mathbf{1}+\gamma_\mathbf{5})\cdot\frac{-i\not{k}}{k^2}\cdot ig_s\gamma^\beta T^b\cdot\frac{i}{\sqrt{6}}\gamma_5[M_2]\right.\\
&\left.\cdot(\mathbf{1}-\gamma_\mathbf{5})\cdot\frac{i}{\sqrt{6}}\left(\not{p}_1+M_B\right)\gamma_5\phi_B\cdot\frac{-ig_{\alpha\beta}\delta_{ab}}{l^2}\right\}\\
=& -4i\pi C_F\frac{\alpha_s\phi_B}{l^2k^2}\cdot\frac{1}{\sqrt{6}}\\
&\cdot\mathrm{Tr}\left[\gamma^\alpha\gamma_5[M_3](1+\gamma_5)\not{k}\gamma_\alpha\gamma_5[M_2](1-\gamma_5)(\not{p}_1+M_B)\gamma_5\right],
\end{aligned} \tag{8.51}$$

其中 $k = k_2 - k_1 + k_3$,

$$\mathrm{Tr}[\cdots] = -8M_B^4\phi_2^A\cdot\left[x_2\phi_3^A - x_3r_3(\phi_3^P-\phi_3^T)\right]. \tag{8.52}$$

进而得到

$$< d >_{S-P} - \frac{32}{\sqrt{6}}i\pi C_F\frac{\alpha_s M_B^4\phi_B}{l^2k^2}\cdot\phi_2^A\cdot\left\{x_2\phi_3^A - x_3r_3(\phi_3^P-\phi_3^T)\right\}. \tag{8.53}$$

该式与文献 [106] 中的式 (55) 符合。计算中使用的关系式为

$$\begin{aligned}
k =& -k_1+k_2+k_3 = \frac{M_B}{\sqrt{2}}\left(-x_1+x_2, x_3, -\boldsymbol{k}_{1T}+\boldsymbol{k}_{2T}+\boldsymbol{k}_{3T}\right),\\
k\cdot p_1 =& \frac{M_B^2}{2}(-x_1+x_2+x_3), \quad k\cdot p_2 = \frac{M_B^2}{2}x_3,\\
k\cdot n =& \frac{M_B}{\sqrt{2}}x_3, \quad k\cdot v = \frac{M_B}{\sqrt{2}}(x_2-x_1),
\end{aligned} \tag{8.54}$$

后两个式子中的 x_1 可以忽略。对传播子部分有

$$\frac{1}{l^2}\frac{1}{q^2} = \frac{-1}{x_1x_3M_B^2+|\boldsymbol{k}_{1T}-\boldsymbol{k}_{3T}|^2}\cdot\frac{-1}{(x_1-x_2)x_3M_B^2+|\boldsymbol{k}_{1T}-\boldsymbol{k}_{2T}-\boldsymbol{k}_{3T}|^2}. \tag{8.55}$$

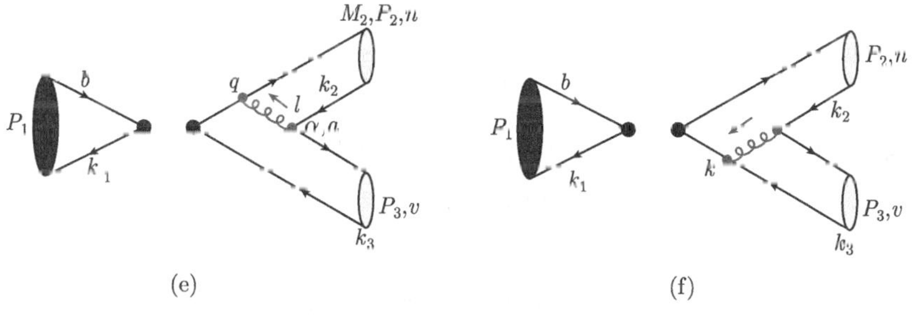

图 8.3 在 pQCD 因子化方案下, 对 $B(\bar{q}b) \to M_2M_3$ $(q = u, d, s)$ 衰变过程有贡献的湮没图 (e) 和 (f)

现在计算图 8.3(e) 的贡献。

$$
\begin{aligned}
< e >_{V-A} = & -\mathrm{Tr}\left\{ ig_s\gamma^{\alpha}T^a \cdot \frac{i}{\sqrt{6}}\gamma_5[2] \cdot ig_s\gamma^{\beta}T^b \cdot \frac{i\not{q}}{q^2} \cdot \gamma_{\mu}(\mathbf{1}-\gamma_5) \cdot \frac{i}{\sqrt{6}}\gamma_5[3] \right. \\
& \left. \cdot \frac{-ig_{\alpha\beta}\delta_{ab}}{l^2} \cdot (-if_B p_1^{\mu}) \right\} \\
= & 2i\pi C_F f_B \frac{\alpha_s}{l^2 q^2} \cdot \mathrm{Tr}\left[\gamma^{\alpha}\gamma_5[2]\gamma_{\alpha}\not{q}\not{p}_1(1-\gamma_5)\gamma_5[3]\right],
\end{aligned} \tag{8.56}
$$

其中 $q = p_2 + p_3 - k_3$，$l = -p_3 - k_2 + k_3$，已经使用 $< 0|(\bar{q}_1 b)_{V-A}|B(p_1) >= -if_B p_1^{\mu}$ 的定义。对求迹部分有

$$
\mathrm{Tr}[\cdots] = 4M_B^4 \cdot \left[-(1-x_3)\phi_2^A\phi_3^A - 4r_2r_3x_3\phi_2^P\phi_3^P + 2x_3r_2r_3\phi_2^P\left(\phi_3^P - \phi_3^T\right)\right]. \tag{8.57}
$$

进而得到

$$
\begin{aligned}
< e >_{V-A} = & 8i\pi C_F f_B \frac{\alpha_s M_B^4}{l^2 q^2} \cdot \left\{(x_3-1)\phi_2^A\phi_3^A - 4r_2r_3x_3\phi_2^P\phi_3^P \right. \\
& \left. + 2x_3r_2r_3\phi_2^P\left(\phi_3^P - \phi_3^T\right)\right\}.
\end{aligned} \tag{8.58}
$$

此式与文献 [106] 中的式 (56) 符合。

同理易证

$$
< e >_{V+A} = < e >_{V-A}. \tag{8.59}
$$

$$
\begin{aligned}
< e >_{S-P} = & -\mathrm{Tr}\left\{ ig_s\gamma^{\alpha}T^a \cdot \frac{i}{\sqrt{6}}\gamma_5[2] \cdot ig_s\gamma^{\beta}T^b \cdot \frac{i\not{q}}{q^2} \cdot (\mathbf{1}+\gamma_5) \cdot \frac{i}{\sqrt{6}}\gamma_5[3] \right. \\
& \left. \cdot \frac{-ig_{\alpha\beta}\delta_{ab}}{l^2} \cdot (if_B M_B) \right\} \cdot (-2) \\
= & 4i\pi C_F f_B \frac{\alpha_s M_B}{l^2 q^2} \cdot \mathrm{Tr}\left[\gamma^{\alpha}\gamma_5[2]\gamma_{\alpha}\not{q}(1+\gamma_5)\gamma_5[3]\right],
\end{aligned} \tag{8.60}
$$

在计算中已经使用定义 $< 0|(\bar{q}_1 b)_{S-P}|B(p_1) >= if_B M_B$，

$$
\mathrm{Tr}[\cdots] = 4M_B^3 \cdot \left[2r_2\phi_2^P\phi_3^A + (1-x_3)r_3\phi_2^A\left(\phi_3^P + \phi_3^T\right)\right]. \tag{8.61}
$$

进而得到

$$
< e >_{S-P} = 16i\pi C_F f_B \frac{\alpha_s M_B^4}{l^2 q^2} \cdot \left\{2r_2\phi_2^P\phi_3^A + (1-x_3)r_3\phi_2^A\left(\phi_3^P + \phi_3^T\right)\right\}. \tag{8.62}
$$

此式与文献 [106] 中的式 (58) 符合。计算中使用的关系式为

$$
\begin{aligned}
q = & p_2 + p_3 - k_3 = \frac{M_B}{\sqrt{2}}(1, 1-x_3, -\boldsymbol{k}_{3T}), \\
q \cdot p_1 = & \frac{M_B^2}{2}(2-x_3), \quad q \cdot p_2 = \frac{M_B^2}{2}(1-x_3), \quad q \cdot p_3 = \frac{M_B^2}{2}, \\
q \cdot n = & \frac{M_B}{\sqrt{2}}(1-x_3), \quad q \cdot v = \frac{M_B}{\sqrt{2}}.
\end{aligned} \tag{8.63}
$$

对传播子部分有

$$\frac{1}{l^2}\frac{1}{q^2} = \frac{-1}{-x_2(1-x_3)M_B^2 + \left|\boldsymbol{k}_{3T} - \boldsymbol{k}_{2T}\right|^2} \cdot \frac{-1}{-(1-x_3)M_B^2 + \left|\boldsymbol{k}_{3T} - \boldsymbol{k}_{3T}\right|^2}. \tag{8.64}$$

现在计算图 8.3(f) 的贡献。

$$\begin{aligned} < f >_{V-A} = & -\mathrm{Tr}\left\{ ig_s\gamma^\alpha T^a \cdot \frac{i}{\sqrt{6}}\gamma_5[2] \cdot \gamma_\mu(\mathbf{1}-\gamma_5) \cdot \frac{-i\not{k}}{k^2} \cdot ig_s\gamma^\beta T^b \cdot \frac{i}{\sqrt{6}}\gamma_5[3] \right. \\ & \left. \cdot \frac{-ig_{\alpha\beta}\delta_{ab}}{l^2} \cdot (-if_B p_1^\mu) \right\} \\ = & -2i\pi C_F f_B \frac{\alpha_s}{l^2q^2} \cdot \mathrm{Tr}\left[\gamma^\alpha\gamma_5[2]\not{p}_1(1-\gamma_5)\not{k}\gamma_\alpha\gamma_5[3]\right], \end{aligned} \tag{8.65}$$

其中 $k = p_3 + k_2$,

$$\mathrm{Tr}[\cdots] = -4M_B^4 \cdot \left[x_2\phi_2^A\phi_3^A + 2r_2r_3\left(\phi_2^P - \phi_2^T\right)\phi_3^P + 2r_2r_3x_2\left(\phi_2^P + \phi_2^T\right)\phi_3^P\right]. \tag{8.66}$$

进而得到

$$\begin{aligned} < f >_{V-A} = & 8i\pi C_F f_B \frac{\alpha_s M_B^4}{l^2k^2} \cdot \left\{x_2\phi_2^A\phi_3^A + 2r_2r_3\left(\phi_2^P - \phi_2^T\right)\phi_3^P \right. \\ & \left. + 2r_2r_3x_2\left(\phi_2^P + \phi_2^T\right)\phi_3^P\right\}. \end{aligned} \tag{8.67}$$

此式与文献 [106] 中的式 (56) 符合。**同理易证**

$$< f >_{V+A} = < f >_{V-A}. \tag{8.68}$$

$$\begin{aligned} < f >_{S-P} = & -\mathrm{Tr}\left\{ ig_s\gamma^\alpha T^a \cdot \frac{i}{\sqrt{6}}\gamma_5[2] \cdot (\mathbf{1}+\gamma_5) \cdot \frac{i\not{k}}{k^2} \cdot ig_s\gamma^\beta T^b \cdot \frac{i}{\sqrt{6}}\gamma_5[3] \right. \\ & \left. \cdot \frac{-ig_{\alpha\beta}\delta_{ab}}{l^2} \cdot (if_B M_B) \right\} \cdot (-2) \\ = & -4i\pi C_F f_B \frac{\alpha_s M_B}{l^2k^2} \cdot \mathrm{Tr}\left[\gamma^\alpha\gamma_5[2](1+\gamma_5)\not{k}\gamma_\alpha\gamma_5[3]\right] \\ = & 16i\pi C_F f_B \frac{\alpha_s M_B^4}{l^2k^2} \cdot \left\{2r_3\phi_2^A\phi_3^P + x_2r_2\left(\phi_2^P - \phi_2^T\right)\phi_3^A\right\}. \end{aligned} \tag{8.69}$$

此式与文献 [106] 中的式 (58) 符合。计算中使用的关系式为

$$\begin{aligned} k = & p_3 + k_2 = \frac{M_B}{\sqrt{2}}(x_2, 1, \boldsymbol{k}_{2T}), \\ k\cdot p_1 = & \frac{M_B^2}{2}(1+x_2), \quad k\cdot p_2 = \frac{M_B^2}{2}, \quad k\cdot p_3 = \frac{M_B^2}{2}x_2, \\ k\cdot n = & \frac{M_B}{\sqrt{2}}, \quad k\cdot v = \frac{M_B}{\sqrt{2}}x_2. \end{aligned} \tag{8.70}$$

对传播子部分有

$$\frac{1}{l^2}\frac{1}{k^2} = \frac{-1}{-x_2(1-x_3)M_B^2 + |\boldsymbol{k}_{2T} - \boldsymbol{k}_{3T}|^2} \cdot \frac{-1}{-x_2 M_B^2 + |\boldsymbol{k}_{2T}|^2}. \tag{8.71}$$

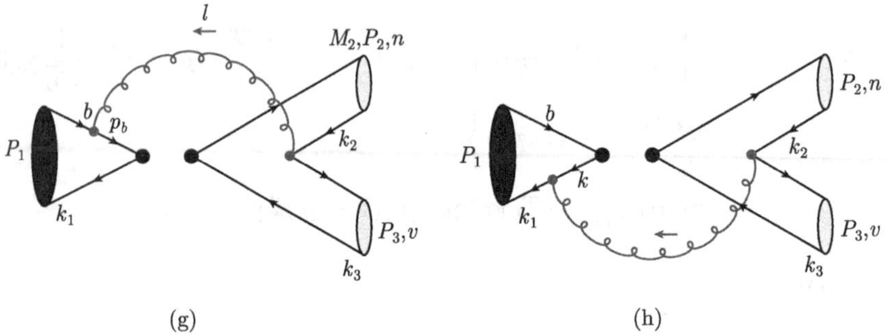

图 8.4　在 pQCD 因子化方案下, 对 $B(\bar{q}b) \to M_2M_3$ $(q = u, d, s)$ 衰变过程有贡献的不可因子化湮没图

现在计算图 8.4(g) **的贡献。**

$$\begin{aligned} < g >_{V-A} =& -\mathrm{Tr}\left\{ ig_s\gamma^\alpha T^a \cdot \frac{i}{\sqrt{6}}\gamma_5[2] \cdot \gamma_\mu(\mathbf{1}-\gamma_\mathbf{5}) \cdot \cdot \frac{i(\not{p}_b + M_B)}{p_b^2 - M_B^2} \cdot ig_s\gamma^\beta T^b \right. \\ & \left. \cdot \frac{-ig_{\alpha\beta}\delta_{ab}}{l^2} \cdot \frac{i}{\sqrt{6}}(\not{p}_1 + M_B)\gamma_5\phi_B \cdot \gamma_\mu(\mathbf{1}-\gamma_\mathbf{5}) \cdot \frac{i}{\sqrt{6}}\gamma_5[3] \right\} \\ =& -\frac{2i}{\sqrt{6}}\pi C_F \frac{\alpha_s\phi_B}{l^2(p_b^2 - M_B^2)} \cdot \mathrm{Tr}\left\{\gamma^\alpha\gamma_5[2]\gamma_\mu(1-\gamma_5)\right. \\ & \left.\cdot(\not{p}_b + M_B)\gamma_\alpha(\not{p}_1 + M_B)\gamma_5\gamma_\mu(1-\gamma_5)\gamma_5[3]\right\}, \end{aligned} \tag{8.72}$$

其中 $p_b = p_2 - k_1 - k_2 + k_3$,

$$\begin{aligned} \mathrm{Tr}[\cdots] =& -16M_B^4 \cdot \left\{ -x_2\phi_2^A\phi_3^A - 4r_2r_3\phi_2^P\phi_3^P + (1-x_2)r_2r_3\left(\phi_2^P + \phi_2^T\right)\left(\phi_3^P - \phi_3^T\right) \right. \\ & \left. + x_3r_2r_3\left(\phi_2^P - \phi_2^T\right)\left(\phi_3^P + \phi_3^T\right) \right\}. \end{aligned} \tag{8.73}$$

进而得到

$$\begin{aligned} < g >_{V-A} =& \frac{32i\pi C_F}{\sqrt{6}} \frac{\alpha_s M_B^4\phi_B}{l^2(p_b^2 - M_B^2)} \cdot \left\{ -x_2\phi_2^A\phi_3^A - 4r_2r_3\phi_2^P\phi_3^P \right. \\ & + (1-x_2)r_2r_3\left(\phi_2^P + \phi_2^T\right)\left(\phi_3^P - \phi_3^T\right) \\ & \left. + x_3r_2r_3\left(\phi_2^P - \phi_2^T\right)\left(\phi_3^P + \phi_3^T\right) \right\}. \end{aligned} \tag{8.74}$$

此式与文献 [106] 中的式 (59) 符合。

$$
\begin{aligned}
<g>_{V+A}=&-\mathrm{Tr}\left\{ig_s\gamma^\alpha T^a\cdot\frac{i}{\sqrt{6}}\gamma_5[2]\cdot\gamma_\mu(\mathbf{1}-\gamma_{\mathbf{5}})\cdot\frac{i(\not p_b+M_B)}{p_b^2-M_B^2}\cdot ig_s\gamma^\beta T^b\right.\\
&\left.\cdot\frac{-ig_{\alpha\beta}\delta_{ab}}{l^2}\cdot\frac{i}{\sqrt{6}}(\not p_1+M_B)\gamma_5\phi_B\cdot\gamma_\mu(\mathbf{1}+\gamma_{\mathbf{5}})\cdot\frac{i}{\sqrt{6}}\gamma_5[3]\right\}\\
=&-\frac{2i}{\sqrt{6}}\pi C_F\frac{\alpha_s\phi_B}{l^2(p_b^2-M_B^2)}\cdot\mathrm{Tr}\left\{\gamma^\alpha\gamma_5[2]\gamma_\mu(1-\gamma_5)\right.\\
&\left.\cdot(\not p_b+M_B)\gamma_\alpha(\not p_1+M_B)\gamma_5\gamma_\mu(1+\gamma_5)\gamma_5[3]\right\},
\end{aligned}\tag{8.75}
$$

$$
\begin{aligned}
<g>_{V+A}=&\frac{32i\pi C_F}{\sqrt{6}}\frac{\alpha_s M_B^4\phi_B}{l^2(p_b^2-M_B^2)}\cdot\left\{r_2(2-x_2)\left(\phi_2^P+\phi_2^T\right)\phi_3^A\right.\\
&\left.-r_3(1+x_3)\phi_2^A\left(\phi_3^P-\phi_3^T\right)\right\}.
\end{aligned}\tag{8.76}
$$

此式与文献 [106] 中的式 (60) 符合。

$$
\begin{aligned}
<g>_{S-P}=&-\mathrm{Tr}\left\{ig_s\gamma^\alpha T^a\cdot\frac{i}{\sqrt{6}}\gamma_5[2]\cdot(\mathbf{1}-\gamma_{\mathbf{5}})\cdot\cdot\frac{i(\not p_b+M_B)}{p_b^2-M_B^2}\cdot ig_s\gamma^\beta T^b\right.\\
&\left.\cdot\frac{-ig_{\alpha\beta}\delta_{ab}}{l^2}\cdot\frac{i}{\sqrt{6}}(\not p_1+M_B)\gamma_5\phi_B\cdot(\mathbf{1}+\gamma_{\mathbf{5}})\cdot\frac{i}{\sqrt{6}}\gamma_5[3]\right\}\\
=&\frac{4i}{\sqrt{6}}\pi C_F\frac{\alpha_s\phi_B}{l^2(p_b^2-M_B^2)}\cdot\mathrm{Tr}\left\{\gamma^\alpha\gamma_5[2](1-\gamma_5)\right.\\
&\left.\cdot(\not p_b+M_B)\gamma_\alpha(\not p_1+M_B)\gamma_5(1+\gamma_5)\gamma_5[3]\right\},
\end{aligned}\tag{8.77}
$$

$$
\begin{aligned}
<g>_{S-P}=&\frac{32i\pi C_F}{\sqrt{6}}\frac{\alpha_s M_B^4\phi_B}{l^2(p_b^2-M_B^2)}\cdot\left\{(x_3-1)\phi_2^A\phi_3^A-4r_2r_3x_3\phi_2^P\phi_3^P\right.\\
&\left.+(1-x_2)\left(\phi_2^P-\phi_2^T\right)\left(\phi_3^P+\phi_3^T\right)+x_3r_2r_3\left(\phi_2^P+\phi_2^T\right)\left(\phi_3^P-\phi_3^T\right)\right\}.
\end{aligned}\tag{8.78}
$$

此式与文献 [106] 中的式 (61) 符合。计算中使用的关系式为

$$
\begin{aligned}
&p_b=p_2-k_1-k_2+k_3=\frac{M_B}{\sqrt{2}}\left(1-x_1-x_2,x_3,-\boldsymbol{k}_{1T}-\boldsymbol{k}_{2T}+\boldsymbol{k}_{3T}\right),\\
&p_b\cdot p_1=\frac{M_B^2}{2}(1-x_1-x_2+x_3),\quad p_b\cdot p_2=\frac{M_B^2}{2}x_3,\quad p_b\cdot p_3=\frac{M_B^2}{2}(1-x_2),\\
&p_b\cdot n=\frac{M_B}{\sqrt{2}}x_3,\quad p_b\cdot v=\frac{M_B}{\sqrt{2}}(1-x_2).
\end{aligned}\tag{8.79}
$$

在计算中与分子有关部分的 x_1 已经忽略。对传播子部分有

$$
\begin{aligned}
\frac{1}{l^2}\cdot\frac{1}{p_b^2-M_B^2}=&\frac{-1}{-x_2(1-x_3)M_B^2+\left|\boldsymbol{k}_{2T}-\boldsymbol{k}_{3T}\right|^2}\\
&\cdot\frac{-1}{\left[1-(1-x_1-x_2)x_3\right]M_B^2+\left|\boldsymbol{k}_{1T}+\boldsymbol{k}_{2T}-\boldsymbol{k}_{3T}\right|^2}.
\end{aligned}\tag{8.80}
$$

现在计算第 8 个图 8.4(h) 的贡献。

$$
\begin{aligned}
<h>_{V-A} =& -\mathrm{Tr}\left\{ig_s\gamma^\alpha T^a\cdot\frac{i}{\sqrt{6}}\gamma_5[2]\cdot\gamma_\mu(\mathbf{1}-\gamma_\mathbf{5})\cdot\cdot\frac{i}{\sqrt{6}}(\not p_1+M_B)\gamma_5\phi_B\cdot ig_s\gamma^\beta T^b\right.\\
&\left.\cdot\frac{-ig_{\alpha\beta}\delta_{ab}}{l^2}\cdot\frac{-i\not k}{k^2}\cdot\gamma_\mu(\mathbf{1}-\gamma_\mathbf{5})\cdot\frac{i}{\sqrt{6}}\gamma_5[3]\right\}\\
=& \frac{2i}{\sqrt{6}}\pi C_F\frac{\alpha_s\phi_B}{l^2k^2}\cdot\mathrm{Tr}\left\{\gamma^\alpha\gamma_5[2]\gamma_\mu(1-\gamma_5)\right.\\
&\left.\cdot(\not p_1+M_B)\gamma_5\gamma_\alpha\not k\gamma_\mu(1-\gamma_5)\gamma_5[3]\right\},
\end{aligned}
\tag{8.81}
$$

其中 $k=-p_3+k_1-k_2+k_3$，

$$
\begin{aligned}
<h>_{V-A} =& \frac{32i\pi C_F}{\sqrt{6}}\frac{\alpha_s M_B^4\phi_B}{l^2k^2}\cdot\left\{(1-x_3)\phi_2^A\phi_3^A+(1-x_3)r_2r_3\left(\phi_2^P+\phi_2^T\right)\left(\phi_3^P-\phi_3^T\right)\right.\\
&\left.+x_2r_2r_3\left(\phi_2^P-\phi_2^T\right)\left(\phi_3^P+\phi_3^T\right)\right\}.
\end{aligned}
\tag{8.82}
$$

此式与文献 [106] 中的式 (59) 符合。

$$
\begin{aligned}
<h>_{V+A} =& -\mathrm{Tr}\left\{ig_s\gamma^\alpha T^a\cdot\frac{i}{\sqrt{6}}\gamma_5[2]\cdot\gamma_\mu(\mathbf{1}-\gamma_\mathbf{5})\cdot\cdot\frac{i}{\sqrt{6}}(\not p_1+M_B)\gamma_5\phi_B\cdot ig_s\gamma^\beta T^b\right.\\
&\left.\cdot\frac{-ig_{\alpha\beta}\delta_{ab}}{l^2}\cdot\frac{-i\not k}{k^2}\cdot\gamma_\mu(\mathbf{1}+\gamma_\mathbf{5})\cdot\frac{i}{\sqrt{6}}\gamma_5[3]\right\}\\
=& \frac{2i}{\sqrt{6}}\pi C_F\frac{\alpha_s\phi_B}{l^2k^2}\cdot\mathrm{Tr}\left\{\gamma^\alpha\gamma_5[2]\gamma_\mu(1-\gamma_5)\right.\\
&\left.\cdot(\not p_1+M_B)\gamma_5\gamma_\alpha\not k\gamma_\mu(1+\gamma_5)\gamma_5[3]\right\},
\end{aligned}
\tag{8.83}
$$

$$
\begin{aligned}
<h>_{V+A} =& \frac{32i\pi C_F}{\sqrt{6}}\frac{\alpha_s M_B^4\phi_B}{l^2k^2}\cdot\left\{r_2x_2\left(\phi_2^P+\phi_2^T\right)\phi_3^A\right.\\
&\left.-r_3(1-x_3)\phi_2^A\left(\phi_3^P-\phi_3^T\right)\right\}.
\end{aligned}
\tag{8.84}
$$

此式与文献 [106] 中的式 (60) 符合。

$$
\begin{aligned}
<h>_{S-P} =& -\mathrm{Tr}\left\{ig_s\gamma^\alpha T^a\cdot\frac{i}{\sqrt{6}}\gamma_5[2]\cdot(\mathbf{1}-\gamma_\mathbf{5})\cdot\cdot\frac{i}{\sqrt{6}}(\not p_1+M_B)\gamma_5\phi_B\cdot ig_s\gamma^\beta T^b\right.\\
&\left.\cdot\frac{-ig_{\alpha\beta}\delta_{ab}}{l^2}\cdot\frac{-i\not k}{k^2}\cdot(\mathbf{1}+\gamma_\mathbf{5})\cdot\frac{i}{\sqrt{6}}\gamma_5[3]\right\}\\
=& -\frac{4i}{\sqrt{6}}\pi C_F\frac{\alpha_s\phi_B}{l^2k^2}\cdot\mathrm{Tr}\left\{\gamma^\alpha\gamma_5[2](1-\gamma_5)\right.\\
&\left.\cdot(\not p_1+M_B)\gamma_5\gamma_\alpha\not k(1+\gamma_5)\gamma_5[3]\right\},
\end{aligned}
\tag{8.85}
$$

$$
\begin{aligned}
<h>_{S-P} =& \frac{32i\pi C_F}{\sqrt{6}}\cdot\frac{\alpha_s M_B^4\phi_B}{l^2k^2}\cdot\left\{x_2\phi_2^A\phi_3^A+r_2r_3x_2\left(\phi_2^P+\phi_2^T\right)\left(\phi_3^P-\phi_3^T\right)\right.\\
&\left.+r_2r_3(1-x_3)\left(\phi_2^P-\phi_2^T\right)\left(\phi_3^P+\phi_3^T\right)\right\}.
\end{aligned}
\tag{8.86}
$$

此式与文献 [106] 中的式 (61) 符合。计算中使用的关系式为

$$\begin{aligned}
k &= -p_3 + k_1 - k_2 + k_3 = \frac{M_B}{\sqrt{2}}\left(x_1 - x_2, x_3 - 1, \boldsymbol{k}_{1T} - \boldsymbol{k}_{2T} + \boldsymbol{k}_{3T}\right), \\
k\cdot p_1 &= -\frac{M_B^2}{2}(1 - x_1 + x_2 - x_3), \quad k\cdot p_2 = -\frac{M_B^2}{2}(1 - x_3), \quad k\cdot p_3 = -\frac{M_B^2}{2}x_2, \\
k\cdot n &= -\frac{M_B}{\sqrt{2}}(1 - x_3), \quad k\cdot v = -\frac{M_B}{\sqrt{2}}x_2.
\end{aligned} \tag{8.87}$$

在计算中与分子有关部分的 x_1 已经忽略。对传播子部分有

$$\begin{aligned}
\frac{1}{l^2}\cdot\frac{1}{k^2} = &\frac{-1}{-x_2(1-x_3)M_B^2 + |\boldsymbol{k}_{3T} - \boldsymbol{k}_{2T}|^2} \\
&\cdot\frac{-1}{(x_1 - x_2)(1 - x_3)M_B^2 + |\boldsymbol{k}_{1T} - \boldsymbol{k}_{2T} + \boldsymbol{k}_{3T}|^2}.
\end{aligned} \tag{8.88}$$

§8.2 $B^- \to K^-\eta$ 衰变过程的 pQCD 解析计算

对 $b \to q$ 跃迁 $(q = d, s)$, 相关的低能有效哈密顿量为

$$\begin{aligned}
\mathcal{H}_{\text{eff}} = \frac{G_F}{\sqrt{2}}\Bigg\{&V_{ub}V_{uq}^*\Big[C_1(\mu)O_1^u(\mu) + C_2(\mu)O_2^u(\mu)\Big] - V_{tb}V_{tq}^*\Big[\sum_{i=3}^{10}C_i(\mu)O_i(\mu)\Big] \\
&-V_{tb}V_{tq}^*\Big[C_{7\gamma}(\mu)O_{7\gamma}(\mu) + C_{8g}(\mu)O_{8g}(\mu)\Big]\Bigg\} + \text{H.c.},
\end{aligned} \tag{8.89}$$

其中的 O_i $(i = 1, ..., 10)$ 是定域四夸克算符:

(1) 流–流 (树图) 算符:

$$O_1^u = (\bar{u}_\alpha b_\beta)_{V-A}(\bar{q}_\beta u_\alpha)_{V-A}, \qquad O_2^u = (\bar{u}_\alpha b_\alpha)_{V-A}(\bar{q}_\beta u_\beta)_{V-A}, \tag{8.90}$$

(2) QCD 企鹅图算符:

$$O_3 = (\bar{q}_\alpha b_\alpha)_{V-A}\sum_{q'}(\bar{q}'_\beta q'_\beta)_{V-A}, \quad O_4 = (\bar{q}_\beta b_\alpha)_{V-A}\sum_{q'}(\bar{q}'_\alpha q'_\beta)_{V-A}, \tag{8.91}$$

$$O_5 = (\bar{q}_\alpha b_\alpha)_{V-A}\sum_{q'}(\bar{q}'_\beta q'_\beta)_{V+A}, \quad Q_6 = (\bar{q}_\beta b_\alpha)_{V-A}\sum_{q'}(\bar{q}'_\alpha q'_\beta)_{V+A}, \tag{8.92}$$

(3) 电弱企鹅图算符:

$$O_7 = \frac{3}{2}(\bar{q}_\alpha b_\alpha)_{V-A}\sum_{q'}e_{q'}(\bar{q}'_\beta q'_\beta)_{V+A}, \quad O_8 = \frac{3}{2}(\bar{q}_\beta b_\alpha)_{V-A}\sum_{q'}e_{q'}(\bar{q}'_\alpha q'_\beta)_{V+A}, \tag{8.93}$$

$$O_9 = \frac{3}{2}(\bar{q}_\alpha b_\alpha)_{V-A}\sum_{q'}e_{q'}(\bar{q}'_\beta q'_\beta)_{V-A}, \quad O_{10} = \frac{3}{2}(\bar{q}_\beta b_\alpha)_{V-A}\sum_{q'}e_{q'}(\bar{q}'_\alpha q'_\beta)_{V-A}, \tag{8.94}$$

其中 q' 是在 m_b 标度的 “active” 夸克, 即: $q' = (u, d, s, c, b)$。还有与 $b \to s\gamma$ 和 $b \to sg$ 跃迁过程直接相关的算符 $O_{7\gamma}$ 和 O_{8g}, 分别称之为电磁偶企鹅算符和色磁偶企鹅算符。它们来源于 QED 和 QCD 企鹅图的外 b-夸克线上的质量插入, 即保留 b 夸克质量 m_b。

在计算中用到的关系式为

$$< K(p)|(\bar{q}_1 q_2)_{V-A}|0 > = i f_k p_\mu, \tag{8.95}$$

$$< \eta(p)|(\bar{q}q)_{V-A}|0 > = i f_\eta^q P_\mu, \quad q = n, s, \tag{8.96}$$

$$< P|(\bar{q}_1 q_2)_{S\pm P}|0 > = < 0|(\bar{q}_2 q_1)_{S\pm P}|P > = \mp i f_P m_0^P. \tag{8.97}$$

当 $P = \eta_n, \eta_s$ 时 $(n = u, d)$，手征质量 m_0^P 分别定义为

$$m_0^n = \frac{1}{2m_n}\left[m_\eta^2 \cos^2\phi + m_{\eta'}^2 \sin^2\phi - \frac{\sqrt{2}f_s}{f_n}\left(m_{\eta'}^2 - m_\eta^2\right)\cos\phi\sin\phi\right], \tag{8.98}$$

$$m_0^s = \frac{1}{2m_s}\left[m_{\eta'}^2 \cos^2\phi + m_\eta^2 \sin^2\phi - \frac{\sqrt{2}f_n}{f_s}\left(m_{\eta'}^2 - m_\eta^2\right)\cos\phi\sin\phi\right]. \tag{8.99}$$

当 $P = K$ 时，有 $m_0^K = (1.7 \pm 0.1)$ GeV。

为了使关于 K, η, η' 介子的衰变常数的定义在形式上统一写为

$$< P(p)|(\bar{q}_1 q_2)_{V-A}|0 >= i f_p p_\mu,$$

我们对式 (7.41)~(7.43) 中关于 f_η^n $(n = u, d)$ 的定义做修改。 我们把式 (7.41)、(7.42) 中的 $1/\sqrt{2}$ 因子吸收到衰变常数中，即定义

$$\begin{pmatrix} f_\eta^n & f_\eta^s \\ f_{\eta'}^n & f_{\eta'}^s \end{pmatrix} = \begin{pmatrix} \dfrac{\cos\phi}{\sqrt{2}} & -\sin\phi \\ \dfrac{\sin\phi}{\sqrt{2}} & \cos\phi \end{pmatrix} \begin{pmatrix} f_q & 0 \\ 0 & f_s \end{pmatrix}. \tag{8.100}$$

即有

$$\begin{aligned} f_\eta^n &= \frac{\cos\phi}{\sqrt{2}} f_n, \qquad f_\eta^s = -\sin\phi\, f_s, \\ f_{\eta'}^n &= \frac{\sin\phi}{\sqrt{2}} f_n, \qquad f_{\eta'}^s = \cos\phi\, f_s. \end{aligned} \tag{8.101}$$

考虑 $\mathcal{H}_{\rm eff}$ 的强子矩阵元。

$$\begin{aligned} \mathcal{M} = & < M_2(P_2)M_3(P_3)|\mathcal{H}_{\rm eff}|B^- > \\ = & \frac{G_F}{\sqrt{2}}\left\{V_{ub}V_{uq}^*\left[C_1(\mu) < M_2M_3|O_1^u(\mu)|B^- > + C_2(\mu) < M_2M_3|O_2^u(\mu)|B^- >\right]\right. \\ & \left. - V_{tb}V_{tq}^*\left[\sum_{i=3}^{10} C_i(\mu) < M_2M_3|O_i(\mu)|B^- >\right]\right\} \end{aligned} \tag{8.102}$$

对 $B^- \to K^-\eta$ 衰变过程，采用领头阶 pQCD 因子化方案，共有 16 个图有贡献。图 8.5、图 8.6 表示与 $B^- \to K^-$ 跃迁相关的费恩曼图 (a1~h1)；图 8.7、图 8.8 表示与 $B^- \to \eta$ 跃迁相关的费恩曼图 (a2~h2)。

我们首先考虑图 8.5 所示的费恩曼图 (a1~d1)，这时 $M_2 = \eta, M_3 = K^-$。把 O_i 的矩阵元简记为 $< O_i > = < M_2(P_2)M_3(P_3)|O_i|B^-(P_1) >$。

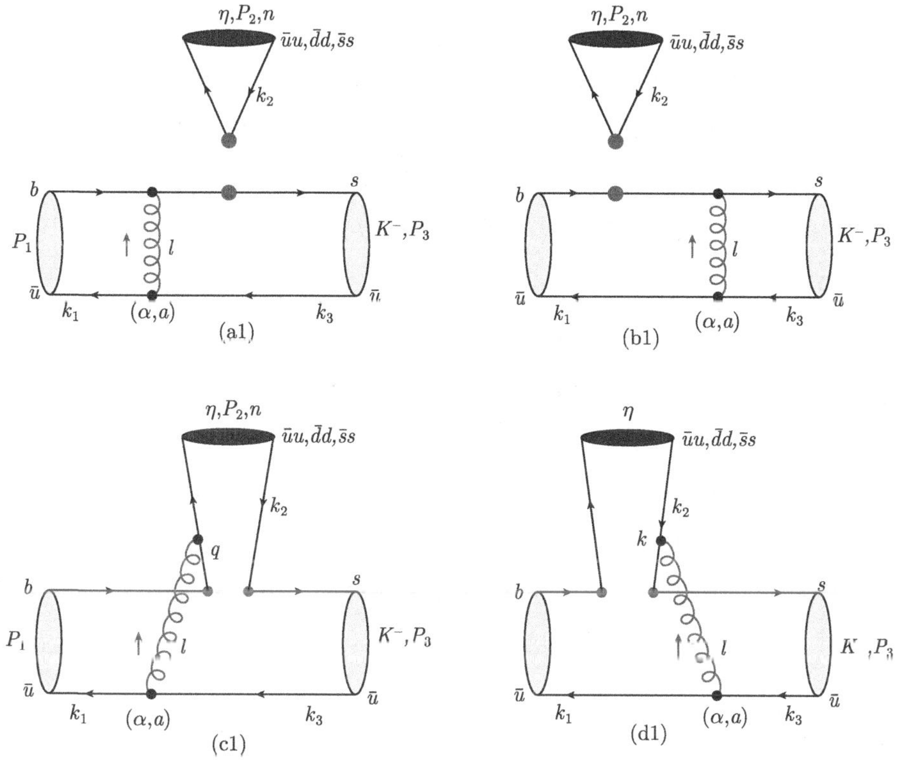

图 8.5 当 K^- 介子吸收旁观者夸克时，$B^- \to K^-\eta$ 衰变过程的 2 个可因子化发射图 (a1,b1) 与 2 个不可因子化旁观者图 (c1,d1)

对可因子化的发射图 (a1,b1)，各个算符矩阵元为

$$
\begin{aligned}
< O_1 > &= < K^-\eta|(\bar{s}b)_{V-A}\ (\bar{u}u)_{V-A}|B^- > \\
&= < \eta|(\bar{u}u)_{V-A}|0 > \cdot < K^-|(\bar{s}b)_{V-A}|B^- > \\
&= f_\eta^u\ F_{eK}^{V-A},
\end{aligned} \tag{8.103}
$$

$$
\begin{aligned}
< O_2 > &= < K^-\eta|(\bar{s}_\alpha b_\beta)_{V-A}\ (\bar{u}_\beta u_\alpha)_{V-A}|B^- > \\
&= < \eta|(\bar{u}_\beta u_\alpha)_{V-A}|0 > \cdot < K^-|(\bar{s}_\alpha b_\beta)_{V-A}|B^- > \\
&= \frac{1}{N_c}\ f_\eta^u\ F_{eK}^{V-A}.
\end{aligned} \tag{8.104}
$$

同理有:

$$
\begin{aligned}
< O_3 > &= < K^-\eta|(\bar{s}b)_{V-A}\ (\bar{u}u + \bar{d}d + \bar{s}s)_{V-A}|B^- > \\
&= < \eta|(\bar{u}u + \bar{d}d + \bar{s}s)_{V-A}|0 > \cdot < K^-|(\bar{s}b)_{V-A}|B^- > \\
&\quad + < \eta|(\bar{s}_\beta s_\alpha)_{V-A}|0 > \cdot < K^-|(\bar{s}_\alpha b_\beta)_{V-A}|B^- > \\
&= \left[f_\eta^u + f_\eta^d + f_\eta^s\right] \cdot F_{eK}^{V-A} + \frac{1}{N_c} f_\eta^s \cdot F_{eK}^{V-A}, \qquad (8.105)\\
< O_4 > &= < K^-\eta|(\bar{s}_\alpha b_\beta)_{V-A}\ (\bar{u}_\beta u_\alpha + \bar{d}_\beta d_\alpha + \bar{s}_\beta s_\alpha)_{V-A}|B^- > \\
&= < \eta|(\bar{u}_\beta u_\alpha + \bar{d}_\beta d_\alpha + \bar{s}_\beta s_\alpha)_{V-A}|0 > \cdot < K^-|(\bar{s}_\alpha b_\beta)_{V-A}|B^- > \\
&\quad + < \eta|(\bar{s}s)_{V-A}|0 > \cdot < K^-|(\bar{s}b)_{V-A}|B^- > \\
&= \frac{1}{N_c}\left[f_\eta^u + f_\eta^d + f_\eta^s\right] \cdot F_{eK}^{V-A} + f_\eta^s \cdot F_{eK}^{V-A}, \qquad (8.106)\\
< O_5 > &= < K^-\eta|(\bar{s}b)_{V-A}\ (\bar{u}u + \bar{d}d + \bar{s}s)_{V+A}|B^- > \\
&= < \eta|(\bar{u}u + \bar{d}d + \bar{s}s)_{V+A}|0 > \cdot < K^-|(\bar{s}b)_{V-A}|B^- > \\
&\quad + (-2) < \eta|(\bar{s}_\beta s_\alpha)_{S+P}|0 > \cdot < K^-|(\bar{s}_\alpha b_\beta)_{S-P}|B^- > \\
&= -\left[f_\eta^u + f_\eta^d + f_\eta^s\right] \cdot F_{eK}^{V-A} + \frac{1}{N_c} f_\eta^s \cdot F_{eK}^{S-P}, \qquad (8.107)\\
< O_6 > &= < K^-\eta|(\bar{s}_\alpha b_\beta)_{V-A}\ (\bar{u}_\beta u_\alpha + \bar{d}_\beta d_\alpha + \bar{s}_\beta s_\alpha)_{V+A}|B^- > \\
&= < \eta|(\bar{u}_\beta u_\alpha + \bar{d}_\beta d_\alpha + \bar{s}_\beta s_\alpha)_{V+A}|0 > \cdot < K^-|(\bar{s}_\alpha b_\beta)_{V-A}|B^- > \\
&\quad + (-2) < \eta|(\bar{s}s)_{S+P}|0 > \cdot < K^-|(\bar{s}b)_{S-P}|B^- > \\
&= -\frac{1}{N_c}\left[f_\eta^u + f_\eta^d + f_\eta^s\right] \cdot F_{eK}^{V-A} + f_\eta^s \cdot F_{eK}^{S-P}, \qquad (8.108)
\end{aligned}
$$

其中

$$
\begin{aligned}
f_\eta^q \cdot F_{eK}^{V-A} &= -f_\eta^q \cdot F_{eK}^{V+A} = < \eta K^-|(\bar{s}b)_{V-A} \cdot (\bar{q}q)_{V-A}|B^- >, \\
f_\eta^s \cdot F_{eK}^{S-P} &= (-2) < \eta K^-|(\bar{s}s)_{S+P} \cdot (\bar{s}b)_{S-P}|B^- > . \qquad (8.109)
\end{aligned}
$$

对电弱企鹅图部分有:

$$
\begin{aligned}
< O_7 > &= < K^-\eta|(\bar{s}b)_{V-A}\ (\bar{u}u - \frac{1}{2}\bar{d}d - \frac{1}{2}\bar{s}s)_{V+A}|B^- > \\
&= < \eta|(\bar{u}u - \frac{1}{2}\bar{d}d - \frac{1}{2}\bar{s}s)_{V+A}|0 > \cdot < K^-|(\bar{s}b)_{V-A}|B^- > \\
&\quad + (-\boldsymbol{2}) < \eta| - \boldsymbol{\frac{1}{2}(\bar{s}_\beta s_\alpha)_{S+P}|0} > \cdot < \boldsymbol{K^-|(\bar{s}_\alpha b_\beta)_{S-P}|B^-} > \\
&= -\left[f_\eta^u - \frac{1}{2}f_\eta^d - \frac{1}{2}f_\eta^s\right] \cdot F_{eK}^{V-A} - \frac{1}{2}\frac{1}{N_c} f_\eta^s \cdot F_{eK}^{S-P}, \qquad (8.110)
\end{aligned}
$$

$$\begin{aligned}
< O_8 > =& < K^-\eta \left| (\bar{s}_\alpha b_\beta)_{V-A} \left(\bar{u}_\beta u_\alpha - \frac{1}{2}\bar{d}_\beta d_\alpha - \frac{1}{2}\bar{s}_\beta s_\alpha \right)_{V+A} \right| B^- > \\
=& < \eta \left| \left(\bar{u}_\beta u_\alpha - \frac{1}{2}\bar{d}_\beta d_\alpha - \frac{1}{2}\bar{s}_\beta s_\alpha \right)_{V+A} \right| 0 > \cdot < K^-|(\bar{s}_\alpha b_\beta)_{V-A}|B^- > \\
&+(-2) < \eta \left| -\frac{1}{2}(\bar{s}s)_{S+P} \right| 0 > \cdot < K^-|(\bar{s}b)_{S-P}|B^- > \\
=& -\frac{1}{N_c}\left[f_\eta^u - \frac{1}{2}f_\eta^d - \frac{1}{2}f_\eta^s \right] \cdot F_{eK}^{V-A} - \frac{1}{2}f_\eta^s \cdot F_{eK}^{S-P},
\end{aligned} \tag{8.111}$$

$$\begin{aligned}
< O_9 > =& < K^-\eta \left| (\bar{s}b)_{V-A} \left(\bar{u}u - \frac{1}{2}\bar{d}d - \frac{1}{2}\bar{s}s \right)_{V-A} \right| B^- > \\
=& < \eta \left| \left(\bar{u}u - \frac{1}{2}\bar{d}d - \frac{1}{2}\bar{s}s \right)_{V-A} \right| 0 > \cdot < K^-|(\bar{s}b)_{V-A}|B^- > \\
&-\frac{1}{2} < \eta|(\bar{s}_\beta s_\alpha)_{V-A}|0 > \cdot < K^-|(\bar{s}_\alpha b_\beta)_{V-A}|B^- > \\
=& \left[f_\eta^u - \frac{1}{2}f_\eta^d - \frac{1}{2}f_\eta^s \right] \cdot F_{eK}^{V-A} - \frac{1}{2N_c}\, f_\eta^s \cdot F_{eK}^{V-A},
\end{aligned} \tag{8.112}$$

$$\begin{aligned}
< O_{10} > =& < K^-\eta|(\bar{s}_\alpha b_\beta)_{V-A} \left(\bar{u}_\beta u_\alpha - \frac{1}{2}\bar{d}_\beta d_\alpha - \frac{1}{2}\bar{s}_\beta s_\alpha \right)_{V-A} |B^- > \\
=& < \eta \left| \left(\bar{u}_\beta u_\alpha - \frac{1}{2}\bar{d}_\beta d_\alpha - \frac{1}{2}\bar{s}_\beta s_\alpha \right)_{V-A} \right| 0 > \cdot < K^-|(\bar{s}_\alpha b_\beta)_{V-A}|B^- > \\
&-\frac{1}{2} < \eta|(\bar{s}s)_{V-A}|0 > \cdot < K^-|(\bar{s}b)_{V-A}|B^- > \\
=& \frac{1}{N_c}\left[f_\eta^u - \frac{1}{2}f_\eta^d - \frac{1}{2}f_\eta^s \right] \cdot F_{eK}^{V-A} - \frac{1}{2}\, f_\eta^s \cdot F_{eK}^{V-A}.
\end{aligned} \tag{8.113}$$

在计算了与 $B^- \to K^-\eta$ 的前两个图 (a1, b1) 相关的矩阵元后，衰变振幅可以写为

$$\begin{aligned}
\mathcal{A}^{a1+b1} =& < K^-\eta|\mathcal{H}_{\rm eff}|B^- > \\
=& \frac{G_F}{\sqrt{2}} \cdot \left\{ \lambda_u \left[C_1 < O_1^u > + C_2 < O_2^u > \right] - \lambda_t \sum_{i=3}^{10} C_i < O_i > \right\} \\
=& \frac{G_F}{\sqrt{2}}\lambda_u \cdot a_2 \cdot f_\eta^u\, F_{eK}^{V-A} \\
&-\frac{G_F}{\sqrt{2}}\lambda_t \left\{ (a_3 - a_5)\left(f_\eta^u + f_\eta^d + f_\eta^s \right) \cdot F_{eK}^{V-A} + \left(a_4 - \frac{1}{2}a_{10} \right) f_\eta^s \cdot F_{eK}^{V-A} \right. \\
&\left. -(a_7 - a_9)\left(f_\eta^u - \frac{1}{2}f_\eta^d - \frac{1}{2}f_\eta^s \right) \cdot F_{eK}^{V-A} + \left(a_6 - \frac{1}{2}a_8 \right) f_\eta^s \cdot F_{eK}^{S-P} \right\}
\end{aligned}$$

$$
\begin{aligned}
&= \frac{G_F}{\sqrt{2}} \left\{ [\lambda_u\, a_2 - \lambda_t(a_3 - a_5 - a_7 + a_9)] \cdot f_\eta^u\, F_{eK}^{V-A} \right. \\
&\quad -\lambda_t \left[a_3 - a_5 + \frac{1}{2}(a_7 - a_9) \right] \cdot f_\eta^d\, F_{eK}^{V-A} \\
&\quad -\lambda_t \left[a_3 + a_4 - a_5 + \frac{1}{2}(a_7 - a_9) - \frac{1}{2} a_{10} \right] \cdot f_\eta^s\, F_{eK}^{V-A} \\
&\quad \left. -\lambda_t \left(a_6 - \frac{1}{2} a_8 \right) \cdot f_\eta^s\, F_{eK}^{S-P} \right\}.
\end{aligned} \tag{8.114}
$$

其中的 $f_\eta^{u,d,s}$ 见式 (8.101)。衰变振幅 F_{eK}^{V-A} 和 F_{eK}^{S-P} 分别表示与 $B^- \to K^-$ 跃迁相联系的，两个可因子化的图 (a1,b1) 的 $(V-A)\otimes(V-A)$ 流和 $(S+P)\otimes(S-P)$ 流的贡献。由式 (8.28) 可得

$$
\begin{aligned}
F_{eK}^{V-A} = {}& 8\pi C_F M_B^4 \cdot \int_0^1 dx_1 dx_3 \int_0^\infty b_1 db_1\, b_3 db_3\, \phi_B(x_1, b_1) \cdot \left\{ \left[(1+x_3)\phi_k^A(x_3) \right.\right. \\
& \left. + r_k(1-2x_3)\left(\phi_k^P(x_3) + \phi_k^T(x_3) \right) \right] \cdot E_e(t_a)\, h_e(x_1, x_3, b_1, b_3) \\
& \left. + 2 r_k \phi_k^P(x_3) \cdot E_e(t_b)\, h_e(x_3, x_1, b_3, b_1) \right\}.
\end{aligned} \tag{8.115}
$$

其中 $r_k = m_0^K / M_B$，其余函数 $[E_e(t_a), E_e(t_b), t_a, t_b, h_e(x_1, x_3, b_1, b_3)]$ 的表达式在前节已经给出。

注意：如果对所有图形矩阵元都乘上一个因子 “$-i$”，即相当于取

$$
\Phi_B = \frac{1}{2N_c} (\not{p}_1 + M_B)\, \gamma_5 \phi_B \tag{8.116}
$$

那么就有

$$
F_{eK}^{V-A} = \frac{-i}{f_K} < a+b >_{V-A} = \cdots. \tag{8.117}
$$

其中对$< a+b >_{V-A}$的分母做傅里叶变换，对相空间积分的操作隐含在表达式中。

注意，在采用 pQCD 因子化时，可以由矩阵元 F_{eK}^{V-A} 抽出形状因子 $F_0^{B\to K}(0)$。形状因子是实数，这也就是我们乘上一个“$-i$”因子的原因。

另外根据式 (8.19)、(8.27) 的结果，可得

$$
\begin{aligned}
F_{eK}^{S-P} &= \frac{-i}{f_K} < a+b >_{S-P} \\
&= 16\pi C_F \cdot r_\eta \cdot \int_0^1 dx_1 dx_3 \int_0^\infty b_1 db_1\, b_3 db_3\, \phi_B(x_1, b_1) \\
&\quad \cdot \left\{ \left[\phi_k^A + r_k(2+x_3)\phi_k^P - r_k x_3 \phi_k^T \right] \cdot E_e(t_a)\, h_e(x_1, x_3, b_1, b_3) \right. \\
&\quad \left. + 2 r_k \phi_k^P \cdot E_e(t_b)\, h_e(x_3, x_1, b_3, b_1) \right\}.
\end{aligned} \tag{8.118}
$$

对 $B^- \to K^-\eta$ 的前两个图，考虑 η 介子的各个 $\bar{q}q$ 分量，那么 4- 费米算符 $\mathcal{O}_{1,\cdots,10}$ 对 $\bar{u}u$ 分量贡献，$\mathcal{O}_{3,\cdots,10}$ 对 $\bar{d}d$ 和 $\bar{s}s$ 分量贡献。因此，对应振幅可以由表 8.1 直接读出。**当然，直接计算的方法最可靠。**

表 8.1 只考虑 (a,b) 图时，η 介子的各个 $\bar{q}q$ 分量的贡献

$\bar{q}q \in \eta$	$(V-A) \propto F_{ek}$	$(V+A) \propto -F_{ek}$	$(S-P) \propto F_{ek}^{SP}$
$\bar{u}u : (f_\eta^u)$	$C_1 + \frac{1}{N_c}C_2 = a_2$ $C_3 + \frac{1}{N_c}C_4 = a_3$ $C_9 + \frac{1}{N_c}C_{10} = a_9$	$C_5 + \frac{1}{N_c}C_6 = a_5$ $C_7 + \frac{1}{N_c}C_8 = a_7$	
$\bar{d}d : (f_\eta^d)$	$C_3 + \frac{1}{N_c}C_4 = a_3$ $-\frac{1}{2}\left(C_9 + \frac{1}{N_c}C_{10}\right)$	$C_5 + \frac{1}{N_c}C_6 = a_5$ $-\frac{1}{2}\left(C_7 + \frac{1}{N_c}C_8\right)$	
$\bar{s}s : (f_\eta^s)$	$C_3 + \frac{1}{N_c}C_4 = a_3$ $C_4 + \frac{1}{N_c}C_3 = a_4$ $-\frac{1}{2}\left(C_9 + \frac{1}{N_c}C_{10}\right)$ $-\frac{1}{2}\left(C_{10} + \frac{1}{N_c}C_9\right)$	$C_5 + \frac{1}{N_c}C_6 = a_5$ $-\frac{1}{2}\left(C_7 + \frac{1}{N_c}C_8\right)$	$C_6 + \frac{1}{N_c}C_5 = a_6$ $-\frac{1}{2}(C_8 + \frac{1}{N_c}C_7) = -\frac{1}{2}a_8$

现在计算 $B^- \to K^-$ 跃迁的旁观者图 (c1,d1) 的算符矩阵元。考虑不可因子化的旁观者图 (c1,d1)，有三种类型的算符矩阵元：

$$
\begin{aligned}
M_{eK}^{q,V-A} &= < \eta K^- |(\bar{s}q)_{V-A}\ (\bar{q}b)_{V-A}|B^- >, \quad q = u, d, s, \\
M_{eK}^{s,V+A} &= < \eta K^- |(\bar{s}b)_{V-A}\ (\bar{s}s)_{V+A}|B^- >, \\
M_{eK}^{q,S-P} &= -2 < \eta K^- |(\bar{s}q)_{S+P}\ (\bar{q}b)_{S-P}|B^- >, \quad q = u, d, s.
\end{aligned} \tag{8.119}
$$

对于不可因子化的图，只有直接的色单态算符才有贡献，没有由于色指标的交换而导致的色单态的贡献。考虑各个 $\mathcal{O}_i$ 矩阵元，有

$$
< O_1 > = < \eta K^- |(\bar{s}_\beta u_\alpha)_{V-A}\ (\bar{u}_\alpha b_\beta)_{V-A}|B^- > = 0, \tag{8.120}
$$

$$
< O_2 > = < \eta K^- |(\bar{s}u)_{V-A}\ (\bar{u}b)_{V-A}|B^- > = M_{eK}^{u,V-A}, \tag{8.121}
$$

$$
< O_3 > = < \eta K^- |(\bar{s}b)_{V-A}\ (\bar{u}u + \bar{d}d + \bar{s}s)_{V-A}|B^- > = M_{eK}^{s,V-A}, \tag{8.122}
$$

$$
\begin{aligned}
< O_4 > &= < \eta K^- |(\bar{s}_\beta b_\alpha)_{V-A}\ (\bar{u}_\alpha u_\beta + \bar{d}_\alpha d_\beta + \bar{s}_\alpha s_\beta)_{V-A}|B^- > \\
&= \left[M_{eK}^{u,V-A} + M_{eK}^{d,V-A} + M_{eK}^{s,V-A}\right],
\end{aligned} \tag{8.123}
$$

$$
< O_5 > = < \eta K^- |(\bar{s}b)_{V-A}\ (\bar{u}u + \bar{d}d + \bar{s}s)_{V+A}|B^- > = M_{eK}^{s,V-A}, \tag{8.124}
$$

$$
\begin{aligned}
< O_6 > &= < \eta K^- |(\bar{s}_\beta b_\alpha)_{V-A}\ (\bar{u}_\alpha u_\beta + \bar{d}_\alpha d_\beta + \bar{s}_\alpha s_\beta)_{V+A}|B^- > \\
&= M_{eK}^{u,S-P} + M_{eK}^{d,S-P} + M_{eK}^{s,S-P},
\end{aligned} \tag{8.125}
$$

对电弱企鹅图部分有:

$$< O_7 > = < \eta K^-|(\bar{s}b)_{V-A}\ (\bar{u}u - \frac{1}{2}\bar{d}d - \frac{1}{2}\bar{s}s)_{V+A}|B^- > = -\frac{1}{2}M_{eK}^{s,V+A}, \quad (8.126)$$

$$\begin{aligned} < O_8 > &= < \eta K^-|(\bar{s}_\alpha b_\beta)_{V-A}\ (\bar{u}_\beta u_\alpha - \frac{1}{2}\bar{d}_\beta d_\alpha - \frac{1}{2}\bar{s}_\beta s_\alpha)_{V+A}|B^- > \\ &= M_{eK}^{u,S-P} - \frac{1}{2}M_{eK}^{d,S-P} - \frac{1}{2}M_{eK}^{s,S-P}, \end{aligned} \quad (8.127)$$

$$< O_9 > = < \eta K^-|(\bar{s}b)_{V-A}\ (\bar{u}u - \frac{1}{2}\bar{d}d - \frac{1}{2}\bar{s}s)_{V-A}|B^- > = -\frac{1}{2}M_{eK}^{s,V-A}, \quad (8.128)$$

$$\begin{aligned} < O_{10} > &= < \eta K^-|(\bar{s}_\alpha b_\beta)_{V-A}\ (\bar{u}_\beta u_\alpha - \frac{1}{2}\bar{d}_\beta d_\alpha - \frac{1}{2}\bar{s}_\beta s_\alpha)_{V-A}|B^- > \\ &= M_{eK}^{u,V-A} - \frac{1}{2}M_{eK}^{d,V-A} - \frac{1}{2}M_{eK}^{s,V-A}. \end{aligned} \quad (8.129)$$

这样，与旁观者图对应的振幅为

$$\begin{aligned} \mathcal{A}^{c+d} &= < \eta K^-|\mathcal{H}_{\text{eff}}|B^- > \\ &= \frac{G_F}{\sqrt{2}}\left\{\lambda_u\, C_2\, M_{eK}^{u,V-A} - \lambda_t\left[(C_4 + C_{10})\cdot M_{eK}^{u,V-A} + \left(C_4 - \frac{1}{2}C_{10}\right)\cdot M_{eK}^{d,V-A}\right.\right. \\ &\quad + \left(C_3 + C_4 - \frac{1}{2}(C_9 + C_{10})\right)\cdot M_{eK}^{s,V-A} + \left(C_5 - \frac{1}{2}C_7\right)\cdot M_{eK}^{s,V+A} \\ &\quad \left.\left. + (C_6 + C_8)\cdot M_{eK}^{u,S-P} + \left(C_6 - \frac{1}{2}C_8\right)\cdot\left(M_{eK}^{d,S-P} + M_{eK}^{s,S-P}\right)\right]\right\}. \end{aligned} \quad (8.130)$$

其中的各个衰变振幅为

$$\begin{aligned} M_{eK}^{q,V-A} &= -i < c + d >_{V-A} \\ &= \frac{32}{\sqrt{6}}\pi C_F M_B^4 \int_0^1 dx_1 dx_2 dx_3 \int_0^\infty b_1 db_1\, b_2 db_2 \cdot \phi_B(x_1, b_1)\cdot \phi_\eta^A(x_2) \\ &\quad \cdot\left\{\left[(1 - x_2)\phi_k^A - r_k x_3(\phi_k^P - \phi_k^T)\right]\cdot E_e'(t_c)\cdot h_n(x_1, 1 - x_2, x_3, b_1, b_2)\right. \\ &\quad \left. - \left[(x_2 + x_3)\phi_k^A - x_3 r_k(\phi_k^P + \phi_k^T)\right]\cdot E_e'(t_d)\cdot h_n(x_1, x_2, x_3, b_1, b_2)\right\}, \end{aligned} \quad (8.131)$$

$$\begin{aligned} M_{eK}^{s,V+A} &= -i < c + d >_{V+A} \\ &= \frac{32}{\sqrt{6}}\pi C_F M_B^4 \cdot r_\eta^s \int_0^1 dx_1 dx_2 dx_3 \int_0^\infty b_1 db_1\, b_2 db_2\ \phi_B(x_1, b_1) \\ &\quad \cdot\left\{\left[(1 - x_2)\left(\phi_\eta^P + \phi_\eta^T\right)\phi_k^A + x_3 r_k\left(\phi_\eta^P - \phi_\eta^T\right)\left(\phi_k^P + \phi_k^T\right)\right.\right. \\ &\quad \left. + (1 - x_2) r_k\left(\phi_\eta^P + \phi_\eta^T\right)\left(\phi_k^P - \phi_k^T\right)\right]\cdot E_e'(t_c)\cdot h_n(x_1, 1 - x_2, x_3, b_1, b_2) \\ &\quad - \left[x_2\left(\phi_\eta^P - \phi_\eta^T\right)\phi_k^A + x_2 r_k\left(\phi_\eta^P - \phi_\eta^T\right)\left(\phi_k^P + \phi_k^T\right)\right. \\ &\quad \left.\left. + x_3 r_k\left(\phi_\eta^P + \phi_\eta^T\right)\left(\phi_k^P + \phi_k^T\right)\right]\cdot E_e'(t_d)\cdot h_n(x_1, x_2, x_3, b_1, b_2)\right\}, \end{aligned} \quad (8.132)$$

其中 $r_\eta^s = m_0^{\eta_s}/M_B$。

$$\begin{aligned}
M_{eK}^{q,S-P} =& -i < c+d >_{S+P} \\
=& \frac{32}{\sqrt{6}}\pi C_F M_B^4 \int_0^1 dx_1 dx_2 dx_3 \int_0^\infty b_1 db_1\, b_2 db_2\, \phi_B(x_1,b_1)\, \phi_\eta^A \\
& \cdot \left\{ \left[(x_2 - x_3 - 1)\phi_k^A + x_3 r_k \left(\phi_k^P + \phi_k^T\right)\right] \cdot E_e'(t_c) \cdot h_n(x_1, 1-x_2, x_3, b_1, b_2) \right. \\
& \left. + \left[x_2\phi_k^A - x_3 r_k(\phi_k^P - \phi_k^T)\right] \cdot E_e'(t_d) \cdot h_n(x_1, x_2, x_3, b_1, b_2) \right\}. \qquad (8.133)
\end{aligned}$$

其中能标为

$$t_c = \mathrm{Max}\left\{\sqrt{x_1x_3}M_B, \sqrt{|1-x_1-x_2|x_3}M_B, 1/b_1, 1/b_2\right\}, \qquad (8.134)$$

$$t_d = \mathrm{Max}\left\{\sqrt{x_1x_3}M_B, \sqrt{|x_1-x_2|x_3}M_B, 1/b_1, 1/b_2\right\}. \qquad (8.135)$$

演化因子为

$$\begin{aligned}
E_e(t) &= \alpha_s(t) \cdot \exp[-S_B(t) - S_k(t)], \\
E_e'(t) &= \alpha_s(t) \cdot \exp[-S_B(t) - S_\eta(t) - S_k(t)]\,|_{b_1=b_3}\,. \qquad (8.136)
\end{aligned}$$

函数 h_n 包含夸克和胶子部分的贡献

$$\begin{aligned}
h_n(x_1,x_2,x_3,b_1,b_2) =& [\theta(b_2-b_1)K_0(\sqrt{x_1x_3}M_{B_s}b_2)I_0(\sqrt{x_1x_3}M_{B_s}b_1) \\
& + \theta(b_1-b_2)K_0(\sqrt{x_1x_3}M_{B_s}b_1)I_0(\sqrt{x_1x_3}M_{B_s}b_2)] \\
& \cdot \begin{cases} \frac{i\pi}{2}H_0^{(1)}(\sqrt{(x_2-x_1)x_3}M_{B_s}b_2), & x_1-x_2<0; \\ K_0(\sqrt{(x_1-x_2)x_3}M_{B_s}b_2), & x_1-x_2>0; \end{cases} \qquad (8.137)
\end{aligned}$$

如图 8.6 所示，考虑与湮没图 (e1,f1) 相对应的算符矩阵元。其中 $M_3 = K^-, M_2 = \eta$。O_i **的矩阵元简记为** $< O_i > = < M_2(P_2)M_3(P_3)|O_i|B^- >$。

考虑可因子化湮没图 (e1,f1)，有两种类型的算符矩阵元:

$$\begin{aligned}
f_B F_{aK}^{V-A} &= < \eta K^-|(\bar{s}u)_{V-A}\,(\bar{u}b)_{V-A}|B^- >, \\
f_B F_{aK}^{S-P} &= -2 < \eta K^-|(\bar{s}u)_{S+P}\,(\bar{u}b)_{S-P}|B^- >. \qquad (8.138)
\end{aligned}$$

考虑各个 O_i 矩阵元，有

$$\begin{aligned}
< O_1 > =& < \eta K^-|(\bar{s}_\beta u_\alpha)_{V-A}\,(\bar{u}_\alpha b_\beta)_{V-A}|B^- > \\
=& \frac{1}{N_c} < \eta K^-|(\bar{s}u)_{V-A}\,(\bar{u}b)_{V-A}|B^- > \\
=& \frac{1}{N_c} < \eta K^-|(\bar{s}u)_{V-A}|0> \cdot <0|(\bar{u}b)_{V-A}|B^- > = \frac{1}{N_c} f_B F_{aK}^{V-A}, \\
< O_2 > =& < \eta K^-|(\bar{s}u)_{V-A}\,(\bar{u}b)_{V-A}|B^- > = f_B F_{aK}^{V-A}, \qquad (8.139)
\end{aligned}$$

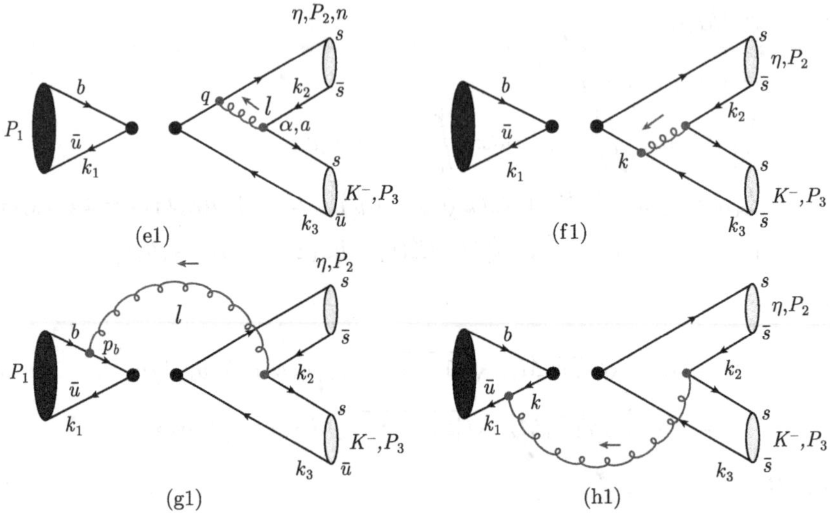

图 8.6　$B^- \to K^-\eta$ 衰变过程的第一组湮没图

$$
\begin{aligned}
<O_3>=&<\eta K^-|(\bar s b)_{V-A}\,(\bar u u)_{V-A}|B^->=\frac{1}{N_c}f_B F_{aK}^{V-A},\\
<O_4>=&<\eta K^-|(\bar s_\beta b_\alpha)_{V-A}\,(\bar u_\alpha u_\beta)_{V-A}|B^->=f_B F_{aK}^{V-A}, \qquad (8.140)\\
<O_5>=&<\eta K^-|(\bar s b)_{V-A}\,(\bar u u)_{V+A}|B^->\\
&=(-2)<\eta K^-|(\bar s_\beta u_\alpha)_{S+P}\,(\bar u_\alpha b_\beta)_{S-P}|B^->\\
&=(-2)\frac{1}{N_c}<\eta K^-|(\bar s u)_{S+P}|0>\cdot<0|(\bar u b)_{S-P}|B^->=\frac{1}{N_c}f_B F_{aK}^{S-P},\\
<O_6>=&<\eta K^-|(\bar s_\beta b_\alpha)_{V-A}\,(\bar u_\alpha u_\beta)_{V-A}|B^->=f_B F_{aK}^{S-P}, \qquad (8.141)\\
<O_7>=&<\eta K^-|(\bar s b)_{V-A}\,(\bar u u)_{V+A}|B^->\\
&=(-2)\frac{1}{N_c}<\eta K^-|(\bar s u)_{S+P}|0>\cdot<0|(\bar u b)_{S-P}|B^->=\frac{1}{N_c}f_B F_{aK}^{S-P},\\
<O_8>=&<\eta K^-|(\bar s_\beta b_\alpha)_{V-A}\,(\bar u_\alpha u_\beta)_{V-A}|B^->=f_B F_{aK}^{S-P}, \qquad (8.142)\\
<O_9>=&<\eta K^-|(\bar s b)_{V-A}\,(\bar u u)_{V-A}|B^->=\frac{1}{N_c}f_B F_{aK}^{V-A},\\
<O_{10}>=&<\eta K^-|(\bar s_\beta b_\alpha)_{V-A}\,(\bar u_\alpha u_\beta)_{V-A}|B^->=f_B F_{aK}^{V-A}. \qquad (8.143)
\end{aligned}
$$

所以，与图 (e1,f1) 相对应的振幅为

$$
\mathcal{A}^{e1+f1}=\frac{G_F}{\sqrt{2}}f_B\cdot\left\{\lambda_u a_1\, F_{aK}^{V-A}-\lambda_t\left[(a_4+a_{10})F_{aK}^{V-A}+(a_6+a_8)F_{aK}^{S-P}\right]\right\}. \qquad (8.144)
$$

其中 $a_1=C_2+C_1/3\approx 1$，另外有

$$
F_{aK}^{V-A}=\frac{-i}{f_B}<e+f>_{V-A}=8\pi C_F M_B^4\int_0^1 dx_2dx_3\int_0^\infty b_2db_2b_3db_3
$$

$$
\begin{aligned}
&\cdot\left\{\left[(x_3-1)\phi_\eta^A\phi_k^A - 4r_\eta r_k\phi_\eta^P\phi_k^P + 2x_3r_\eta r_k\phi_\eta^P\left(\phi_k^P-\phi_k^T\right)\right]\right.\\
&\cdot E_a(t_e)\cdot h_a(x_2,1-x_3,b_2,b_3)\\
&+\left[x_2\phi_\eta^A\phi_k^A + 2r_\eta r_k\left(\phi_\eta^P-\phi_\eta^T\right)\phi_k^P + 2r_\eta r_k x_2\left(\phi_\eta^P+\phi_\eta^T\right)\phi_k^P\right]\\
&\left.\cdot E_a(t_f)\cdot h_a(1-x_3,x_2,b_3,b_2)\right\},
\end{aligned} \tag{8.145}
$$

$$
\begin{aligned}
F_{aK}^{S-P} = \frac{-i}{f_B} < e+f >_{S-P} = 8\pi C_F M_B^4 \int_0^1 dx_2dx_3\int_0^\infty b_2db_2b_3db_3\\
\cdot\left\{\left[2r_\eta\phi_\eta^P\phi_k^A + (1-x_3)r_k\phi_\eta^A\left(\phi_k^P+\phi_k^T\right)\right]\cdot E_a(t_e)\cdot h_a(x_2,1-x_3,b_2,b_3)\right.\\
\left.+\left[2r_k\phi_\eta^A\phi_k^P + x_2r_\eta\left(\phi_\eta^P-\phi_\eta^T\right)\phi_k^A\right]\cdot E_a(t_f)\cdot h_a(1-x_3,x_2,b_3,b_2)\right\}
\end{aligned} \tag{8.146}
$$

其中

$$t_e = \mathrm{Max}\left\{\sqrt{1-x_3}M_B, 1/b_2, 1/b_3\right\}, \tag{8.147}$$

$$t_f = \mathrm{Max}\left\{\sqrt{x_2}M_B, 1/b_2, 1/b_3\right\}, \tag{8.148}$$

$$E_a(t) = \alpha_s(t)\cdot\exp[-S_\eta(t) - S_k(t)], \tag{8.149}$$

$$
\begin{aligned}
h_a(x_2,x_3,b_2,b_3) = \left(\frac{i\pi}{2}\right)^2 H_0^{(1)}(\sqrt{x_2x_3}M_Bb_2)\\
\cdot\left[\theta(b_2-b_3)H_0^{(1)}(\sqrt{x_3}M_Bb_2)J_0(\sqrt{x_3}M_Bb_3)\right.\\
\left.+\quad\theta(b_3-b_2)H_0^{(1)}(\sqrt{x_3}M_Bb_3)J_0(\sqrt{x_3}M_Bb_2)\right]\cdot S_t(x_3).
\end{aligned} \tag{8.150}
$$

考虑与不可因子化湮没图 (g1,h1) **相对应的算符矩阵元。其中** $M_3 = K^-, M_2 = \eta$。

与湮没图 (g1,h1) 相对应，有两种类型的算符矩阵元：

$$
\begin{aligned}
M_{aK}^{V-A} &= < \eta K^-|(\bar{s}b)_{V-A}\,(\bar{u}u)_{V-A}|B^- >,\\
M_{aK}^{V+A} &= < \eta K^-|(\bar{s}b)_{V-A}\,(\bar{u}u)_{V+A}|B^- > .
\end{aligned} \tag{8.151}
$$

考虑各个 $\mathcal{O}_i$ 矩阵元，有

$$
\begin{aligned}
< O_1 > &= < \eta K^-|(\bar{s}_\beta u_\alpha)_{V-A}\,(\bar{u}_\alpha b_\beta)_{V-A}|B^- >\\
&= < \eta K^-|(\bar{s}b)_{V-A}\,(\bar{u}u)_{V-A}|B^- > = M_{aK}^{V-A},\\
< O_3 > &= < \eta K^-|(\bar{s}b)_{V-A}\,(\bar{u}u)_{V-A}|B^- > = M_{aK}^{V-A},\\
< O_5 > &= < \eta K^-|(\bar{s}b)_{V-A}\,(\bar{u}u)_{V+A}|B^- > = M_{aK}^{V+A},\\
< O_7 > &= < \eta K^-|(\bar{s}b)_{V-A}\,(\bar{u}u)_{V+A}|B^- > = M_{aK}^{V+A},\\
< O_9 > &= < \eta K^-|(\bar{s}b)_{V-A}\,(\bar{u}u)_{V-A}|B^- > = M_{aK}^{V-A}.
\end{aligned} \tag{8.152}
$$

所以，与图 (g1,h1) 相对应的振幅为

$$\mathcal{A}^{g1+h1} = \frac{G_F}{\sqrt{2}} \cdot \left\{\lambda_u C_1 M_{aK}^{V-A} - \lambda_t \left[(C_3+C_9) M_{aK}^{V-A} + (C_5+C_7) M_{aK}^{V+A}\right]\right\} \tag{8.153}$$

其中

$$\begin{aligned} M_{aK}^{V-A} = & \frac{32}{\sqrt{6}} \pi C_F M_B^4 \cdot \int_0^1 dx_1 dx_2 dx_3 \int_0^\infty b_1 db_1 b_2 db_2\ \phi_B(x_1,b_1) \\ & \cdot \left\{\left[-x_2 \phi_\eta^A \phi_k^A - 4 r_\eta r_k \phi_\eta^P \phi_k^P + (1-x_2) r_\eta r_k \left(\phi_\eta^P + \phi_\eta^T\right)\left(\phi_K^P - \phi_K^T\right)\right.\right. \\ & \left. + x_3 r_\eta r_k \left(\phi_\eta^P - \phi_\eta^T\right)\left(\phi_k^P + \phi_k^T\right)\right] \cdot E_g(t_g) \cdot h_g(x_1,x_2,x_3,b_1,b_2) \\ & + \left[(1-x_3)\phi_\eta^A \phi_k^A + (1-x_3) r_\eta r_k \left(\phi_\eta^P + \phi_\eta^T\right)\left(\phi_k^P - \phi_k^T\right)\right. \\ & \left.\left. + x_2 r_\eta r_k \left(\phi_\eta^P - \phi_\eta^T\right)\left(\phi_k^P + \phi_k^T\right)\right] \cdot E_g(t_h) \cdot h_h(x_1,x_2,x_3,b_1,b_2)\right\}, \end{aligned} \tag{8.154}$$

$$\begin{aligned} M_{aK}^{V+A} = & \frac{32}{\sqrt{6}} \pi C_F M_B^4 \cdot \int_0^1 dx_1 dx_2 dx_3 \int_0^\infty b_1 db_1 b_2 db_2\ \phi_B(x_1,b_1) \\ & \cdot \left\{\left[r_\eta (2-x_2)\left(\phi_\eta^P + \phi_\eta^T\right)\phi_k^A - r_k (1+x_3) \phi_\eta^A \left(\phi_k^P - \phi_k^T\right)\right]\right. \\ & \cdot E_g(t_g) \cdot h_g(x_1,x_2,x_3,b_1,b_2) \\ & + \left[r_\eta x_2 \left(\phi_\eta^P + \phi_\eta^T\right)\phi_k^A - r_k (1-x_3) \phi_\eta^A \left(\phi_k^P - \phi_k^T\right)\right] \\ & \left. \cdot E_g(t_h) \cdot h_h(x_1,x_2,x_3,b_1,b_2)\right\}, \end{aligned} \tag{8.155}$$

其中

$$t_g = \mathrm{Max}\left\{\sqrt{x_2(1-x_3)} M_B, \sqrt{1-(1-x_1-x_2)x_3} M_B, 1/b_1, 1/b_2\right\}, \tag{8.156}$$

$$t_h = \mathrm{Max}\left\{\sqrt{x_2(1-x_3)} M_B, \sqrt{|x_1-x_2|(1-x_3)} M_B, 1/b_1, 1/b_2\right\}, \tag{8.157}$$

$$E_g(t) = \alpha_s(t) \cdot \exp[-S_B(t) - S_\eta(t) - S_k(t)]\,|_{b_2=b_3}\ , \tag{8.158}$$

$$\begin{aligned} h_g(x_i,b_1,b_2) = & \frac{i\pi}{2}\left[\theta(b_1-b_2) H_0^{(1)}(\sqrt{x_2(1-x_3)} M_B b_1) \cdot J_0(\sqrt{x_2(1-x_3)} M_B b_2)\right. \\ & \left. + \theta(b_2-b_1) H_0^{(1)}(\sqrt{x_2(1-x_3)} M_B b_2) \cdot J_0(\sqrt{x_2(1-x_3)} M_B b_1)\right] \\ & \times K_0(\sqrt{1-(1-x_1-x_2)x_3} M_B b_1), \end{aligned} \tag{8.159}$$

$$\begin{aligned} h_h(x_i,b_1,b_2) = & \frac{i\pi}{2}\left[\theta(b_1-b_2) H_0^{(1)}(\sqrt{x_2(1-x_3)} M_B b_1) \cdot J_0(\sqrt{x_2(1-x_3)} M_B b_2)\right. \\ & \left. + \theta(b_2-b_1) H_0^{(1)}(\sqrt{x_2(1-x_3)} M_B b_2) \cdot J_0(\sqrt{x_2(1-x_3)} M_B b_1)\right] \\ & \times \begin{cases} \frac{i\pi}{2} H_0^{(1)}(\sqrt{(x_2-x_1)(1-x_3)} M_B b_1), & x_1-x_2<0, \\ K_0(\sqrt{(x_1-x_2)(1-x_3)} M_B b_1), & x_1-x_2>0, \end{cases} \end{aligned} \tag{8.160}$$

其中函数 $H_0^{(1)}(z) = \boldsymbol{J}_0(z) + i\,\boldsymbol{Y}_0(z)$.

除了已经计算的图以外，还有如图 8.7, 图 8.8 所示的对 $B^- \to K^-\eta$ 衰变有贡献的，与 $B \to \eta$ 跃迁相联系的另外 8 个图。

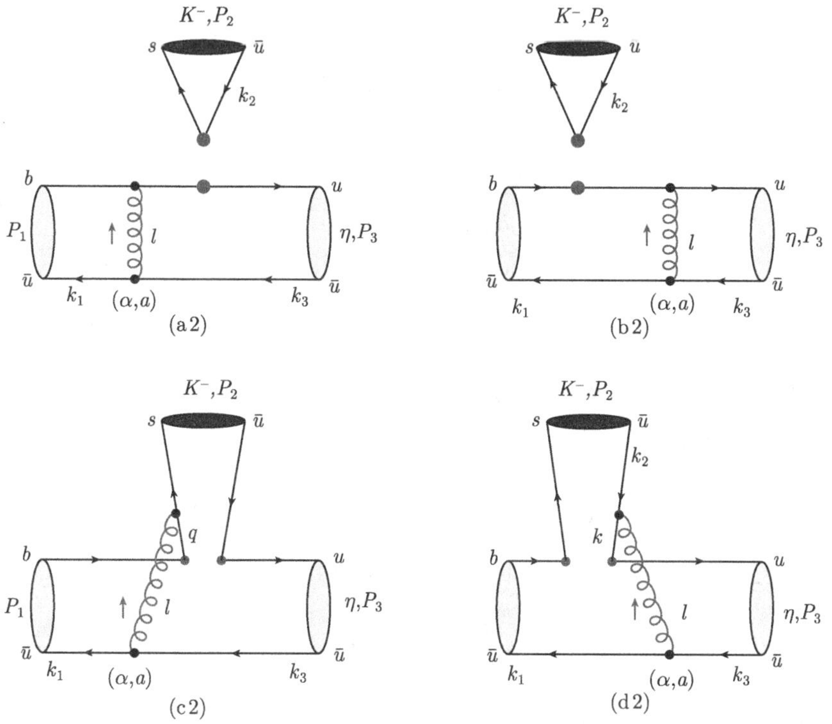

图 8.7　当 η 介子吸收旁观者夸克时，$B^- \to K^-\eta$ 衰变过程的 2 个发射图 (a2,b2) 和 2 个旁观者图 (c2,d2)

与可因子化发射图 (a2,b2) 相对应，有两种类型的矩阵元：

$$
\begin{aligned}
f_k F_{e\eta}^{V-A} &= < K^-\eta|(\bar{s}u)_{V-A}\,(\bar{u}b)_{V-A}|B^- >,\\
f_k F_{e\eta}^{S-P} &= -2 < K^-\eta|(\bar{s}u)_{S+P}\,(\bar{u}b)_{S-P}|B^- >.
\end{aligned} \tag{8.161}
$$

易证：$F_{e\eta}^{V+A} = -F_{e\eta}^{V-A}$。考虑图 (a2,b2)，各个四费米算符的矩阵元为

$$
\begin{aligned}
< O_1 > &= < K^-\eta|(\bar{s}_\beta u_\alpha)_{V-A}\,(\bar{u}_\alpha b_\beta)_{V-A}|B^- >\\
&= \frac{1}{N_c} < K^-\eta|(\bar{s}u)_{V-A}\,(\bar{u}b)_{V-A}|B^- > = \frac{1}{N_c} f_k\, F_{e\eta}^{V-A},\\
< O_2 > &= < K^-\eta|(\bar{s}u)_{V-A}\,(\bar{u}b)_{V-A}|B^- > = f_k\, F_{e\eta}^{V-A},
\end{aligned} \tag{8.162}
$$

$$
\begin{aligned}
< O_3 > &= < K^-\eta|(\bar{s}b)_{V-A}\,(\bar{u}u)_{V-A}|B^- > = \frac{1}{N_c} f_k F_{e\eta}^{V-A},\\
< O_4 > &= < K^-\eta|(\bar{s}_\beta b_\alpha)_{V-A}\,(\bar{u}_\alpha u_\beta)_{V-A}|B^- > = f_k\, F_{e\eta}^{V-A},
\end{aligned} \tag{8.163}
$$

$$\begin{aligned}
< O_5 > =& < K^-\eta|(\bar{s}b)_{V-A}\ (\bar{u}u)_{V+A}|B^- > \\
=& (-2) < K^-\eta|(\bar{s}_\beta u_\alpha)_{S+P}\ (\bar{u}_\alpha b_\beta)_{S-P}|B^- > \\
=& (-2)\frac{1}{N_c} < \eta K^-|(\bar{s}u)_{S+P}|0 > \cdot < 0|(\bar{u}b)_{S-P}|B^- > = \frac{1}{N_c} f_k\ F_{e\eta}^{S-P}, \\
< O_6 > =& < K^-\eta|(\bar{s}_\beta b_\alpha)_{V-A}\ (\bar{u}_\alpha u_\beta)_{V-A}|B^- > = f_k\ F_{e\eta}^{S-P},
\end{aligned} \tag{8.164}$$

$$\begin{aligned}
< O_7 > =& < K^-\eta|(\bar{s}b)_{V-A}\ (\bar{u}u)_{V+A}|B^- > = \frac{1}{N_c} f_k\ F_{e\eta}^{S-P}, \\
< O_8 > =& < K^-\eta|(\bar{s}_\beta b_\alpha)_{V-A}\ (\bar{u}_\alpha u_\beta)_{V-A}|B^- > = f_k\ F_{e\eta}^{S-P},
\end{aligned} \tag{8.165}$$

$$\begin{aligned}
< O_9 > =& < K^-\eta|(\bar{s}b)_{V-A}\ (\bar{u}u)_{V-A}|B^- > = \frac{1}{N_c} f_k\ F_{e\eta}^{V-A}, \\
< O_{10} > =& < K^-\eta|(\bar{s}_\beta b_\alpha)_{V-A}\ (\bar{u}_\alpha u_\beta)_{V-A}|B^- > = f_k F_{e\eta}^{V-A}.
\end{aligned} \tag{8.166}$$

所以，与图 (a2,b2) 相对应的振幅为

$$\begin{aligned}
\mathcal{A}^{a2+b2} =& \frac{G_F}{\sqrt{2}} \cdot f_k \cdot \{\lambda_u\ a_1 \cdot F_{e\eta}^{V-A} \\
&-\lambda_t\left[(a_4 + a_{10}) \cdot F_{e\eta}^{V-A} + (a_6 + a_8) \cdot F_{e\eta}^{S-P}\right]\}.
\end{aligned} \tag{8.167}$$

根据定义式 (8.161) 和式 (8.10)、(8.22) 中的结果，可知

$$\begin{aligned}
F_{e\eta}^{V-A} =& 8\pi C_F M_B^4 \cdot \int_0^1 dx_1 dx_3 \int_0^\infty b_1 db_1\, b_3 db_3\ \phi_B(x_1, b_1) \cdot \{\left[(1 + x_3)\phi_\eta^A(x_3)\right. \\
&\left.+ r_\eta(1 - 2x_3)\left(\phi_\eta^P(x_3) + \phi_\eta^T(x_3)\right)\right] \cdot E_{e2}(t_a)\, h_e(x_1, x_3, b_1, b_3) \\
&+ 2r_\eta \phi_\eta^P(x_3) \cdot E_{e2}(t_b)\, h_e(x_3, x_1, b_3, b_1)\}.
\end{aligned} \tag{8.168}$$

$$F_{e\eta}^{V+A} = -F_{e\eta}^{V-A}, \tag{8.169}$$

$$\begin{aligned}
F_{e\eta}^{S-P} =& 16\pi C_F \cdot r_k \cdot \int_0^1 dx_1 dx_3 \int_0^\infty b_1 db_1\, b_3 db_3\ \phi_B(x_1, b_1) \\
&\cdot \{\left[\phi_\eta^A + r_\eta(2 + x_3)\phi_\eta^P - r_\eta x_3 \phi_\eta^T\right] \cdot E_{e2}(t_a)\, h_e(x_1, x_3, b_1, b_3) \\
&+ 2r_\eta \phi_\eta^P \cdot E_{e2}(t_b)\, h_e(x_3, x_1, b_3, b_1)\}.
\end{aligned} \tag{8.170}$$

其中

$$E_{e2}(t) = \alpha_s(t) \cdot \exp[-S_B(t) - S_\eta(t)]. \tag{8.171}$$

其他函数在前面已经给出。

现在计算 $B^- \to \eta$ 跃迁的旁观者图 (c2,d2) 的算符矩阵元。 考虑不可因子化的旁观者图 (c2,d2)，有两种类型的算符矩阵元：

$$\begin{aligned}
M_{e\eta}^{V-A} =& < K^-\eta|(\bar{s}b)_{V-A}\ (\bar{u}u)_{V-A}|B^- >, \\
M_{e\eta}^{V+A} =& < K^-\eta|(\bar{s}b)_{V-A}\ (\bar{u}u)_{V+A}|B^- >.
\end{aligned} \tag{8.172}$$

考虑各个 $\mathcal{O}_i$ 矩阵元，非零矩阵元为

$$
\begin{aligned}
< O_1 > &= < K^-\eta|(\bar{s}_\beta u_\alpha)_{V-A}\ (\bar{u}_\alpha b_\beta)_{V-A}|B^- > \\
&= < K^-\eta|(\bar{s}b)_{V-A}\ (\bar{u}u)_{V-A}|B^- >= M_{e\eta}^{V-A}, \qquad (8.173)\\
< O_3 > &= < K^-\eta|(\bar{s}b)_{V-A}\ (\bar{u}u)_{V-A}|B^- >= M_{e\eta}^{V-A}, \qquad (8.174)\\
< O_5 > &= < K^-\eta|(\bar{s}b)_{V-A}\ (\bar{u}u)_{V+A}|B^- >= M_{e\eta}^{V+A}, \qquad (8.175)\\
< O_7 > &= < K^-\eta|(\bar{s}b)_{V-A}\ (\bar{u}u)_{V+A}|B^- >= M_{e\eta}^{V+A}, \qquad (8.176)\\
< O_9 > &= < K^-\eta|(\bar{s}b)_{V-A}\ (\bar{u}u)_{V-A}|B^- >= M_{e\eta}^{V-A}, \qquad (8.177)
\end{aligned}
$$

这样，与旁观者图 (c2,d2) **对应的振幅为**

$$
\begin{aligned}
\mathcal{A}^{c2+d2} = \frac{G_F}{\sqrt{2}} &\{\lambda_u\ C_1 \cdot M_{e\eta}^{V-A} \\
&-\lambda_t \left[(C_3+C_9)\cdot M_{e\eta}^{V-A} + (C_5+C_7)\cdot M_{e\eta}^{V+A}\right]\}. \qquad (8.178)
\end{aligned}
$$

其中的两个衰变振幅为

$$
\begin{aligned}
M_{e\eta}^{V-A} = \frac{32}{\sqrt{6}}\pi C_F M_B^4 &\int_0^1 dx_1 dx_2 dx_3 \int_0^\infty b_1 db_1\, b_2 db_2 \cdot \phi_B(x_1,b_1)\cdot \phi_K^A(x_2) \\
&\cdot \{\left[(1-x_2)\phi_\eta^A - r_\eta x_3(\phi_\eta^P - \phi_\eta^T)\right]\cdot E_e'(t_c)\cdot h_n(x_1,1-x_2,x_3,b_1,b_2) \\
&- \left[(x_2+x_3)\phi_\eta^A - x_3 r_\eta(\phi_\eta^P + \phi_\eta^T)\right]\cdot E_e'(t_d)\cdot h_n(x_1,x_2,x_3,b_1,b_2)\}, \qquad (8.179)\\
M_{e\eta}^{V+A} = \frac{32}{\sqrt{6}}\pi C_F M_B^4 \cdot r_k &\int_0^1 dx_1 dx_2 dx_3 \int_0^\infty b_1 db_1\, b_2 db_2\ \phi_B(x_1,b_1) \\
&\cdot \{\left[(1-x_2)\left(\phi_k^P+\phi_k^T\right)\phi_\eta^A + x_3 r_\eta\left(\phi_k^P-\phi_k^T\right)\left(\phi_\eta^P+\phi_\eta^T\right)\right. \\
&\left.+(1-x_2)r_\eta\left(\phi_k^P+\phi_k^T\right)\left(\phi_\eta^P-\phi_\eta^T\right)\right]\cdot E_e'(t_c)\cdot h_n(x_1,1-x_2,x_3,b_1,b_2) \\
&-\left[x_2\left(\phi_k^P-\phi_k^T\right)\phi_\eta^A + x_2 r_\eta\left(\phi_k^P-\phi_k^T\right)\left(\phi_\eta^P+\phi_\eta^T\right)\right. \\
&\left.+x_3 r_\eta\left(\phi_k^P+\phi_k^T\right)\left(\phi_\eta^P+\phi_\eta^T\right)\right]\cdot E_e'(t_d)\cdot h_n(x_1,x_2,x_3,b_1,b_2)\}, \qquad (8.180)
\end{aligned}
$$

其中 $r_\eta = m_0^{\eta_n}/M_B$。其他函数 (t_c, t_d, h_n) 在前面已经给出。

现在计算湮没图 8.8(e2,f2) **的算符矩阵元**。考虑可因子化的湮没图 (e2,f2)，有两种类型的算符矩阵元：

$$
\begin{aligned}
f_B F_{a\eta}^{V-A} &= < K^-\eta|(\bar{s}u)_{V-A}\ (\bar{u}b)_{V-A}|B^- >, \\
f_B F_{a\eta}^{S-P} &= -2 < K^-\eta|(\bar{s}u)_{S+P}\ (\bar{u}b)_{S-P}|B^- > . \qquad (8.181)
\end{aligned}
$$

考虑各个 $\mathcal{O}_i$ 矩阵元，有

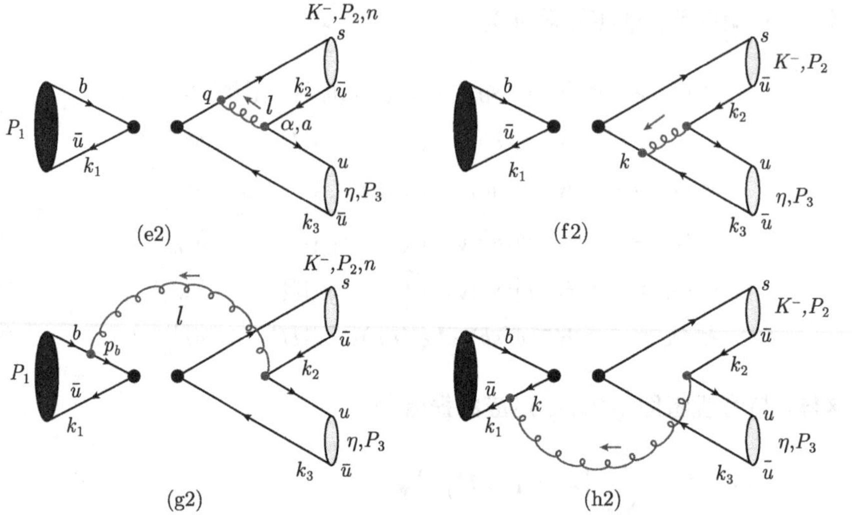

图 8.8 $B^- \to K^-\eta$ 衰变过程的第二组湮没图

$$
\begin{aligned}
<O_1>&=<K^-\eta|(\bar{s}_\beta u_\alpha)_{V-A}\,(\bar{u}_\alpha b_\beta)_{V-A}|B^->\\
&=\frac{1}{N_c}<K^-\eta|(\bar{s}u)_{V-A}\,(\bar{u}b)_{V-A}|B^->\\
&=\frac{1}{N_c}<K^-\eta|(\bar{s}u)_{V-A}|0>\cdot<0|(\bar{u}b)_{V-A}|B^->=\frac{1}{N_c}f_BF_{a\eta}^{V-A},\\
<O_2>&=<K^-\eta|(\bar{s}u)_{V-A}\,(\bar{u}b)_{V-A}|B^->=f_BF_{a\eta}^{V-A}, \qquad (8.182)\\
<O_3>&=<K^-\eta|(\bar{s}b)_{V-A}\,(\bar{u}u)_{V-A}|B^->=\frac{1}{N_c}f_BF_{a\eta}^{V-A},\\
<O_4>&=<K^-\eta|(\bar{s}_\beta b_\alpha)_{V-A}\,(\bar{u}_\alpha u_\beta)_{V-A}|B^->=f_BF_{a\eta}^{V-A}, \qquad (8.183)\\
<O_5>&=<K^-\eta|(\bar{s}b)_{V-A}\,(\bar{u}u)_{V+A}|B^->\\
&=(-2)<K^-\eta|(\bar{s}_\beta u_\alpha)_{S+P}\,(\bar{u}_\alpha b_\beta)_{S-P}|B^->\\
&=(-2)\frac{1}{N_c}<\eta K^-|(\bar{s}u)_{S+P}|0>\cdot<0|(\bar{u}b)_{S-P}|B^->=\frac{1}{N_c}f_BF_{a\eta}^{S-P},\\
<O_6>&=<K^-\eta|(\bar{s}_\beta b_\alpha)_{V-A}\,(\bar{u}_\alpha u_\beta)_{V-A}|B^->=f_BF_{a\eta}^{S-P}, \qquad (8.184)\\
<O_7>&=<K^-\eta|(\bar{s}b)_{V-A}\,(\bar{u}u)_{V+A}|B^->\\
&=(-2)\frac{1}{N_c}<\eta K^-|(\bar{s}u)_{S+P}|0>\cdot<0|(\bar{u}b)_{S-P}|B^->=\frac{1}{N_c}f_BF_{a\eta}^{S-P},\\
<O_8>&=<K^-\eta|(\bar{s}_\beta b_\alpha)_{V-A}\,(\bar{u}_\alpha u_\beta)_{V-A}|B^->=f_BF_{a\eta}^{S-P}, \qquad (8.185)\\
<O_9>&=<K^-\eta|(\bar{s}b)_{V-A}\,(\bar{u}u)_{V-A}|B^->=\frac{1}{N_c}f_BF_{a\eta}^{V-A},\\
<O_{10}>&=<K^-\eta|(\bar{s}_\beta b_\alpha)_{V-A}\,(\bar{u}_\alpha u_\beta)_{V-A}|B^->=f_BF_{a\eta}^{V-A}. \qquad (8.186)
\end{aligned}
$$

所以，与图 (e2,f2) 相对应的振幅为

$$\mathcal{A}^{e2+f2} = \frac{G_F}{\sqrt{2}} f_B \cdot \left\{\lambda_u a_1\ F_{a\eta}^{V-A} - \lambda_t \left[(a_4 + a_{10}) F_{a\eta}^{V-A} + (a_6 + a_8) F_{a\eta}^{S-P}\right]\right\}. \tag{8.187}$$

式中，$a_1 = C_2 + C_1/3 \approx 1$，另外有

$$\begin{aligned} F_{a\eta}^{V-A} =& 8\pi C_F M_B^4 \int_0^1 dx_2 dx_3 \int_0^\infty b_2 db_2 b_3 db_3 \\ & \cdot \left\{\left[(x_3 - 1)\phi_k^A(x_2)\phi_\eta^A(x_3) - 4r_k r_\eta x_3 \phi_k^P \phi_\eta^P + 2x_3 r_k r_\eta \phi_k^P \left(\phi_\eta^P - \phi_\eta^T\right)\right]\right. \\ & \cdot E_a(t_e) \cdot h_a(x_2, 1 - x_3, b_2, b_3) \\ & + \left[x_2 \phi_k^A(x_2)\phi_\eta^A(x_3) + 2r_k r_\eta \left(\phi_k^P - \phi_k^T\right)\phi_\eta^P + 2r_k r_\eta x_2 \left(\phi_k^P + \phi_k^T\right)\phi_\eta^P\right] \\ & \left.\cdot E_a(t_f) \cdot h_a(1 - x_3, x_2, b_3, b_2)\right\}, \end{aligned} \tag{8.188}$$

$$\begin{aligned} F_{a\eta}^{S-P} =& 8\pi C_F M_B^4 \int_0^1 dx_2 dx_3 \int_0^\infty b_2 db_2 b_3 db_3 \\ & \cdot \left\{\left[2r_k \phi_k^P \phi_\eta^A + (1 - x_3) r_\eta \phi_k^A \left(\phi_\eta^P + \phi_\eta^T\right)\right] \cdot E_a(t_e) \cdot h_a(x_2, 1 - x_3, b_2, b_3)\right. \\ & \left. + \left[2r_\eta \phi_k \phi_\eta^P + x_2 r_k \left(\phi_k^P - \phi_k^T\right)\phi_\eta^A\right] \cdot E_a(t_f) \cdot h_a(1 - x_3, x_2, b_3, b_2)\right\} \end{aligned} \tag{8.189}$$

其中函数 $(t_e, t_f, E_a(t), k_a)$ 的表达式在前面已经给出。

考虑与不可因子化湮没图 (g2,h2) **相对应的算符矩阵元。其中** $M_2 = K^-, M_3 = \eta$。有两种类型的算符矩阵元：

$$\begin{aligned} M_{a\eta}^{V-A} &= < \eta K^- |(\bar{s}b)_{V-A}\ (\bar{u}u)_{V-A}| B^- >, \\ M_{a\eta}^{V+A} &= < \eta K^- |(\bar{s}b)_{V-A}\ (\bar{u}u)_{V+A}| B^- > . \end{aligned} \tag{8.190}$$

考虑各个 O_i 矩阵元，有

$$\begin{aligned} < O_1 > &= < \eta K^- |(\bar{s}_\beta u_\alpha)_{V-A}\ (\bar{u}_\alpha b_\beta)_{V-A}| B^- > \\ &= < \eta K^- |(\bar{s}b)_{V-A}\ (\bar{u}u)_{V-A}| B^- > = M_{a\eta}^{V-A}, \\ < O_3 > &= < \eta K^- |(\bar{s}b)_{V-A}\ (\bar{u}u)_{V-A}| B^- > = M_{a\eta}^{V-A}, \\ < O_5 > &= < \eta K^- |(\bar{s}b)_{V-A}\ (\bar{u}u)_{V+A}| B^- > = M_{a\eta}^{V+A}, \\ < O_7 > &= < \eta K^- |(\bar{s}b)_{V-A}\ (\bar{u}u)_{V+A}| B^- > = M_{a\eta}^{V+A}, \\ < O_9 > &= < \eta K^- |(\bar{s}b)_{V-A}\ (\bar{u}u)_{V-A}| B^- > = M_{a\eta}^{V-A}. \end{aligned} \tag{8.191}$$

所以，与图 (g2,h2) 相对应的振幅为

$$\mathcal{A}^{g2+h2} = \frac{G_F}{\sqrt{2}} \cdot \left\{\lambda_u C_1 M_{a\eta}^{V-A} - \lambda_t \left[(C_3 + C_9) M_{a\eta}^{V-A} + (C_5 + C_7) M_{a\eta}^{V+A}\right]\right\} \tag{8.192}$$

其中

$$M_{a\eta}^{V-A} = \frac{32}{\sqrt{6}} \pi C_F M_B^4 \cdot \int_0^1 dx_1 dx_2 dx_3 \int_0^\infty b_1 db_1 b_2 db_2\ \phi_B(x_1, b_1)$$

$$
\begin{aligned}
&\cdot\left\{\left[-x_2\phi_k^A(x_2)\phi_\eta^A(x_3)-4r_kr_\eta\phi_k^P\phi_\eta^P+(1-x_2)r_kr_\eta\left(\phi_k^P+\phi_k^T\right)\left(\phi_\eta^P-\phi_\eta^T\right)\right.\right.\\
&\left.+x_3r_kr_\eta\left(\phi_k^P-\phi_k^T\right)\left(\phi_\eta^P+\phi_\eta^T\right)\right]\cdot E_g(t_g)\cdot h_g(x_1,x_2,x_3,b_1,b_2)\\
&+\left[(1-x_3)\phi_k^A\phi_\eta^A+(1-x_3)r_kr_\eta\left(\phi_k^P+\phi_k^T\right)\left(\phi_\eta^P-\phi_\eta^T\right)\right.\\
&\left.\left.+x_2r_kr_\eta\left(\phi_k^P-\phi_k^T\right)\left(\phi_\eta^P+\phi_\eta^T\right)\right]\cdot E_g(t_h)\cdot h_h(x_1,x_2,x_3,b_1,b_2)\right\},
\end{aligned}
\tag{8.193}
$$

$$
\begin{aligned}
M_{a\eta}^{V+A}=&\frac{32}{\sqrt{6}}\pi C_F M_B^4\cdot\int_0^1 dx_1dx_2dx_3\int_0^\infty b_1db_1b_2db_2\ \phi_B(x_1,b_1)\\
&\cdot\left\{\left[r_k(2-x_2)\left(\phi_k^P(x_2)+\phi_k^T(x_2)\right)\phi_\eta^A(x_3)-(1+x_3)r_\eta\phi_k^A\left(\phi_\eta^P-\phi_\eta^T\right)\right]\right.\\
&\cdot E_g(t_g)\cdot h_g(x_1,x_2,x_3,b_1,b_2)\\
&+\left[r_kx_2\left(\phi_k^P+\phi_k^T\right)\phi_\eta^A-r_\eta(1-x_3)\phi_k^A\left(\phi_\eta^P-\phi_\eta^T\right)\right]\\
&\left.\cdot E_g(t_h)\cdot h_h(x_1,x_2,x_3,b_1,b_2)\right\},
\end{aligned}
\tag{8.194}
$$

其中 $r_\eta=m_0^{\eta_n}/M_B$。

把各个部分的贡献加起来, 可得到 $B^-\to K^-\eta$ 的衰变振幅为

$$
\begin{aligned}
\mathcal{M}^{tot}=&\frac{G_F}{\sqrt{2}}\,\lambda_u\cdot\Big\{a_2f_\eta^u\cdot F_{eK}^{V-A}+a_1\,f_K\cdot F_{e\eta}^{V-A}+C_2\cdot M_{eK}^{u,V-A}\\
&+a_1\,f_B\cdot\left(F_{aK}^{V-A}+F_{a\eta}^{V-A}\right)+C_1\,\left(M_{e\eta}^{V-A}+M_{aK}^{V-A}+M_{a\eta}^{V-A}\right)\Big\}\\
&-\frac{G_F}{\sqrt{2}}\,\lambda_t\cdot\left\{(a_3-a_5-a_7+a_9)f_\eta^u\,F_{eK}^{V-A}+\left[a_3-a_5+\frac{1}{2}(a_7-a_9)\right]\cdot f_\eta^d\,F_{eK}^{V-A}\right.\\
&+\left[a_3+a_4-a_5+\frac{1}{2}(a_7-a_9)-\frac{1}{2}a_{10}\right]\cdot f_\eta^s\,F_{ek}^{V-A}+\left(a_6-\frac{1}{2}a_8\right)\cdot f_\eta^s\,F_{ek}^{S-P}\\
&+(a_4+a_{10})\cdot f_KF_{e\eta}^{V-A}+(a_6+a_8)\cdot f_KF_{e\eta}^{S-P}\\
&+(C_4+C_{10})\cdot M_{eK}^{u,V-A}+\left(C_4-\frac{1}{2}C_{10}\right)\cdot M_{eK}^{d,V-A}\\
&+\left(C_3+C_4-\frac{1}{2}(C_9+C_{10})\right)\cdot M_{eK}^{s,V-A}+\left(C_5-\frac{1}{2}C_7\right)\cdot M_{eK}^{s,V+A}\\
&+(C_6+C_8)\cdot M_{eK}^{u,S-P}+\left(C_6-\frac{1}{2}C_8\right)\cdot\left(M_{eK}^{d,S-P}+M_{eK}^{s,S-P}\right)\\
&+(C_3+C_9)\cdot M_{e\eta}^{V-A}+(C_5+C_7)\cdot M_{e\eta}^{V+A}\\
&+(a_4+a_{10})f_B\cdot\left[F_{aK}^{V-A}+F_{a\eta}^{V-A}\right]+(a_6+a_8)f_B\cdot\left[F_{aK}^{S-P}+F_{a\eta}^{S-P}\right]\\
&\left.+(C_3+C_9)\left[M_{aK}^{V-A}+M_{a\eta}^{V-A}\right]+(C_5+C_7)\left[M_{aK}^{V+A}+M_{a\eta}^{V+A}\right]\right\}.
\end{aligned}
\tag{8.195}
$$

其中的各个函数的表达式已经在前面给出。

在得到总衰变振幅以后，对 $B^-\to K^-\eta$ 衰变过程，其分支比计算公式可以写为[107]

$$
Br(B^-\to K^-\eta)=\tau_B\frac{1}{16\pi m_B}\,\chi\,\left|\mathcal{M}(B^-\to K^-\eta)\right|^2.
\tag{8.196}
$$

其中 χ 是相空间因子，当忽略末态介子 K,η 的质量时，$\chi = 1$。另外，和前一章不同，这里的衰变振幅已经包含 G_F 因子在里面，所以这里的分支比表达式和式 (7.164) 略有不同。更多的细节，参看文献 [107]。

§8.3 关于 pQCD 次领头阶修正的讨论

在 pQCD 因子化方案下的"power counting"与 BBNS QCD 因子化方案不同。在 BBNS QCD 因子化方案下，人们已经完成了完整的次领头阶 (NLO) 修正的计算，并计算了部分次次领头阶 (NNLO) 的修正。

在 pQCD 因子化方案和领头阶 (LO) 近似下，涉及 $B \to M_2M_3$ 两体强子衰变过程的费恩曼图如图 8.9 所示。如我们在第 7 章所介绍的那样，2001 年以来，李湘楠、吕才典、杨茂志、肖振军等采用领头阶 (LO) 近似下的 pQCD 因子化方案对 $B/B_s/B_C$ 介子的很多两体强子弱衰变过程做了系统研究[49,50-53,104-106,100,110]，对 B 介子工厂的大部分实验测量结果给出了自洽的理论解释。许多基于 pQCD 因子化给出的理论预言得到实验的证实。以 $B_s \to \pi^+\pi^-$ 纯湮没衰变过程为例，我们在 2004 年给出的分支比理论预言为 4.2×10^{-7}[53]。而当时 QCDF 因子化方法和其他一些方法给出的理论预言却为 $(0.2 \sim 1) \times 10^{-7}$，比 pQCD 理论预言小很多。我们的 pQCD 大分支比理论预言已经被 2011 年公布的的 CDF 和 LHCb 实验测量结果证实[68-70]。

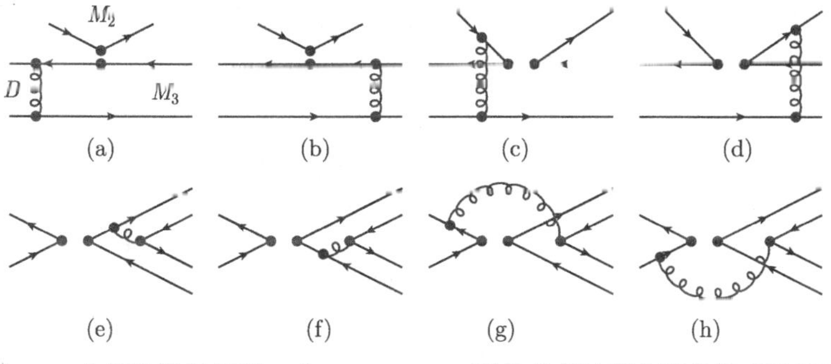

图 8.9 在领头阶近似下，对 $B \to M_2M_3$ 两体衰变过程有贡献的费恩曼图

我们知道，对 pQCD 因子化而言，领头阶近似是不够的。为了降低 pQCD 理论计算结果的误差，提高其理论预言的可信度，必须完成完整的次领头阶贡献的计算。近年来，人们在这个方向上已经做了大量努力，已经完成了对大部分主要的 NLO 贡献的计算[115]。下面我们首先对 pQCD 因子化的 NLO 修正做一个较为详细的讨论。更多的细节，读者可以阅读相关的文献 [107, 139] 和那里给出的引文。

在 pQCD 因子化理论框架下，与领头阶计算相比，应当考虑几个方面的次领头阶贡献：

(1) 使用 NLO 的 Wilson 系数 $C_i(M_W)$，而不是 LO 的 Wilson 系数[8]，使用 NLO 的重整化群演化矩阵 $U(t,m,\alpha)$ 而不是领头阶的演化矩阵 $U(m_1,m_2)^{(0)}$[8]：

$$U(m_1,m_2,\alpha) = U(m_1,m_2) + \frac{\alpha}{4\pi}R(m_1,m_2) \tag{8.197}$$

其中的函数矩阵 $U(m_1,m_2)$ 和 $R(m_1,m_2)$ 分别表示 QCD 和 QED 演化，其表达式已经在文献 [8] 的式 (6.24) 和式 (7.22) 中给出。

(2) 在计算中使用 $\alpha_s(t)$ 的双圈演化公式。

(3) 除了领头阶的“硬核”函数 $H^{(0)}(\alpha_s)$，还要包含次领头阶部分：

$$H = H^{(0)}(\alpha_s) + H^{(1)}(\alpha_s^2) \tag{8.198}$$

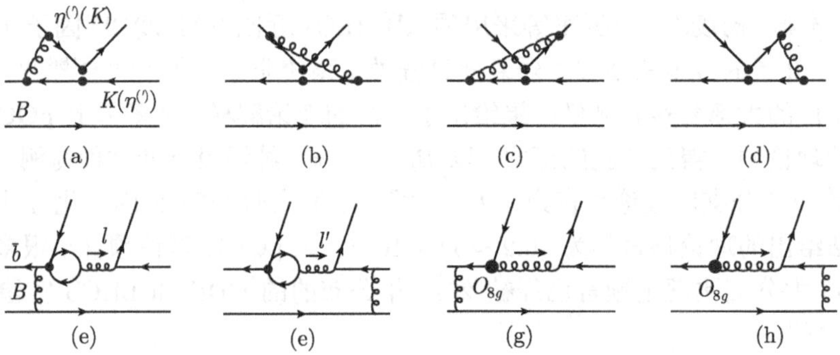

图 8.10　次领头阶的“顶角修正”[(a)~(d)]、次领头阶的“夸克圈修正”[(e)~(f)] 和次领头阶的“色磁偶企鹅图修正”[(g)~(h)]

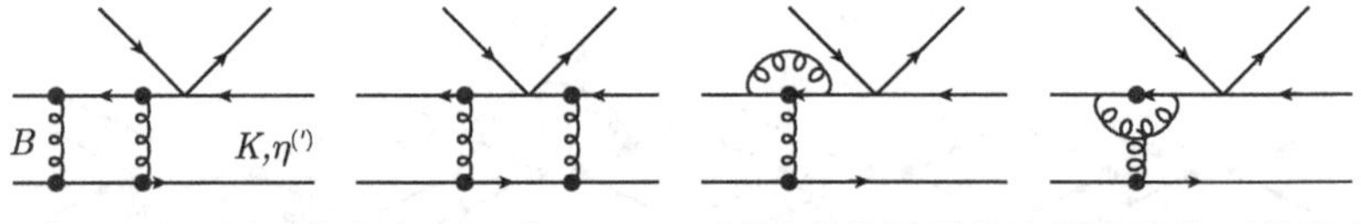

图 8.11　在 pQCD 因子化方案下，对 $B \to M$ 跃迁形状因子的次领头阶修正的代表性费恩曼图

在次领头阶，需要考虑所有与 $\alpha_s^2(t)$ 相关项的贡献，所以我们需要考虑下列类型的费恩曼图的贡献：

(1) 如图 8.10(a)~(d) 所示的“顶角修正”。由于目前使用的波函数一般不包含 $\boldsymbol{k}_T$ 依赖性，所以这一部分的 NLO 顶角修正贡献与 QCDF 因子化方法中的相同。可以直接使用文献 [46, 140] 中的解析表达式。

(2) 如图 8.10(e)~(f) 所示的“夸克圈修正”。对 $B \to M_2M_3$ 两体非粲衰变过程，对应的解析表达式可见文献 [140]。

(3) 如图 8.10(g)~(h) 所示的"色磁偶企鹅图修正"，也就是色磁偶算符 O_{8g} 带来的 NLO 修正。这一类费恩曼图的计算在 2003 年已经完成，详细计算可见文献 [141]。

(4) 如图 8.11 所示，是对 $B \to \pi$ 跃迁形状因子的次领头阶修正。该计算在 2011 年完成，详见李湘楠等的论文[142]。基于 $SU(3)_F$ 味对称性，我们已经把李湘楠等的结果推广到同类的其他轻赝标轻介子：K, η'。已经用在对 $B \to Pl\nu_l$ 等 B 介子半轻子衰变过程的研究工作中[113]。

需要注意的是，对 $B/B_s \to V, S, A$ 跃迁形状因子的次领头阶贡献的计算现在还没有，是需要尽快解决的重要课题。

(5) 如图 8.12 所示，是对 $B \to M_2M_3$ 衰变过程的旁观者图和湮没图的次领头阶修正。这里所画的仅仅是代表性的费恩曼图，全部的此类单圈费恩曼图有 80 多个。对这些图的计算，也需要尽快完成。

目前，对"Vertex correction"，"Guark-loops contribution" 和 "Chromo-magneitic penguin" 这三类 NLO 修正的计算已经完成。对"形状因子"的 NLO 贡献的计算部分完成。对最后两类"spectator"和"annihilation"费恩曼图的 NLO 修正的计算还没有完成。这些工作的难度都很大，但对发展 pQCD 因子化理论具有重要学术价值，需要攻关。

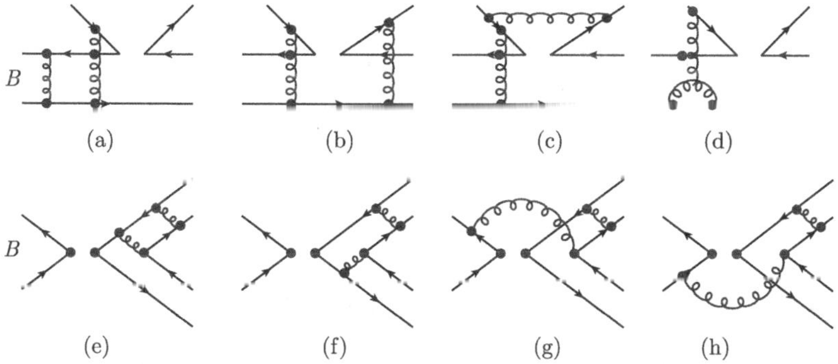

图 8.12 对旁观者图的次领头阶贡献的代表性费恩曼图 [(a)~(d)] 和对湮没图的次领头阶贡献的代表性费恩曼图 [(e)~(h)]

附录A　S 矩阵，度规与 Dirac 矩阵

为了方便读者，我们把文献 [1, 25] 所给出的部分常用的定义、公式和规则在附录中给出。更多的细节可以查看原始文献 [1, 25, 19]。在文献 [143] 中，作者把标准模型计算中涉及的各种关系式收集在一起，可作参考。

§A.1　衰变过程与微分截面

S 矩阵的定义式为

$$S_{\beta\alpha} = \delta_{\beta\alpha} - i(2\pi)\delta^4(p_\beta - p_\alpha)\,\mathcal{M}_{\beta\alpha}/\sqrt{\prod_i(2E_i)} \tag{A.1.1}$$

其中 $\mathcal{M}$ 为不变振幅，α 和 β 表示初态和末态，E_i 为初态和末态能量。

$\alpha \longrightarrow (1,2,\ldots,n)$ 的 n 体衰变过程的微分跃迁概率可以写为

$$dW_{\beta\alpha} = \frac{(2\pi)^4}{2E_\alpha}|\mathcal{M}_{\beta\alpha}|^2\prod_{i=1}^{n}\frac{d^2p_i}{(2\pi)^3(2E_i)}\,\delta^4(p_1+p_2+\cdots-p_\alpha) \tag{A.1.2}$$

对于粒子的两体衰变，式 (A.1.2) 变为

$$dW_{\beta\alpha} = \frac{1}{32\pi^2}|\mathcal{M}_{\beta\alpha}|^2\frac{p_{cm}d\Omega_{cm}}{M_\alpha^2} \tag{A.1.3}$$

其中 M_α 是母粒子质量，p_{cm} 是在母粒子静止系中末态粒子的动量：

$$p_{cm}^2 = \frac{1}{4M^2}\left[M^2-(m_1+m_2)^2\right]\left[M^2-(m_1-m_2)^2\right]. \tag{A.1.4}$$

对两粒子初态 $\alpha=(1,2)$，其中粒子“1”是入射粒子，粒子“2”是靶粒子，末态含有 $n-2$ 个粒子，其微分散射截面可以写为

$$d\sigma = \frac{(2\pi)^4|\mathcal{M}_{\beta\alpha}|^2}{4\sqrt{(p_1\cdot p_2)^2-m_1^2m_2^2}}\prod_{i=3}^{n}\frac{d^3p_i}{(2\pi)^2(2E_i)}\,\delta^4\left(\sum_{i=3}^{n}p_i-p_\alpha\right). \tag{A.1.5}$$

对 $2\to 2$ 散射过程，其微分散射截面为

$$\frac{d\sigma}{d\Omega_{cm}}(s,\theta) = \frac{1}{64\pi^2 s}\frac{p'_{cm}}{p_{cm}}|\mathcal{M}_{\beta\alpha}|^2, \tag{A.1.6}$$

其中 $d\Omega = d(\cos\theta_{cm})\,d\phi_{cm}$。初态和末态的质心系动量为

$$p_{cm}^2 = \frac{1}{4s}\left[s-(m_1+m_2)^2\right]\left[s-(m_1-m_2)^2\right], \tag{A.1.7}$$

$$(p'_{cm})^2 = \frac{1}{4s}\left[s-(m_3+m_4)^2\right]\left[s-(m_3-m_4)^2\right] \tag{A.1.8}$$

在实验室系和质心系，对应的式 (A.1.5) 中的“flux”因子分别为

$$\left[(p_1\cdot p_2)^2 - m_1^2 m_2^2\right]^{1/2} = m_2(p_1)_{LAB}, \tag{A.1.9}$$

$$\left[(p_1\cdot p_2)^2 - m_1^2 m_2^2\right]^{1/2} = \sqrt{s}p_{cm}. \tag{A.1.10}$$

$2\to 2$ 散射过程的“Mandstam”不变量 s,t,u 的定义式为

$$s = (p_1+p_2)^2 = (p_3+p_4)^2, \tag{A.1.11}$$

$$t = (p_1-p_3)^2 = (p_2-p_4)^2, \tag{A.1.12}$$

$$u = (p_1-p_4)^2 = (p_2-p_3)^2, \tag{A.1.13}$$

其中 p_i 表示粒子的 4- 动量。动量和能量守恒导致

$$p_1+p_2 = p_3+p_4, \tag{A.1.14}$$

进而导致

$$s+t+u = \sum_{i=1}^{4} m_i^2. \tag{A.1.15}$$

§A.2 度规，Dirac 代数与矩阵

在量子场论中，目前使用最多的度规为

$$g_{\mu\nu} = g^{\mu\nu} = \begin{pmatrix} 1 & 0 & 0 & 0 \\ 0 & -1 & 0 & 0 \\ 0 & 0 & -1 & 0 \\ 0 & 0 & 0 & 1 \end{pmatrix}. \tag{A.2.1}$$

本书也使用该度规。

逆变坐标:

$$x^\mu = (x_0, x^1, x^2, x^3) - (t, x, y, z) = (t, \boldsymbol{x}) \tag{A.2.2}$$

协变坐标:

$$x_\mu = g_{\mu\nu}x^\nu = (t, -\boldsymbol{x}) \tag{A.2.3}$$

标量积:

$$
\begin{aligned}
A\cdot B=A_\mu B^\mu &= A_\mu g^{\mu\nu}B_\nu = A_0B_0-\boldsymbol{A}\cdot\boldsymbol{B},\\
p^2=p\cdot p=g_{\mu\nu}p_\mu p_\nu &= E^2-|\boldsymbol{p}|^2=m^2.
\end{aligned}
\tag{A.2.4}
$$

微商与 4 维散度:

$$
\partial^\mu \equiv \frac{\partial}{\partial x_\mu}=\left(\frac{\partial}{\partial t},-\nabla\right),\qquad \partial_\mu\equiv\frac{\partial}{\partial x^\mu}=\left(\frac{\partial}{\partial t},\nabla\right),
\tag{A.2.5}
$$

$$
\partial^\mu A_\mu = \frac{\partial A_0}{\partial t}+\nabla\cdot\boldsymbol{A}
\tag{A.2.6}
$$

动量 4-矢量:

$$
\begin{aligned}
p^\mu=i\partial^\mu &= i\frac{\partial}{\partial x_\mu}=\left(i\frac{\partial}{\partial t},-i\nabla\right),\\
p^\mu p_\mu=-\partial^\mu\partial_\mu &= -\left[\frac{\partial^2}{\partial t^2}-\nabla^2\right]=-\Box.
\end{aligned}
\tag{A.2.7}
$$

在实际计算中，为了方便，一般不区分上标和下标。重复指标代表求和。

在 N-维时空，度规取为

$$
g_{00}=1,\quad g_{0i}=0,\quad g_{ij}=-\delta_{ij}\quad (i,j=1,2,\ldots,N-1)
\tag{A.2.8}
$$

两个 N-维矢量的点积定义为

$$
k\cdot p\equiv g_{\mu\nu}k_\mu p_\nu=k_0p_0-(k_1p_1+\cdots+k_{N-1}p_{N-1}).
\tag{A.2.9}
$$

4×4 的 Dirac 矩阵满足如下关系

$$
\{\gamma_\mu,\gamma_\nu\}=\gamma_\mu\gamma_\nu+\gamma_\nu\gamma_\mu=2g_{\mu\nu}\boldsymbol{I}_4,\quad \gamma_\mu=(\gamma_0,-\gamma),\quad \gamma^\mu=(\gamma^0,\gamma).
\tag{A.2.10}
$$

由式 (A.2.10)，可以证明

$$
\begin{aligned}
&\gamma_\mu\gamma^\mu=4\boldsymbol{I}_4,\quad \gamma_\mu\gamma_\alpha\gamma^\mu=-2\gamma_\alpha,\\
&\gamma_\mu\gamma_\alpha\gamma_\beta\gamma^\mu=4g_{\alpha\beta}\boldsymbol{I}_4,\qquad \gamma_\mu\gamma_\alpha\gamma_\beta\gamma_\lambda\gamma^\mu=-2\gamma_\lambda\gamma_\beta\gamma_\alpha,\\
&\gamma_\mu\sigma_{\alpha\beta}\gamma^\mu=0,\quad \gamma_\mu\sigma_{\alpha\beta}\gamma_\nu\gamma^\mu=2\gamma_\nu\sigma_{\alpha\beta}.
\end{aligned}
\tag{A.2.11}
$$

另外，下面的关系式也成立:

$$
\mathrm{Tr}\,(\boldsymbol{I}_4)=4,\quad \mathrm{Tr}\,(\not{a}\not{b})=4a\cdot b,\quad \mathrm{Tr}\,(odd\ \#\ \ \gamma's)=0,
\tag{A.2.12}
$$

$$
\mathrm{Tr}\,(\not{a}\not{b}\not{c}\not{d})=4\,(a\cdot b\,c\cdot d-a\cdot c\,b\cdot d+a\cdot d\,b\cdot c)\,.
\tag{A.2.13}
$$

$$
\begin{aligned}
\mathrm{Tr}\,(\not{a}\not{b}\not{c}\not{d}\not{e}\not{f}) = & 4a\cdot b\ (c\cdot d\ e\cdot f - c\cdot e\ d\cdot f + c\cdot f\ d\cdot e) \\
& -4a\cdot c\ (b\cdot d\ e\cdot f - b\cdot e\ d\cdot f + b\cdot f\ d\cdot e) \\
& +4a\cdot d\ (b\cdot c\ e\cdot f - b\cdot e\ c\cdot f + b\cdot f\ c\cdot e) \\
& -4a\cdot e\ (b\cdot c\ d\cdot f - b\cdot d\ c\cdot f + b\cdot f\ c\cdot d) \\
& +4a\cdot f\ (b\cdot c\ d\cdot e - b\cdot d\ c\cdot e + b\cdot e\ c\cdot d). \qquad (A.2.14)
\end{aligned}
$$

在文献 [30] 的附录-A 中给出的一些关系式为

$$
\begin{aligned}
\mathrm{Tr}(\gamma_5\gamma_{\mu 1}\cdots\gamma_{\mu n}) &= 0, \quad \text{for} \quad n = 0,1,2,3; \\
\mathrm{Tr}\,(\gamma_5\gamma_\mu\gamma_\nu\gamma_\rho\gamma_\sigma) &= -4i\epsilon_{\mu\nu\rho\sigma} = 4i\epsilon^{\mu\nu\rho\sigma}, \\
\mathrm{Tr}\,(\gamma_5\not{a}\not{b}\not{c}\not{d}) &= -4i\epsilon_{\mu\nu\rho\sigma}\ a^\mu b^\nu c^\rho d^\sigma = 4i\epsilon^{\mu\nu\rho\sigma}\ a_\mu b_\nu c_\rho d_\sigma, \\
\mathrm{Tr}\,(\gamma_5\gamma_\mu\gamma_\nu\gamma_\rho\gamma_\sigma\gamma_\alpha\gamma_\beta) &= -4i\,[g_{\mu\nu}\epsilon_{\rho\sigma\alpha\beta} - g_{\mu\rho}\epsilon_{\nu\sigma\alpha\beta} + g_{\nu\rho}\epsilon_{\mu\sigma\alpha\beta} \\
&\quad + g_{\sigma\alpha}\epsilon_{\mu\nu\rho\beta} - g_{\sigma\beta}\epsilon_{\mu\nu\rho\alpha} + g_{\alpha\beta}\epsilon_{\mu\nu\rho\sigma}], \\
\epsilon^{\mu\nu\rho\sigma} = -\epsilon_{\mu\nu\rho\sigma} &= \begin{cases} 1, & \text{for even permu. of } 0,1,2,3; \\ -, & \text{for odd permutation;} \\ 0, & \text{otherwise;} \end{cases} \qquad (A.2.15)
\end{aligned}
$$

张量 ϵ 可以通过“缩并”来化简：

$$
\begin{aligned}
&\epsilon^{\mu\nu\rho\sigma}\epsilon_{\mu\nu\rho\sigma} = -24, \quad \epsilon^{\mu\nu\rho\sigma}\epsilon_{\mu\nu\rho\tau} = -6\delta^\sigma_\tau, \\
&\epsilon^{\mu\nu\rho\sigma}\epsilon_{\mu\nu}{}^{\rho'\sigma'} = -2\left(g^{\rho\rho'}g^{\sigma\sigma'} - g^{\rho\sigma'}g^{\rho'\sigma}\right), \\
&\epsilon_{\mu\nu\alpha\beta}\epsilon^{\lambda\rho\sigma\beta} = -\begin{vmatrix} \delta^\lambda_\mu & \delta^\lambda_\nu & \delta^\lambda_\alpha \\ \delta^\rho_\mu & \delta^\rho_\nu & \delta^\rho_\alpha \\ \delta^\sigma_\mu & \delta^\sigma_\nu & \delta^\sigma_\alpha \end{vmatrix}, \qquad (A.2.16) \\
&\epsilon_{\mu\nu\alpha\beta}\epsilon^{\lambda\rho\sigma\tau} = -\begin{vmatrix} \delta^\lambda_\mu & \delta^\lambda_\nu & \delta^\lambda_\alpha & \beta^\lambda_\alpha \\ \delta^\rho_\mu & \delta^\rho_\nu & \delta^\rho_\alpha & \beta^\rho_\alpha \\ \delta^\sigma_\mu & \delta^\sigma_\nu & \delta^\sigma_\alpha & \beta^\sigma_\alpha \\ \delta^\tau_\mu & \delta^\tau_\nu & \delta^\tau_\alpha & \beta^\tau_\alpha \end{vmatrix}. \qquad (A.2.17)
\end{aligned}
$$

关于 4- 张量 $\epsilon^{\mu\nu\rho\sigma}$，在 Peskin 的书[19] 附录-(A.27) 式中给出的定义为

$$
\mathrm{Tr}[\gamma^\mu\gamma^\nu\gamma^\rho\gamma^\sigma\gamma^5] = -4i\ \epsilon^{\mu\nu\rho\sigma}. \qquad (A.2.18)
$$

对实的矢量玻色子的极化态的求和：

$$
\text{massless}: \sum_\lambda \epsilon^*_\mu(p,\lambda)\epsilon_\nu(k,\lambda) = -g_{\mu\nu}, \quad \text{in Feynman gauge,} \qquad (A.2.19)
$$

$$\text{massive}: \sum_{\lambda} \epsilon_\mu^*(p,\lambda)\epsilon_\nu(k,\lambda) = -g_{\mu\nu} + \frac{p_\mu p_\nu}{M_V^2}. \tag{A.2.20}$$

对任意多条实光子外线，式 (A.2.19) 的代换成立。如果只有一条零质量的胶子外线，上式亦成立。但是，对于有 2 条或者更多条胶子外线，且出现三胶子顶点的情况，式 (A.2.19) 不成立。对这种情况，必须引入非物理的“鬼”(ghost) 粒子[25]。

在导出上述关系式的时候，我们使用了“求迹”的下述性质：

$$\mathrm{Tr}\,(\boldsymbol{AB}) = \mathrm{Tr}\,(\boldsymbol{BA}), \tag{A.2.21}$$

$$\mathrm{Tr}\,(\boldsymbol{ABC}) = \mathrm{Tr}\,(\boldsymbol{CBA}) = \mathrm{Tr}\,(\boldsymbol{BCA}), \tag{A.2.22}$$

$$\mathrm{Tr}\,(c_1\boldsymbol{A} + c_2\boldsymbol{B}) = c_1\mathrm{Tr}\,(\boldsymbol{A}) + c_2\mathrm{Tr}\,(\boldsymbol{B}), \tag{A.2.23}$$

其中 $\boldsymbol{A}, \boldsymbol{B}$ 和 $\boldsymbol{C}$ 是矩阵，c_1, c_2 是常数。

当取 $N=4$，并采用标准的 Dirac 表象时，Dirac 矩阵 γ^μ, γ_5 的表达式可以写成

$$\gamma^0 = \begin{pmatrix} \boldsymbol{I}_2 & 0 \\ 0 & -\boldsymbol{I}_2 \end{pmatrix}, \quad \gamma^i = \begin{pmatrix} 0 & \sigma_i \\ -\sigma_i & 0 \end{pmatrix}, \quad \gamma_5 = \begin{pmatrix} 0 & \boldsymbol{I}_2 \\ \boldsymbol{I}_2 & 0 \end{pmatrix}, \tag{A.2.24}$$

其中 $\boldsymbol{I}_2$ 是 2×2 的单位矩阵，Pauli 矩阵 σ_i 满足如下对易和反对易关系：

$$\begin{aligned}
&[\sigma_i, \sigma_j] = 2i\epsilon_{ijk}\sigma_k, \quad \epsilon_{ijk}: \text{totally antisymmetric}, \epsilon_{123} = 1, \\
&\{\sigma_i, \sigma_j\} = 2\delta_{ij}, \qquad \sigma_i\sigma_j = i\epsilon_{ijk}\sigma_k \\
&tr(\sigma_i\sigma_j) = 2\delta_{ij}, \quad \epsilon_{ijm}\epsilon_{klm} = \delta_{ik}\delta_{jl} - \delta_{il}\delta_{jk}
\end{aligned} \tag{A.2.25}$$

其 2×2 矩阵表示可以写为

$$\sigma_1 = \begin{pmatrix} 0 & 1 \\ 1 & 0 \end{pmatrix}, \qquad \sigma_2 = \begin{pmatrix} 0 & -i \\ i & 0 \end{pmatrix}, \qquad \sigma_3 = \begin{pmatrix} 1 & 0 \\ 0 & -1 \end{pmatrix}. \tag{A.2.26}$$

完整性关系为

$$\sum_i (\sigma_i)_{ab}(\sigma_i)_{cd} = 2\left(\delta_{bc}\delta_{ad} - \frac{1}{2}\delta_{ba}\delta_{cd}\right). \tag{A.2.27}$$

对 γ_5 和 $\sigma_{\mu\nu}$ 矩阵，我们使用的定义是①

$$\gamma_5 \equiv \gamma^5 \equiv i\gamma^0\gamma^1\gamma^2\gamma^3 = -i\gamma_0\gamma_1\gamma_2\gamma_3 = \begin{pmatrix} 0 & \boldsymbol{I}_2 \\ \boldsymbol{I}_2 & 0 \end{pmatrix}, \tag{A.2.28}$$

$$\sigma_{\mu\nu} = \frac{i}{2}[\gamma_\mu, \gamma_\nu] \tag{A.2.29}$$

---

① 在文献 [25, 30, 27] 中，关于 γ_μ 矩阵的定义 (in Dirac representation) 是一样的。关于 γ_5，4×4 矩阵是一样的，但写成 4 个 γ 矩阵乘积时的定义不一样。使用相关公式时要注意。当采用 Chiral 或 Majorana 表象时，Dirac 矩阵的表达式见文献 [143]。

其中

$$\gamma_5^2 = \boldsymbol{I}_4, \qquad \{\gamma_\mu, \gamma_5\} = 0, \quad \mathrm{Tr}(\gamma_\mu) = 0. \tag{A.2.30}$$

自旋矩阵 s**，波函数或者** Dirac **矩阵的电荷共轭和厄米共轭的定义为**

$$\boldsymbol{s} = \frac{1}{2}\begin{pmatrix} \sigma & 0 \\ 0 & \sigma \end{pmatrix}, \quad s^i = \frac{1}{4}\epsilon_{ijk}\sigma_{jk}, \quad i = 1, 2, 3, \tag{A.2.31}$$

$$\Psi^c = C\Psi^\dagger, \quad C\gamma_\mu C^\dagger = -\gamma_\mu^*, \quad C = -\gamma_2, \tag{A.2.32}$$

$$(\gamma^0)^\dagger = \gamma^0, \quad (\gamma^k)^\dagger = -\gamma^k, \quad \sigma_{\mu\nu}^\dagger = \sigma^{\mu\nu}, \quad \gamma_5^\dagger = \gamma_5, \tag{A.2.33}$$

一个有用的恒等式是

$$\gamma_\alpha\gamma_\beta\gamma_\lambda = g_{\alpha\beta}\gamma_\lambda + g_{\beta\lambda}\gamma_\alpha - g_{\alpha\lambda}\gamma_\beta + i\epsilon_{\mu\alpha\beta\lambda}\gamma^\mu\gamma_5. \tag{A.2.34}$$

在 N-维时空，Dirac 矩阵满足：

$$\{\gamma_\mu, \gamma_\nu\} = \gamma_\mu\gamma_\nu + \gamma_\nu\gamma_\mu = 2g_{\mu\nu}\boldsymbol{I}_N \tag{A.2.35}$$

其中 $\boldsymbol{I}_N$ 是 N-维时空的单位矩阵，μ 和 ν 的取值范围是从 0 到 N-1。另外，有下述关系式：

$$\gamma_\mu\gamma_\mu = N\boldsymbol{I}_N, \tag{A.2.36}$$

$$\gamma_\mu\gamma_\alpha\gamma_\mu = (2-N)\gamma_\alpha, \tag{A.2.37}$$

$$\gamma_\mu\gamma_\alpha\gamma_\beta\gamma_\mu - 4g_{\alpha\beta}\boldsymbol{I}_N + (N-4)\gamma_\alpha\gamma_\beta, \tag{A.2.38}$$

$$\gamma_\mu\gamma_\alpha\gamma_\beta\gamma_\lambda\gamma_\mu = -2\gamma_\lambda\gamma_\beta\gamma_\alpha - (N-4)\gamma_\alpha\gamma_\beta\gamma_\lambda. \tag{A.2.39}$$

另外，对 N-维时空的单位矩阵 $\boldsymbol{I}_N$ 的“迹”定义为①：

$$\mathrm{Tr}(\boldsymbol{I}_N) = 4, \tag{A.2.40}$$

进而导致

$$\mathrm{Tr}\,(\gamma_\alpha\gamma_\beta) = 4g_{\alpha\beta}, \tag{A.2.41}$$

$$\mathrm{Tr}\,(\gamma_\alpha\gamma_\beta\gamma_\lambda\gamma_\rho) = 4\,(g_{\alpha\beta}g_{\lambda\rho} - g_{\alpha\lambda}g_{\beta\rho} + g_{\alpha\rho}g_{\beta\lambda})\,. \tag{A.2.42}$$

$$\mathrm{Tr}\,(odd\ \#\ \ of\ \ \gamma' s) = 0. \tag{A.2.43}$$

① In general, spin-space has dimensions $2^{N/2}$ (N even) and $2^{(N-4)/2}$ (N odd) so that $\mathrm{Tr}(\boldsymbol{I}_N) = F(N) = 4 + f(N)$, where $f(N)$ vanishes as $N \to 4$. One can show that the extra terms introduced by $f(N)$ do not affect the $N \to 4$ limit and thus we define $f(N) \equiv 0$. See W.J.Marciano, Nucl.Phys.B84, 132(1975).

由式 (A.2.41) 和式 (A.2.42) 可得：

$$\mathrm{Tr}(\not a \not b) = 4a\cdot b, \qquad \mathrm{Tr}(\not a \not b \not c \not d) = 4\left(a\cdot b\, c\cdot d - a\cdot c\, b\cdot d + a\cdot d\, b\cdot c\right). \tag{A.2.44}$$

其中符号"slash" 在 N- 维时空中的定义为：

$$\not a = a\cdot\gamma = g_{\mu\nu}a_\mu\gamma_\nu = a_0\gamma_0 - a_1\gamma_1 - \cdots - a_{N-1}\gamma_{N-1}. \tag{A.2.45}$$

计算 Box 图时用到的变换公式 ($D = 4 - 2\epsilon$)：

$$\begin{aligned}
&\gamma_\mu(1-\gamma_5)\gamma_\nu\gamma_\alpha \otimes \gamma^\mu(1-\gamma_5)\gamma^\nu\gamma^\alpha = (16-4\epsilon)\,\gamma_\mu(1-\gamma_5)\otimes\gamma^\mu(1-\gamma_5),\\
&\gamma_\mu(1-\gamma_5)\gamma_\nu\gamma_\alpha \otimes \gamma^\alpha(1-\gamma_5)\gamma^\nu\gamma^\mu = (4-8\epsilon)\,\gamma_\mu(1-\gamma_5)\otimes\gamma^\mu(1-\gamma_5),\\
&\gamma_\alpha\gamma_\nu\gamma_\mu(1-\gamma_5) \otimes \gamma^\alpha\gamma^\nu\gamma^\mu(1-\gamma_5) = (16-4\epsilon)\,\gamma_\mu(1-\gamma_5)\otimes\gamma^\mu(1-\gamma_5),\\
&\gamma_\alpha\gamma_\nu\gamma_\mu(1-\gamma_5) \otimes \gamma^\mu\gamma^\nu\gamma^\alpha(1-\gamma_5) = (4-8\epsilon)\,\gamma_\mu(1-\gamma_5)\otimes\gamma^\mu(1-\gamma_5).
\end{aligned} \tag{A.2.46}$$

几个有用的 trace 表达式 [54]：

$$\mathrm{Tr}\left[\gamma^\mu(1-\gamma^5)\not p_1\gamma^\nu(1-\gamma^5)\not p_2\right] = 2\mathrm{Tr}\left[\gamma^\mu\not p_1\gamma^\nu\not p_2\right] + 8i\epsilon^{\mu\alpha\nu\beta}\,p_{1\alpha}p_{2\beta}, \tag{A.2.47}$$

$$\mathrm{Tr}\left[\gamma^\mu\not p_1\gamma^\nu\not p_2\right]\,\mathrm{Tr}\left[\gamma_\mu\not p_3\gamma_\nu\not p_4\right] = 32\left[(p_1\cdot p_3)(p_2\cdot p_4)+(p_1\cdot p_4)(p_2\cdot p_3)\right], \tag{A.2.48}$$

$$\begin{aligned}
&\mathrm{Tr}\left[\gamma^\mu\not p_1\gamma^\nu\gamma^5\not p_2\right]\,\mathrm{Tr}\left[\gamma_\mu\not p_3\gamma_\nu\gamma^5\not p_4\right]\\
&\quad = -32\left[(p_1\cdot p_3)(p_2\cdot p_4)-(p_1\cdot p_4)(p_2\cdot p_3)\right],
\end{aligned} \tag{A.2.49}$$

$$\begin{aligned}
&Tr\left[\gamma^\mu(1-\gamma^5)\not p_1\gamma^\nu(1-\gamma^5)\not p_2\right]\,\mathrm{Tr}\left[\gamma_\mu(1-\gamma^5)\not p_3\gamma_\nu(1-\gamma^5)\not p_4\right]\\
&\quad = 256(p_1\cdot p_3)(p_2\cdot p_4).
\end{aligned} \tag{A.2.50}$$

§A.3　Fiertz 重排

我们用 4×4 的单位矩阵和 γ 矩阵可以构造 16 个独立的完备的 Dirac 矩阵[1]：

$$\Gamma_S = 1,\quad \Gamma_V = \gamma_\mu,\quad \Gamma_T = \sigma_{\mu\nu},\quad \Gamma_A = \gamma_\mu\gamma_5,\quad \Gamma_P = \gamma_5, \tag{A.3.1}$$

然后，用基本关系式

$$\begin{aligned}
\delta_{\alpha\delta}\delta_{\gamma\beta} = \frac{1}{4}\Big[&\delta_{\alpha\beta}\delta_{\gamma\delta} + (\gamma_5)_{\alpha\beta}(\gamma_5)_{\gamma\delta} + (\gamma^\mu)_{\alpha\beta}(\gamma_\mu)_{\gamma\delta}\\
&-(\gamma^\mu\gamma_5)_{\alpha\beta}(\gamma_\mu\gamma_5)_{\gamma\delta} + \frac{1}{2}(\sigma^{\mu\nu})_{\alpha\beta}(\sigma^{\mu\nu})_{\gamma\delta}\Big].
\end{aligned} \tag{A.3.2}$$

可以导出 Fiertz 重排关系式：

$$\sum_i g_i(\Gamma_i)_{\alpha\beta}(\Gamma_i)_{\gamma\delta} = \sum_j \hat g_j(\Gamma_j)_{\alpha\delta}(\Gamma_j)_{\gamma\beta}. \tag{A.3.3}$$

其中的指标 i, j 包含 $S, V, T, A,$ 和 P，g_is 和 $\hat{g}_j$ 之间的变换关系为：

$$\begin{bmatrix} \hat{g}_S \\ \hat{g}_V \\ \hat{g}_T \\ \hat{g}_A \\ \hat{g}_P \end{bmatrix} = \frac{1}{4} \begin{bmatrix} 1 & 4 & 12 & -4 & 1 \\ 1 & -2 & 0 & -2 & -1 \\ \frac{1}{2} & 0 & -2 & 0 & \frac{1}{2} \\ -1 & -2 & 0 & -2 & 1 \\ 1 & -4 & 12 & 4 & 1 \end{bmatrix} \begin{bmatrix} g_S \\ g_V \\ g_T \\ g_A \\ g_P \end{bmatrix} \tag{A.3.4}$$

当我们用 (a, b, c, d) 表示自旋为 1/2 的费米子的 Dirac 旋量波函数时，常用的 Fiertz 重排公式为：

$$\begin{aligned} \bar{a}(V \pm A)b \cdot \bar{c}(V \pm A)d &= \bar{a}(V \pm A)d \cdot \bar{c}(V \pm A)b, \\ \bar{a}(V - A)b \cdot \bar{c}(V + A)d &= -2\bar{a}(S + P)d \cdot \bar{c}(S - P)b, \\ \bar{a}(V + A)b \cdot \bar{c}(V - A)d &= -2\bar{a}(S - P)d \cdot \bar{c}(S + P)b, \\ \bar{a}Vb \cdot \bar{c}Vd + \bar{a}\,A\,b \cdot \bar{c}\,A\,d &= \bar{a}Vd \cdot \bar{c}Vb + \bar{a}\,A\,d \cdot \bar{c}\,A\,b. \end{aligned} \tag{A.3.5}$$

在上式中，由于两个费米子波函数交换而产生的“−”号已经包含在公式中。关于 Fiertz 重排更多的讨论见文献 [143]。**注意：在不同的文献中，对 Fiertz 重排的定义和表达式略有不同，在使用时要小心。**

§A.4 Dirac 方程与旋量波函数

入射平面波：$e^{-ik\cdot x} \equiv \exp[-i(\omega t - \boldsymbol{k}\cdot\boldsymbol{x})]$,

出射平面波：$e^{ik\cdot x} \equiv \exp[i(\omega t - \boldsymbol{k}\cdot\boldsymbol{x})]$,

克莱恩 - 高登方程：$\left(\partial^2 + \mu^2\right)\phi(x) = 0$,

时空变换：$A(x) = e^{ip\cdot x}A(0)e^{-ip\cdot x}$。

其中 $\omega = \sqrt{m^2 + \boldsymbol{k}^2}$。

一个质量为 m、自旋为 $\dfrac{1}{2}$ 的费米子可以用旋量波函数 $u(p, s)$ 来表示，旋量波函数 $u(p, s)$ 满足如下的 Dirac 方程：

$$(\not{p} - m)u(p, s) = 0, \tag{A.4.1}$$

伴随旋量波函数的定义为：$\bar{u}(p, s) = u^\dagger(p, s)\gamma_0$，满足方程

$$\bar{u}(p, s)(\not{p} - m) = 0. \tag{A.4.2}$$

自旋角动量 s 满足

$$s \cdot p = 0, \quad s^2 = -1, \tag{A.4.3}$$

在粒子静止系，有

$$s_\mu = \begin{pmatrix} 0 \\ \vec{s} \end{pmatrix}, \tag{A.4.4}$$

其中 $\vec{s}$ 是粒子的极化矢量，且有 $\vec{s} \cdot \vec{s} = 1$。

自旋 1/2 的反费米子旋量波函数满足方程

$$(\not{p} + m)v(p,s) = 0, \quad \bar{v}(p,s)(\not{p} + m) = 0, \tag{A.4.5}$$

其中 $\bar{v}(p,s) \equiv v^\dagger(p,s)\gamma_0$。费米子的旋量波函数和反费米子的旋量波函数的归一化关系为

$$\sum_{spin} \bar{u}(p,s)u(p,s) = 2m, \tag{A.4.6}$$

$$\sum_{spin} \bar{v}(p,s)v(p,s) = -2m, \tag{A.4.7}$$

投影算符 $\Lambda_\pm$ 可以写为

$$2m\Lambda_+ = \sum_{spin} u(p,s)\bar{u}(p,s) = \not{p} + m, \tag{A.4.8}$$

$$2m\Lambda_- = -\sum_{spin} v(p,s)\bar{v}(p,s) = -\not{p} + m. \tag{A.4.9}$$

在计算散射振幅的模方时，需要计算散射振幅的厄米共轭，

$$[\bar{u}(p',s')\Gamma u(p,s)]^\dagger = \bar{u}(p,s)\overline{\Gamma} u(p',s'), \tag{A.4.10}$$

其中 $\overline{\Gamma} = \gamma_0 \Gamma^\dagger \gamma_0$。Dirac 矩阵的厄米共轭为

$$\bar{\gamma}_\mu = \gamma_\mu, \quad \overline{\sigma_{\mu\nu}} = \sigma_{\mu\nu}, \quad \overline{\gamma_\mu\gamma_5} = \gamma_\mu\gamma_5, \tag{A.4.11}$$

$$\overline{(i\gamma_5)} = i\gamma_5, \quad \overline{\not{p}_1\not{p}_2\cdots\not{p}_n} = \not{p}_n\not{p}_{n-1}\cdots\not{p}_1. \tag{A.4.12}$$

螺旋度 (helicity) 基是描写粒子自旋的比较方便的基。态矢量 $u_\lambda(p)$ 是螺旋度算符 $\gamma_5 s/2$ 的本征态。当本征值为 $\pm 1/2$ 时，自旋角动量的指向与粒子的运动方向平行，或者反平行。这时，归一化关系式 (A.4.6) 和 (A.4.7) 可以写为

$$\bar{u}_\lambda(p)u_{\lambda'}(p) = 2m\,\delta_{\lambda\lambda'}, \tag{A.4.13}$$

$$\bar{v}_\lambda(p)v_{\lambda'}(p) = -2m\,\delta_{\lambda\lambda'}, \tag{A.4.14}$$

对于一个沿 z 轴正向运动，动量为 $\boldsymbol{p}$, 螺旋度为 λ 的费米子，其旋量表示可以写为

$$u_\lambda(p)=\sqrt{E+m}\begin{pmatrix}\chi_\lambda\\ \dfrac{2\lambda|\vec{p}|}{E+m}\chi_\lambda\end{pmatrix}, \tag{A.4.15}$$

$$u_\lambda(p)=\sqrt{E+m}\left(\chi_\lambda^\dagger,\frac{-2\lambda|\vec{p}|}{E+m}\chi_\lambda^\dagger\right) \tag{A.4.16}$$

其中

$$\chi_{\frac{1}{2}}=\begin{pmatrix}1\\0\end{pmatrix},\quad \chi_{-\frac{1}{2}}=\begin{pmatrix}0\\1\end{pmatrix}, \tag{A.4.17}$$

$E^2=|\vec{p}|^2+m^2$。与反粒子对应的有

$$v_\lambda(p)=(-1)^{\lambda-1/2}\,\gamma u_\lambda(p) \tag{A.4.18}$$

黄金分解关系式为

$$\overline{u}(p,s)\gamma^\mu u(q,s)=\frac{1}{2m}\overline{u}(p,s)\left[(p+q)^\mu+i\sigma_{\mu\nu}(p-q)_\nu\right]\gamma^\mu u(q,s), \tag{A.4.19}$$

$$\overline{u}(p,s)\gamma^\mu\gamma_5 u(q,s)=\frac{1}{2m}\overline{u}(p,s)\left[(p-q)^\mu\gamma_5+i\sigma_{\mu\nu}(p+q)_\nu\gamma_5\right]\gamma^\mu u(q,s). \tag{A.4.20}$$

§A.5 费恩曼参数化与圈图动量积分公式

费恩曼参数化的目的是对被积函数的分母进行处理，以完成积分。第一步是把分母上的 N 个因子压缩为一个多项式因子的 N 次方；第二步是对多项式因子中被积动量 k 做平移和配方，变成 K^2-C 或者 $l^2-\Delta$ 的形式，然后对具有球对称性质的被积函数做动量积分。这样做的代价是引入辅助参数 (费恩曼参数 $x,y,z,\ldots$)，并对这些参数做积分。

对传播子乘积的费恩曼参数化为

$$\frac{1}{a_1a_2\cdots a_n}=\Gamma(n)\int_0^1 dx_1\cdots dx_n\,\frac{\delta\left(1-\sum\limits_{i=1}^n x_n\right)}{\left[\sum\limits_{i=1}^n a_ix_i\right]^n}, \tag{A.5.1}$$

$$\frac{1}{abc}=\begin{cases}2\displaystyle\int_0^1 dx\int_0^1 dy\int_0^1 dz\,\frac{\delta(1-x-y-z)}{[ax+by+cz]^3},\\ 2\displaystyle\int_0^1 dx\int_0^1 dy\,\frac{x}{[axy+bx(1-y)+c(1-x)]^3},\\ 2\displaystyle\int_0^1 dx\int_0^{1-x} dy\,\frac{1}{[ay+b(1-x-y)+cx]^3},\end{cases} \tag{A.5.2}$$

$$\frac{1}{a^R b^M} = \frac{\Gamma(R+M)}{\Gamma(R)\Gamma(M)} \int_0^1 dx \int_0^1 dy \, \frac{x^{R-1} y^{M-1} \delta(1-x-y)}{[ax+by]^{R+M}}, \tag{A.5.3}$$

$$\frac{1}{a^R b^M} = \frac{\Gamma(R+M)}{\Gamma(R)\Gamma(M)} \int_0^1 dx \, \frac{x^{R-1}(1-x)^{M-1}}{[ax+b(1-x)]^{R+M}} \tag{A.5.4}$$

对 $d^4K(D=4$ 维) 的积分公式为

$$\int \frac{d^4K}{(2\pi)^4} \frac{(K^2)^R}{(K^2-C)^M} = \frac{i(-1)^{R-M}}{16\pi^2} C^{R-M+2} \frac{\Gamma(R+2)\Gamma(M-R-2)}{\Gamma(M)}. \tag{A.5.5}$$

对 d^DK (D 维) 的积分公式为

$$\int \frac{d^DK}{(2\pi)^D} \frac{(K^2)^R}{(K^2-C)^M} = \frac{i(-1)^{R-M}}{(16\pi^2)^{D/4}} C^{R-M+D/2} \frac{\Gamma(R+\frac{1}{2}D)\Gamma(M-R-\frac{1}{2}D)}{\Gamma(D/2)\Gamma(M)}. \tag{A.5.6}$$

附录B 费恩曼规则与特殊函数

1949 年，Feynman 提出一种很形象、直观的方法，来描写粒子散射、反应和转化过程。在量子场论中，Feynman 图和理论计算有密切的联系。可以根据一个过程的费恩曼图和相应的费恩曼规则，很方便地写出跃迁矩阵元，进而计算相关物理量。另外，关于标准模型和超对称模型的费恩曼规则[143]，圈图积分公式等可以参考 T. Goto 的电子参考书[144]。

§B.1 标准模型理论的费恩曼规则

外线： 对初态和末态粒子，有下述因子：

(1) 自旋为 0 的玻色子: 1;

(2) 自旋为 1 的玻色子: $\epsilon_\mu(\lambda)$; 这里的 $\epsilon_\mu(\lambda)$ 螺旋度为 λ 的矢量玻色子的极化矢量。对于一个零质量的沿 $\hat{z}$- 轴传播的矢量玻色子，其 4- 动量 k_μ 可以写为

$$k_\mu = (k_0, 0, 0, k_3) \tag{B.1.1}$$

其中 $k_0 = |k_3|$，对螺旋度 $\lambda = \pm 1$ 的分量，其极化矢量 $\epsilon_\mu(\lambda)$ 可以写为

$$\epsilon_\mu(\lambda = +1) = \frac{1}{\sqrt{2}}(0, 1, i, 0), \qquad \epsilon_\mu(\lambda = -1) = \frac{1}{\sqrt{2}}(0, 1, -i, 0). \tag{B.1.2}$$

极化矢量满足正交归一关系: $\boldsymbol{k} \cdot \epsilon = 0, \epsilon^2 = -1$。

对于质量为 M，动量为 k_μ 的重矢量玻色子，有 $k_0^2 = k_3^2 + M^2$，其纵向极化态为

$$\epsilon_\mu^L(\lambda = 0) = \frac{1}{M}(k_3, 0, 0, k_0). \tag{B.1.3}$$

在计算涉及光子的非极化截面时，根据 Ward 恒等式，可以做下面的代换

$$\sum_{\text{polarization}} \epsilon_\mu^* \epsilon_\nu \longrightarrow -g_{\mu\nu}. \tag{B.1.4}$$

对零质量的非阿贝尔规范粒子，还必须考虑“鬼粒子”的贡献。对有质量的非阿贝尔规范粒子，还必须另外考虑“格尔斯通玻色子”的贡献[19]。

(3) 我们约定时间轴以向右为正；对自旋为 1/2 的费米子 (正时间方向) 或者反费米子 (反时间方向)，其在初态或者末态的波函数的约定如图 B.1 所示：

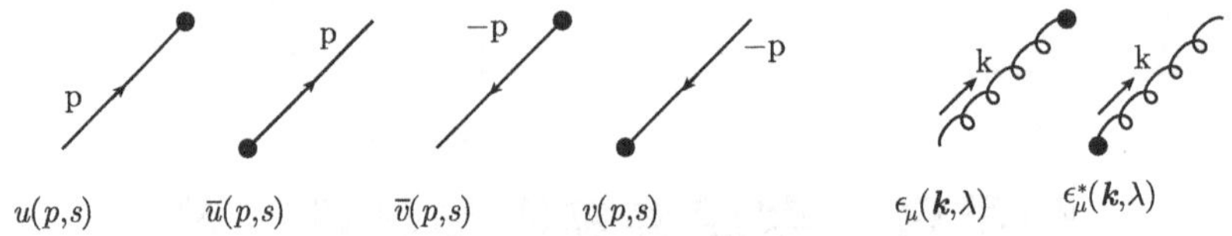

图 B.1　费米子和光子外线的费恩曼规则

内线(传播子):　每一条内线描写一个质量为 m、动量为 q 的粒子。常见粒子的传播子为

$$\text{(a) Spin zero boson:}\quad \frac{i}{q^2-m^2+i\epsilon}, \tag{B.1.5}$$

$$\text{(b) Photon(Feynman gauge):}\quad \frac{-ig_{\mu\nu}}{q^2+i\epsilon}, \tag{B.1.6}$$

$$\text{(c) Spin 1 boson(Unitary gauge):}\quad \frac{-i\left(g_{\mu\nu}-q_\mu q_\nu/m^2\right)}{q^2+i\epsilon}, \tag{B.1.7}$$

$$\text{(d) Spin 1/2 fermion:}\quad \frac{i(\not{q}+m)}{q^2-m^2+i\epsilon}. \tag{B.1.8}$$

对于反粒子，使用同样的传播子，但改变其动量的符号: $-\boldsymbol{q}$.

顶点因子:　对每一个顶点 (三条、或更多条内线、外线)，有一个依赖于相互作用拉氏量结构的顶点因子。对圈图有

(a) 对每一个内线动量为 k 的圈，存在一个对动量 k 的所有可能取值范围的积分: $\int d^4k/(2\pi)^4$。

(b) 对每一个闭合费米圈，乘上一个“-1”因子;

(c) 对每一个包含 n 条全同玻色子线的闭合圈，乘上一个对称化因子:“$1/n!$”。

在 QCD 中，表示费米子外线的 Dirac 旋量波函数 $u(p,s), v(p,s)$，胶子外线的极化矢量 $\epsilon_\mu(\lambda)$，和 QED 中的定义相同。夸克、胶子和鬼粒子传播子，$q\bar{q}g$ 和 $ghost-ghost-gluon$ 顶点，三胶子和四胶子顶点，如图 B.2 所示，其中已取协变规范: $\eta=0$ 是费恩曼规范，$\eta=-1$ 是朗道规范。注意: 在不同文献中给出的费恩曼规则可能有差别。本附录给出的费恩曼规则出自文献 [25]。

对应每一个内动量为 k 的圈，有积分: $\int d^Nk/(2\pi)^N$。对每一个闭合费米子圈的积分，乘上一个“-1”因子。对每一个闭合的由 n 个全同玻色子构成的圈的积分，乘一个“$1/n!$”因子。

在文献 [1] 中，T.P Chen 和 L.F.Li 给出了部分费恩曼规则 (图 B.3)。这里 $\xi=1,0,\infty$ 分别对应’t Hooft-Feynman 规范，朗道规范和幺正规范。

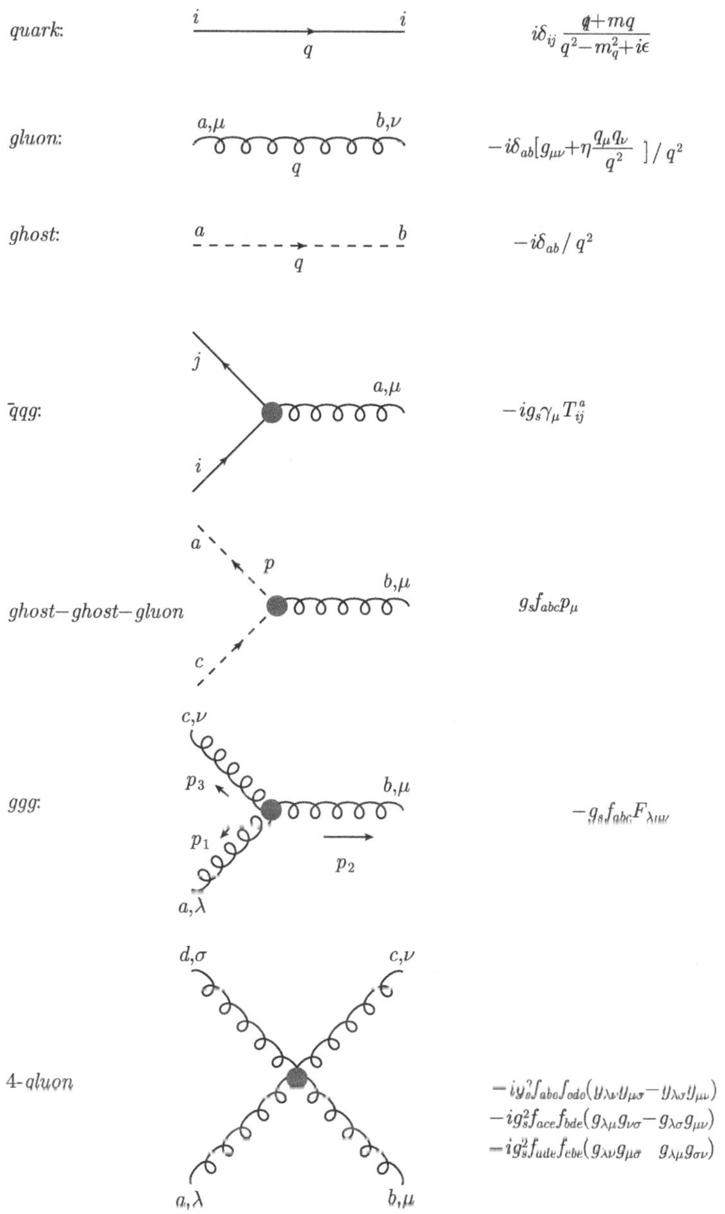

图 B.2 QCD 传播子和 QCD 顶点因子

$F_{\lambda\mu\nu}(p_1,p_2,p_3)=g_{\lambda\mu}(p_1-p_2)_\nu-g_{\mu\nu}(p_2-p_3)_\lambda+g_{\nu\lambda}(p_3-p_1)_\mu$. f_{abc} 是 $SU(3)_c$ 的结构常数

在文献 [145] 中，A. Denner 给出了标准模型下单圈电弱修正计算所需要的费恩曼规则和抵消项。但 Denner 的论文中没有给出“非物理场”的重正化常数和相关的抵消项，我们以 Denner 的论文为基础, 补齐了这些项。完整的表达式详见文

献 [146]。

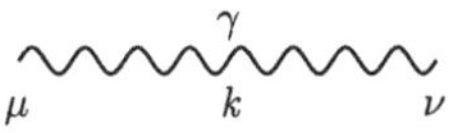

$$\frac{-i}{k^2+i\epsilon}\left[g_{\mu\nu}+\frac{(\xi-1)k_\mu k_\nu}{k^2}\right]$$

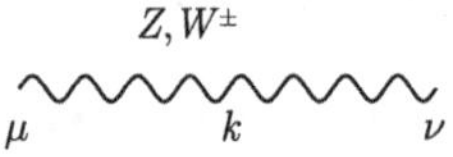

$$\frac{-i}{k^2-M_V^2}\left[g_{\mu\nu}+\frac{(\xi-1)k_\mu k_\nu}{k^2-\xi M_V^2}\right]$$

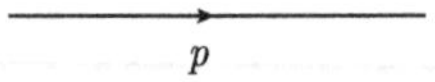

$$\frac{i(p+m)}{p^2-m^2+i\epsilon}$$

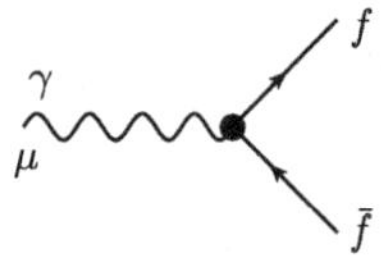

$$ieQ_f\gamma_\mu \quad \text{or} \quad -ieQ_f\gamma_\mu$$

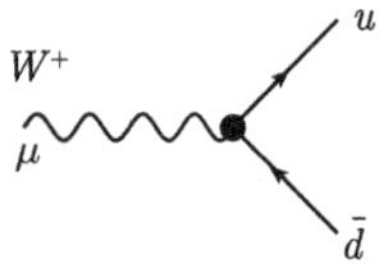

$$\frac{ig}{2\sqrt{2}}\gamma_\mu(1\text{-}\gamma_5)V_{ud}$$

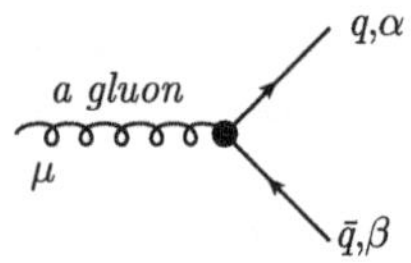

$$ig_s\gamma_\mu(T^a)_{\alpha\beta} \quad \text{or} \quad -ig_s\gamma_\mu(T^a)_{\alpha\beta}$$

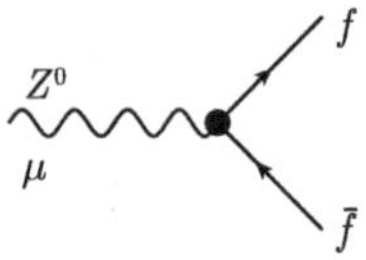

$$\frac{ig}{2\cos\theta_W}\gamma_\mu\left[(T_3^f-2Q_f\sin^2\theta_W)-T_3^f\gamma_5\right]$$

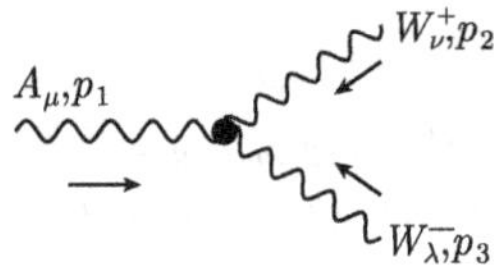

$$-ie\left[(p_1-p_2)_\lambda g_{\mu\nu}+(p_2-p_3)_\mu g_{\nu\lambda}+(p_3-p_1)_\nu g_{\lambda\mu}\right]$$

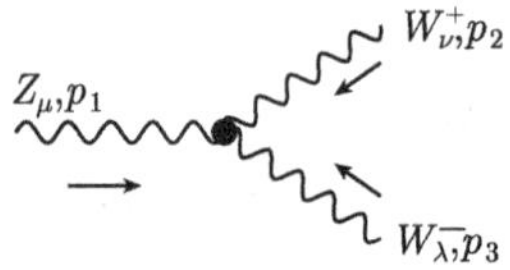

$$-ig\cos\theta_W\left[(p_1-p_2)_\lambda g_{\mu\nu}+(p_2-p_3)_\mu g_{\nu\lambda}+(p_3-p_1)_\nu g_{\lambda\mu}\right]$$

图 B.3　在文献 [1] 中给出的部分费恩曼规则

§B.2 $SU(3)_c$ 色规范群

3×3 的 $SU(3)_c$ 色矩阵 $\boldsymbol{T}_a$ 满足对易关系

$$[\boldsymbol{T}_a,\boldsymbol{T}_b]=if_{abc}\boldsymbol{T}_c, \tag{B.2.1}$$

其中 f_{abc} 是反对称的 $SU(3)_c$ 结构常数，非零的 f_{abc} 为

$$\begin{aligned}
&f_{123}=1,\\
&f_{147}=-f_{156}=f_{246}=f_{257}=f_{345}=-f_{367}=1/2,\\
&f_{458}=f_{678}=\sqrt{3}/2,
\end{aligned} \tag{B.2.2}$$

表示 $\boldsymbol{T}_a$ 的 8 个 Gell-Mann 矩阵[25]。结构常数 d_{abc} 定义为

$$\{\boldsymbol{T}_a,\boldsymbol{T}_b\}=\frac{1}{3}\delta_{ab}+d_{abc}\boldsymbol{T}_c. \tag{B.2.3}$$

矩阵 $\boldsymbol{T}_a$ 满足下面的关系

$$\boldsymbol{T}_a\boldsymbol{T}_b=\frac{1}{2}\left[\frac{1}{3}\delta_{ab}+(d_{abc}+if_{abc})\boldsymbol{T}_c\right], \tag{B.2.4}$$

$$(\boldsymbol{T}^a)_{ij}(\boldsymbol{T}^a)_{kl}=\frac{1}{2}\left[\delta_{il}\delta_{jk}-\frac{1}{3}\delta_{ij}\delta_{kl}\right], \tag{B.2.5}$$

$$\mathrm{Tr}(\boldsymbol{T}_a)=0, \tag{B.2.6}$$

$$\mathrm{Tr}(\boldsymbol{T}_a\boldsymbol{T}_b)=T_F\delta_{ab}=\frac{1}{2}\delta_{ab}, \tag{B.2.7}$$

$$\mathrm{Tr}(\boldsymbol{T}_a\boldsymbol{T}_b\boldsymbol{T}_c)=\frac{1}{4}(d_{abc}+if_{abc}), \tag{B.2.8}$$

$$\mathrm{Tr}(\boldsymbol{T}_a\boldsymbol{T}_b\boldsymbol{T}_a\boldsymbol{T}_c)=-\frac{1}{12}\delta_{bc} \tag{B.2.9}$$

结构常数满足如下的 Jacobi 恒等式

$$f_{abe}f_{ecd}+f_{cbe}f_{aed}+f_{dbe}f_{ace}=0, \tag{B.2.10}$$

$$f_{abe}f_{ecd}+f_{cbe}f_{ced}+f_{dbe}f_{ace}=0 \tag{B.2.11}$$

另外，

$$f_{abe}f_{cde}=\frac{2}{3}(\delta_{ac}\delta_{bd}-\delta_{ad}\delta_{bc})+(d_{ace}d_{bde}-d_{bce}d_{ade}. \tag{B.2.12}$$

可以定义 8×8 的矩阵 $\boldsymbol{F}_a$ 和 $\boldsymbol{D}_a$：

$$(\boldsymbol{F}_a)_{bc}=-if_{abc},\qquad (\boldsymbol{D}_a)_{bc}=d_{abc}, \tag{B.2.13}$$

这样，Jacobi 恒等式 (B.2.10) 和 (B.2.11) 变成

$$[\boldsymbol{F}_a,\boldsymbol{F}_b]=if_{abc}\boldsymbol{F}_c,\qquad [\boldsymbol{F}_a,\boldsymbol{D}_b]=if_{abc}\boldsymbol{D}_c. \tag{B.2.14}$$

另外，$f_{abb}=0$ 和 $d_{abb}=0$ 意味着

$$\mathrm{Tr}(\boldsymbol{F}_a)=0,\qquad \mathrm{Tr}(\boldsymbol{D}_a)=0. \tag{B.2.15}$$

下面是一些有用的关系式：

$$f_{acd}f_{bcd}=C_A\delta_{ab}=3\delta_{ab},\quad f_{acd}d_{bcd}=0,\quad d_{acb}d_{bcd}=\frac{5}{3}\delta_{ab}, \tag{B.2.16}$$

$$f_{abc}T_bT_c=\frac{i}{2}C_AT_a,\quad T_aT_bT_a=\left[-\frac{C_A}{2}+T_aT_a\right]T_b,\quad T_aT_a=C_F, \tag{B.2.17}$$

$$\boldsymbol{F}_a\boldsymbol{F}_a=3,\quad \boldsymbol{F}_a\boldsymbol{D}_a=0,\quad \boldsymbol{D}_a\boldsymbol{D}_a=5/3, \tag{B.2.18}$$

$$\mathrm{Tr}(\boldsymbol{F}_a\boldsymbol{F}_b)=3\delta_{ab},\quad \mathrm{Tr}(\boldsymbol{F}_a\boldsymbol{D}_b)=0,\quad \mathrm{Tr}(\boldsymbol{D}_a\boldsymbol{D}_b)=5/3\cdot\delta_{ab}, \tag{B.2.19}$$

$$\mathrm{Tr}(\boldsymbol{F}_a\boldsymbol{F}_b\boldsymbol{F}_c)=i3/2\cdot f_{abc},\qquad \mathrm{Tr}(\boldsymbol{D}_a\boldsymbol{F}_b\boldsymbol{F}_c)=3/2\cdot d_{abc}, \tag{B.2.20}$$

$$\mathrm{Tr}(\boldsymbol{D}_a\boldsymbol{D}_b\boldsymbol{F}_c)=i5/6\cdot f_{abc},\qquad \mathrm{Tr}(\boldsymbol{D}_a\boldsymbol{D}_b\boldsymbol{D}_c)=-1/2\cdot d_{abc}, \tag{B.2.21}$$

$$\mathrm{Tr}(\boldsymbol{F}_a\boldsymbol{F}_b\boldsymbol{F}_c\boldsymbol{F}_d)=9/2\delta_{bc},\qquad \sum_{aj}\boldsymbol{T}^a_{ij}\boldsymbol{T}^a_{jk}=C_F\delta_{ik}, \tag{B.2.22}$$

其中 $C_A=3$，$C_F=4/3$。

在处理 B 介子衰变的强子矩阵元计算时，经常要做色指标的交换，用到公式 (B.2.5)

$$\delta_{il}\delta_{kj}=\frac{1}{N_c}\delta_{ij}\delta_{kl}+2\sum_{a=1}^{8}\boldsymbol{T}^a_{ij}\boldsymbol{T}^a_{kl} \tag{B.2.23}$$

其中 i,j,k,l 是色指标。采用简单因子化方案时，不可因子化部分对应上式右边的第二项 —— 色八重态项，该项一般被扔掉。

与处理粒子的自旋自由度相类似，我们对末态的色自由度求和，对初态的色自由度求平均。在图 B.4 中，给出了与几个典型过程的跃迁振幅的模方相对应的色因子。

图 B.4(a) 中的色因子 (对 $\gamma^*\to q\bar{q}g$ 过程) 为

$$\boldsymbol{T}^a_{ij}\boldsymbol{T}^a_{ji}=\mathrm{Tr}(\boldsymbol{T}^a\boldsymbol{T}^a)=\frac{1}{2}\delta_{aa}=4 \tag{B.2.24}$$

因为 $\delta_{aa}=8$。

同理，对如图 B.4(b) 所示的 $gq\to\gamma^*q$ 振幅模方关联的色因子为

$$\frac{1}{8}\frac{1}{8}\boldsymbol{T}^a_{ij}\boldsymbol{T}^a_{ji}=\frac{1}{24}\mathrm{tr}(\boldsymbol{T}^a\boldsymbol{T}^a)=\frac{1}{6}. \tag{B.2.25}$$

对如图 B.4(c) 所示的 $qq \to qq$ 振幅模方关联的色因子为

$$\begin{aligned}\frac{1}{3}\frac{1}{3}\boldsymbol{T}^a_{ij}\boldsymbol{T}^b_{ji}\boldsymbol{T}^a_{kl}\boldsymbol{T}^b_{lk} &= \frac{1}{9}\mathrm{tr}(\boldsymbol{T}^a\boldsymbol{T}^b)\mathrm{tr}(\boldsymbol{T}^a\boldsymbol{T}^b) = \frac{1}{9}\left(\frac{1}{2}\delta_{ab}\right)\left(\frac{1}{2}\delta_{ab}\right)\\ &= \frac{1}{36}\delta_{aa} = \frac{2}{9}.\end{aligned} \tag{B.2.26}$$

对如图 B.4(d) 所示的 $gq \to gq$ 振幅模方关联的色因子为

$$\begin{aligned}\frac{1}{8}\frac{1}{3}f_{abc}f_{bad}\boldsymbol{T}^c_{ij}\boldsymbol{T}^d_{ji} &= \frac{1}{24}f_{abc}f_{bad}\mathrm{tr}(\boldsymbol{T}^c\boldsymbol{T}^d) = \frac{1}{24}\frac{1}{2}\delta_{cd}f_{abc}f_{bad}\\ &= \frac{1}{48}\mathrm{tr}(\boldsymbol{F}_a\boldsymbol{F}_a) = \frac{1}{48}3\delta_{aa} = \frac{1}{2}.\end{aligned} \tag{B.2.27}$$

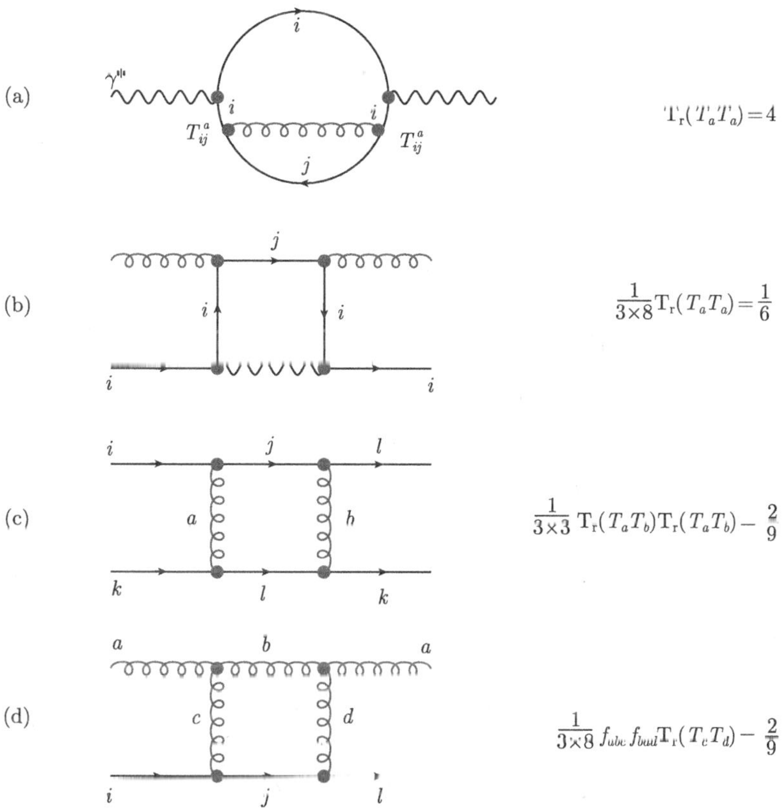

图 B.4　振幅模方的色因子

(a) $\gamma^* \to q+\bar{q}$；(b) $g+q \to q+\gamma$；(c) $q+q \to q+q$；(d) $g+q \to g+q$

§B.3　Γ 函数，无穷级数，双对数函数，Bessel 函数

函数 $\Gamma(x)$ 的定义为：

$$\Gamma(x) = \int_0^1 e^{-y}\, y^{x-1} dy, \quad (x > 0) \tag{B.3.1}$$

并具有下述性质

$$\begin{aligned}
\Gamma(n+1) &= n!,\\
\Gamma(x+1) &= x\Gamma(x), \quad (x>0),\\
\Gamma(x)\Gamma(1-x) &= \frac{\pi}{\sin(\pi x)},\\
\Gamma(2x) &= \frac{2^{x-1}}{\sqrt{\pi}}\Gamma(x)\Gamma\left(x+\frac{1}{2}\right),\\
\Gamma(3x) &= \frac{3^{3x-\frac{1}{2}}}{2\pi}\Gamma(x)\Gamma\left(x+\frac{1}{3}\right)\Gamma\left(x+\frac{2}{3}\right),\\
\lim_{x\to\infty}\Gamma(x+y+1) &= \Gamma(x+1)x^y,\\
\lim_{x\to\infty}\Gamma(x+1) &= \sqrt{2\pi}x^{x+\frac{1}{2}}e^{-x},\\
\lim_{x\to\infty}\left(\frac{\Gamma(x+y)}{\Gamma(x)}\right) &= x^y,\\
\lim_{x\to\infty}\left(\frac{\Gamma(x+a)}{\Gamma(x+b)}\right) &= x^{A-B}.
\end{aligned} \tag{B.3.2}$$

另外，把 Beta 函数定义为

$$B(R,M) = \int_0^1 dx\, x^{R-1}(1-x)^{M-1} = \frac{\Gamma(R)\Gamma(M)}{\Gamma(R+M)}. \tag{B.3.3}$$

积分公式

$$\begin{aligned}
&\int_0^1 dx\, x^{C-1}(1-x)^{M-1}\int_0^1 dy\, y^{B-1}(1-y)^{C-B-1}(1-xy)^{-A}\\
&\qquad = \frac{\Gamma(B)\Gamma(M)\Gamma(C-B)\Gamma(C+M-A-B)}{\Gamma(C+M-A)\Gamma(C+M-B)},
\end{aligned} \tag{B.3.4}$$

成立的条件是：$\mathrm{Re}(B) > 0, \mathrm{Re}(C) > 0, \mathrm{Re}(C+M-A-B) > 0$。

在 $x = 1$ 处，$\Gamma(x)$ 函数的一阶和二阶微商分别定义为

$$\Gamma'(1) = -\gamma_E, \quad \Gamma''(1) = \gamma_E^2 + \frac{1}{6}\pi^2, \tag{B.3.5}$$

其中 γ_E 是欧拉常数，满足

$$\gamma_E = \lim_{n\to\infty}\left[-\log[n]+1+\frac{1}{2}+\frac{1}{3}+\cdots+\frac{1}{n}\right]=0.5772157, \tag{B.3.6}$$

和

$$\gamma_E = -\int_0^\infty e^x \log[x]dx. \tag{B.3.7}$$

由式 (B.3.5)，我们可以对 $\Gamma(1+\epsilon)$ 做泰勒展开：

$$\Gamma(1+\epsilon) = 1-\gamma_E\,\epsilon+\frac{1}{2}\left[\gamma_E^2+\frac{\pi^2}{6}\right]\epsilon^2+\cdots \tag{B.3.8}$$

Γ 函数的对数的泰勒展开为

$$\log[\Gamma(1+\epsilon)] = -\gamma_E\epsilon+\frac{1}{2}\zeta(2)\epsilon^2-\frac{1}{3}\zeta(3)\epsilon^3+\cdots, \tag{B.3.9}$$

其中

$$\zeta(n)=\sum_{j=1}^{\infty}\frac{1}{j^n}=1+\frac{1}{2^p}+\frac{1}{3^p}+\cdots \tag{B.3.10}$$

是 n 阶 zeta 函数，且有 $\zeta(0)=-1/2, \zeta(1)=\infty, \zeta(n)=\pi^2/6, \zeta(4)=\pi^4/90$。

$\Gamma(1+\epsilon)$ 的展开式还可以写成

$$\Gamma(1+\epsilon)=\exp\left(-\gamma_E+\sum_{n=2}^{\infty}\frac{(-1)^n}{n}\zeta(n)\epsilon^n\right), \tag{B.3.11}$$

易于证明：式 (B.3.8) 和 (B.3.11) 是等价的。

一些有用的 Γ 函数关系式为

$$\begin{aligned}\Gamma(1/2)&=\sqrt{\pi},\quad \Gamma(-1/2)=-2\sqrt{\pi},\\ \Gamma(n+1/2)&=\frac{\sqrt{\pi}}{2^n}(2n-4)!!,\\ \Gamma(-n+1/2)&=(-1)^n\frac{2^n\sqrt{\pi}}{(2n-1)},\end{aligned} \tag{B.3.12}$$

Γ 函数是阶乘函数在实数与复数域上的扩展[147]。对复数 z，当满足条件 $\mathrm{Re}[z]>0$ 时，积分

$$\Gamma(z)=\int_0^\infty t^{z-1}e^{-t}dt \tag{B.3.13}$$

绝对收敛。使用 IBP(integration by part), 可以证明

$$\Gamma(z+1)=z\Gamma(z) \tag{B.3.14}$$

此定义可以解析延拓到整个复数域上，$z=0,-1,-2,\cdots$ 除外。$z=-n$ 是函数 $\Gamma(z)$ 的简单极点, 其留数为 $(-1)^n/n$.

另外一些常用关系式为

$$\begin{aligned}\Gamma(-n+\epsilon)&=\frac{(-)^n}{n}\left[\frac{1}{\epsilon}+\Psi(n+1)+\mathcal{O}(\epsilon)\right]\quad (n\ \text{为整数}),\\ \Gamma(n+\epsilon)&=\Gamma(1+\epsilon)\Gamma(n)\left[1+Z_1(n-1)\epsilon+Z_{11}(n-1)\epsilon^2+\cdots\right],\end{aligned} \tag{B.3.15}$$

其中 $Z_i(n-1)$ 是 n 有限时的 Euler-Zagier 和函数。当 n 为整数时，有恒等式[148]

$$\frac{\Gamma(-n+z)}{\Gamma(z)}=(-1)^n\frac{\Gamma(1-z)}{\Gamma(1-z+n)},\quad (n\ \text{为整数}). \tag{B.3.16}$$

Γ 函数的其他定义：下面的 Γ 函数的无穷乘积定义分别由 Euler 和 Weierstrass 给出。对所有复数 $z(z=0,-n$ 除外，$nAN*U$“$V-J$”)，这些定义均成立:

$$\begin{aligned}\Gamma(z)&=\lim_{n\to\infty}\frac{n!\,n^z}{z(z+1)(z+2)\cdots(z+n)}=\frac{1}{z}\prod_{n=1}^{\infty}\frac{(1+\frac{1}{n})^z}{1+\frac{z}{n}},\quad (z\neq 0,-1,-2,\cdots),\\ \Gamma(z)&=\frac{e^{-\gamma_E z}}{z}\prod_{n=1}^{\infty}\left(1+\frac{z}{n}\right)^{-1}e^{z/n},\quad (|z|<\infty).\end{aligned} \tag{B.3.17}$$

双伽玛函数 $\Psi(z)$ 是伽玛函数的对数的导数:

$$\Psi(z)=\frac{d}{dz}\ln[\Psi(z)]=\frac{\Gamma'(z)}{\Gamma(z)} \tag{B.3.18}$$

其他的一些关系式为

$$\begin{aligned}\Psi(n+1)&=\Psi(z)+\frac{1}{z},\quad \text{with}\quad \Psi(1)=-\gamma_E,\quad \Psi(2)=-\gamma+1,\\ \Psi'(z+1)&=\Psi'(z)-\frac{1}{z^2},\quad \text{with}\quad \Psi'(1)=\pi^2/6,\\ \Psi(n)&=-\gamma_E+\sum_{m=1}^{n}\frac{1}{m}\quad (n\geqslant 2),\\ \Psi(n+z)&=\Psi(z)+\sum_{m=0}^{n-1}\frac{1}{z+m},\\ \Psi(n+\frac{1}{2})&=\gamma_E+2\left[\sum_{m=1}^{n}\frac{1}{2m-1}-\ln[2]\right],\quad (n\geqslant 1),\end{aligned} \tag{B.3.19}$$

$$\begin{aligned}
\Psi(1/2) &= -\gamma_E - 2\ln[2], \\
\Psi(1/4) &= -\gamma_E - \frac{\pi}{2} - 3\ln[2], \\
\Psi(3/4) &= -\gamma_E + \frac{\pi}{2} - 3\ln[2], \\
\Psi(1/3) &= -\gamma_E - \frac{\pi}{2}\sqrt{1/3} - \frac{3}{2}\ln[3], \\
\Psi(2/3) &= -\gamma_E + \frac{\pi}{2}\sqrt{1/3} - \frac{3}{2}\ln[2], \\
\Psi'(1/2) &= \pi^2/2.
\end{aligned} \tag{B.3.20}$$

$\Gamma(z)$ 的渐进展开：当 $|z| \to \infty$, $|\arg z| < \pi$ 时，有：

$$\begin{aligned}
\Gamma(z) &\sim z^{z-\frac{1}{2}}\, e^{-z}\sqrt{2\pi}\left\{1 + \frac{1}{12z} + \frac{1}{288z^2} - \frac{139}{51840z^3} + \frac{571}{2488320z^4} + \cdots\right\}, \\
\ln\Gamma(z) &\sim (z - \frac{1}{2})\ln z - z + \frac{1}{2}\ln(2\pi) + \frac{1}{12z} - \frac{1}{360z^3} + \frac{1}{1260z^5} - \frac{1}{1680z^7} + \cdots, \\
\ln n &\sim n\ln n - n.
\end{aligned} \tag{B.3.21}$$

多伽玛函数是伽玛函数的高阶对数导数：

$$\begin{aligned}
\Psi^n(z) &= \frac{d^n}{dz^n}\ln[\Psi(z)] = \frac{d^{n+1}}{dz^{n+1}}\ln[\Gamma'(z)] \\
&= (-1)^{n+1}\int_0^\infty \frac{t^n e^{-zt}}{1-e^{-t}}dt, \quad (\mathrm{Re}[z] > 0).
\end{aligned} \tag{B.3.22}$$

取 $D = 4 - 2\epsilon$, 一些有用的 Γ 函数关系式

$$\begin{aligned}
\Gamma(\epsilon) &= \frac{1}{\epsilon} - \gamma_E, + \frac{1}{2}\left[\gamma_E^2 + \frac{\pi^2}{6}\right]\epsilon + \cdots, \\
\Gamma(\epsilon)(2-D) &= 2 - 2\Gamma(\epsilon), \\
\frac{\Gamma(1+\frac{\epsilon}{2})}{\Gamma(1+\epsilon)} &= 1 + \frac{1}{2}\gamma_E\epsilon + \frac{1}{16}\left(2\gamma_E^2 - \pi^2\right)\epsilon^2 + \cdots, \\
\Gamma(-1+\epsilon) &= -\frac{1}{\epsilon} + \gamma_E - 1 = -\Gamma(\epsilon) - 1 = -(1+\epsilon)\Gamma(\epsilon) \\
-\frac{1}{2}\Gamma(-1+\epsilon)D &= 2\Gamma(\epsilon) + 1, \\
-\frac{1}{2}\Gamma(-1+\epsilon)(D+2) &= 3\Gamma(\epsilon) + 2, \\
-\frac{1}{2}\Gamma(-1+\epsilon)(2-D) &= \Gamma(\epsilon), \\
\Gamma(\epsilon)(2-D) &= 2 - 2\Gamma(\epsilon), \\
\frac{\pi^{D/2}}{(2\pi)^D} &= \left(\frac{1}{4\pi}\right)^{2-\epsilon} = \frac{1}{16\pi^2}(4\pi)^\epsilon,
\end{aligned} \tag{B.3.23}$$

$$\frac{\pi^{D/2}\mu^{2\epsilon}}{(2\pi)^D}=\frac{1}{16\pi^2}(4\pi\mu^2)^\epsilon=\frac{1}{16\pi^2}\left[1+\epsilon\,\ln(4\pi\mu^2)\right]. \tag{B.3.24}$$

另外, 在维数正规化积分公式中要用到的一些关系式为

$$\begin{aligned}\left(4\pi\mu^2\right)^\epsilon\mathcal{D}^{-\epsilon}\Gamma(-1+\epsilon) &\xrightarrow{\epsilon\to0} -\left(1+\overline{\Gamma}(\epsilon)\right),\\ \left(4\pi\mu^2\right)^\epsilon\mathcal{D}^{-\epsilon}\Gamma(\epsilon) &\xrightarrow{\epsilon\to0} \overline{\Gamma}(\epsilon),\\ \left(4\pi\mu^2\right)^\epsilon\mathcal{D}^{-\epsilon}\Gamma(1+\epsilon) &\xrightarrow{\epsilon\to0} 1.\end{aligned} \tag{B.3.25}$$

其中函数 $\mathcal{D}$ 和 $\overline{\Gamma}(\epsilon)$ 的定义为

$$\mathcal{D}=p^2+\Delta;\quad \overline{\Gamma}(\epsilon)=\Gamma(\epsilon)-\ln\frac{\mathcal{D}}{4\pi\mu^2} \tag{B.3.26}$$

详见附录 D 中的定义。

解析函数的泰勒展开:

$$\begin{aligned}f(x)=&f(a)+\frac{f'(a)}{1!}(x-a)+\frac{f''(a)}{2!}(x-a)^2+\cdots+\frac{f^{n-1}(a)}{(n-1)!}(x-a)^{n-1}\\ &+\frac{f^n(\xi)}{n!}(x-a)^n,\quad (a<\xi<x),\\ f(x+h)=&f(x)+f'(x)h+\frac{f''(x)}{2!}h^2+\cdots+\frac{f^{n-1}(x)}{(n-1)!}h^{n-1}\\ &+\frac{f^n(x+\theta_1 h)}{n!}f^n(x+\theta_1 x),\quad (0<\theta_1<1).\end{aligned} \tag{B.3.27}$$

二项式级数:

$$(1+x)^\alpha=\sum_{k=0}^{\infty}\frac{\alpha!}{k!(\alpha-k)!}x^k=\sum_{k=0}^{\infty}\frac{\Gamma(1+\alpha)}{\Gamma(1+k)\Gamma(\alpha-k)}x^k,\quad (-1<x<1)\,. \tag{B.3.28}$$

常用函数的幂级数展开式:

$$\begin{aligned}e^x=&1+x+\frac{x^2}{2!}+\cdots+\frac{x^n}{n!}+\cdots,\quad (-\infty<x<\infty),\\ a^x=&1+\ln[a]x+\frac{\ln[a]^2}{2!}x^2+\cdots+\frac{\ln[a]^n}{n!}x^n+\cdots,\quad (a>0,-\infty<x<\infty),\\ \ln[1+x]=&x-\frac{x^2}{2}+\frac{x^3}{3}+\cdots+(-1)^{n-1}\frac{x^n}{n}+\cdots,\quad (-1<x\leqslant+1),\\ \ln[1-x]=&-\left(x+\frac{x^2}{2}+\frac{x^3}{3!}+\cdots\right),\quad (-1\leqslant x<+1),\end{aligned} \tag{B.3.29}$$

$$\ln[\frac{1+x}{1-x}] = 2\left(x + \frac{x^3}{3} + \frac{x^5}{5} + \cdots\right), \quad (|x| < 1),$$

$$\ln[a+x] = \ln[a] + 2\left[\frac{2}{2a+x} + \frac{1}{3}\left(\frac{x}{2a+x}\right)^3 + \frac{1}{5}\left(\frac{x}{2a+x}\right)^5 + \cdots\right],$$

$$(a > 0, x > -a),$$

$$\frac{1}{1+x} = 1 - x + x^2 - x^3 + x^4 + \cdots, \quad (|x| < 1),$$

$$\frac{x}{x-1} = \sum_{n=0}^{\infty} \frac{1}{x^n}, \quad (|x| > 1). \tag{B.3.30}$$

参考级数：

$$1 - \frac{1}{3} + \frac{1}{5} - \frac{1}{7} + \cdots = \frac{\pi}{4},$$

$$1 + \frac{1}{2^2} + \frac{1}{3^2} + \frac{1}{4^2} + \cdots = \frac{\pi^2}{6},$$

$$1 + \frac{1}{3^2} + \frac{1}{5^2} + \frac{1}{7^2} + \cdots = \frac{\pi^2}{8},$$

$$1 - \frac{1}{2^2} + \frac{1}{3^2} - \frac{1}{4^2} + \cdots = \frac{\pi^2}{12},$$

$$1 - \frac{1}{3^3} + \frac{1}{5^3} - \frac{1}{7^3} + \cdots = \frac{\pi^3}{32},$$

$$1 + \frac{1}{2^4} + \frac{1}{3^4} + \frac{1}{4^4} + \cdots = \frac{\pi^4}{90},$$

$$1 - \frac{1}{2^4} + \frac{1}{3^4} - \frac{1}{4^4} + \cdots = \frac{7\pi^4}{720}, \tag{B.3.31}$$

无穷乘积示例：

$$\prod_{n=2}^{\infty}\left(1 - \frac{1}{n^2}\right) = \frac{1}{2},$$

$$\prod_{n=1}^{\infty}\left(1 - \frac{1}{(2n+1)^2}\right) = \frac{\pi}{4},$$

$$e = \frac{2}{1} \cdot \left(\frac{4}{3}\right)^{\frac{1}{2}} \cdot \left(\frac{6 \cdot 8}{5 \cdot 7}\right)^{\frac{1}{4}} \cdots,$$

$$\frac{1}{1-x} = \prod_{n=1}^{\infty}\left(1 + x^{2^{n-1}}\right), \quad (|x| < 1). \tag{B.3.32}$$

双对数函数 $\mathrm{Li}_2(x)$ 出现在很多 QCD 微扰展开计算表达式中。其定义为

$$\mathrm{Li}_2(x) = \sum_{n=1}^{\infty} \frac{x^2}{n^2}, \quad (|x| < 1). \tag{B.3.33}$$

其他等价定义有

$$\mathrm{Li}_2(x) = -\int_0^x \frac{\log[1-t]}{t}\,dt, \quad \mathrm{Li}_2(x) = -\int_0^1 \frac{\log[1-xt]}{t}\,dt,$$
$$\mathrm{Li}_2(x) = -\int_{1-x}^1 \frac{\log[t]}{1-t}\,dt, \quad \mathrm{Li}_2(x) = \int_0^1 \frac{\log[t]}{t-\frac{1}{x}}\,dt. \tag{B.3.34}$$

双对数函数 $\mathrm{Li}_2(x)$ 有下述性质:

$$\begin{aligned}
\mathrm{Li}_2(0) &= 0,\\
\mathrm{Li}_2(1) &= \rho(2) = \frac{\pi^2}{6},\\
\mathrm{Li}_2(-1) &= -\frac{\pi^2}{12},\\
\mathrm{Li}_2\left(\frac{1}{2}\right) &= \frac{\pi^2}{12} - \frac{1}{2}\log^2(2),\\
\mathrm{Li}_2(-x) + \mathrm{Li}_2\left(-\frac{1}{x}\right) &= -\frac{\pi^2}{6} - \frac{1}{2}\log^2(x), \quad (x>0),\\
\mathrm{Li}_2(x) + \mathrm{Li}_2\left(\frac{1}{x}\right) &= \frac{\pi^2}{3} - \frac{1}{2}\log^2(x) - i\pi\log(x), \quad (x>1),\\
\mathrm{Li}_2(x) + \mathrm{Li}_2(1-x) &= \frac{\pi^2}{6} - \log(x)\log(1-x).
\end{aligned} \tag{B.3.35}$$

对双对数函数 $\mathrm{Li}_2(x)$ 更多的性质，可见文献 [143] 和那里的参考文献。

Bessel 函数 $Z_n(z)$ 是下面的微分方程的解:

$$\frac{d^2Z_n}{dz^2} + \frac{1}{z}\frac{dZ_n}{dz} + \left(1 - \frac{n^2}{z^2}\right)Z_n(z) = 0 \tag{B.3.36}$$

有三类 Bessel 函数。第一类 Bessel 函数 $J_n(z)$，其多项式表达式为

$$J_n(z) = \frac{z^n}{2^n}\sum_{m=0}^{\infty}(-1)^m \frac{z^{2m}}{2^{2m}m!\,\Gamma(n+m+1)}, \quad [|\arg(z)| < \pi]. \tag{B.3.37}$$

其积分表达式有很多 (见参考文献 [149] 8.411;[150])，这里给出三个:

$$\begin{aligned}
J_n(z) &= \frac{1}{2\pi}\int_{-\pi}^{\pi} e^{iz\sin\theta - in\theta}\,d\theta\\
&= \frac{1}{\pi}\int_0^{\pi}\cos(n\theta - z\sin\theta)d\theta, \qquad (n = 0,1,2,\cdots),\\
J_n(z) &= \frac{(-i)^n}{2\pi}\int_{-\pi}^{\pi} e^{iz\cos\theta + in\theta}d\theta = \frac{(i)^n}{2\pi}\int_{-\pi}^{\pi} e^{-iz\cos\theta + in\theta}d\theta, \quad \mathrm{Re}[z] > 0,\\
J_{2n}(z) &= \frac{1}{\pi}\int_0^{\pi}\cos(z\sin\theta)\cos(2n\theta)\,d\theta\\
&= \frac{2}{\pi}\int_0^{\frac{\pi}{2}}\cos(z\sin\theta)\cos(2n\theta)\,d\theta, \quad n\text{为整数}.
\end{aligned} \tag{B.3.38}$$

第二类 Bessel 函数称之为诺依曼 Bessel 函数 $N_m(z)$(有时记为 $Y_m(z)$)，其表达式为

$$N_m(z) = \frac{1}{\sin m\pi}\left[J_m(z)\cos m\pi - J_{-m}(z)\right], \qquad m \neq 0, \pm 1, \pm 2, \cdots. \tag{B.3.39}$$

对函数 $N_0(z)$，其表达式可见参考文献 [149]8.403。

第三类 Bessel 函数又分为第一类和第二类汉克尔 (Hankel) 函数，其表达式为

$$H_m^{(1)}(z) \equiv J_m(z) + iN_m(z), \qquad H_m^{(2)}(z) \equiv J_m(z) - iN_m(z), \tag{B.3.40}$$

修正贝塞尔函数 $I_m(z)$ 和修正汉克尔函数 $K_m(z)$(虚宗量 Bessel 函数)，其表达式为

$$I_m(z) = i^{-m} J_m(z), \qquad K_m(z) = \frac{\pi}{2} i^{m+1}\, H_m^{(1)}(iz). \tag{B.3.41}$$

二者满足的递推公式为

$$\begin{aligned} I_{m+1}(z) &= I_{m-1}(z) - \frac{2m}{z} I_m(z), \\ K_{m+1}(z) &= K_{m-1}(z) + \frac{2m}{z} K_m(z). \end{aligned} \tag{B.3.42}$$

$I_m(z)$ 和 $K_m(z)$(对 $m = 0, \pm 1, \pm 2, \cdots$ 和实数 z) 是实单调函数。

$$\begin{aligned} K_m(x) &= \frac{\pi i e^{im\pi}}{2} H_0^{(1)}(ix) = \frac{\pi}{2}\frac{I_m(x) - I_m(x)}{\sin(m\pi)}, \\ K_0(ix) &= \frac{\pi i}{2} H_0^{(1)}(ix) = \frac{\pi i}{2}\left[J_0(x) + iN_0(x)\right] \end{aligned} \tag{B.3.43}$$

一些有用的公式：

$$\begin{aligned} J_0(z) &= \frac{1}{\pi}\int_0^{\pi} e^{iz\cos\theta}\, d\theta = \frac{1}{2\pi}\int_0^{2\pi} e^{iz\cos\theta}\, d\theta, \\ K_0(ay) &= \int_0^{\infty} \frac{k\, dk}{y^2 + k^2} \cdot \boldsymbol{J}_0(ak), \\ I_\mu(by)K_\nu(ay) &= \int_0^{\infty} \frac{x}{x^2 + y^2} \cdot \boldsymbol{J}_\mu(bx) \\ &\quad \cdot \left[\boldsymbol{J}_\nu(ax)\cos\frac{\mu - \nu}{2}\pi + \boldsymbol{N}_\nu(ax)\sin\frac{\mu - \nu}{2}\pi\right] dx. \end{aligned} \tag{B.3.44}$$

要求 $\mathrm{Re}[y] > 0, \mathrm{Re}(\mu) > |\mathrm{Re}(\nu)| \quad 2a \geqslant b > 0$。

考虑特例 $\mu = \nu = 0$，则有：

$$\int_0^{\infty} \frac{x}{y^2 + k^2} J_0(ax)J_0(bx)dx = \theta(a - b)I_0(by)K_0(ay) + \theta(b - a)I_0(ay)K_0(by). \tag{B.3.45}$$

另有

$$\int \frac{d^2\boldsymbol{k}}{(2\pi)^2}\frac{1}{\alpha^2+k^2}\ e^{-i\boldsymbol{k}\cdot\boldsymbol{b}} = \int_0^\infty\int_0^{2\pi}\frac{kdk\ d\theta}{(2\pi)^2}\cdot\frac{1}{\alpha^2+\boldsymbol{k}^2}\ e^{-ikb\cos\theta}$$
$$=\int_0^\infty \frac{kdk}{\alpha^2+\boldsymbol{k}^2}\cdot\frac{1}{2\pi}\boldsymbol{J}_0(kb)=\frac{1}{2\pi}\boldsymbol{K}_0(\alpha b). \quad \text{(B.3.46)}$$

$$\int d^2b_1d^2b_2\int\frac{d^2k_1}{(2\pi)^2}\frac{d^2k_2}{(2\pi)^2}\frac{1}{\alpha^2+k_1^2}\frac{1}{\beta^2+(k_1+k_2)^2}\ e^{-ik_1\cdot b_1}\ e^{-ik_2\cdot b_2}$$
$$=\int_0^\infty b_1\,db_1\ b_2db_2\ K_0(\beta b_2)$$
$$\cdot\left[\theta(b_2-b_1)I_0(\alpha b_1)K_0(\alpha b_2)+\theta(b_1-b_2)I_0(\alpha b_2)K_0(\alpha b_1)\right]. \quad \text{(B.3.47)}$$

§B.4　光锥坐标系，主值定理

在 $B\to M_1M_2(M_i$ 为轻介子) 衰变过程中，两个轻介子的运动速度接近光速。这时，人们常选择“光锥坐标系”，使运动学变得简单。在光锥坐标系中，一个矢量的纵向分量等于它在光锥上的投影，而横向分量与普通直角坐标系相同。我们引进两个类光矢量 n(沿 z 轴正向) 和 v(有些文献记为 n_+，n_-)，其在普通直角坐标系中的形式为

$$n=\frac{1}{\sqrt{2}}(1,0,0,1),\qquad v=\frac{1}{\sqrt{2}}(1,0,0,-1). \quad \text{(B.4.1)}$$

在光锥坐标系中，光锥矢量 n 和 v 的形式为：$n=(1,0,\mathbf{0}_\perp)$, $v=(0,1,\mathbf{0}_\perp)$。矢量 p 可以写为

$$p=(p^+,p^-,\boldsymbol{p}_\perp),\quad p^+=\frac{1}{\sqrt{2}}(p^0+p^3),\quad p^-=\frac{1}{\sqrt{2}}(p^0-p^3),\quad p_\perp=(p^1,p^2), \quad \text{(B.4.2)}$$

另外一些关系为

$$p^+=n\cdot p,\quad p^-=v\cdot p,$$
$$p^2=2p^+p^--\boldsymbol{p}_\perp^2,\quad p_a\cdot p_b=p_a^+p_b^-+p_a^-p_b^+-\boldsymbol{p}_{a\perp}\cdot\boldsymbol{p}_{b\perp}. \quad \text{(B.4.3)}$$

在光锥坐标系中，度规张量 $g_{\mu\nu}$ 不再是对角矩阵，

$$g_{\mu\nu}=g^{\mu\nu}=\begin{pmatrix}0&1&0&0\\1&0&0&0\\0&0&-1&0\\0&0&0&-1\end{pmatrix}. \quad \text{(B.4.4)}$$

其中 $\mu, \nu = +, -, 1, 2$。

在计算费恩曼积分时经常用到的主值定理为

$$\frac{1}{x-a \pm i\epsilon} = \mathcal{P}\left(\frac{1}{x-a}\right) \mp i\pi\delta(x-a) \tag{B.4.5}$$

其中 $\mathcal{P}$ 是 Cauchy 主值，通过从两边逼近发散点，使得发散部分相互抵消，进而得到主值[151]。

δ-函数的一个定义为

$$2\pi i\delta(u) = \lim_{\epsilon \to 0}\left(\frac{1}{u-i\epsilon} - \frac{1}{u+i\epsilon}\right). \tag{B.4.6}$$

§B.5 $1 \to n$ 衰变的相空间因子

对 $D = 4$ 维情况，$1 \to n$ 衰变的相空间体积元为

$$dR_n(q, p_1, \cdots, p_n) = (2\pi)^4 \delta^4\left(q - \sum_{i=1}^{n} p_i\right) \prod_{i=1}^{n} \frac{d^3p}{2E_i(2\pi)^3}. \tag{B.5.1}$$

可以把它写成两体衰变相空间体积元的乘积迭代。以三体相空间为例：

$$\begin{aligned} dR_3(q, p_1, p_2, p_3) &= (2\pi)^4 \delta^4(q - \sum_{i=1}^{3} p_i) \prod_{i=1}^{3} \frac{d^3p}{2E_i(2\pi)^3} \\ &= \frac{1}{2\pi} \int d^3p_{23} \cdot d\Phi_2(q, p_1, p_{23}) \cdot d\Phi_2(p_{23}, p_2, p_3), \end{aligned} \tag{B.5.2}$$

其中 $p_{23} = p_2 + p_3$。

附录C　流矩阵元的计算

在文献 [152] 中, 作者对 B 介子衰变过程中标量流和赝标流矩阵元的计算做了讨论。为了方便学习, 我们把相关内容在本附录中给出。

在四夸克算符中，同时存在 $(V-A)\otimes(V-A)$ 和 $(V-A)\otimes(V+A)$ 的流流相互作用。对于前者，做 Fiertz 变换后仍为 $(V-A)\otimes(V-A)$ 相互作用。对于后者，经 Fiertz 变换后得到 $(S-P)\otimes(S+P)$ 相互作用。这样在做因子化以后，就需要计算标量流 (S) 矩阵元和赝标流 (P) 矩阵元。在此，我们给出 S,P 流与 V,A 流之间的变关系。

利用 Dirac 方程, 标量流与赝标流可以分别写为矢量流和轴矢流的协变导数的形式:

$$\bar{q}_1 q_2 = -i\frac{\partial^\mu(\bar{q}_1\gamma_\mu q_2)}{m_1-m_2}, \quad \bar{q}_1\gamma_5 q_2 = -i\frac{\partial^\mu(\bar{q}_1\gamma_\mu\gamma_5 q_2)}{m_1+m_2}. \tag{C.1}$$

因为介子态 $|M(p)\rangle \propto e^{-ipx}$，$\langle M(p)| \propto e^{ipx}$ $(M=P,V)$，因此有

$$\partial^\mu|M(p)\rangle = -ip^\mu|M(p)\rangle, \qquad \partial^\mu\langle M(p)| = -ip^\mu\langle M(p)|. \tag{C.2}$$

(1) $\langle P|\bar{q}_1(1\pm\gamma_5)q_2|0\rangle$ **的计算**

利用

$$\langle 0|\bar{q}_1\gamma_\mu q_2|P(p)\rangle = 0, \qquad \langle 0|\bar{q}_1\gamma_\mu\gamma_5 q_2|P(p)\rangle = if_p p_\mu, \tag{C.3}$$

$$\langle P(p)|(\bar{q}_2 q_1)_{V-A}|0\rangle = if_p p_\mu, \tag{C.4}$$

对上式中的两个定义式的两边求导数可得

$$\langle P|\partial^\mu(\bar{q}_1\gamma_\mu q_2)|0\rangle = ip^\mu\langle P|\bar{q}_1\gamma_\mu q_2|0\rangle = 0, \tag{C.5}$$

$$\langle P|\partial^\mu(\bar{q}_1\gamma_\mu\gamma_5 q_2)|0\rangle = ip^\mu\langle P|\bar{q}_1\gamma_\mu\gamma_5 q_2|0\rangle, \tag{C.6}$$

因此有

$$\begin{aligned}\langle P|\bar{q}_1(1+\gamma_5)q_2|0\rangle &= \langle P|\bar{q}_1 q_2|0\rangle + \langle P|\bar{q}_1\gamma_5 q_2|0\rangle \\ &= \frac{-i}{m_1-m_2}\langle P|\partial^\mu(\bar{q}_1\gamma_\mu q_2)|0\rangle + \frac{-i}{m_1+m_2}\langle P|\partial^\mu(\bar{q}_1\gamma_\mu\gamma_5 q_2)|0\rangle \\ &= \frac{-i}{m_1+m_2}(ip^\mu)\langle P|\bar{q}_1\gamma_\mu\gamma_5 q_2|0\rangle \\ &= \frac{p^\mu}{m_1+m_2}\langle P|\bar{q}_1\gamma_\mu\gamma_5 q_2|0\rangle.\end{aligned} \tag{C.7}$$

考虑到式 (C.4) 可得

$$\langle P|\bar{q}_1(1+\gamma_5)q_2|0\rangle = \frac{-p^{\mu}}{m_1+m_2}\langle P|\bar{q}_1\gamma_{\mu}(1-\gamma_5)q_2|0\rangle. \tag{C.8}$$

同理有

$$\langle P|\bar{q}_1(1-\gamma_5)q_2|0\rangle = \frac{p^{\mu}}{m_1+m_2}\langle P|\bar{q}_1\gamma_{\mu}(1-\gamma_5)q_2|0\rangle. \tag{C.9}$$

即有

$$\begin{aligned}\langle P|(\bar{q}_1q_2)_{S\pm P}|0\rangle &= \mp\frac{p^{\mu}}{m_1+m_2}\langle P|\,(\bar{q}_1q_2)_{V-A}\,|0\rangle = \mp i f_P\frac{m_P^2}{m_1+m_2}\\ &= \mp i f_P\, m_0^P.\end{aligned} \tag{C.10}$$

其中 $m_0^P = m_P^2/(m_1+m_2)$。同理可证

$$\langle 0|(\bar{q}_2q_1)_{S\pm P}|P\rangle = \mp i f_P\, m_0^P. \tag{C.11}$$

当 $q_1 = q_2 = q$ 时，特例为

$$\langle P|(\bar{q}q)_{S\pm P}|0\rangle = \langle 0|(\bar{q}q)_{S\pm P}|P\rangle = \mp i f_P\, m_0^P. \tag{C.12}$$

其中 $m_0^P = m_P^2/(2m_q)$。

(2) $\langle V|\bar{q}_1(1+\gamma_5)q_2|0\rangle$ 的计算。利用

$$\langle V|\bar{q}_1\gamma_{\mu}\gamma_5q_2|0\rangle = 0, \quad \langle V|\bar{q}_1\gamma_{\mu}q_2|0\rangle = f_V M_V\epsilon_{\mu}^{*}, \tag{C.13}$$

两边求导数可得

$$\langle V|\partial^{\mu}(\bar{q}_1\gamma_{\mu}\gamma_5q_2)|0\rangle = ip_V^{\mu}\langle V|\bar{q}_1\gamma_{\mu}\gamma_5q_2|0\rangle = 0, \tag{C.14}$$

$$\langle V|\partial^{\mu}(\bar{q}_1\gamma_{\mu}q_2)|0\rangle = ip_V^{\mu}\langle V|\bar{q}_1\gamma_{\mu}q_2|0\rangle, \tag{C.15}$$

因此有

$$\langle V|\bar{q}_1\,(1+\gamma_5)\,q_2)|0\rangle = \langle V|(\bar{q}_1q_2)_{S\pm P}|0\rangle = 0. \tag{C.16}$$

注意：在文献 [45] 中，Beneke 等用的约定是:

$$\langle V(p,\epsilon)|\bar{q}_1\gamma_{\mu}q_2|0\rangle = -if_V M_V\epsilon_{\mu}^{*}. \tag{C.17}$$

实际上，衰变常数定义式的符号选取的规则是要保证由因子化图 (a,b) 导出的衰变常数 f_P, f_V 是大于零的实数。

(3) $\langle P|\bar{q}_3(1\pm\gamma_5)b|B\rangle$ **的计算。** 利用

$$\langle P|\bar{q}_3\gamma_\mu\gamma_5 b|B\rangle=0, \tag{C.18}$$

$$\langle P|\bar{q}_3\gamma_\mu b|B\rangle=(P_P+P_B)_\mu F_1(q^2)+\frac{M_B^2-M_P^2}{q^2}q_\mu\left[F_0(q^2)-F_1(q^2)\right], \tag{C.19}$$

其中 $q=p_B-p_P$。两边求导数得

$$\langle P|\partial^\mu\left(\bar{q}_3\gamma_\mu\gamma_5 b\right)|B\rangle=0, \tag{C.20}$$

$$\langle P|\partial^\mu\left(\bar{q}_3\gamma_\mu b\right)|B\rangle=iq_\mu\langle P|\bar{q}_3\gamma_\mu b|B\rangle. \tag{C.21}$$

于是有

$$\langle P|\bar{q}_3(1\pm\gamma_5)b|B\rangle=-\frac{q^\mu}{m_b-m_3}\langle P|\bar{q}_3\gamma_\mu(1-\gamma_5)b|B\rangle, \tag{C.22}$$

$$\langle P|\left(\bar{q}_3 b\right)_{S\pm P}|B\rangle=-\frac{q^\mu}{m_b-m_3}\langle P|\left(\bar{q}_3 b\right)_{V-A}|B\rangle. \tag{C.23}$$

(4) $\langle V|\bar{q}_3(1\pm\gamma_5)b|B\rangle$ **的计算。** 利用

$$\langle V|\bar{q}_3\gamma_\mu b|B\rangle=i\frac{2V(q^2)}{M_B+M_V}\epsilon_{\mu\nu\alpha\beta}\epsilon^{*\nu}P_B^\alpha P_V^\beta, \tag{C.24}$$

$$\begin{aligned}\langle V|\bar{q}_3\gamma_\mu\gamma b|B\rangle=&(M_B+M_V)\left[\epsilon_\mu^*-\frac{\epsilon^*\cdot q}{q^2}q_\mu\right]A_1(q^2)+\epsilon^*\cdot q\frac{2M_V}{q^2}q_\mu A_0(q^2)\\&-\frac{\epsilon^*\cdot q}{M_B+M_V}\left[(P_B+P_V)_\mu-\frac{M_B^2-M_V^2}{q^2 q_\mu}\right],\end{aligned} \tag{C.25}$$

其中 $q=p_B-p_P$。两边求导数得

$$\langle V|\partial^\mu\left(\bar{q}_3\gamma_\mu\gamma_5 b\right)|B\rangle=iq^\mu\langle V|\bar{q}_3\gamma_\mu\gamma_5 b|B\rangle, \tag{C.26}$$

$$\langle P|\partial^\mu\left(\bar{q}_3\gamma_\mu b\right)|B\rangle=0. \tag{C.27}$$

因此有

$$\langle V|\left(\bar{q}_3 b\right)_{S\pm P}|B\rangle=\mp\frac{q^\mu}{m_b+m_3}\langle P|\left(\bar{q}_3 b\right)_{V-A}|B\rangle. \tag{C.28}$$

综合以上结果，最后有：

$$\begin{aligned}\langle P_1|\left(\bar{q}_1 q_2\right)_{S+P}|0\rangle\cdot\langle P_2|\left(\bar{q}_3 b\right)_{S-P}|B\rangle=&-\frac{M_1^2}{(m_1+m_2)(m_b-m_3)}\\&\cdot\langle P_1|\left(\bar{q}_1 q_2\right)_{V-A}|0\rangle\langle P_2|\left(\bar{q}_3 b\right)_{V-A}|B\rangle,\end{aligned} \tag{C.29}$$

$$\langle V_1|\left(\bar{q}_1 q_2\right)_{S+P}|0\rangle\cdot\langle P_2|\left(\bar{q}_3 b\right)_{S-P}|B\rangle=0, \tag{C.30}$$

$$\begin{aligned}\langle P_1|\left(\bar{q}_1 q_2\right)_{S+P}|0\rangle\cdot\langle V_2|\left(\bar{q}_3 b\right)_{S-P}|B\rangle=&\frac{M_1^2}{(m_1+m_2)(m_b+m_3)}\\&\cdot\langle P_1|\left(\bar{q}_1 q_2\right)_{V-A}|0\rangle\langle V_2|\left(\bar{q}_3 b\right)_{V-A}|B\rangle,\end{aligned} \tag{C.31}$$

$$\langle V_1|\left(\bar{q}_1 q_2\right)_{S+P}|0\rangle\cdot\langle V_2|\left(\bar{q}_3 b\right)_{S-P}|B\rangle=0. \tag{C.32}$$

附录D　费恩曼积分公式

为了计算费恩曼积分，我们通常使用两种方法：

(1) **对被积函数做费恩曼参数化，采用维数正规化方案，先对动量部分作积分，然后再在一定的近似条件下对** x, y **参量作积分，得到最后结果。**

(2) **已经有人对费恩曼积分做了详细的研究。我们可以把被积函数和已经定义的费恩曼积分函数** A, B, C, D **的标准形式相比较，直接得到积分结果。当然，目前只能找到在一定的近似条件下的解析结果。**

在本附录中，我们首先给出第一种方法所涉及的公式，然后再给出常用的费恩曼积分函数 A, B, C, D 的表达式。

§D.1　维数正规化积分公式

在采用维数正规化方案时，首先作代换

$$g^2\int\frac{d^4q}{(2\pi)^4}\to g_r^2\mu^{2\epsilon}\int\frac{d^Dq}{(2\pi)^D}. \tag{D.1.1}$$

如果约定空间维数 $D=4-2\epsilon$，并定义函数 $\mathcal{D}=\Delta+p^2$，那么积分公式为[19, 22, 24, 26]

$$\begin{aligned}J^{(M)}(p,\Delta)&=\mu^{2\epsilon}\int\frac{d^Dq}{(2\pi)^D}\cdot\frac{1,q_\mu}{[q^2-2p\cdot q-\Delta]^M}\\&=\frac{i(-1)^M}{16\pi^2}\left(4\pi\mu^2\right)^\epsilon\frac{\Gamma(M-\frac{D}{2})}{\Gamma(M)}\cdot\frac{\{1,p_\mu\}}{\mathcal{D}^{M-\frac{D}{2}}},\end{aligned} \tag{D.1.2}$$

$$\begin{aligned}J^{(M)}_{\mu\nu}(p,\Delta)&=\mu^{2\epsilon}\int\frac{d^Dq}{(2\pi)^D}\cdot\frac{q_\mu q_\nu}{[q^2-2p\cdot q-\Delta]^M}\\&=\frac{i(-1)^M}{16\pi^2}\left(4\pi\mu^2\right)^\epsilon\left\{-\frac{\Gamma(M-1-\frac{D}{2})}{2\Gamma(M)}\cdot\frac{g_{\mu\nu}}{\mathcal{D}^{M-\frac{D}{2}-1}}\right.\\&\qquad\left.+\frac{\Gamma(M-\frac{D}{2})}{\Gamma(M)}\cdot\frac{p_\mu p_\nu}{\mathcal{D}^{M-\frac{D}{2}}}\right\},\end{aligned} \tag{D.1.3}$$

$$J^{(M)}_{\mu\nu\lambda}(p,\Delta)=\mu^{2\epsilon}\int\frac{d^Dq}{(2\pi)^D}\cdot\frac{q_\mu q_\nu q_\lambda}{[q^2-2p\cdot q-\Delta]^M}$$

$$
\begin{aligned}
&= \frac{i(-1)^M}{16\pi^2}\left(4\pi\mu^2\right)^{\epsilon}\left\{-\frac{\Gamma(M-1-\frac{D}{2})}{2\Gamma(M)}\cdot\frac{g_{\mu\nu}p_\lambda+g_{\nu\lambda}p_\mu+g_{\lambda\mu}p_\nu}{\mathcal{D}^{M-\frac{D}{2}-1}}\right.\\
&\quad\left.+\frac{\Gamma(M-\frac{D}{2})}{\Gamma(M)}\cdot\frac{p_\mu p_\nu p_\lambda}{\mathcal{D}^{M-\frac{D}{2}}}\right\},
\end{aligned}
\tag{D.1.4}
$$

$$
\begin{aligned}
J_{2,\mu}^{(M)}(p,\Delta) &= \mu^{2\epsilon}\int\frac{d^Dq}{(2\pi)^D}\cdot\frac{q^2q_\mu}{[q^2-2p\cdot q-\Delta]^M}\\
&= \frac{i(-1)^M}{16\pi^2}\left(4\pi\mu^2\right)^{\epsilon}\left\{-\frac{\Gamma(M-1-\frac{D}{2})}{2\Gamma(M)}\cdot[D+2]\cdot\frac{p_\mu}{\mathcal{D}^{M-\frac{D}{2}-1}}\right.\\
&\quad\left.+\frac{\Gamma(M-\frac{D}{2})}{\Gamma(M)}\cdot\frac{p^2p_\mu}{\mathcal{D}^{M-\frac{D}{2}}}\right\},
\end{aligned}
\tag{D.1.5}
$$

$$
\begin{aligned}
J_{\mu\nu\lambda\rho}^{(M)}(p,\Delta) &= \mu^{2\epsilon}\int\frac{d^Dq}{(2\pi)^D}\cdot\frac{q_\mu q_\nu q_\lambda q_\rho}{[q^2-2p\cdot q-\Delta]^M}\\
&= \frac{i(-1)^M}{16\pi^2}\left(4\pi\mu^2\right)^{\epsilon}\left\{\frac{\Gamma(M-2-\frac{D}{2})}{4\Gamma(M)}\cdot\frac{g_{\mu\nu}g_{\lambda\rho}+g_{\mu\lambda}g_{\nu\rho}+g_{\mu\rho}g_{\nu\lambda}}{\mathcal{D}^{M-\frac{D}{2}-2}}\right.\\
&\quad\left.-\frac{\Gamma(M-\frac{D}{2}-1)}{2\Gamma(M)}\cdot\frac{F_{\mu\nu\lambda\rho}}{\mathcal{D}^{M-\frac{D}{2}-1}}+\frac{\Gamma(M-\frac{D}{2})}{\Gamma(M)}\cdot\frac{p_\mu p_\nu p_\lambda p_\rho}{\mathcal{D}^{M-\frac{D}{2}}}\right\},
\end{aligned}
\tag{D.1.6}
$$

其中 $F_{\mu\nu\lambda\rho} = g_{\mu\nu}p_\lambda p_\rho + g_{\mu\lambda}p_\nu p_\rho + g_{\mu\rho}p_\nu p_\lambda + g_{\nu\lambda}p_\mu p_\rho + g_{\nu\rho}p_\mu p_\lambda + g_{\lambda\rho}p_\mu p_\nu$，还有

$$
\begin{aligned}
J_4^{(M)}(p,\Delta) &= \mu^{2\epsilon}\int\frac{d^Dq}{(2\pi)^D}\cdot\frac{q^4}{[q^2-2p\cdot q-\Delta]^M}\\
&= \frac{i(-1)^M}{16\pi^2}\left(4\pi\mu^2\right)^{\epsilon}\left\{\frac{\Gamma(M-2-\frac{D}{2})}{4\Gamma(M)}\cdot\frac{24-20\epsilon}{\mathcal{D}^{M-\frac{D}{2}-2}}\right.\\
&\quad\left.-\frac{\Gamma(M-\frac{D}{2}-1)}{2\Gamma(M)}\cdot\frac{(4-3\epsilon)p^2}{\mathcal{D}^{M-\frac{D}{2}-1}}+\frac{\Gamma(M-\frac{D}{2})}{\Gamma(M)}\cdot\frac{p^4}{\mathcal{D}^{M-\frac{D}{2}}}\right\}.
\end{aligned}
\tag{D.1.7}
$$

一般的表达式可以写为[22]

$$
\begin{aligned}
J_p^{(M)}(p,\Delta) &= \mu^{2\epsilon}\int\frac{d^Dq}{(2\pi)^D}\cdot\frac{q_{\mu_1}q_{\mu_2}\cdots q_{\mu_p}}{[q^2-2p\cdot q-\Delta]^M}\\
&= i(-1)^M\frac{\left(4\pi\mu^2\right)^{\epsilon}}{16\pi^2}\cdot\frac{1}{\Gamma(M)\mathcal{D}^{M-\frac{D}{2}}}\cdot T_{\mu_1\mu_2\cdots\mu_p}
\end{aligned}
\tag{D.1.8}
$$

其中 $D=4-2\epsilon$，$\mathcal{D}=p^2+\Delta$。当 p 取偶数时，因子 $T_{\mu_1\mu_2\cdots\mu_p}$ 的表达式为

$$
T_{\mu_1\cdots\mu_p} = \left\{p_{\mu_1}p_{\mu_2}\cdots p_{\mu_p}\Gamma\left(M-\frac{D}{2}\right)\right.
$$

$$+\frac{1}{2}\sum_{perm}\left(g_{\mu_1\mu_2}p_{\mu_3}\cdots p_{\mu_p}\right)(-\mathcal{D})\,\Gamma\left(M-1-\frac{D}{2}\right)$$
$$+\frac{1}{4}\sum_{perm}\left(g_{\mu_1\mu_2}g_{\mu_3\mu_4}p_{\mu_5}\cdots p_{\mu_p}\right)(-\mathcal{D})^2\,\Gamma\left(M-2-\frac{D}{2}\right)$$
$$+\cdots$$
$$+(2)^{-\frac{p}{2}}\sum_{perm}\left(g_{\mu_1\mu_2}g_{\mu_3\mu_4}\cdots g_{\mu_{p-1}\mu_p}\right)(-\mathcal{D})^{\frac{p}{2}}\,\Gamma\left(M-\frac{p}{2}-\frac{D}{2}\right)\bigg\}. \quad \text{(D.1.9)}$$

当 p 取奇数时，最后一项为

$$+(2)^{-[p/2]}\sum_{perm}\left(g_{\mu_1\mu_2}g_{\mu_3\mu_4}\cdots g_{\mu_{p-2}\mu_{p-1}}p_{\mu_p}\right)(-\mathcal{D})^{[p/2]}\,\Gamma\left(M-[\frac{p}{2}]-\frac{D}{2}\right), \quad \text{(D.1.10)}$$

其中 $[m]$ 表示取不大于 m 的最大整数。

对两点 $(M=2)$ 函数积分，积分公式可以写成如下形式：

$$J_{1;\mu}^{(2)}(p,\Delta)=\mu^{2\epsilon}\int\frac{d^Dq}{(2\pi)^D}\cdot\frac{1,q_\mu}{\left[q^2-2p\cdot q-\Delta\right]^2}$$
$$=i\frac{\left(4\pi\mu^2\right)^\epsilon}{16\pi^2}\Gamma(\epsilon)\cdot\{1,p_\mu\}\,\mathcal{D}^{-\epsilon}, \quad \text{(D.1.11)}$$

$$J_{\mu\nu}^{(2)}(p,\Delta)=\mu^{2\epsilon}\int\frac{d^Dq}{(2\pi)^D}\cdot\frac{q_\mu q_\nu}{\left[q^2-2p\cdot q-\Delta\right]^2}$$
$$=i\frac{\left(4\pi\mu^2\right)^\epsilon}{16\pi^2}\left\{-\frac{1}{2}\Gamma(-1+\epsilon)\cdot g_{\mu\nu}\mathcal{D}^{1-\epsilon}+\Gamma(\epsilon)\cdot p_\mu p_\nu\,\mathcal{D}^{-\epsilon}\right\}, \quad \text{(D.1.12)}$$

$$J_2^{(2)}(p,\Delta)=\mu^{2\epsilon}\int\frac{d^Dq}{(2\pi)^D}\cdot\frac{q^2}{\left[q^2-2p\cdot q-\Delta\right]^2}$$
$$=i\frac{\left(4\pi\mu^2\right)^\epsilon}{16\pi^2}\left\{[2\gamma(\epsilon)+1]\cdot\mathcal{D}^{1-\epsilon}+\Gamma(\epsilon)\,p^2\,\mathcal{D}^{-\epsilon}\right\}, \quad \text{(D.1.13)}$$

$$J_{\mu\nu\lambda}^{(2)}(p,\Delta)=\mu^{2\epsilon}\int\frac{d^Dq}{(2\pi)^D}\cdot\frac{q_\mu q_\nu q_\lambda}{\left[q^2-2p\cdot q-\Delta\right]^2}$$
$$=i\frac{\left(4\pi\mu^2\right)^\epsilon}{16\pi^2}\left\{-\frac{1}{2}\Gamma(-1+\epsilon)\cdot[p_\mu g_{\nu\lambda}+p_\nu g_{\mu\lambda}+p_\lambda g_{\mu\nu}]\,\mathcal{D}^{1-\epsilon}\right.$$
$$\left.+\Gamma(1+\epsilon)\cdot p_\mu p_\nu p_\lambda\,\mathcal{D}^{1+\epsilon}\right\}, \quad \text{(D.1.14)}$$

$$J_{2,\mu}^{(2)}(p,\Delta)=\mu^{2\epsilon}\int\frac{d^Dq}{(2\pi)^D}\cdot\frac{q^2q_\mu}{\left[q^2-2p\cdot q-\Delta\right]^2}$$
$$=i\frac{\left(4\pi\mu^2\right)^\epsilon}{16\pi^2}\left\{[3\Gamma(\epsilon)+2]\cdot p_\mu\,\mathcal{D}^{1-\epsilon}+\Gamma(\epsilon)\cdot p^2p_\mu\,\mathcal{D}^{-\epsilon}\right\}, \quad \text{(D.1.15)}$$

$$
\begin{aligned}
J^{(2)}_{\mu\nu\lambda\rho}(p,\Delta) &= \mu^{2\epsilon}\int\frac{d^Dq}{(2\pi)^D}\cdot\frac{q_\mu q_\nu q_\lambda q_\rho}{\left[q^2-2p\cdot q-\Delta\right]^2} \\
&= i\frac{\left(4\pi\mu^2\right)^\epsilon}{16\pi^2}\left\{\frac{1}{4}\Gamma\left(-2+\epsilon\right)\cdot\frac{g_{\mu\nu}g_{\lambda\rho}+g_{\mu\lambda}g_{\nu\rho}+g_{\mu\rho}g_{\nu\lambda}}{\mathcal{D}^{-\frac{D}{2}}}\right. \\
&\quad \left.-\frac{1}{2}\Gamma(-1+\epsilon)\cdot\frac{F_{\mu\nu\lambda\rho}}{\mathcal{D}^{1-\frac{D}{2}}}+\Gamma(\epsilon)\cdot\frac{p_\mu p_\nu p_\lambda p_\rho}{\mathcal{D}^\epsilon}\right\},
\end{aligned}
\tag{D.1.16}
$$

其中 $F_{\mu\nu\lambda\rho}$ 已经在前面定义，更高阶的式子可以用一般表达式 (D.1.8) 推导出来。

对三点函数 ($M=3$) 积分情况，式 (D.1.2)~(D.1.7) 可以写成如下形式：

$$
\begin{aligned}
J^{(3)}(p,\Delta) &= \mu^{2\epsilon}\int\frac{d^Dq}{(2\pi)^D}\cdot\frac{1,q_\mu}{\left[q^2-2p\cdot q-\Delta\right]^3} \\
&= -i\frac{\left(4\pi\mu^2\right)^\epsilon}{16\pi^2}\frac{\Gamma(1+\epsilon)}{2}\cdot\frac{\{1,p_\mu\}}{\mathcal{D}^{1+\epsilon}}\xrightarrow{\epsilon\to0}-\frac{i}{32\pi^2}\{1,p_\mu\}\mathcal{D}^{-1},
\end{aligned}
\tag{D.1.17}
$$

推导中已经用到下述关系式：

$$
\left(4\pi\mu^2\right)^\epsilon\cdot\Gamma(1+\epsilon)\mathcal{D}^{-\epsilon}=1-\epsilon\ln\frac{e^\gamma\mathcal{D}}{4\pi\mu^2}\xrightarrow{\epsilon\to0}1,
\tag{D.1.18}
$$

$$
\left(4\pi\mu^2\right)^\epsilon\cdot\Gamma(\epsilon)\mathcal{D}^{-\epsilon}=\Gamma(\epsilon)-\ln\frac{\mathcal{D}}{4\pi\mu^2}+\mathcal{O}(\epsilon)=\overline{\Gamma}(\epsilon)+\mathcal{O}(\epsilon).
\tag{D.1.19}
$$

$$
\begin{aligned}
J^{(3)}_{\mu\nu}(p,\Delta) &= \mu^{2\epsilon}\int\frac{d^Dq}{(2\pi)^D}\cdot\frac{q_\mu q_\nu}{\left[q^2-2p\cdot q-\Delta\right]^3} \\
&= -i\frac{\left(4\pi\mu^2\right)^\epsilon}{16\pi^2}\left\{-\frac{\Gamma(\epsilon)}{4}\cdot\frac{g_{\mu\nu}}{\mathcal{D}^\epsilon}+\frac{\Gamma(1+\epsilon)}{2}\cdot\frac{p_\mu p_\nu}{\mathcal{D}^{1+\epsilon}}\right\} \\
&= -\frac{i}{32\pi^2}\left\{-\frac{g_{\mu\nu}}{2}\cdot\overline{\Gamma}(\epsilon)+\frac{1}{\mathcal{D}}\cdot p_\mu p_\nu\right\},
\end{aligned}
\tag{D.1.20}
$$

$$
\begin{aligned}
J^{(3)}_{\mu\nu}(p,\Delta) &= \mu^{2\epsilon}\int\frac{d^Dq}{(2\pi)^D}\cdot\frac{\not{q}\gamma_\mu\not{q}}{\left[q^2-2p\cdot q-\Delta\right]^3} \\
&= -i\frac{\left(4\pi\mu^2\right)^\epsilon}{16\pi^2}\cdot\gamma_\alpha\gamma_\mu\gamma_\beta\cdot\left\{-\frac{\Gamma(\epsilon)}{4}\cdot\frac{g_{\alpha\beta}}{\mathcal{D}^\epsilon}+\frac{\Gamma(1+\epsilon)}{2}\cdot\frac{p_\alpha p_\beta}{\mathcal{D}^{1+\epsilon}}\right\} \\
&= -\frac{i}{32\pi^2}\cdot\left\{\left[\overline{\Gamma}(\epsilon)-1\right]\gamma_\mu+\mathcal{D}^{-1}\cdot\not{p}\gamma_\mu\not{p}\right\},
\end{aligned}
\tag{D.1.21}
$$

$$
\begin{aligned}
J^{(3)}_{2}(p,\Delta) &= \mu^{2\epsilon}\int\frac{d^Dq}{(2\pi)^D}\cdot\frac{q^2}{\left[q^2-2p\cdot q-\Delta\right]^3} \\
&= -i\frac{\left(4\pi\mu^2\right)^\epsilon}{16\pi^2}\left\{-\frac{\Gamma(\epsilon)}{4}\cdot\frac{4-2\epsilon}{\mathcal{D}^\epsilon}+\frac{\Gamma(1+\epsilon)}{2}\cdot\frac{p^2}{\mathcal{D}^{1+\epsilon}}\right\} \\
&= -\frac{i}{32\pi^2}\left\{\left[1-2\overline{\Gamma}(\epsilon)\right]+\frac{p^2}{\mathcal{D}}\right\},
\end{aligned}
\tag{D.1.22}
$$

$$
\begin{aligned}
J^{(3)}_{\mu\nu\lambda}(p,\Delta) &= \mu^{2\epsilon}\int \frac{d^Dq}{(2\pi)^D}\cdot\frac{q_\mu q_\nu q_\lambda}{[q^2-2p\cdot q-\Delta]^3} \\
&= -i\frac{(4\pi\mu^2)^\epsilon}{16\pi^2}\left\{-\frac{\Gamma(\epsilon)}{4}\cdot\frac{g_{\mu\nu}p_\lambda+g_{\nu\lambda}p_\mu+g_{\lambda\mu}p_\nu}{\mathcal{D}^\epsilon}+\frac{\Gamma(1+\epsilon)}{2}\cdot\frac{p_\mu p_\nu p_\lambda}{\mathcal{D}^{1+\epsilon}}\right\} \\
&= -\frac{i}{32\pi^2}\left\{-\frac{g_{\mu\nu}p_\lambda+g_{\nu\lambda}p_\mu+g_{\lambda\mu}p_\nu}{2}\cdot\overline{\Gamma}(\epsilon)+\frac{p_\mu p_\nu p_\lambda}{\mathcal{D}}\right\}. \qquad \text{(D.1.23)}
\end{aligned}
$$

$$
\begin{aligned}
J^{(3)}_{2,\mu}(p,\Delta) &= \mu^{2\epsilon}\int \frac{d^Dq}{(2\pi)^D}\cdot\frac{q^2 q_\mu}{[q^2-2p\cdot q-\Delta]^3} \\
&= -i\frac{(4\pi\mu^2)^\epsilon}{16\pi^2}\left\{-\frac{\Gamma(\epsilon)(D+2)}{4}\cdot\frac{p_\mu}{\mathcal{D}^\epsilon}+\frac{\Gamma(1+\epsilon)}{2}\cdot\frac{p^2 p_\mu}{\mathcal{D}^{1+\epsilon}}\right\} \\
&= -\frac{i}{32\pi^2}\left\{\left(1-3\overline{\Gamma}(\epsilon)\right)\cdot p_\mu+\frac{p^2p_\mu}{\mathcal{D}}\right\}, \qquad \text{(D.1.24)}
\end{aligned}
$$

$$
\begin{aligned}
J^{(3)}_{\mu\nu\lambda\rho}(p,\Delta) &= \mu^{2\epsilon}\int \frac{d^Dq}{(2\pi)^D}\cdot\frac{q_\mu q_\nu q_\lambda q_\rho}{[q^2-2p\cdot q-\Delta]^3} \\
&= -i\frac{(4\pi\mu^2)^\epsilon}{16\pi^2}\left\{\frac{\Gamma(-1+\epsilon)}{8}\cdot\frac{g_{\mu\nu}g_{\lambda\rho}+g_{\mu\lambda}g_{\nu\rho}+g_{\mu\rho}g_{\nu\lambda}}{\mathcal{D}^{-1+\epsilon}}\right. \\
&\quad \left.-\frac{\Gamma(\epsilon)}{4}\cdot\frac{T_{\mu\nu\lambda\rho}}{\mathcal{D}^\epsilon}+\frac{\Gamma(1+\epsilon)}{2}\cdot\frac{p_\mu p_\nu p_\lambda p_\rho}{\mathcal{D}^{1+\epsilon}}\right\} \\
&= -\frac{i}{32\pi^2}\left\{-\frac{1+\overline{\Gamma}(\epsilon)}{4}\cdot(g_{\mu\nu}g_{\lambda\rho}+g_{\mu\lambda}g_{\nu\rho}+g_{\mu\rho}g_{\nu\lambda})\cdot\mathcal{D}\right. \\
&\quad \left.-\frac{\overline{\Gamma}(\epsilon)}{2}\cdot F_{\mu\nu\lambda\rho}+\frac{p_\mu p_\nu p_\lambda p_\rho}{\mathcal{D}}\right\}, \qquad \text{(D.1.25)}
\end{aligned}
$$

其中 $F_{\mu\nu\lambda\rho}$ 已经在前面给出。

$$
\begin{aligned}
J^{(3)}_{2\mu\nu}(p,\Delta) &= \mu^{2\epsilon}\int \frac{d^Dq}{(2\pi)^D}\cdot\frac{q^2 q_\mu q_\nu}{[q^2-2p\cdot q-\Delta]^3} \\
&= -\frac{i}{32\pi^2}\left\{-\left[1+\frac{3}{2}\overline{\Gamma}(\epsilon)\right]\cdot g_{\mu\nu}\cdot\mathcal{D}+\left[1-4\overline{\Gamma}(\epsilon)\right]p_\mu p_\nu\right. \\
&\quad \left.-\frac{\overline{\Gamma}(\epsilon)}{2}\cdot p^2 g_{\mu\nu}+p^2 p_\mu p_\nu\mathcal{D}^{-1}\right\}. \qquad \text{(D.1.26)}
\end{aligned}
$$

$$
\begin{aligned}
J^{(3)}_4(p,\Delta) &= \mu^{2\epsilon}\int \frac{d^Dq}{(2\pi)^D}\cdot\frac{q^4}{[q^2-2p\cdot q-\Delta]^3} \\
&= -i\frac{(4\pi\mu^2)^\epsilon}{16\pi^2}\left\{\frac{\Gamma(-1+\epsilon)}{8}\cdot\frac{24-20\epsilon}{\mathcal{D}^{-1+\epsilon}}\right. \\
&\quad \left.-\frac{\Gamma(\epsilon)}{4}\cdot\frac{4(3-\epsilon)p^2}{\mathcal{D}^\epsilon}+\frac{\Gamma(1+\epsilon)}{2}\cdot\frac{p^4}{\mathcal{D}^{1+\epsilon}}\right\} \\
&= -\frac{i}{32\pi^2}\left\{-\left[1+6\overline{\Gamma}(\epsilon)\right]\cdot\mathcal{D}+\left[2-6\overline{\Gamma}(\epsilon)\right]\cdot p^2+p^4\mathcal{D}^{-1}\right\}, \qquad \text{(D.1.27)}
\end{aligned}
$$

$$J^{(3)}_{\mu\nu\lambda\rho\sigma}(p,\Delta)=\mu^{2\epsilon}\int\frac{d^Dq}{(2\pi)^D}\cdot\frac{q_\mu q_\nu q_\lambda q_\rho q_\sigma}{[q^2-2p\cdot q-\Delta]^3}$$
$$=i\frac{(4\pi\mu^2)^\epsilon}{16\pi^2}\cdot\frac{1}{2\mathcal{D}^3}\cdot\tilde{T}_{\mu\nu\lambda\rho\sigma},\tag{D.1.28}$$

其中

$$\begin{aligned}\tilde{T}_{\mu\nu\lambda\rho\sigma}=&p_\mu p_\nu p_\lambda p_\rho p_\sigma\,\Gamma(1+\epsilon)-[\,g_{\mu\nu}p_\lambda p_\rho p_\sigma+g_{\mu\lambda}p_\nu p_\rho p_\sigma+g_{\mu\rho}p_\nu p_\lambda p_\sigma\\&+g_{\mu\sigma}p_\nu p_\lambda p_\rho+g_{\nu\lambda}p_\mu p_\rho p_\sigma+g_{\nu\rho}p_\mu p_\lambda p_\sigma+g_{\nu\sigma}p_\mu p_\lambda p_\rho\\&+g_{\lambda\rho}p_\mu p_\nu p_\sigma+g_{\lambda\sigma}p_\mu p_\nu p_\rho+g_{\rho\sigma}p_\mu p_\nu p_\lambda]\cdot\frac{\mathcal{D}\,\Gamma(\epsilon)}{2}\\&+[\,g_{\mu\nu}g_{\lambda\rho}\,p_\sigma+g_{\mu\lambda}g_{\nu\rho}\,p_\sigma+g_{\mu\rho}g_{\nu\lambda}\,p_\sigma+g_{\mu\sigma}g_{\nu\lambda}\,p_\rho\\&+g_{\mu\nu}g_{\lambda\sigma}\,p_\rho+g_{\mu\lambda}g_{\nu\sigma}\,p_\rho+g_{\mu\rho}g_{\nu\sigma}\,p_\lambda+g_{\mu\sigma}g_{\nu\rho}\,p_\lambda\\&+g_{\mu\nu}g_{\rho\sigma}\,p_\lambda+g_{\mu\lambda}g_{\rho\sigma}\,p_\nu+g_{\mu\rho}g_{\lambda\sigma}\,p_\nu+g_{\mu\sigma}g_{\lambda\rho}\,p_\nu\\&+g_{\nu\lambda}g_{\rho\sigma}\,p_\mu+g_{\nu\rho}g_{\lambda\sigma}\,p_\mu+g_{\nu\sigma}g_{\lambda\rho}\,p_\mu]\cdot\frac{\mathcal{D}^2\,\Gamma(-1+\epsilon)}{4}\end{aligned}\tag{D.1.29}$$

更高阶的式子可以利用一般表达式 (D.1.8) 推导。

在文献 [15] 中，作者对“D- 维圈图积分”做了讨论。为了方便读者，我们在此给出其主要结果。把该积分定义为

$$I(N,\alpha)=\int\frac{d^Dq}{(2\pi)^D}\cdot\frac{q_{\mu_1}q_{\mu_2}\cdots q_{\mu_N}}{(q^2+2q\cdot P-\Delta)^\alpha},\tag{D.1.30}$$

其中 D 是空间维数。

首先使用恒等式

$$\int\frac{d^Dq}{(2\pi)^D}\cdot\frac{q_{\mu_1}q_{\mu_2}\cdots q_{\mu_N}}{(q^2+2q\cdot P-\Delta)^\alpha}=\frac{(-1)^\alpha i\pi^{\frac{D}{2}}}{(2\pi)^D\Gamma(\alpha)}\int_0^\infty\frac{d\rho}{(2\rho)^D}\,\rho^{\alpha-1-\frac{D}{2}}\left[\frac{\partial}{\partial P}\right]^N e^{-\rho\mathcal{D}},\tag{D.1.31}$$

其中 $\mathcal{D}=P^2+\Delta$，并且有

$$\left[\frac{\partial}{\partial P}\right]^N=\frac{\partial}{\partial P_{\mu_1}}\frac{\partial}{\partial P_{\mu_2}}\cdots\frac{\partial}{\partial P_{\mu_N}}.\tag{D.1.32}$$

然后，导出微商关系式

$$\left[\frac{d}{\mathrm{d}x}\right]^N e^{ax^2}=(2ax)^N\,e^{ax^2}\sum_{j=0}\frac{N(N-1)\cdots(N-2j+1)}{(4ax^2)^j\,j!}.\tag{D.1.33}$$

最后得到

$$I(N,\alpha)=\frac{(-1)^\alpha i\pi^{\frac{D}{2}}(-1)^N\Gamma(\alpha-\frac{D}{2})}{(2\pi)^D\Gamma(\alpha)\mathcal{D}^{\alpha-\frac{D}{2}}}$$
$$\cdot\sum_{j=0}^{[D/2]}\frac{(-1)^j}{(\alpha-\frac{D}{2}-1)\cdots(\alpha-\frac{D}{2}-j)}\left[\frac{\mathcal{D}}{2}\right]^j\left\{g^jP^{N-2j}\right\}_{\mu_1\cdots\mu_N},\tag{D.1.34}$$

其中 $[N/2]$ 对于不大于 $N/2$ 的最大整数，还有

$$\left\{g^j P^{N-2j}\right\}_{\mu_1\cdots\mu_N} = \text{all permutations of} g\cdots gP\cdots P, \tag{D.1.35}$$

其中有 j 个 $g_{\mu_i\mu_k}$ 项的乘积。对于给定的 N 和 j，式 (D.1.35) 中的项数等于

$$\begin{pmatrix} N \\ 2j \end{pmatrix} (2j-1)!! \tag{D.1.36}$$

§D.2 标准函数：A, B, C, D

在这一节，我们给出常用的单圈图 (2 点、3 点和 4 点) 费恩曼积分函数 B_0, B_μ, $B_{\mu\nu}$, C_0, C_μ, $C_{\mu\nu}$, $C_{\mu\nu\sigma}$, D_0, D_μ, $D_{\mu\nu}$ 的表达式。符号和约定与文献 [153, 154] 一致。部分公式可以在 Cho 和 Grinstein 的文章中找到。这些积分函数的完整表达式十分复杂。大多数情况下我们只需要展开式的前几项。所以，我们在这里给出几种极限情况。关于单圈图费恩曼积分的更多细节，可以参看文献 [145, 153, 154, 155]。另外，关于单圈图圈图积分公式可以参考 T. Goto 的电子参考书 [144]。

所有积分是在 D-维 Minkowski 空间做的，度规是 $(+,-,-,-,\cdots)$。在做维数正规化以后，积分中的发散部分以下面的方式 ($\overline{MS}$ 方案) 出现

$$\Delta \equiv \frac{1}{\epsilon} - \gamma + \ln[4\pi] = \frac{1}{\epsilon} - \ln\left[\frac{e^\gamma}{4\pi}\right] = \frac{2}{4-D} - \ln\left[\frac{e^\gamma}{4\pi}\right], \tag{D.2.1}$$

其中 $\gamma = \gamma_E = 0.577216$ 是 Eular 常数，$D = 4 - 2\epsilon$ 是空间维数。在 $\overline{MS}$ 重整化方案中，发散项被抵消项抵消，因此下面积分公式中的 Δ 可以被简单的扔掉。另外，对于一个过程，如果我们 (例如在单圈水平) 把图算完整了，那么各个图的贡献加起来以后，发散部分应当相互抵消。这也是对计算是否正确，是否丢图的一个检验。图 D.1 表示与费恩曼积分函数 B, C, D 对应的费恩曼图。

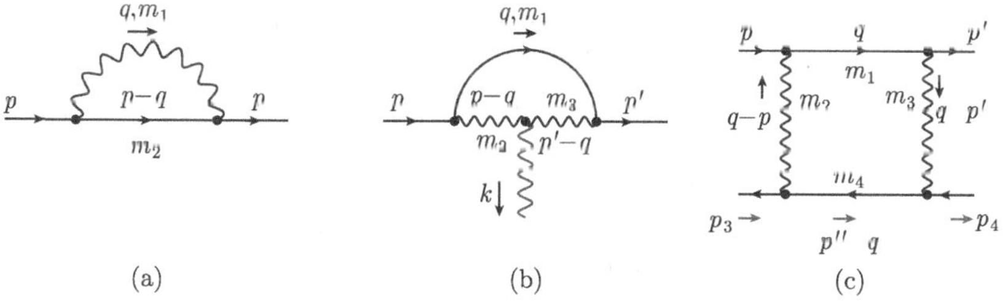

图 D.1 与 2, 3 和 4 点函数对应的单圈费恩曼图

§D.2.1 费恩曼积分函数: $A_0(m)$ 函数

$$\mu^{4-D}\int\frac{d^Dq}{(2\pi)^D}\frac{1}{(q^2-m^2+i\epsilon)}=\frac{i}{16\pi^2}A_0(m), \tag{D.2.2}$$

$$A_0(m)=m^2\left[\Delta+\ln[\mu^2/m^2]+1\right]. \tag{D.2.3}$$

其中 $A_0(m)$ 是严格解。

§D.2.2 费恩曼积分函数: B_0, B_μ 和 $B_{\mu\nu}$

$$\mu^{4-D}\int\frac{d^Dq}{(2\pi)^D}\frac{1;q^2;q_\mu;q_\mu q_\nu}{(q^2-m_1^2)\left[(q-p)^2-m_2^2\right]}=\frac{i}{16\pi^2}\left\{B_0;\ \tilde{B}_0;\ B_\mu;\ B_{\mu\nu}\right\}, \tag{D.2.4}$$

$$\tilde{B}_0(p,m_1,m_2)=A_0(m_2)+m_1^2B_0(p,m_1,m_2), \tag{D.2.5}$$

$$B_\mu(p,m_1,m_2)=p_\mu\ B_1(p,m_1,m_2), \tag{D.2.6}$$

$$B_{\mu,\nu}(p,m_1,m_2)=p_\mu p_\nu B_{21}(p,m_1,m_2)+g_{\mu\nu}B_{22}(p,m_1,m_2). \tag{D.2.7}$$

其中 $B_0(p,m_1,m_2)$ 的严格解为

$$\begin{aligned}B_0(p,m_1,m_2)=&\Delta-\ln\frac{p^2}{\mu^2}+2-\ln\left[(x_1-1)(x_2-1)\right]\\&-x_1\ln\frac{x_1}{x_1-1}-x_2\ln\frac{x_2}{x_2-1}\end{aligned} \tag{D.2.8}$$

其中

$$x_{1,2}=x_{1,2}(p,m_1,m_2)=\frac{1}{2}+\frac{m_1^2-m_2^2}{2p^2}\pm\frac{1}{2p^2}\ \lambda^{1/2}(p^2,m_1^2,m_2^2), \tag{D.2.9}$$

$$\lambda(x,y,z)=\left[x-\left(\sqrt{y}-\sqrt{z}\right)^2\right]\left[x-\left(\sqrt{y}+\sqrt{z}\right)^2\right]. \tag{D.2.10}$$

另外，Lorentz 不变的函数 $B_1(p,m_1,m_2)$, B_{21} 和 B_22 的严格解为

$$B_1(p,m_1,m_2)=\frac{1}{2p^2}\left[A_0(m_1)-A_0(m_2)-f_1\ B_0(p,m_1,m_2)\right], \tag{D.2.11}$$

$$\begin{aligned}B_{21}(p,m_1,m_2)=&\frac{1}{2p^2(D-1)}\left[(D-2)A_0(m_2)-2m_1^2B_0(p,m_1,m_2)\right.\\&\left.-Df_1\ B_1(p,m_1,m_2)\right],\end{aligned} \tag{D.2.12}$$

$$\begin{aligned}B_{22}(p,m_1,m_2)=&\frac{1}{2(D-1)}\left[A_0(m_2)+2m_1^2B_0(p,m_1,m_2)\right.\\&\left.+f_1\ B_1(p,m_1,m_2)\right],\end{aligned} \tag{D.2.13}$$

其中的因子 $f_1=p^2+m_1^2-m_2^2$。

考虑常用的极限情况。当在第一个 (第二个) 传播子中出现的质量 m_1 (m_2) 比在第二个 (第一个) 传播子中出现的质量 m_2 (m_1) 和外动量 p 大很多时，在积分以后 B_0 和 B_μ 函数 (到 $O(p^4/m^4)$ 阶) 为

极限 -1: $m_1^2 \equiv m_h^2 > m_2^2 \equiv m_l^2, p^2$, $x \equiv m_l^2/m_h^2$.

$$B_0(p, m_1^2, m_2^2) = \Delta' + 1 + \frac{x}{1-x}\ln x + \frac{p^2}{m_h^2}\left(\frac{1+x}{2(1-x)^2} + \frac{x}{(1-x)^3}\ln x\right), \quad \text{(D.2.14)}$$

$$\begin{aligned} B_1(p, m_1^2, m_2^2) = &\frac{1}{2}\left[\Delta' + \frac{3-x}{2(1-x)} + \frac{2x-x^2}{(1-x)^2}\ln x\right. \\ &\left. + \frac{p^2}{m_h^2}\left(\frac{2+5x-x^2}{3(1-x)^3} + \frac{2x}{(1-x)^4}\ln x\right)\right], \end{aligned} \quad \text{(D.2.15)}$$

$$B_{21}(p, m_1^2, m_2^2) = \frac{1}{3}\left[\Delta' + \frac{11-7x+x^2}{6(1-x)^2} + \frac{3x-3x^2+x^3}{(1-x)^3}\ln[x]\right], \quad \text{(D.2.16)}$$

$$\begin{aligned} B_{22}(p, m_1^2, m_2^2) = &\frac{m_h^2}{4}\left[\Delta'(3+3x) + \frac{9(1+x)}{2} + \frac{3x^2}{1-x}\ln[x]\right. \\ &\left. - \frac{p^2}{m_h^2}\left(\Delta' + \frac{5-2x-5x^2}{6(1-x)^2} - \frac{3x^2-x^3}{(1-x)^3}\ln x\right)\right], \end{aligned} \quad \text{(D.2.17)}$$

其中

$$\Delta' = \Delta + \ln\left(\frac{\mu^2}{m_1^2}\right) = \frac{2}{4-D} - \ln\left(\frac{e^\gamma\, m_1^2}{4\pi\,\mu^2}\right). \quad \text{(D.2.18)}$$

极限 -2: $m_1^2 = m_2^2 \equiv m^2 > p^2$ 。

$$B_0(p, m^2, m^2) = \Delta' + \frac{p^2}{6m^2} + O(\frac{p^4}{m^4}), \quad \text{(D.2.19)}$$

$$B_1(p, m^2, m^2) = \frac{1}{2}\left[\Delta' + \frac{p^2}{6m^2} + O(\frac{p^4}{m^4})\right], \quad \text{(D.2.20)}$$

$$B_{21}(p, m^2, m^2) = \frac{1}{3}\Delta', \quad \text{(D.2.21)}$$

$$B_{22}(p, m^2, m^2) = \frac{1}{12}\left[(6m^2 - p^2)\,\Delta' + 6m^2\right] + O(\frac{p^4}{m^4}), \quad \text{(D.2.22)}$$

其中 $\Delta' = \frac{2}{4-D} - \ln\left(\frac{e^\gamma m^2}{4\pi\mu^2}\right)$.

§D.2.3　三点费恩曼积分函数：C_0, $\tilde{C}_0$, C_μ, $C_{\mu\nu}$ 和 $C_{\mu\nu\sigma}$

$C_0, \tilde{C}_0, C_\mu, C_{\mu\nu}, C_{\mu\nu\sigma}(p^2, p'^2, m_1^2, m_2^2, m_3^2)$ 是三点积分函数，其一般定义为

$$\begin{aligned} &\mu^{4-D}\int \frac{d^D q}{(2\pi)^D}\frac{1;\ q^2;\ q_\mu;\ q_\mu q_\nu;\ q_\mu q_\nu q_\sigma}{(q^2-m_1^2)\left[(q-p)^2-m_2^2\right]\left[(q-p')^2-m_3^2\right]} \\ &= \frac{i}{16\pi^2}\left\{C_0, \tilde{C}_0, C_\mu, C_{\mu\nu}, C_{\mu\nu\sigma}\right\}(p, p', m_1, m_2, m_3). \end{aligned} \quad \text{(D.2.23)}$$

因为 C 函数的严格表达式非常复杂，这里只给出文中所用的几种极限情况下的表达式。到 $O(p^4/m_h^4)$ 阶的 C 函数表达式已在 Chao 的论文[153] 中给出。对于更多的细节，请参看文献 [145, 153]。

极限 -1: $p^2, p'^2, p\cdot p' \leqslant m_1^2 = m_l^2 \leqslant m_2^2 = m_3^2 = m_h^2$; $x = m_l^2/m_h^2$.

$$C_0 = -\frac{1}{m_h^2}\left[C_{01} + \frac{p^2+p'^2}{6m_h^2}C_{02} + \frac{p\cdot p'}{6m_h^2}C_{03} + O(\frac{p^4}{m_h^4})\right], \qquad \text{(D.2.24)}$$

其中

$$\begin{aligned} C_{01} &= \frac{1}{1-x} + \frac{x}{(1-x)^2}\ln[x], \\ C_{02} &= \frac{2+5x-x^2}{(1-x)^3} + \frac{6x}{(1-x)^4}\ln x, \\ C_{03} &= \frac{-1+5x+2x^2}{(1-x)^3} + \frac{6x^2}{(1-x)^4}\ln x. \end{aligned} \qquad \text{(D.2.25)}$$

对函数 C_μ 有:

$$C_\mu(p,p',m_1^2,m_2^2,m_3^2) = \left[p_\mu C_{11} + p'_\mu C_{12}\right](p,p',m_1^2,m_2^2,m_3^2), \qquad \text{(D.2.26)}$$

其中 C_{11} 和 C_{12} 的表达式为

$$\begin{aligned} C_{11} = &-\frac{1}{m_h^2}\left\{\frac{1-3x}{4(1-x)^2} - \frac{x^2}{2(1-x)^3}\ln x + \frac{p^2}{m_h^2}\left[\frac{1-7x-7x^2+x^3}{12(1-x)^4} - \frac{x^2}{(1-x)^5}\ln x\right]\right. \\ &+\frac{p\cdot p'}{m_h^2}\left[\frac{-1+5x-13x^2-3x^3}{18(1-x)^4} - \frac{2x^3}{3(1-x)^5}\ln x\right] \\ &\left.+\frac{p'^2}{m_h^2}\left[\frac{2-13x-4x^2+3x^3}{36(1-x)^4} - \frac{3x^2-x^3}{6(1-x)^5}\ln x\right] + O\left(\frac{p^4}{m_h^4}\right)\right\}, \end{aligned} \qquad \text{(D.2.27)}$$

$$C_{12} = C_{11}(p\to p'). \qquad \text{(D.2.28)}$$

对函数 $C_{\mu\nu}$ 有

$$\begin{aligned} C_{\mu\nu}(p,p',m_1^2,m_2^2,m_3^2) = &\left[p_\mu p_\nu C_{21} + p'_\mu p'_\nu C_{22} + \left(p_\mu p'_\nu + p'_\mu p_\nu\right)C_{23}\right. \\ &\left.+g_{\mu\nu}\, C_{24}\right](p,p',m_1^2,m_2^2,m_3^2). \end{aligned} \qquad \text{(D.2.29)}$$

其中 C_{21}, C_{22}, C_{23} 和 C_{24} 的表达式为

$$C_{21} = C_{22} = 2C_{23} = \frac{1}{18m_h^2}\left[\frac{-2+7x-11x^2}{(1-x)^3} - \frac{6x^3}{(1-x)^4}\ln x\right], \qquad \text{(D.2.30)}$$

$$
\begin{aligned}
C_{24} = & \frac{\Delta'}{4} + \frac{1-3x}{8(1-x)} - \frac{x^2}{4(1-x)^2}\ln x \\
& + \frac{p^2+p'^2}{72m_h^2}\left[\frac{5-22x+5x^2}{(1-x)^3} - \frac{18x^2-6x^3}{(1-x)^4}\ln x\right] \\
& - \frac{p\cdot p'}{36m_h^2}\left[\frac{2-7x+11x^2}{(1-x)^3} + \frac{6x^3}{(1-x)^4}\ln x\right] + O\left(\frac{p^4}{m_h^4}\right).
\end{aligned} \tag{D.2.31}
$$

对 $\tilde{C}_0$，用 $g^{\mu\nu}$ 乘 $C_{\mu\nu}$ 可得：

$$
\tilde{C}_0(p, p', m_1^2, m_2^2, m_3^2) = \left(p^2 + p'^2 + p\cdot p'\right) C_{21} + D\, C_{24}. \tag{D.2.32}
$$

对三阶张量 Wilson 系数 $C_{\mu\nu\sigma}$，则有

$$
\begin{aligned}
C_{\mu\nu\sigma} = & \frac{g_{\mu\nu}p_\sigma + g_{\nu\sigma}p_\mu + g_{\sigma\mu}p_\nu}{12}\left[\Delta' + C_{31} + \frac{p^2}{24m_h^2}C_{32} + \frac{p'^2}{24m_h^2}C_{33} - \frac{p\cdot p'}{12m_h^2}C_{34}\right] \\
& - \frac{3p_\mu p_\nu p_\sigma}{144m_h^2}C_{34} - \frac{p_\mu p_\nu p'_\sigma + p_\mu p'_\nu p_\sigma + p'_\mu p_\nu p_\sigma}{144m_h^2}C_{34} \\
& + (p \leftrightarrow p') + \mathcal{O}\left(\frac{p^5}{m_h^4}\right),
\end{aligned} \tag{D.2.33}
$$

其中系数 C_{3i} 的表达式为

$$
\begin{aligned}
C_{31} &= \frac{2-7x+11x^2}{6(1-x)^2} - \frac{x^3}{(1-x)^3}\ln[x], \\
C_{32} &= \frac{7-33x+75x^2-13x^3}{(1-x)^4} - \frac{48x^3-12x^4}{(1-x)^5}\ln[x], \\
C_{33} &= \frac{5-23x+49x^2-19x^3}{(1-x)^4} - \frac{24x^3-12x^4}{(1-x)^5}\ln[x], \\
C_{34} &= \frac{3-13x+23x^2-25x^3}{(1-x)^4} + \frac{12x^4}{(1-x)^5}\ln[x]
\end{aligned} \tag{D.2.34}
$$

极限 -2: $p^2, p'^2, p\cdot p' \leqslant m_2^2 = m_3^2 = m_l^2 \leqslant m_1^2 = m_h^2$; $x = m_l^2/m_h^2$。

$$
\begin{aligned}
C_0 = & \frac{1}{m_l^2}\left\{\frac{x}{1-x} + \frac{x}{(1-x)^2}\ln x - \frac{p^2+p'^2}{6m_h^2}\left[\frac{1-5x-2x^2}{(1-x)^3} - \frac{6x^2}{(1-x)^4}\ln x\right]\right. \\
& \left. + \frac{p\cdot p'}{6m_h^2}\left[\frac{2+5x-x^2}{(1-x)^3} + \frac{6x}{(1-x)^4}\ln x\right] + O(\frac{p^4}{m_h^4})\right\}.
\end{aligned} \tag{D.2.35}
$$

对函数 C_μ 有

$$\begin{aligned}C_{11}=&\frac{1}{m_l^2}\left\{\frac{3x-x^2}{4(1-x)^2}+\frac{x}{2(1-x)^3}\ln x\right.\\&-\frac{p^2}{m_h^2}\left[\frac{1-7x-7x^2+x^3}{12(1-x)^4}-\frac{x^2}{(1-x)^5}\ln x\right]\\&+\frac{p\cdot p'}{m_h^2}\left[\frac{3+13x-5x^2+x^3}{18(1-x)^4}+\frac{2x}{3(1-x)^5}\ln x\right]\\&\left.-\frac{p'^2}{m_h^2}\left[\frac{3-4x-13x^2+2x^3}{36(1-x)^4}+\frac{x-3x^2}{6(1-x)^5}\ln x\right]+O(\frac{p^4}{m_h^4})\right\},\end{aligned}\tag{D.2.36}$$

$$C_{12}=C_{11}(p\to p'),\tag{D.2.37}$$

对函数 $C_{\mu\nu}$ 有

$$C_{21}=C_{22}=2C_{23}=\frac{1}{18m_h^2}\left[\frac{11-7x+2x^2}{(1-x)^3}+\frac{6}{(1-x)^4}\ln x\right],\tag{D.2.38}$$

$$\begin{aligned}C_{24}=&\frac{\Delta'}{4}+\frac{3-x}{8(1-x)}+\frac{2x-x^2}{4(1-x)^2}\ln x\\&-\frac{p^2+p'^2}{72m_h^2}\left[\frac{5-22x+5x^2}{(1-x)^3}+\frac{6-18x}{(1-x)^4}\ln x\right]\\&+\frac{p\cdot p'}{36m_h^2}\left[\frac{11-7x+2x^2}{(1-x)^3}+\frac{6}{(1-x)^4}\ln x\right]+O(\frac{p^4}{m_h^4}).\end{aligned}\tag{D.2.39}$$

对函数 $C_{\mu\nu\sigma}$ 有

$$\begin{aligned}C_{\mu\nu\sigma}=&\frac{g_{\mu\nu}p_\sigma+g_{\nu\sigma}p_\mu+g_{\sigma\mu}p_\nu}{12}\left[\Delta'+C'_{31}-\frac{p^2C'_{32}+p'^2C'_{33}}{24m_h^2}+\frac{p\cdot p'}{12m_h^2}C'_{34}\right]\\&+\frac{3p_\mu p_\nu p_\sigma+p_\mu p_\nu p'_\sigma+p_\mu p'_\nu p_\sigma+p'_\mu p_\nu p_\sigma}{144m_h^2}C'_{34}\\&+(p\leftrightarrow p')+\mathcal{O}\left(\frac{p^5}{m_h^4}\right),\end{aligned}\tag{D.2.40}$$

其中 C_{3i} 函数为

$$\begin{aligned}C'_{31}=&\frac{11-7x+x^2}{6(1-x)^2}-\frac{2-3x+3x^2-x^3}{(1-x)^3}\ln[x],\\C'_{32}=&\frac{13-75x+33x^2-7x^3}{(1-x)^4}-\frac{12-48x}{(1-x)^5}\ln[x],\\C'_{33}=&\frac{19-49x+23x^2-5x^3}{(1-x)^4}-\frac{12-24x^4}{(1-x)^5}\ln[x],\\C'_{34}=&\frac{25-23x+13x^2-3x^3}{(1-x)^4}+\frac{12}{(1-x)^5}\ln[x].\end{aligned}\tag{D.2.41}$$

如文献 [153] 所指出的那样，当用 $g^{\mu\nu}$ 乘 $C_{\mu\nu}$ 时，将产生一个附加的常数项 $-1/2$。因为 $g_{\mu\nu}g^{\mu\nu} = D = 4-2\epsilon$，用 $D = 4-2\epsilon$ 再乘以 Δ，那么有

$$\begin{aligned} g^{\mu\nu}C_{\mu\nu} &= \frac{g_{\mu\nu}g^{\mu\nu}}{4}\Delta' + \cdots \\ &= (1-\frac{\epsilon}{2})\Delta' + \cdots = -\frac{1}{2} + \Delta' + \cdots . \end{aligned} \tag{D.2.42}$$

§D.2.4 内线重质量极限[156]

当外线动量远小于内线张量，即 $p_i^2 \ll m_i^2$ 时，基本方程为

$$\begin{aligned} \frac{1}{(q+p)^2-m^2} &= \frac{1}{q^2-m^2}\left[1+\frac{p^2+2p\cdot q}{q^2-m^2}\right]^{-1} \\ &- \frac{1}{q^2-m^2}\left[1-\frac{p^2+2p\cdot q}{q^2-m^2}+\left(\frac{p^2+2p\cdot q}{q^2-m^2}\right)^2-\dots\right] . \end{aligned} \tag{D.2.43}$$

上面的展开在 $|(p^2+2p\cdot q)/(q^2-m^2)| < 1$ 的条件下成立。在 n 点传播子乘积的处理中，我们将遇到这样的展开，做这样的近似。但展开式中所有正比于 $q^{2k+1}(k=0,1,2,\cdots)$ 的项的积分均为零：

$$\int d^4q \frac{q^{2k+1}}{q^2-m^2} = 0, \quad k=0,1,2,\cdots ; \tag{D.2.44}$$

其他的项，例如 $q^2/(q^2-m^2)^2$, $p^2/(q^2-m^2)^2$, 均远远小于 1, 可以忽略。所以当 $p_i^2 \ll m_i^2$ 时，可以做以下的代换：

$$\frac{1}{(q+p)^2-m^2} \to \frac{1}{q^2-m^2} . \tag{D.2.45}$$

在重内线质量近似下，n 点积分函数与外线动量无关，与外线动量全为零的 n 点积分函数成正比①：

$$C_0(0,0,m_1,m_2,m_3) = C_0(m_1,m_2,m_3) , \tag{D.2.46}$$

其中

$$\begin{aligned} C_0(m_1,m_2,m_3) &= \frac{-1}{m_1^2-m_2^2}F(m_1,m_2,m_3) , \\ F(m_1,m_2,m_3) &- \ln\frac{m_1^2}{m_2^2} + \frac{m_3^2}{m_3^2-m_1^2}\ln\frac{m_3^2}{m_1^2} - \frac{m_3^2}{m_3^2-m_2^2}\ln\frac{m_3^2}{m_2^2} \\ &- -F(m_2,m_1,m_3) . \end{aligned} \tag{D.2.47}$$

① 注意，文献 [156] 中关于空间维数的定义是：$D = 4+\epsilon$，而我们的定义是 $D = 4-2\epsilon$。所以，文献 [156] 中的 Δ 与本书中的 Δ 相比差一个“$-$”号。另外，和文献 [156] 中的表达式相比，我们这里 $i/(16\pi^2)$ 的因子已经抽出去。本小节所给表达式已经做了符号调整，和本书前面表达式符号一致。

我们已经验证，这里的 $C_0(m_l, m_h, m_h)$ 表达式和式 (D.2.24) 相同。例如，当 $m_1^2 \gg m_2^2, m_3^2$ 时，有 $C_0(m_1, m_2, m_3) \propto \dfrac{1}{m_1^2}$。对 $m_2^2 \gg m_1^2, m_3^2$ 和 $m_3^2 \gg m_1^2, m_2^2$ 的情况，有同样的结果。

函数 $C_{\mu\nu}(m_1, m_2, m_3)$ 是对数发散的函数，可以写为

$$C_{\mu\nu}(m_1, m_2, m_3) = g_{\mu\nu}\left[\frac{1}{D}B_0(m_2, m_3) + \frac{1}{4}m_1^2 C_0(m_1, m_2, m_3)\right]. \tag{D.2.48}$$

但我们不能直接代入 B_0 的值，因为 B_0 是发散的并且与 D 相关。

$$B_0(m_2, m_3) = \Delta + 1 - \log m_3^2 + \frac{m_2^2}{m_2^2 - m_1^2}\log\frac{m_3^2}{m_2^2}, \tag{D.2.49}$$

$$\begin{aligned}\lim_{D\to 4}\frac{1}{D}B_0(m_2, m_3) &= \lim_{\epsilon\to 0}\frac{1}{4}\left(1 - \frac{\epsilon}{4}\right)\left[\Delta + B_0(m_2, m_3)|_{\text{finite}}\right] \\ &= \frac{1}{4}\left[\frac{1}{2} + B_0(m_2, m_3)\right],\end{aligned} \tag{D.2.50}$$

其中的有限部分定义为式 (D.2.49) 的有限部分。有限的结果是

$$C_{\mu\nu}(m_1, m_2, m_3) = \frac{1}{4}g_{\mu\nu}\left[\Delta + \hat{C}(m_1, m_2, m_3)\right] \tag{D.2.51}$$

其中归一化的 3 点函数为

$$\hat{C}(m_1, m_2, m_3) = \frac{3}{2} - \log m_3^2 - \hat{E}_0(m_1, m_2, m_3)], \tag{D.2.52}$$

$$\hat{E}_0(m_1, m_2, m_3) = \frac{m_2^2}{m_3^2 - m_2^2}\log\frac{m_3^2}{m_2^2} + \frac{m_1^2}{m_1^2 - m_2^2}F(m_1, m_2, m_3). \tag{D.2.53}$$

两个特殊情况是

$$\hat{E}_0(M, m, m) = \frac{m^2}{m^2 - M^2} - \left(\frac{M^2}{m^2 - M^2}\right)^2 \log\frac{m^2}{M^2}, \tag{D.2.54}$$

$$\hat{E}_0(m, m, M) = \log\frac{m^2}{M^2} + \hat{E}_0(M, m, m). \tag{D.2.55}$$

函数 $\hat{C}$ 与函数 $\tilde{C}_0(m_1, m_2, m_3)$ 类似，

$$\begin{aligned}\tilde{C}_0(m_1, m_2, m_3) &= B_0(m_2, m_3) + m_1^2 C_0(m_1, m_2, m_3) \\ &= \Delta + \hat{C}(m_1, m_2, m_3) - \frac{1}{2}.\end{aligned} \tag{D.2.56}$$

最后一个函数是 $B_1(m_1, m_2)$:

$$B_1(m_1, m_2) = \frac{1}{2}\left[\Delta + \log m_2^2 - \frac{1}{2} - \frac{m_1^2}{m_1^2 - m_2^2} - \left(\frac{m_1^2}{m_1^2 - m_2^2}\right)^2 \log\frac{m_2^2}{m_1^2}\right]. \tag{D.2.57}$$

§D.2.5 四点费恩曼积分函数：D_0，D_μ 和 $D_{\mu\nu}$

把有四条内线传播子的费恩曼积分函数定义为 D 函数：$D_0, D_\mu, D_{\mu\nu}$：

$$\mu^\epsilon \int \frac{d^4q}{(2\pi)^4} \frac{1;\ q_\mu;\ q_\mu q_\nu}{(q^2-m_1^2)\,[(q-p)^2-m_2^2]\,[(q-p')^2-m_3^2]\,[(q-p'')^2-m_4^2]} = \frac{i}{16\pi^2}\{D_0,\ D_\mu,\ D_{\mu\nu}\}(p,p',p'',m_1^2,m_2^2,m_3^2,m_4^2). \quad \text{(D.2.58)}$$

第一种极限情况：$p^2 < m_2^2 = m_3^2 = m_l^2 < m_1^2 = m_h^2$，$m_4 = 0$；

$$D_0 = \frac{1}{m_l^2 m_h^2}\left[\frac{1}{1-x} + \frac{x}{(1-x)^2}\ln[x] + \mathcal{O}\left(\frac{p^2}{m_h^2}\right)\right], \quad \text{(D.2.59)}$$

$$D_\mu = \frac{1}{m_l^2 m_h^2}\left\{\frac{1}{4}(p+p')_\mu\left[\frac{1+x}{(1-x)^2} + \frac{2x}{(1-x)^3}\ln[x]\right] + \frac{1}{2}p''_\mu\left[\frac{1}{1-x} + \frac{x}{(1-x)^2}\ln[x]\right] + \mathcal{O}\left(\frac{p^3}{m_h^2}\right)\right\}, \quad \text{(D.2.60)}$$

$$\begin{aligned}
D_{\mu\nu} = &-\frac{g_{\mu\nu}}{4}\frac{1}{m_l^2}\left[\frac{x}{1-x} + \frac{x}{(1-x)^2}\ln[x]\right.\\
&+\frac{p^2+p'^2}{18m_h^2}\left(\frac{5-10x-7x^2}{(1-x)^3} + \frac{6x-18x^2}{(1-x)^4}\ln[x]\right)\\
&-\frac{p\cdot p'}{9m_h^2}\left(\frac{2+5x-x^2}{(1-x)^3} + \frac{6x}{(1-x)^4}\ln[x]\right)\\
&-\frac{p\cdot p''+p'\cdot p''}{3m_h^2}\left(\frac{1+x}{(1-x)^2} + \frac{2x}{(1-x)^3}\ln[x]\right)\\
&\left.+\frac{p''^2}{3m_h^2}\left(\frac{1}{1-x} + \frac{x}{(1-x)^2}\ln[x]\right)\right]\\
&+\frac{2p_\mu p_\nu + 2p'_\mu p'_\nu + p_\mu p'_\nu + p'_\mu p_\nu}{36m_h^2 m_l^2}\left(\frac{2+5x-x^2}{(1-x)^2} + \frac{6x}{(1-x)^3}\ln[x]\right)\\
&+\frac{p_\mu p''_\nu + p''_\mu p_\nu + p'_\mu p''_\nu + p''_\mu p'_\nu}{12m_h^2 m_l^2}\left(\frac{1+x}{(1-x)^2} + \frac{2x}{(1-x)^3}\ln[x]\right)\\
&+\frac{p''_\mu p''_\nu}{3m_h^2 m_l^2}\left(\frac{1}{1-x} + \frac{x}{(1-x)^2}\ln[x]\right) + \mathcal{O}\left(\frac{p^4}{m_h^2}\right),
\end{aligned} \quad \text{(D.2.61)}$$

其中 $x = m_l^2/m_h^2$。

我们还可以把第一种极限情况下的 D_0, D_μ 和 $D_{\mu\nu}$ 函数写成简化形式：

$$D_0 = \frac{1}{m_l^2 m_h^2}\left[D_{01}(x) + \mathcal{O}\left(\frac{p^2}{m_h^2}\right)\right], \tag{D.2.62}$$

$$D_\mu = \frac{1}{m_l^2 m_h^2}\left\{\frac{1}{4}(p+p')_\mu\, D_{11}(x) + \frac{1}{2}p''_\mu\, D_{01}(x) + \mathcal{O}\left(\frac{p^3}{m_h^2}\right)\right\}, \tag{D.2.63}$$

$$\begin{aligned} D_{\mu\nu} = \frac{1}{m_l^2}\Bigg\{ & -\frac{g_{\mu\nu}}{4}\left[D_{21}(x) + \frac{p^2+p'^2}{18m_h^2}\, D_{22}(x)\right. \\ & \left. -\frac{p\cdot p'}{9m_h^2}\, D_{23}(x) - \frac{p\cdot p'' + p''\cdot p'}{3m_h^2}\, D_{11}(x) + \frac{p''^2}{3m_h^2} D_{01}(x)\right] \\ & +\frac{2p_\mu p_\nu + 2p'_\mu p'_\nu + p_\mu p'_\nu + p'_\mu p_\nu}{36m_h^2}\, D_{23}(x) \\ & +\frac{p_\mu p''_\nu + p''_\mu p_\nu + p'_\mu p''_\nu + p''_\mu p'_\nu}{12m_h^2}\, D_{11}(x) \\ & +\frac{p''_\mu p''_\nu}{3m_h^2}\, D_{01} + \mathcal{O}\left(\frac{p^4}{m_h^2}\right)\Bigg\}, \end{aligned} \tag{D.2.64}$$

其中

$$D_{01} = \frac{1}{1-x} + \frac{x}{(1-x)^2}\ln[x], \tag{D.2.65}$$

$$D_{11} = \frac{1+x}{(1-x)^2} + \frac{2x}{(1-x)^3}\ln[x], \tag{D.2.66}$$

$$D_{21} = \frac{x}{1-x} + \frac{x}{(1-x)^2}\ln[x], \tag{D.2.67}$$

$$D_{22} = \frac{5-10x-7x^2}{(1-x)^3} + \frac{6x-18x^2}{(1-x)^4}\ln[x], \tag{D.2.68}$$

$$D_{23} = \frac{2+5x-x^2}{(1-x)^3} + \frac{6x}{(1-x)^4}\ln[x]. \tag{D.2.69}$$

参考文献

[1] Cheng T P, Li L F. Gauge theory of elementary particle physics. Oxford: Clarendon Press, 1984.

[2] Donoghue J F, Golowich E, Holstein B R. Dynamics of the Standard Model. Cambridge: Cambridge University Press, 1996.

[3] Particle Data Group, J. Beringer *et al.* Phys.Rev. D. 2012, 86: 010001.

[4] Amhis Y et al., arXiv: 1207.1158v1[hep-ex].

[5] Bertolucci G. Status of the LHC: past, present and future, talk given at Blois 2012, May 27, 2012;

Dissertori G. Experimental summary, summary talk given at Moriond QCD, 2012.

[6] Incandela J. Status of the CMS SM Higgs boson search, talk given at CERN News Conference, July 4, 2012;

Hawkings R. ATLAS Higgs Searches and Experiment Overview, talk given at ICHEP 2012, July 9, 2012, Austrilia.

[7] Tonelli G. LHC physics, talk given at the CHIPP phD Winter School, Grindelwald, Jan.20-25, 2013, Switzerland.

[8] Buchalla G, Buras A J, Lautenbacher M E. Rev. Mod. Phys. 1996, 68:1125.

[9] Soler F J P. talk given at ICHEP 2012, July 4-11, 2012, Austrilia.

[10] Barbieri R. summary talk given at ICHEP 2012, July 4-11, 2012, Austrilia.

[11] Inami T, Lim C S. Prog.Theor.Phys. 1981, 65:297; 1981, 65:1772(E).

[12] Chia S P. Phys.Lett. B. 1983, 130:315.

[13] Chia S P, Rajagopal G. Phys.Lett. B. 1985, 156:405.

[14] Chia S P. Phys.Lett. B. 1990, 240:465.

[15] Deshpande N G, Eilam G. Phys.Rev. D. 1982, 26:2463.

[16] Deshpande N G, Nazerimonfared M. Nucl.Phys. B. 1983, 213:390.

[17] Cho P, Grinstein B. Nucl.Phys. B. 1991, 365:279; Erratum-ibid. 1994, 427:697.

[18] Abel S A, Cottingham W N, Whittingham I B. Phys.Rev. D. 1998, 58:073006.

[19] Peskin M E, Schroeder D V. An introduction to Quantum Field Theory. Boston Addison-Wesley Publishing Company, 1995.

[20] Weinberg S. The Quantum Theory of Fields, Vol.I: Foundations. Cambridge: Cambridge University Press, 1995;

The Quantum Theory of Fields, Vol.II: Modern Applications. Cambridge: Cambridge University Press, 1996;

The Quantum Theory of Fields, Vol.III: Supersymmetry. Cambridge: Cambridge University Press, 2000.

[21] Leader E, Predazzi E. An introduction to gauge theories and modern particle physics, Vol. I and II. Cambridge: Cambridge University Press, 1996.

[22] Kaku M. Quantum Field Theory: A modern introduction. Oxford: Oxford University Press, 1993.

[23] Pokorski S. Gauge Field Theories. 2nd ed. Cambridge: Cambridge University Press, 2000.

[24] Ryder L H. Quantum Field Theory. 2nd ed. Cambridge: Cambridge University Press, 2003.

[25] Field R E. Applications of perturbative QCD. Boston: Addison-Wesley Publishing Company,

1989.
[26] Muta T. Foundations of Quantum Chromodynamics. 3rd ed. Singapore: World Scientific, 2010.
[27] Sterman G. An Introduction to Quantum Field Theory. Cambridge: Cambridge University Press, 1993.
[28] Greiner W, Schäfer A. Quantum Chromodynamics. 3rd ed. Berlin: Springer, 2007.
[29] Ellis R K, Sturling W J, Webber B R. QCD and Collider Physics. Cambridge: Cambridge University Press, 1996.
[30] Barger V D, Phillips R J N. Collider Physics. 2nd ed. Boston: Addison-Wesley Publishing Company, 1997.
[31] Collins J. Foundations of Perturbative QCD. Cambridge: Cambridge University Press, 2011.
[32] Bigi I I, Sanda A I. CP violation(2E). Cambridge: Cambridge University Press, 2009.
[33] Branco G, Lavoura L, Silva J. CP Violation. Oxford: Oxford Science Pub., Clarendon Press, 1999.
[34] Cabibbo N. Phys.Rev.Lett. 1963, 10: 531;
Kobayashi M, Maskawa T. Prog.Theor.Phys. 1973, 49: 652.
[35] Xiao Z J , Li C S, Chao K T. Phys.Rev. D. 2000, 62:094008;
Xiao Z J, Li W J, Guo L B, Lu G R. Eur.Phys.J. C. 2001, 18:681;
肖振军. B 介子非粲衰变过程与新物理量子修正研究. 博士学位论文. 北京: 北京大学物理学院, 2001.
[36] Bauer M, Stech B. Phys.Lett. B. 1985, 152:380;
Bauer M, Stech B, Wirbel M. Z. Phys. C. 1987, 34:103.
[37] Bjorken J D. **Nucl.Phys. Proc. Suppl.** 1989, 11: 325.
[38] Ali A, Kramer G, Lü C D. Phys.Rev. D. 1998, 58:094009.
[39] Cheng H Y, Li H N, Yang K C. Phys.Rev. D. 1999, 60:094005.
[40] Miller G A. arXiv: 1208.3668[Nucl-th].
[41] Miller Q A. Electromagnetic interactions and hadronic structure. Cambridge: Cambridge University Press, 2007.
[42] Jain P, Pire B, Ralston J P. Phys.Rep. 1996, 271:67.
[43] Beneke M. Nucl.Phys.B(Proc. Suppl.). 2007, 170:57.
[44] Beneke M, Buchalla G, Neubert M, Sachrajda C T. Phys.Rev.Lett. 1999, 83:1914.
[45] Beneke M, Buchalla G, Neubert M, Sachrajda C T. Nucl.Phys. B. 2000, 591:313.
[46] Beneke M, Neubert M. Nucl.Phys. B. 2003, 675:333.
[47] Du D S, Gong H J, Sun J F, Yang D S, Zhu G H. Phys.Rev. D. 2002, 65:074001; Phys.Rev. D. 2002, 65:094025.
[48] Xiao Z J, Zou W J. Phys.Rev. D. 2004, 70:094008;
邹文娟. B 介子两体非轻无粲衰变与超对称量子修正研究. 博士学位论文. 南京: 南京师范大学物理学院，2007.
[49] Li H N. Prog.Part.& Nucl.Phys. 2003, 51:85.
[50] Keum Y Y, Li HN. Phys.Rev. D. 2001, 63:074006.
[51] Keum Y Y, Li H N, Sanda A I. Phys.Rev. D. 2001, 63:054008.
[52] Lü C D, Ukai K, Yang M Z. Phys.Rev. D. 2001, 63:074009.
[53] Li Y, Lü C D, Xiao Z J, Yu X Q. Phys.Rev. D. 2004, 70:034009.
[54] 李营. 微扰 QCD 方法在 B 介子衰变和 CP 破坏研究中的应用. 博士学位论文. 北京: 中国科学院

高能物理研究所，2007.

[55] 沈月龙. B 介子强子衰变的一些唯象研究. 博士学位论文. 北京: 中国科学院高能物理研究所，2007.

[56] 王玉明. 基于量子色动力学的重味强子弱衰变的研究. 博士学位论文. 北京: 中国科学院高能物理研究所，2009.

[57] 刘新. 双重味 B_c 介子两体无粲强子衰变研究. 博士学位论文. 南京: 南京师范大学物理学院，2011.

[58] Bauer C W, Fleming S, Luke M. Phys.Rev. D. 2001, 63:014006.

[59] Bauer C W, Pirjol D, Stewart I W. Phys.Rev. D. 2003, 67: 071502;

[60] Hill R J et al. JHEP . 2004, 07:081; Becher T et al. JHEP . 2004, 10:055.

[61] Beneke M, Buchalla G, Neubert M, Sachrajda C T. Phys.Rev. D. 2005, 72:098501.

[62] Bauer C W, Pirjol D, Rothstein I Z, Stewart I W. Phys.Rev. D. 2005, 72:098502.

[63] 杨德山. 因子化与有效理论. 关于 SCET 的系列邀请报告，南京师范大学，2008 年 10 月.

[64] Beneke M, Yang D. Nucl.Phys. B. 2006, 736:34.

[65] Beneke M, Jäger S. Nucl.Phys. B. 2006, 751:160.

[66] Beneke M, Jäger S. Nucl.Phys. B. 2007, 768:51.

[67] Bander M, Silverman D, Soni A. Phys.Rev.Lett. 1979, 43:242.

[68] Aaltonen T *et al.* Phys.Rev.Lett. 2012, 108: 211803.

[69] Powell A, LHCb Collaboration, talk given at PANIC 2011, MIT, July 2011.

[70] Xiao Z J, Wang W F, Fan Y Y. Phys.Rev. D. 2012, 85:094003.

[71] Harrison P F, Quinn H R. The BaBar Physics Book, SLAC-R-504, 1998.

[72] Gronau M, London D. Phys.Rev.Lett. 1990, 65:3381.

[73] Buras A J, Fleischer R. Phys.Lett. B. 1996, 365:390.

[74] Snyder A E, Quinn H R. Phys.Rev. D. 1993, 48:2139.

[75] Gronau M, Wyler D. Phys.Lett. B. 1991, 265:172.

[76] Xiao Z J, Zhang M P. Phys.Rev. D. 2002, 65:114017.

[77] Fleischer R. Phys.Lett. B. 1999, 459:306.

[78] Fleischer R. Eur.Phys.J. C. 1999, 10:299.

[79] Charles J. *et al.* The CKMfitter Group, arXiv: 0406184[hep-ph].

[80] Bona M. *et al.* The UTfit Coolaboration, arXiv: 0501199[hep-ex].

[81] Wu L S, Xiao Z J. Commun.Theor.Phys, 2007, 48:502;
武鲁森. 幺正规范下 $\bar{s}\gamma b$ 和 $\bar{s}Zb$ 顶角的精确计算. 硕士学位论文. 南京: 南京师范大学物理学院，2007.

[82] Buras A J, Poschenrieder A, Uhlig S, Bardeen W A. JHEP . 2006, 11:062.

[83] Buchalla G, Buras A J, Harlander M K. Nucl.Phys. B. 1991, 349:1.

[84] Adeva B. et al. LHCb Collaboration, arXiv: 0912.4179 [hep-ex].

[85] Bona M. et al. SLAC-R-856; arXiv: 0709.0451[hep-ex].

[86] Akeroyd A G. et al. Belle-II Collaboration, arXiv:1002.5012 [hep-ex].

[87] O'Leary B. et al. SuperB Collaboraton, arXiv:1008.1541 [hep-ex].

[88] Biagini M E, et al. SuperB Collaboration, arXiv:1009.6178 [physics.acc-ph].

[89] Grauges E, et al. SuperB Collaboration, arXiv:1007.4241 [physics.ins-det].

[90] Buras A J. Lectures given at the Cracow Epiphany Conference, Cracow, Poland, Jan.8-11, 2012; arXiv:1204.5064 [hep-ph].

[91] Grossman Y. Lectures given at SUSSP 2012, Aug. 20, 2012.

[92] Gershon T. Lectures given at SUSSP 2012, Aug. 23, 2012.

[93] 吕才典. Lectures given at QCD 2012, Nanjing, March 2012.

[94] 高原宁. talk given at SUSY 2012, Beijing, Aug.16, 2012.
[95] Steinkamp O. talk given at the CHIPP phD Winter School, Grindelwald, Jan.20-25, 2013, Switzerland.
[96] Nir Y. arXiv: 9911321[hep-ph].
[97] Hagelin J S. Nucl.Phys. B. 1981, 193:123.
[98] Kusaka A. Measurement of CP-violting asymmetries in the neutral B meson decaying to the $\rho\pi$ state using a time-dependent Dalitz plot analysis, Ph.D Thesis, 2006.
[99] Giorgi M A. BaBar Collab., talk presented at ICHEP 2004, Aug. 2004, Beijing.
[100] Lepage G P, Brodsky S J. Phys.Rev. D.1980, 22:2157.
[101] Brodsky S J. Phys.Lett. B. 1990, 243:287.
[102] Botts J, Sterman G. Nucl.Phys. B. 1989, 325:62.
[103] Chang C H, Li H N. Phys.Rev. D. 1997, 55:5577.
[104] Liu X, Wang H S, Xiao Z J , Guo L B, Lü C D. Phys.Rev. D. 2006, 73:074002.
[105] Wang H S, Liu X, Xiao Z J, Guo L B, Lü C D. Nucl.Phys. B. 2006, 738:243.
[106] Ali A et al. Phys.Rev. D. 2007, 76:074018.
[107] Xiao Z J, Zhang Z Q, Liu X, Guo L B. Phys.Rev. D. 2008, 78:114001;
张志清. B 介子两体非轻无粲衰变与 pQCD 因子化方法下的高阶修正. 博士学位论文. 南京：南京师范大学物理学院，2009.
[108] Chen C H, Li H N. Phys.Lett. B. 2003, 561: 258.
[109] Liu X, Xiao Z J , Lü C D. Phys.Rev. D. 2010, 81:014022;
Liu X, Xiao Z J. Phys.Rev. D. 2010, 81:074017; Phys.Rev. D. 2010, 82:054029.
[110] Xiao Z J, Liu X. Phys.Rev. D. 2011, 84:074033;
Liu X, Xiao Z J. J.Phys.G. 2011, 38:035009.
[111] Liu X, Xiao Z J. Phys.Rev. D. 2012, 86:074016.
[112] Liu X, Li H N, Xiao Z J. Phys.Rev. D. 2012, 86:011501(R).
[113] Wang W F, Xiao Z J. Phys.Rev. D. 2012, 86:114025;
Wang W F, Liu M, Xiao Z J. Phys. Rev D. 2013, 87:097501.
[114] Fan Y Y, Wang W F, Xiao Z J. arXiv:1301.6246 [hep-ph].
[115] 李湘楠. Lectures on pQCD Approach, 南京, 2010 年 6 月 21-24 日;
李湘楠. pQCD at subleading level, 南京, 2012 年 3 月 29-31 日.
[116] Li H N. Phys.Rev. D. 2001, 64:014019;
Nagashima M, Li H N. Eur.Phys.J. C. 2005, 40:395.
[117] Collins J C, Soper D E. Nucl.Phys. B. 1981, 193:381.
[118] Li H N, Tseng B. Phys.Rev. D. 1998, 57:443.
[119] Li H N, Tseng B. Phys.Lett. B. 1999, 454:328.
[120] Li H N. Phys.Rev. D. **66**, 094010 (2002).
[121] Kurimoto T, Li H N, Sanda A I. Phys.Rev. D. 2002, 65:014007;
Lü C D, Yang M Z. Eur.Phys.J. C. 2003, 28:515.
[122] Xiao Z J, Chen X F, Guo D Q. Eur.Phys.J. C. 2007, 50:363.
[123] Li Y, Lü C D. Phys.Rev. D. 2006, 73: 094006.
[124] Li R H, Lü C D, Zou H. Phys.Rev. D. 2008, 78: 014018.
[125] Huang T, Wu X G. Phys.Rev. D. 2004, 70:093013;
Wu X G, Huang T. Phys.Rev. D. 2011, 84:074011.

[126] Yu J H, Xiao B W, Ma B Q. J.Phys.G. 2007, 34:1845;
Peng T, Ma B Q. Phys.Rev. D. 2011, 84:034003.
[127] Ball P. JHEP .1998, 09:005; JHEP . 1999, 01:010.
[128] Ball P, Zwicky R. Phys.Rev. D. 2005, 71: 014015.
[129] Ball P, Braun V M, Lenz A. JHEP . 2006, 05:004.
[130] Feldmann T, Kroll P, Stech B. Phys.Rev. D. 1998, 58:114006;
Phys.Lett. B. 1999, 449:339.
[131] Kou E. Phys.Rev. D. 2001, 63: 054027;
Kou E, Sanda A I. Phys.Lett. B. 2002, 525:240.
[132] Charng Y Y, Kurimoto T, Li H N. Phys.Rev. D. 2006, 74:074024.
[133] Thomas C E. JHEP . 2007, 10:026.
[134] Chang M C, et al. (Belle Collab.), Phys.Rev. D. 2012, 85: 091102(R).
[135] Li J, et al. (Belle Collab.), Phys.Rev.Lett. 2012, 108: 181808.
[136] Cheng H Y, Li H N, Liu K F. Phys.Rev. D. 2009, 79: 014024.
[137] Tsai Y D, Li H N, Zhao Q. Phys.Rev. D. 2012, 85: 034002.
[138] Xiao Z J, Liu X. Int.J.Mod.Phys.Lett. A. 2008, 23:3246.
[139] Fan Y Y, Wang W F, Cheng S, Xiao Z J. Phys. Rev D. 2013, 87: 094003.
[140] Li H N, Mishima S, Sanda A I. Phys.Rev. D. 2005, 72:114005.
[141] Mishima S, Sanda A I. Prog.Theor.Phys. 2003, 110:549.
[142] Li H N, Shen Y L, Wang Y M. Phys.Rev. D. 2012, 85:074004.
[143] Borodulin V I, Rogalyov R N, Slabospitsky S R. hep-ph/9507456.
[144] Goto T. Formulae for Supersymmetry: MSSM and more，Version at Feb.01, 2013.
[145] Denner A. Fortsch. Phys. 1993, 41:307.
[146] Xiao Z J. Feynman rules, self-energy and vertex form factors，2011.09.
[147] Gamma Function. http://en.wikipedia.org/wiki/Gamma-function.
[148] Weinzierl S. arXiv: 0604068 [hep-ph].
[149] Gradshteyn I S, Ryzhik I M. Table of Integrals, Series, and Products. Waltham: Academic Press, 1980.
[150] A. 科恩等. 数学手册. 周民强等译. 北京：工人出版社，1987.
[151] Kleinschmidt T. Numerical evaluation of Feynman loop integrals by reduction to Tree graphs，Ph.D Thesis, 2007.
[152] 郭立波. B 介子弱衰变的研究. 博士学位论文. 北京：中国科学院高能物理研究所，1997.
[153] 't Hooft G, Veltman M. Nucl.Phys. B. 1979, 153:365;
Passarino G, Veltman M. Nucl.Phys. B. 1979, 160:151.
[154] Clements M. et al., Phys Rev D. 1983, 27:570; Axelrod A. Nucl.Phys. B. 1982, 200:349;
杨金民. One loop SUSY corrections to top quark production and decay in MSSM. 博士学位论文. 北京：中国科学院理论物理研究所，1995.
[155] Smirnov V A. Feynman Integral Calculus. Berlin: Springer，2006;
Applied asymptotic expansion in momenta and masses. STMP-177. Berlin: Springer，2002.
[156] Latonda S B. FC neutral decay effects in models with two Higgs doublets:Applications to LHC Physics，Ph.D Thesis, Barcelona University, arXiv: 0606138 [hep-ph].

《现代物理基础丛书》已出版书目

（按出版时间排序）

1. 现代声学理论基础	马大猷 著	2004.03
2. 物理学家用微分几何 (第二版)	侯伯元, 侯伯宇 著	2004.08
3. 数学物理方程及其近似方法	程建春 编著	2004.08
4. 计算物理学	马文淦 编著	2005.05
5. 相互作用的规范理论 (第二版)	戴元本 著	2005.07
6. 理论力学	张建树, 等 编著	2005.08
7. 微分几何入门与广义相对论 (上册 · 第二版)	梁灿彬, 周彬 著	2006.01
8. 物理学中的群论 (第二版)	马中骐 著	2006.02
9. 辐射和光场的量子统计	曹昌祺 著	2006.03
10. 实验物理中的概率和统计 (第二版)	朱永生 著	2006.04
11. 声学理论与工程应用	朱海潮, 等 编著	2006.05
12. 高等原子分子物理学 (第二版)	徐克尊 著	2006.08
13. 大气声学 (第二版)	杨训仁, 陈宇 著	2007.06
14. 输运理论 (第二版)	黄祖洽 著	2008.01
15. 量子统计力学 (第二版)	张先蔚 编著	2008.02
16. 凝聚态物理的格林函数理论	王怀玉 著	2008.05
17. 激光光散射谱学	张明生 著	2008.05
18. 量子非阿贝尔规范场论	曹昌祺 著	2008.07
19. 狭义相对论 (第二版)	刘 辽, 等 编著	2008.07
20. 经典黑洞与量子黑洞	王永久 著	2008.08
21. 路径积分与量子物理导引	侯伯元, 等 著	2008.09
22. 量子光学导论	谭维翰 著	2009.01
23. 全息干涉计量——原理和方法	熊秉衡, 李俊昌 编著	2009.01
24. 实验数据多元统计分析	朱永生 编著	2009.02
25. 微分几何入门与广义相对论(中册 · 第二版)	梁灿彬, 周彬 著	2009.03

26.	中子引发轻核反应的统计理论	张竞上 著	2009.03
27.	工程电磁理论	张善杰 著	2009.08
28.	微分几何入门与广义相对论(下册 · 第二版)	梁灿彬, 周彬 著	2009.08
29.	经典电动力学	曹昌祺 著	2009.08
30.	经典宇宙和量子宇宙	王永久 著	2010.04
31.	高等结构动力学(第二版)	李东旭 著	2010.09
32.	粉末衍射法测定晶体结构(第二版 · 上、下册)	梁敬魁 编著	2011.03
33.	量子计算与量子信息原理	Giuliano Benenti 等 著	
	——第一卷：基本概念	王文阁, 李保文 译	2011.03
34.	近代晶体学(第二版)	张克从 著	2011.05
35.	引力理论(上、下册)	王永久 著	2011.06
36.	低温等离子体	B. M. 弗尔曼, И. M. 扎什京 编著	
	——等离子体的产生、工艺、问题及前景	邱励俭 译	2011.06
37.	量子物理新进展	梁九卿, 韦联福 著	2011.08
38.	电磁波理论	葛德彪, 魏 兵 著	2011.08
39.	激光光谱学	W. 戴姆特瑞德 著	
	——第 1 卷：基础理论	姬 扬 译	2012.02
40.	激光光谱学	W. 戴姆特瑞德 著	
	——第 2 卷：实验技术	姬 扬 译	2012.03
41.	量子光学导论(第二版)	谭维翰 著	2012.05
42.	中子衍射技术及其应用	姜传海, 杨传铮 编著	2012.06
43.	凝聚态、电磁学和引力中的多值场论	H. 克莱纳特 著	
		姜 颖 译	2012.06
44.	反常统计动力学导论	包景东 著	2012.06
45.	实验数据分析(上册)	朱永生 著	2012.06
46.	实验数据分析(下册)	朱永生 著	2012.06
47.	有机固体物理	解士杰, 等 著	2012.09
48.	磁性物理	金汉民 著	2013.01
49.	自旋电子学	翟宏如, 等 编著	2013.01

50.	同步辐射光源及其应用(上册)	麦振洪, 等　著	2013.03
51.	同步辐射光源及其应用(下册)	麦振洪, 等　著	2013.03
52.	高等量子力学	汪克林　著	2013.03
53.	量子多体理论与运动模式动力学	王顺金　著	2013.03
54.	薄膜生长（第二版）	吴自勤，等　著	2013.03
55.	物理学中的数学物理方法	王怀玉　著	2013.03
56.	物理学前沿——问题与基础	王顺金　著	2013.06
57.	弯曲时空量子场论与量子宇宙学	刘　辽，黄超光　著	2013.10
58.	经典电动力学	张锡珍，张焕乔　著	2013.10
59.	内应力衍射分析	姜传海，杨传铮　编著	2013.11
60.	宇宙学基本原理	龚云贵　著	2013.11
61.	**B介子物理学**	**肖振军　著**	**2013.11**